Peter M. Wald (Hrsg.)

Neue Herausforderungen im Personalmanagement

Peter M. Wald (Hrsg.)

Neue Herausforderungen im Personalmanagement

Best Practices – Reorganisation – Outsourcing

Bibliografische Information Der Deutschen Bibliothek
Die Deutsche Bibliothek verzeichnet diese Publikation in der Deutschen Nationalbibliografie;
detaillierte bibliografische Daten sind im Internet über <http://dnb.ddb.de> abrufbar.

Prof. Dr. Peter M. Wald lehrt im Fachbereich Wirtschaftswissenschaften der Hochschule für Technik und Wirtschaft Dresden.

1. Auflage Oktober 2005

Alle Rechte vorbehalten
© Betriebswirtschaftlicher Verlag Dr. Th. Gabler/GWV Fachverlage GmbH, Wiesbaden 2005

Lektorat: Susanne Kramer

Der Gabler Verlag ist ein Unternehmen von Springer Science+Business Media.
www.gabler.de

Das Werk einschließlich aller seiner Teile ist urheberrechtlich geschützt. Jede Verwertung außerhalb der engen Grenzen des Urheberrechtsgesetzes ist ohne Zustimmung des Verlags unzulässig und strafbar. Das gilt insbesondere für Vervielfältigungen, Übersetzungen, Mikroverfilmungen und die Einspeicherung und Verarbeitung in elektronischen Systemen.

Die Wiedergabe von Gebrauchsnamen, Handelsnamen, Warenbezeichnungen usw. in diesem Werk berechtigt auch ohne besondere Kennzeichnung nicht zu der Annahme, dass solche Namen im Sinne der Warenzeichen- und Markenschutz-Gesetzgebung als frei zu betrachten wären und daher von jedermann benutzt werden dürften.

Umschlaggestaltung: Ulrike Weigel, www.CorporateDesignGroup.de
Druck und buchbinderische Verarbeitung: Wilhelm & Adam, Heusenstamm
Gedruckt auf säurefreiem und chlorfrei gebleichtem Papier
Printed in Germany

ISBN 3-8349-0020-6

Geleitwort

Plus qu'hier, moins que demain

The title of this book suggests that there are challenges ahead for the HR profession. There are also opportunities. Thirty years ago when I met my to-be wife, we could not afford a nice wedding ring, so we bought a simple French necklace that came in a package with the saying, "plus qu'hier, moins que demain" (more than yesterday, less than tomorrow). While this maxim refers to affection, it also applies to the HR profession.

More than yesterday. The field of human resources has evolved and matured. As large organizations grew in the early 20th Century, the management of people was often left to the purchasing department. People, like plant and equipment, were a commodity to be bought and used. As managers became aware of the importance of intellectual or human capital to the success of the enterprise, the study of human resources has expanded to explore how managers can and should treat people to help their organizations reach their goals. And, the human resource profession has grown.

Less than tomorrow. The future of HR is open to great opportunities. As financial, product, and technologies become more readily copyable, it is increasingly the human element and the organizations that people inhabit that make a real difference in results. The road ahead for the HR profession has many opportunities and challenges.

Human resources may refer to four different things: deliverables, practices, organization, and professionals. HR deliverables are the outcomes of doing HR work. For example, HR work is not just about "training" but about building a leadership bench. HR practices are those policies or procedures that affect people in an organization. HR organization represents the investments in HR departments or functions to manage the flow of people. HR professionals capture the roles and competencies of the people who work in HR. This volume offers unique and creative insights into the challenges and opportunities in each of these four domains of HR.

Geleitwort

HR deliverables

The outcomes of good HR work must create value for investors and customers outside and employees and managers inside the organization (Dave Ulrich and Wayne Brockbank, *The HR Value Proposition*, Boston Harvard Business Press 2005). From good HR practices, investors receive intangible value that shows up in stock price and political goodwill. From investments in HR, customers receive the products and services they want and build long term relationships with targeted firms, resulting in customer share. Line managers who desire to execute strategies turn to HR for help in building both the organization capabilities and individual abilities that make strategy happen. Organization capabilities represent what the organization is good at doing, its identity, culture, and reputation. Individual abilities represent the knowledge, skills, and abilities of individual employees. Finally, HR practices help employees develop a value proposition with their firm so that those who contribute more receive more back in return. Each of these deliverables are discussed in this volume.

Organization capabilities become a valuable outcome from HR investments. Because we do training, staffing, compensation, communication, our organization is better at ... In this volume, you will read about capabilities such as:

- Innovation: HR investments help organizations turn knowledge into innovation.
- Merger integration: HR investments help ensure that, when organizations merge or align, the whole is more than the sum of the parts.
- Change management: HR work should help an organization develop a capacity for change, to be able to identify and respond to trends and demands in the industry faster than someone else.

All of these deliverables add up to HR creating value to the business. This value becomes the measure or indicator of HR's success in the future. When HR professionals focus their work on creating sustainable capabilities, they help managers make strategy happen.

HR practices

The practices or work of HR may be clustered into the flows of people, performance, information, and work. People refer to HR practices that affect the staffing, training, and movement of people through an organization. Performance deals with how to pay people to ensure that they are productive. Information deals with communication and sharing data and ideas. Work deals with how to organize work in such a way as to make a bureaucracy work better.

In this volume, you will learn about a myriad of HR practices and their context. For example, this volume will address:

- How are HR practices different depending on the context? Are HR practices different in Central vs. Eastern Europe? In different political contexts?
- How can HR practices be engineered using the tools of process mapping? By using process mapping for HR, can the HR investments be spent more effectively?
- What are the trends and challenges in the HR practice of diversity? How can a large global firm (Procter and Gamble) use diversity principles to ensure higher employee performance?
- What are trends and challenges in the HR practice of recruiting? How can organizations use on-line and technology to better source new talent? What parts of recruiting should be insourced vs. outsourced?

As HR practices become better researched, we will learn more about the above and other issues. In addition, the field of HR is expanding to include practices related to the flow of information (e.g., how to communicate with customers and employees) and the flow of work (e.g. how to organize high performing teams or whether to have a centralized or decentralized business model).

HR organization

HR organizations will become increasingly bifurcated. Some of the administrative, routine, and transaction HR work (e.g., payroll administration, staffing, training registration) will be automated, centralized, and/or outsourced. The more strategic work of HR will be done in ways that create value for those inside (managers and employees) and outside (investors and customers) the organization.

This volume offers exceptional insights on the challenges of managing this two-headed HR organization. In the volume, you will find answers to such questions as:

- What HR work should be insourced vs. outsourced? What are the implications of outsourcing work for the organization and the HR professionals?
- What should an HR strategy look like? How would one go about building an HR strategy? How prevalent are these strategies in European and German firms?
- Who should do the work of HR? Should this work be done by consultants, outside vendors, or internal HR departments? What should be the role of full service providers in HR's future?
- How do we organize HR work to operate in a global organization?
- What should shared services look like in a large global organization? The case of Deutsche Bank offers an excellent example of how the different parts of an HR organization need to be woven together to deliver value.

Geleitwort

Heads of HR need to run their HR department like a business. This requires a strategy, organization, and plan that offers specific accountabilities.

HR professional

Individuals who chose to specialize in HR become professionals because they know the body of knowledge and are able to apply it to their different roles. We have identified in our writing roles that HR professionals will play in the future (employee advocate, human capital developer, functional expert, strategic partner, and leader). Playing roles describes what HR professionals must do. Defining competencies suggests how they must act to do it well.

This volume suggests roles and competencies that HR professionals must master to be proficient in their task. For example, in this work you will learn about:

- HR professionals as change agents who must create and manage a change management process both for HR work and for businesses going through transformation.
- What roles do line managers vs. HR professionals play in doing HR work? When should line managers be accountable and responsible? What can HR professionals do to make sure that HR work is done well?
- How can HR departments be changed to avoid being bureaucratic and cost intensive? What are the changes needed in these departments and how can they be realized?
- How can HR departments be transformed to deliver more value?

As HR professionals master both competencies and roles, they become value contributors to business results.

The book concludes with an excellent overview of the requirements and demands for the future of HR in Germany. Clearly, the challenges are great, but so are the opportunities. This is a good time for HR. Business conditions of change and uncertainty demand it. Line managers who want to meet investor and customer goals yearn for it. And, employees who contribute and want to be recognized for their contribution relish it. HR work will continue to expand and grow. It will be seen as increasingly central to the success of large and small enterprises.

Dave Ulrich

Professor, University of Michigan, Ann Arbor, Partner The RBL Group, U.S.A.

July 2005

Vorwort

Die Beiträge im vorliegenden Buch werfen Schlaglichter auf den aktuellen Wandel in den Personalbereichen. Die Autoren reflektieren die Veränderungen im Personalmanagement aus den verschiedensten Blickwinkeln und stellen ihre in den letzten Jahren gewonnenen Erkenntnisse dar. Den Leserinnen und Lesern wird es ermöglicht, sowohl an den Überlegungen als auch den Erfahrungen der Autoren teilzuhaben.

Das Buch besteht aus drei Teilen. Im Mittelpunkt des ersten Teils stehen die Ausgangsbedingungen der vielfältigen Veränderungen. Zu diesem Zweck werden Erkenntnisse aus der Arbeits- und Organisationspsychologie, Erfahrungen zum Change Management und zur Prozessorganisation in Personalbereichen sowie eine Einschätzung zur Personalarbeit in Osteuropa vorgelegt. Hinzu kommen eine Bewertung der Situation durch einen erfahrenen Berater und die Betrachtung einer besonderen Gruppe von Dienstleistern, den Komplettanbietern von Personaldienstleistungen. Im zweiten Teil geht es insbesondere um die Erfahrungen bei der Realisierung von Veränderungen im Personalmanagement. Durch ein breites Spektrum von Unternehmen (IT-Unternehmen, Automobilzulieferer, Energieversorger, regionale Finanzdienstleister und Markenartikler) und differenzierten Aufgabenstellungen (Globalisierung und Diversity, Post-Merger-Integration im Personalbereich sowie Qualität des Personalmanagements und dessen besondere Beiträge zum Unternehmenserfolg) wird gezeigt, wie die aktuellen Anforderungen mit eigenständigen Lösungen erfolgreich bewältigt werden können. Aufschlussreich ist, welche Strukturen und Systeme in den Unternehmen entwickelt wurden und derzeit angewandt werden. Dieser Teil schließt mit einem Erfahrungsbericht über HR Shared Services, der unmittelbar zum dritten und abschließenden Teil des Buches überleitet. In diesem steht das Business Process Outsourcing im Personalmanagement im Vordergrund. Ein Thema, das derzeit nicht ohne Kontroversen diskutiert wird. Dabei stellt Business Process Outsourcing auch im Personalmanagement kein Patentrezept dar, bietet jedoch Möglichkeiten mit den geänderten wirtschaftlichen Herausforderungen - wie hier beispielhaft dargestellt wird - aktiv und erfolgreich umzugehen. Zum Abschluss richtet sich der Blick, nicht nur wegen eines denkbaren Abschaffungsszenarios, auf die möglichen Perspektiven des Personalmanagements.

Die Texte dieses Bandes zeigen einerseits die hohe Komplexität und andererseits die beträchtliche Reichweite der Veränderungen in den Personalbereichen. Es wird erkennbar, welche Beiträge die Personalarbeit zum Unternehmenserfolg zu leisten vermag. Die dargestellten Erfahrungen dürften nicht nur für Vertreter aus den Personalbereichen, sondern auch für *Führungskräfte* anderer Funktionsbereiche von Interesse sein, die vor ähnlichen organisatorischen Herausforderungen stehen. Ihnen wird es

Vorwort

durch das hier dargestellte Wissen leichter fallen, entsprechende Veränderungsprozesse zu initiieren, erfolgreich zu bewältigen und spezifische Erwartungen an die Beteiligten zu äußern.

Führungskräfte und Mitarbeiter aus Personalbereichen sollen durch die Texte dieses Buches veranlasst werden, Verunsicherungen zu überwinden sowie Veränderungen aktiv zu begegnen und bewusst zu begleiten. Dies wird zunehmend wichtiger, weil von den Personalbereichen eine hohe Veränderungskompetenz erwartet wird. Sie können (und sollten!) sehr schnell in die Rolle des Treibers und Begleiters unternehmensweiter Veränderungen kommen. Die damit verknüpften Anforderungen gilt es, als Partner der Unternehmensführung *und* als eigenständiger Akteur zu erfüllen.

Studenten können Informationen über die Praxis des modernen Personalmanagements ebenso wie über die verschiedenen Ansätze bei Veränderungsmaßnahmen und die Vorgehensweisen beim Outsourcing erhalten. Durch die Darstellung von Best Practices wird illustriert, wie Reorganisationsmaßnahmen erfolgsorientiert gestaltet werden können, die Erfolgsbeiträge eines modernen Personalmanagements beschaffen sind und wie es um die Perspektiven der Personalarbeit „bestellt" ist.

Alle Leserinnen und Leser sollen mit den vorliegenden Überlegungen angeregt werden, über die aktuellen Aufgaben und die Zukunft des Personalmanagements in ihrem jeweiligen Umfeld nachzudenken.

Ein solches Buch kann nur auf der Basis einer gleichermaßen freundlichen wie ergebnisorientierten Kooperation zwischen den Autoren und dem Herausgeber entstehen. Mein Dank geht deshalb an alle Autoren. Sie haben mich mit Engagement, Vertrauen und vielfältigen Ideen beim Zustandekommen dieses Buches unterstützt. Gleiches trifft für die Helfer bei der Zusammenstellung und Überarbeitung der Beiträge dieses Buches und insbesondere auch für Frau Kramer vom Gabler-Verlag zu. Ein besonderer Dank gilt Professor Dave Ulrich für die Erfahrung einer unkomplizierten, aufgeschossenen und kollegialen Zusammenarbeit.

Den abschließenden Dank richte ich an meine Familie, deren Geduld und Aufmunterungen unschätzbar sind.

Peter M. Wald

Belgershain bei Leipzig, Juli 2005

Inhaltsverzeichnis

Geleitwort V

Vorwort IX

Teil I - Ausgangsbedingungen

Rüdiger von der Weth
Reorganisation im Personalmanagement: Komplexität als Herausforderung 3

Winfried Hacker, Annekatrin Wetzstein, Constanze Winkelmann
Wissensintegration als Innovationsanstoß 19

Klaus Lurse
Die zukünftige Rolle des Personalmanagements aus Sicht des Beraters 33

Larissa Becker
Change Management in Personalbereichen 51

Ramona Alt
Entwicklungstendenzen der Personalarbeit in mittel- und osteuropäischen Ländern . 73

Rainhart Lang, Rene Jörges, Mihajlo Kolakovic
Alles aus einer Hand? 95

René A. Lichtsteiner
Prozessmanagement im Personalbereich 119

Teil II - Best Practice und Anwendung

Helmut Hoitz
Globalisierung der HR-Funktion 139

Hanspeter Hollender-Matatko, Jana Brauweiler
Wertorientiertes Personalmanagement in der Praxis 165

Petra Popall, Peter M. Wald
Diversity@P&G 187

Franz Holtgreve, Marcus Winterfeldt
Post-Merger-Integration im Personalbereich 203

Ralf Peter Beitner
Die neue Qualität des Personalmanagements in Regionalbanken 225

Hartmut Jaschok
Erfahrungen mit HR Shared Services 247

Teil III - Business Process Outsourcing - Business Cases & Ausblick

Christian Cottone, Stefan Waitzinger
Outsourcing von Personaldienstleistungen 263

Claus-Peter Sommer, Claus Brauner, Sandra Simon
Erfolgreiches Recruitment Outsourcing 287

Peter M. Wald
Von der Reorganisation zur Zukunft des Personalmanagements 309

Stichwortverzeichnis 339

Abkürzungsverzeichnis

AI	Aufgabenorientierter Informationsaustausch
BPO	Business Process Outsourcing
BetrVG	Betriebsverfassungsgesetz
BGB	Bürgerliches Gesetzbuch
BU	Business Unit
COE	Center of Expertise
CRM	Customer Relationship Management
DIN	Deutsches Institut für Normung/Deutsche Industrienorm
EN	European Norm
ESS	Employee Self Services
HR	Human Resources
HRM	Human Resource(s) Management
HRMS	Human Resource(s) Managementsystem
eHRM	Electronic Human Resources Management
IT	Informationstechnologie
IuK-Techniken	Informations- und Kommunikationstechniken
KSchG	Kündigungsschutzgesetz
KVP	Kontinuierlicher Verbesserungsprozess
MSS	Manager Self Services
MA	Mitarbeiter
M&A-Prozesse	Merger & Acquisitions-Prozesse
MAG	Mitarbeitergespräch
PRODIE	Produzent, der zugleich Dienstleistungen anbietet
RPO	Recruitment Process Outsourcing
SAP	Systeme Anwendungen und Produkte in der Datenverarbeitung (Softwarelösung)
SGB	Sozialgesetzbuch
SGE	Strategische Geschäftseinheit
SLA	Service Level Agreement

Autorenverzeichnis

Ramona Alt	Dr., wissenschaftliche Mitarbeiterin, Lehrstuhl für Erwachsenenpädagogik, Universität Leipzig
Larissa Becker	Dr., Referentin strategische HR-Instrumente, Gothaer Allgemeine Versicherung AG, Köln
Ralf Peter Beitner	Mitglied des Vorstandes, Sparkasse Nürnberg (bis 31. März 2005 Sparkasse Leipzig)
Claus Brauner	Senior Director Recruiting & Marketing, Infineon Technologies AG, München
Jana Brauweiler	Dr., wiss. Mitarbeiterin, Studiengang Betriebswirtschaftslehre, Internationales Hochschulinstitut Zittau, freiberufliche Trainerin
Christian Cottone	Leiter Business Devlopment, Business Process Outsourcing Deutschland, Siemens Business Services GmbH & Co. OHG, München
Winfried Hacker	Professor em., Fachbereich Psychologie, Technische Universität Dresden
Helmut Hoitz	Director Human Resources Europe, Middle East & Africa, Unisys GmbH, Sulzbach/Taunus
Hanspeter Hollender-Matatko	Vice President Human Resources Europe, Metzeler Automotive Profile Systems, Lindau
Franz Holtgreve	Vorstand Personal und Zentrale Dienste, envia Mitteldeutsche Energie AG, Chemnitz
Hartmut Jaschok	Director, Human Resources, Head of HRdirect Americas/Europe, Deutsche Bank AG, Berlin
Rene Jörges	Consultant, KEMPFER & KOLAKOVIC Personalmanagement GmbH, Jena
Mihajlo Kolakovic	Geschäftsführer, KEMPFER & KOLAKOVIC Personalmanagement GmbH, Jena
Reinhart Lang	Professor für Organisation und Arbeitswissenschaft, Technische Universität Chemnitz

Autorenverzeichnis

René A. Lichtsteiner	Geschäftsführer, DMS Consulting AG, Zürich, Präsident des Vereins Schweizerische Kurse für Personalmanagement
Klaus Lurse	Vorstand, Klaus Lurse Personal + Management AG, Salzkotten
Petra Popall	Leiterin Öffentlichkeitsarbeit im Bereich Unternehmenskommunikation, Procter&Gamble Service GmbH, Schwalbach
Sandra Simon	Projektmanagerin Infineon, access AG, Köln
Claus-Peter Sommer	Vorstand, Geschäftsbereich Recruitment Process Outsourcing, access AG, Köln
Stefan Waitzinger	Leiter Business Devlopment, Business Process Outsourcing Deutschland, Siemens Business Services GmbH & Co. OHG, München
Peter M. Wald	Professor, Management und Organisation, Hochschule für Technik und Wirtschaft Dresden (FH)
Rüdiger von der Weth	Professor, Arbeitswissenschaft, Hochschule für Technik und Wirtschaft Dresden (FH)
Annekatrin Wetzstein	Dr., Referentin, Berufsgenossenschaftliches Institut Arbeit und Gesundheit, Dresden
Constanze Winkelmann	Wissenschaftliche Mitarbeiterin, Fachbereich Psychologie, Technische Universität Dresden
Marcus Winterfeldt	Senior Consultant, Bereich Banking-Finance, Steria Mummert Consulting, Hamburg

Teil I

Ausgangsbedingungen

Teil 3

Anlegerschutzregeln

Rüdiger von der Weth

Reorganisation im Personalmanagement: Komplexität als Herausforderung

1 Komplexe und neuartige Anforderungen durch Reorganisationsprozesse im Personalbereich 5
2 Komplexe Veränderungen und individuelles Verhalten 6
3 Strategien zur Neugestaltung der individuellen Tätigkeit 9
    3.1 Anpassung und Entwicklung von angemessenen Arbeitsverfahren, sowie Planungs- und Entscheidungsheuristiken für neuartige strategische Anforderungen 10
    3.2 Bereitstellung der dafür notwendigen Information und Rahmenbedingungen 12
    3.3 Abbau der Verunsicherung der Mitarbeiter 13
4 Zusammenfassung 15

Reorganisation im Personalmanagement: Komplexität als Herausforderung

1 Komplexe und neuartige Anforderungen durch Reorganisationsprozesse im Personalbereich

Folgendes Szenario beschreibt die Situation, wie sie einem Mitarbeiter im Personalmanagement entgegentreten kann: *Herr P. hat ein Angebot bekommen. Das heißt, er ist sich nicht sicher ob es überhaupt ein Angebot ist. Er arbeitet in der Personalabteilung eines großen Automobilzulieferers X AG. Er ist Wirtschaftspädagoge und dort als Leiter der Aus- und Weiterbildung tätig. Mit einer Gruppe von fest angestellten Mitarbeitern steuert er die Berufsausbildung und betreut einen Stamm von Referenten und Trainern im Bereich der Weiterbildung. In den letzten Jahren hatte es viele Veränderungen gegeben, nicht nur zum Guten. Das Budget wurde gekürzt, Herr P. musste zusätzliche kaufmännische Aufgaben übernehmen, da seine Abteilung seit einem Jahr als Profitcenter betrieben wird. Er hat gerade ein quälendes Jahr mit Diskussionen mit dem Controlling über angemessene Kriterien für die Bewertung von Bildungsmaßnahmen hinter sich. Für Herrn P. ergeben sich auch wenig Möglichkeiten, Vorhaben zu verwirklichen, die mittel- und langfristig seine Arbeit effizienter und moderner machen würden. Das beginnt bei Internettutorials für die interne kaufmännische Weiterbildung und endet bei der Einrichtung moderner Arbeitsplätze für die Lehrwerkstatt.*

Gestern hat der Personalchef, sein direkter Vorgesetzter, Herrn P. das Angebot unterbreitet. Herr P. könnte Geschäftsführer eines eigenständigen Unternehmens für Aus- und Weiterbildung werden. Dieses wird ausgegliedert. Er kann dort weitgehend selbständig agieren. Die X AG wird für einige Jahre garantiert gleichzeitig Anteilseigner und sein Kunde sein. Er hat auch die Möglichkeit, weitere Kunden zu gewinnen. Es lägen der Geschäftsführung auch schon Anfragen von anderen Unternehmen vor. Herr P. bekommt eine Anschubfinanzierung („Aufhebungsverträge kosten ja auch eine Menge Geld") und das vor acht Jahren gebaute Aus- und Weiterbildungszentrum geht auf das neue Unternehmen über - er hat somit gute Startvoraussetzungen.

Herr P. befindet sich in einer unübersichtlichen Lage. Er hat zwar schon eine Weile geahnt, dass so etwas kommen würde, aber bisher eine gedankliche Auseinandersetzung damit vermieden. Nun steht er in einer Situation, deren Konsequenzen er nur schwer abschätzen kann. Hat diese Konstellation Zukunft? Er hat sich immer als Pädagoge verstanden - ist eine Geschäftsführerposition das Richtige für ihn? Kann er nun seine langgehegten Ideen und Pläne für neue Aus- und Weiterbildungskonzepte entwickeln? Oder wird er schlicht abgeschoben?

Liest man die anderen Beiträge aus diesem Buch, so wird deutlich: Herr P. befindet sich in der gleichen Lage wie viele andere Mitarbeiter in Personalabteilungen: Die eigene Zukunft wird unsicherer, Chancen und Risiken sind spürbar, aber nicht deutlich. Entwicklungen wenig überschaubar. Herr P. befindet sich in einer Lage, die in der Kognitionspsychologie als „komplexes Problem" bezeichnet wird (DÖRNER 1989; FUNKE 1986). Solche komplexen Probleme haben folgende Eigenschaften:

Tabelle 1-1: Eigenschaften komplexer Probleme (nach BUERSCHAPER ET AL. 2001)

Umfang	Menge der Variablen
Vernetztheit	Die Art der Verknüpfungen zwischen Variablen und die daraus entstehenden Wechselwirkungen.
Intransparenz	Die aktuelle Undurchschaubarkeit des Problems und die Unklarheit über zukünftige Entwicklungen. Konsequenzen von Entscheidungen sind nicht klar abzusehen.
Polytelie	Ziele setzen sich aus verschiedenen, unter Umständen widersprüchlichen Teilzielen zusammen
Irreversibilität	Einmal eingeleitete Entwicklungen sind unumkehrbar; man gelangt nie an den Ausgangspunkt zurück, nicht einmal in den eigenen Gedanken!
Eigendynamik	Probleme verändern sich ohne eigenes Zutun.

Komplexe Probleme stellen oft eine Überforderung dar. Es besteht das Risiko zu Fehlentscheidungen und Fehlplanungen (STROHSCHNEIDER/VON DER WETH 2002). Im Folgenden sollen solche Risiken und ihre Auswirkungen für Reorganisationsprozesse beschrieben werden. Im Weiteren werden integrierte Konzepte vorgestellt, durch die Mitarbeiter in die Lage versetzt werden, ihre Arbeitsfelder zielgerichtet und aktiv umzugestalten und so gleichzeitig schneller Sicherheit über ihre Zukunft zu gewinnen.

2 Komplexe Veränderungen und individuelles Verhalten

Wie wirken sich diese Rahmenbedingungen auf die Arbeit der Personalmitarbeiter aus? Welche Anforderungen ergeben sich aus der steigenden Komplexität der Aufgaben und den mit dem Umbruch verbundenen Unsicherheiten? Spezifische empirische Untersuchungen gibt es dazu noch nicht. Um hierzu fundierte Aussagen zu machen, lohnt sich ein Blick auf empirische Forschungsergebnisse aus angrenzenden Gebieten. In der kognitiven Psychologie sind die Verhaltenskonsequenzen, die sich aus komplexen Anforderungen ergeben, in Laborstudien untersucht worden (DÖRNER ET AL. 1994; PUTZ-OSTERLOH/LEMME 1987; MCKINNON/WEARING 1985). Eine zusammenfassende Darstellung dieser Forschungsrichtung findet sich bei Dörner (1989). Die Ergebnisse dieser Studien sind in den Wirtschaftswissenschaften schon seit längerem breit rezipiert worden (GOMEZ/PROBST 1987). Die Ergebnisse lassen sich im Hinblick auf unsere Fragestellung in folgender Weise verdichten:

Komplexität - insbesondere bei neuen Anforderungen - führt normalerweise dazu, dass die Situation durch den Handelnden zunächst schwerer *kontrollierbar* wird. In der Psychologie bedeutet dies: die Konsequenzen von Handlungen sind nur mit höherem Aufwand und möglicherweise mit geringerer Erfolgswahrscheinlichkeit mit den eigenen Zielen in Einklang zu bringen. Zudem werden bei zunehmender Komplexität die Erfolgskriterien schwieriger messbar: Die Leistung eines Mitarbeiters in der Fertigung ist relativ einfach zu bewerten. Komplizierter wird dies schon nach der Einführung von Gruppenarbeit. Bei noch komplexeren Aufgaben sind die Konsequenzen eigenen Handelns mehrdeutig und Effekte zeitverzögert - manchmal haben Fehler erst nach einigen Jahren Konsequenzen. Bei Aufgaben dieses Typs (z. B. bei denen eines Vorstandsvorsitzenden) besteht dann auch die Möglichkeit Misserfolge (gemessen an eigenen Zielen) so umzudeuten, dass man sie subjektiv nicht als solche erlebt. Dies ist zumindest möglich, solange die langfristig negativen Konsequenzen einen nicht einholen. Sinkt das Ausmaß an erlebter Kontrolle unter ein bestimmtes Niveau, steigt unter diesen Umständen auch die Wahrscheinlichkeit für sogenannte „intellektuelle Notfallreaktionen" (DÖRNER 1989). Diese bewirken, dass zwar nicht unbedingt die objektive Kontrolle besser wird, aber auf jeden Fall die subjektive Einschätzung derselben. Dies wird durch Selektion bestimmter Informationen, durch Fokussierung auf bestimmte Handlungsmöglichkeiten und durch Reduzieren der eigenen Verantwortlichkeit erreicht. Detailliert beschrieben werden diese Mechanismen bei Strohschneider (2002), an dieser Stelle seien sie durch Beispiele illustriert.

- *Einkapselung - Ausblenden von Informationen:* In den o. g. kognitionspsychologischen Studien wird der Mechanismus der sogenannten „Einkapselung" beschrieben: Dies bezeichnet die Tendenz, schwer kontrollierbare Handlungsbereiche eines komplexen Problems auszublenden und sich mit Dingen zu befassen, die gut beherrschbar sind. Hat ein Personalchef z. B. die Aufgabe, Einschränkungen der Geschäftsleitung in ein Personalentwicklungskonzept für seine Abteilung zu integrieren, was auch zu Härten für Mitarbeiter und langjährige externe Weiterbildungspartner führt, dann ist dies unangenehm und wahrscheinlich kaum in einen persönlichen Erfolg umzumünzen. Somit besteht das Risiko, dass diese Aufgabe ausgeblendet wird (durch niedrige Priorisierung, Delegation der konzeptuellen Arbeit o. ä.) und wichtige Entscheidungen erst spät, unter Zeitdruck und in nicht sozialverträglichen Form gefällt werden.

- *Mehr desselben - reduziertes Handlungsrepertoire* - gezeigt werden konnte auch, dass in schwer kontrollierbaren Situationen die Tendenz steigt, bei Misserfolg nicht die gewählte Handlungsoption in Frage zu stellen, sondern die Ursache für den Misserfolg eher in einer falschen Umsetzung zu suchen. Es wurde immer wieder beobachtet (vgl. z. B. DÖRNER 1989), dass in solchen Fällen eine falsche Maßnahme in ihrer Intensität sogar noch verstärkt wird, statt sie grundsätzlich in Frage zu stellen. Haben sich zum Beispiel Lohnanreize zunächst als erfolgreich erwiesen, Mitarbeiter zu qualitativ hochwertiger Mehrarbeit zu motivieren, so wird man bemerken, dass dies nur eine Weile funktioniert. Der Fall „mehr desselben" wäre gegeben, wenn man die nachlassende Wirkung durch noch stärkere Lohnanreize zu kompensieren versucht.

- *Amplifikation und Methodismus* oder auch: Informationen sammeln und Regeln befolgen statt selbst entscheiden. Die Tatsache, dass komplexe Entscheidungen immer mit einer Restunsicherheit gefällt werden müssen, kann speziell für Manager, die es gewohnt sind, im Allgemeinen direkt aus verlässlichen Zahlen nach festen Regeln Entscheidungen abzuleiten, eine belastende Situation des Kontrollverlustes darstellen. Dies kann dazu führen, dass (a) die Informationssuche unangemessen ausgedehnt wird, in der Hoffnung, durch noch mehr Informationen die eigene Unsicherheit zu beseitigen (Amplifikation). Dies wird spätestens dann kontraproduktiv, wenn viele, schlecht strukturierte Informationen die Entscheidungsfindung eher behindern als befördern. Methodismus bedeutet, dass man (b) aus Unsicherheit vor allem danach trachtet, Entscheidungen zu fällen. Man orientiert sich vor allem daran, ein Verfahren zu finden, das man lege artis auf diese Entscheidungssituation anwenden kann und im Folgenden, dieses Verfahren möglichst exakt anzuwenden. Die eigentliche Sachfrage wird in diesem Prozess mehr und mehr nebensächlich.

Diese und andere intellektuelle Notfallreaktionen treten – wie bereits erläutert – verstärkt in Situationen des Kontrollverlustes auf. Die Situation, die Gegenstand dieses Buches ist, führt nach diesem Modell zunächst per se zum individuellen Kontrollverlust. Denn jede Art von Reorganisationsprozess, aber auch viele technisch-organisatorische Innovationen senken die subjektive Sicherheit hinsichtlich der eigenen Zukunft durch Veränderung der Arbeitsaufgaben, der technischen Hilfsmittel, der Kooperationsbeziehungen oder gar durch drohenden Arbeitsplatzverlust. In verschiedenen Studien ließen sich solche Effekte empirisch belegen (KASTNER ET AL. 2001).

Es besteht angesichts dieser Ausgangssituation die Gefahr einer gefährlichen positiven Rückkoppelung. Die schlecht kontrollierbare Situation lässt die Wahrscheinlichkeit für intellektuelle Notfallreaktionen und andere Handlungsfehler steigen, dies führt zu Misserfolgen, dadurch zu weiterem Kontrollverlust usw. (vgl. auch hierzu STROHSCHNEIDER 2002).

3 Strategien zur Neugestaltung der individuellen Tätigkeit

Die folgenden Ausführungen gliedern sich in zwei Teile. Zunächst soll beschrieben werden, welche Empfehlungen sich für die Abwicklung des Reorganisationsprozesses (z. B. Outsourcing) aus dem aktuellen Kenntnisstand ableiten lassen. Im Weiteren ist von Interesse, durch welche arbeitsgestalterischen Maßnahmen sich Fehlerrisiken abpuffern lassen und die Mitarbeiter dabei unterstützt werden, möglichst schnell effektive und belastungsreduzierende Arbeitsweisen zu entwickeln – was natürlich nicht unabhängig voneinander ist.

Was die *Abwicklung des Veränderungsprozesses* betrifft, kann man auf Praxisberichte aus Personalmanagement und Öffentlichkeitsarbeit (z. B. VON WARTBURG 2002) und auf empirische Studien zurückgreifen, in denen die Auswirkungen von Fusionen auf Mitarbeiter untersucht wurden (KIEFER/EICKEN 2002, HOLTGREVE/WINTERFELDT in diesem Band). Die Ergebnisse lassen sich folgendermaßen zusammenfassen: Vor einer Entscheidung zu einer Veränderung ist die Bildung von Gerüchten und die Verbreitung von unrichtigen Informationen und Halbwahrheiten v. a. durch höchstmögliche Diskretion zu unterbinden, nach einer Veränderungsentscheidung ist hingegen für alle Mitarbeiter möglichst schnell Transparenz herzustellen. Ein solches Verhalten ist keineswegs selbstverständlich, ist doch für das Management in vielen Unternehmen die Versuchung groß, den Arbeitnehmern durch diffuse Drohungen mit Standortverlagerung bzw. Outsourcing Zugeständnisse bei Entlohnung und Arbeitszeit abzuringen. Langfristig ist solch ein Verhalten vermutlich kontraproduktiv.

Was die *Gestaltung neuer Arbeitsprozesse* betrifft sei hier auf drei Faktoren hingewiesen, die zum Erfolg beitragen. Diese Liste kann nicht vollständig sein, sie ist auch eher als Hinweis denn als Erfolgsrezept zu betrachten. Sie dient vielmehr zur Unterstützung der Mitarbeiter bei einem proaktiven Umgang mit dem Veränderungsprozess:

1. Anpassung und Entwicklung von angemessenen Arbeitsverfahren, sowie Planungs- und Entscheidungsheuristiken für neuartige strategische Anforderungen

2. Bereitstellung der dafür notwendigen Information und Rahmenbedingungen

3. Abbau der Verunsicherung der Mitarbeiter

Rüdiger von der Weth

3.1 Anpassung und Entwicklung von angemessenen Arbeitsverfahren sowie Planungs- und Entscheidungsheuristiken für neuartige strategische Anforderungen

Eine der wichtigsten Faktoren in dieser Situation ist das Wissen und Können der Mitarbeiter. Erfahrung aus langjähriger Arbeitspraxis führt normalerweise zu Arbeitsweisen, die in der Beschreibung der Geschäftsprozesse nicht unbedingt vollständig oder aktuell abgebildet sind, selbst wenn diese z. B. zu Qualitätszertifizierungszwecken sehr umfassend dargestellt werden. Dieses Erfahrungswissen ist somit *implizit*, einmal aus Sicht der Organisation (d. h. es ist zu großem Teil nicht umfassend dokumentiert), aber auch aus Sicht des Individuums, weil vieles davon schwer sprachlich beschreibbar und außerhalb des Arbeitskontexts auch schwer erinnerlich ist (z. B. Arbeitsgewohnheiten, Wege und Verantwortlichkeiten im nicht formell geregelten Informationsaustausch, u. ä.). Ändern sich technisch-organisatorische Rahmenbedingungen bzw. Geschäftsprozesse, so führt dieses „implizite Altwissen" im Allgemeinen dazu, dass überall da, wo es nicht ausdrücklich anders verlangt wird, so weiter verfahren wird wie bisher. Dies muss man zwiespältig betrachten: Zum einen kann in einer neuartigen Arbeitssituation nicht *alles* von Grund auf neu geregelt werden und so sind bewährte Verfahren u. U. nützlich. Andererseits können solche Gewohnheiten auch dazu führen, dass man neuartige Anforderungen nicht erkennt. So kann z. B. Outsourcing für die Mitglieder einer outgesourcten Teilorganisation dazu führen, dass man in der neuen Situation viele Dinge selbst regeln muss, die bisher durch andere Abteilungen des ehemaligen Unternehmens erledigt wurden. Bei Beibehaltung des „alten Trotts" in der individuellen Arbeitsweise können diese neuen Aufgaben leicht übersehen, vergessen oder in ihrer Zuordnung nicht richtig geregelt werden.

Dieses Problem existiert natürlich auch und vor allem beim Management des neuen Unternehmens. Es ist bereits schwierig genug, die fachlichen Probleme der neuen Situation zu bewältigen. Dass man Hand in Hand damit auch noch die eigenen Managementmethoden, v. a. das strategische Planungs- und Entscheidungsverhalten auf den Prüfstand stellen soll, wird vielen der betroffenen Führungskräfte als Aufgabe hoher Priorität zunächst nicht einsichtig sein, zumal auch dies in einer Phase großer Umbrüche zunächst ja keineswegs mehr subjektive Sicherheit erzeugt (wenn z. B. deutlich wird, dass das eigene Planungs- und Entscheidungsverhalten den neuen Anforderungen noch nicht angepasst ist).

Nun gibt es keinen „one best way" des Planens und Entscheidens in komplexen Situationen. Aus den geschilderten Erkenntnissen über typische Planungs- und Entscheidungsfehler lässt sich vor allem ableiten, dass derjenige Planer im Vorteil ist, der seine eigenen Begrenztheiten und die damit verbundenen Fehlerrisiken kennt und dem bewusst gegensteuert. Im Rahmen des Ansatzes des „ressourcenorientierten Handelns" (VON DER WETH 2001) werden heuristische Verfahren für einzelne Entscheider und Teams vorgestellt, die einerseits der Tatsache Rechnung tragen, dass Unsicherheiten in der Planung nicht vollständig auszuschalten sind, andererseits aber trotz solcher Unsicherheit die Entscheidungsprozesse zu möglichst fundierten Planungen führen sollen. Was ist also bei Veränderungen im eigenen Arbeitsbereich des Human Ressource Managements zu tun?

Um sich seiner eigenen Stärken und Schwächen bewusst zu werden, bedarf es vor allem eines effektiven Umgangs mit dem existierenden individuellen Handlungswissen. Bleiben wir beim Beispiel des Outsourcings. Effektive Arbeitsweisen hängen vor allem von einer gelungenen Anpassung des Bisherigen an die neuen Anforderungen ab. Diese ergeben sich aus den nunmehr restrukturierten Geschäftsprozessen. Die Bestandsaufnahme, Darstellung und systematische Optimierung solcher Geschäftsprozesse ist eine wichtige Basis für eine erfolgreiche Veränderung. Aber dieser Prozess ist im Kern nicht darauf ausgerichtet alle Aspekte individuellen Handelns (Umgang mit Informationen, Planen und Entscheiden, Kooperation) bis ins Detail top down zu steuern - das würde jeden Rahmen sprengen. Viele Routinen fließen daher nicht in die formale Beschreibung des Veränderungsprozesses ein und werden nicht Gegenstand der Reorganisationsüberlegungen. Dies kann einerseits dazu führen, dass nützliche individuelle Arbeitsroutinen entfallen. Andererseits wird möglicherweise ein effizienter Neuanfang durch eine mangelhafte „Entrümpelung" des Verhaltensrepertoires behindert. Werden z. B. wie von Cottone/Waitzinger (in diesem Band) beschrieben, Routinetätigkeiten im Personalmanagement ausgelagert, so entfallen auch face to face Kommunikationswege, die bisher möglicherweise für die Informationssuche bei wichtigen Entscheidungen genutzt wurden. Dies kann positiv sein, wenn die Informationsquelle inkompetent war, aber z. B. auch negativ, wenn der Entscheider eigene Inkompetenz durch die Übernahme guter Ratschläge kompensieren konnte. Für den Veränderungsprozess handelt es sich also bei der mangelhaften Fokussierung auf individuelles Handeln um ein schwer kalkulierbares Prozessrisiko.

Abpuffern lässt sich dies durch eine ergänzende bottom-up Strategie, bei der die Mitarbeiter einer von Veränderungsprozessen betroffenen Personalabteilung das eigene Handeln analysieren und auf der Ebene individuellen Arbeitens und der Kooperation eigenständig eine Optimierung des Veränderungsprozesses initiieren. Auf Grund ihres Aufgabenfeldes sollten sie das notwendige Know-How für einen derartigen partizipativen Prozess besitzen (z. B. auf Gebieten wie Moderation und Coaching) oder zumindest wissen, wie es zu beschaffen ist. Auf welche Aspekte sollte man sich dabei fokussieren?

- Umgang mit Informationen
- Analyse und Anpassung des Routineverhaltens
- Veränderungen bei Planungs- und Entscheidungsprozessen
- Austausch über best practice

- Veränderungen im Bereich der Kooperation
- Entstehung von und Umgang mit Fehlern und Problemen
- Qualifikationserfordernisse und -aktivitäten
- Emotionale und motivationale Aspekte des Veränderungsprozesses und ihre Bewältigung
- Abstimmung eigener in diesem Rahmen entwickelter Konzepte mit den generellen Zielen des Veränderungsprozesses

Ein Teil dieser Themen ist aus der „normalen" Agenda von Qualitätszirkeln u.ä. bekannt. Auch für die Integration von Wissens- und Informationsmanagement in solche Prozesse existieren bereits in der Industrie erfolgreich angewandte Methoden (HACKER ET AL. 2005), Weiteres wird im Folgenden noch erläutert. So ist die Kombination dieser Inhalte zwar neu, fundiertes Wissen existiert aber zu allen Themen. Ein grundsätzliches Problem liegt allerdings im geeigneten Zeitpunkt zum Start eines solchen Prozesses. In der Sache ist eine möglichst frühe Integration der Ergebnisse natürlich wünschenswert, weil Fehlentwicklungen früher erkannt werden können. Anderseits sind viele der oben besprochenen Themen nur zu bearbeiten, wenn für die Beteiligten wenigstens in Grundzügen die Zukunft geklärt ist, weil sonst die notwendige Vertrauensbasis fehlt.

3.2 Bereitstellung der dafür notwendigen Information und Rahmenbedingungen

Ein guter Startpunkt für den in 3.1 beschriebenen Prozess bietet eine Analyse der veränderten Arbeitsaufgaben und Arbeitsbedingungen. Für das Personalmanagement ist hier besonders die gleichzeitig möglichst effektive und umfassende Bereitstellung von Information und Informationsinfrastruktur als wichtigste Rahmenbedingung für richtiges Planen, Entscheiden und Kommunizieren von Interesse. Der erste Vorteil dieser Thematik als Startpunkt liegt darin, dass dies ein eher „personenfernes" Feld ist (Verunsicherung und Abwehr dürfte hier eher ein untergeordnetes Problem sein). Der zweite Vorteil besteht darin, dass auf Grund der Thematik eine Fokussierung auf das eigene Verhalten möglich wird: Um zu klären, für welche Aufgaben welche Informationen in welcher Form gebraucht werden, muss man sich eigene Verhaltensroutinen bewusst machen. Wie macht man das? In wissenschaftlichen Studien wird dies durch Fremdbeobachtung erreicht, die anschließend gemeinsam mit dem Beobachteten ausgewertet wird (vgl. auch hier HACKER ET AL. 2005). Im Bereich der Arbeitssicherheit ist bekannt, dass der systematische Report und die Analyse von Vorfällen (z. B. Incident Reporting Systeme in der Luftfahrt und der Anästhesie, vgl. ST. PIERRE ET AL. 2005) die Aufmerksamkeit für die eigene Informationsverarbeitung erhöht. Werkzeuge zur

Einordnung und Analyse des eigenen Informationsbedarfs für komplexe Planungs- und Entscheidungsprozesse sind in von der Weth (2001) beschrieben. Man geht dabei zunächst von folgenden Analysefragen aus …

- Wie nutze ich Informationen bisher beim Planen und Entscheiden?
- Was an diesem Verhalten trägt zum Erfolg bei, was stellt ein Risiko dar?
- Welche Informationen werden für zukünftige Planungs- und Entscheidungsaufgaben benötigt?
- Welche bisherigen Stärken lassen sich auf die neue Aufgabe übertragen?
- Welche bisherigen Schwächen sollten nun vermieden werden?
- Welche Informationsnutzung erscheint unter den neuen Bedingungen (Neue Aufgabe, neue Arbeitsmittel und -umgebung, neue Kooperation) realisierbar?
- Was trägt an diesem möglichen Verhalten zum Erfolg bei, was stellt ein Risiko dar?
- Was muss man ändern, um es zu realisieren?

… um auf der Basis der so gewonnenen Strukturierung des Problems Anknüpfungspunkte für die Optimierung der Informations- und Arbeitsprozessgestaltung, aber auch für die individuelle Qualifikation und Verbesserung der Kooperation zu gewinnen.

3.3 Abbau der Verunsicherung der Mitarbeiter

Der möglichst schnelle Abbau von Unsicherheit und Zukunftsangst ist ein integraler Bestandteil des bisher beschriebenen Vorgehens. Abb. 3-1 soll deutlich machen, dass im besten Fall ein positiv rückgekoppelter Prozess entsteht, bei dem sich „emotionale Stabilisierung" und „Konkretisierung und Optimierung der zukünftigen Arbeitsprozesse" wechselseitig verstärken.

Abbau von Verunsicherung bedeutet in der Sprache der Psychologie eine Stärkung des subjektiven Empfindens von Kontrolle. Dies wiederum beruht auf der Überzeugung für zukünftige Aufgaben kompetent zu sein. Veränderungsprozesse senken das Ausmaß erlebter Kontrolle ab, denn die Zukunft wird in jedem Falle schwerer prognostizierbar. Je geringer das Niveau der erlebten Kontrolle ist, desto mehr steigt die Wahrscheinlichkeit für intellektuelle Notfallreaktionen und Konflikte und umso mehr steigt auch die Wahrscheinlichkeit für folgenschwere Fehler. Diese Fehler im Veränderungsprozess führen zu einem weiteren Kontrollverlust durch verstärkte Ängste und Demotivation. Möglicherweise entsteht eine gefährliche *Abwärtsspirale*.

Abbildung 3-1: Spirale (Erläuterungen im Text)

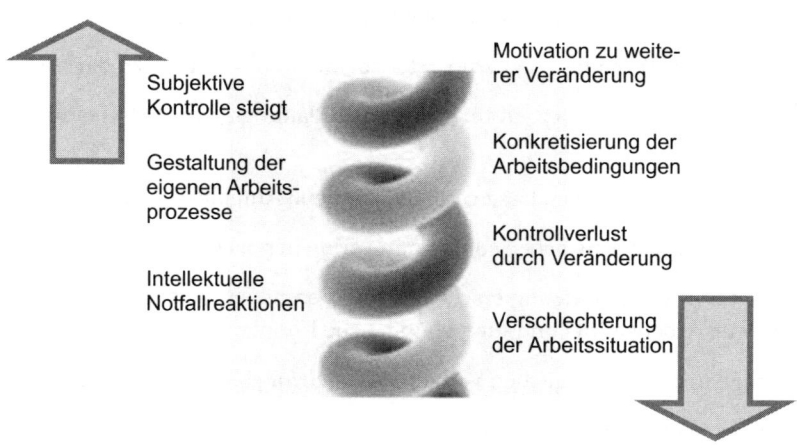

Einer solchen Entwicklung sollte man möglichst rasch entgegentreten. Im ersten Schritt kann die subjektive Sicherheit dadurch gestärkt werden, dass zukünftigere Planungsaufgaben, Entscheidungserfordernisse und Arbeitsbedingungen konkretisiert werden, dies baut die Intransparenz der Situation ab. Ein solcher Effekt sollte bereits durch die Beschäftigung mit den eigenen Arbeitsprozessen eintreten. Die Bearbeitung aller weitergehenden Aspekte sollte sich im Weiteren umso leichter gestalten, je besser der Prozess der „emotionalen Konsolidierung" bereits gelungen ist. Umgekehrt trägt ein Erfolg der ersten Schritte auch zu diesem Stabilisierungsprozess bei. Sukzessive sollte Klarheit über eigene Handlungsmöglichkeiten, mögliche Lernprozesse und ein Konzept einer zukünftig erfolgreichen Arbeitsweise entstehen und auf diese Weise auch die Überzeugung gestärkt werden, dass eine gute Chance für erfolgreiches und erfülltes Arbeiten besteht. Hier besteht also die Möglichkeit einer *Aufwärtsspirale*.

4 Zusammenfassung

Die laufenden und zukünftigen Veränderungen durch Reorganisationsprozesse im Personalmanagement führen auch zur Veränderung der individuellen Tätigkeit. Dabei wird von einer zunehmenden Komplexität der personalwirtschaftlichen Arbeit in den Unternehmen bei gleichzeitiger Auslagerung von Routinetätigkeiten ausgegangen. Veränderung und neue Tätigkeit stellen insgesamt eine komplexe Anforderung für die Mitarbeiter dar. Die Rezeption wissenschaftlicher Ergebnisse aus Psychologie und Arbeitswissenschaften zum menschlichen Handeln bei komplexen Anforderungen zeigt Risiken und Chancen für diesen Prozess auf *Risiken* bestehen v. a. durch typische Belastungsfaktoren und riskante Verhaltensweisen, die in komplexen Situationen wirksam werden. Generell unklare Zukunftsaussichten, aber auch noch nicht in ihren Auswirkungen abschätzbare Veränderungen im individuellen Arbeitsprozess, in der Kooperation am Arbeitsplatz und bei den Rahmenbedingungen können zu subjektiver Verunsicherung (Kontrollverlust) und zu verstärktem Auftreten der Risikofaktoren führen. Dem gegenüber stehen *Chancen*: Die globale Veränderungsstrategie des Unternehmens sollte durch eine partizipative bottom-up Strategie der Gestaltung der Arbeitsinhalte, Arbeitsprozesses und Arbeitsbeziehungen ergänzt werden. Speziell Mitarbeiter aus dem Personalmanagement sollten wesentliche methodische Kompetenzen für die daraus erwachsenden Anforderungen mitbringen. Sie können auf diese Weise ihre Arbeit effektiv umgestalten und gleichzeitig demotivierende Unsicherheit in der Umbruchssituation eines Reorganisationsprozesses gezielt abbauen.

Literaturverzeichnis

BUERSCHAPER, C./HOFINGER, G./VON DER WETH, R., Strategisches Denken aus dem Computer? Über den Nutzen eines Trainings allgemeiner Problemlösefähigkeiten, in: Blötz, U., Gust, M., Ballin, D., Klabbers, J. H. G., Planspiele in der beruflichen Bildung (Fachbuch mit CD-ROM), Bielefeld 2001.

DÖRNER, D., Die Logik des Misslingens, Reinbek bei Hamburg 1989.

DÖRNER, D./KREUZIG, H. W./REITHER, F./STÄUDEL,T., Lohhausen: Vom Umgang mit Unbestimmtheit und Komplexität, Bern 1983 und 1994.

FUNKE, J., Komplexes Problemlösen - Bestandsaufnahme und Perspektiven, Berlin 1986.

GOMEZ, P./PROBST, G. J. P., Vernetztes Denken im Management. Eine Methodik des ganzheitlichen Problemlösens, in: Die Orientierung, 89. Jg., Zürich 1987.

HACKER, W./VON DER WETH, R./ISHIG, A./LUHN, G., Arbeitsgestaltung mit Betroffenenbeteiligung und Nutzung von Erfahrungswissen - auch bei hochautomatisierten Technologien, in: Zeitschrift für Arbeitswissenschaften, 59. Jg., Heft 1, 2005, S. 73-50.

KASTNER, M./KIPFMÜLLER, K./QUAAS, W./SONNTAG, KH./WIELAND. R. (HRSG.), Gesundheit und Arbeitssicherheit in Arbeits- und Organisationsformen der Zukunft, Berlin 2001.

KIEFER, T./EICKEN, S., Das emotionale Erleben einer Großfusion: Eine explorative Studie, in: Wirtschaftspsychologie, 9. Jg., Heft 3, 2002, S. 27-32.

MCKINNON, A. J./WEARING, A. J., Systems analysis and dynamic decision making, in: Acta Psychologica, 58. Jg., 1985, S. 159 - 172.

PUTZ-OSTERLOH, W./LEMME, M., Knowledge and its intelligent application to problem solving, in: The German Journal of Psychology, 11. Jg., 1987, S. 286-303.

ST.PIERRE, M./HOFINGER, G./BUERSCHAPER, C., Notfallmanagement. Human Factors in der Akutmedizin, Berlin 2005.

STROHSCHNEIDER, S., Kompetenzdynamik und Kompetenzregulation beim Planen, in: Strohschneider, S./von der Weth, R. (Hrsg.), „Ja mach nur einen Plan...". Pannen und Fehlschläge. Ursachen, Beispiele, Lösungen, 2. vollständig überarbeitete, erweiterte und aktualisierte Auflage, Bern 2002.

STROHSCHNEIDER, S./VON DER WETH, R. (HRSG.), „Ja mach nur einen Plan...". Pannen und Fehlschläge. Ursachen, Beispiele, Lösungen, 2. vollständig überarbeitete, erweiterte und aktualisierte Auflage, Bern 2002, S. 35-51.

VON WARTBURG, W. P., Der Fall Novartis, in: Mey, H. J./Lehmann-Pollheimer, D. (Hrsg.), Absturz im freien Fall - Anlauf zu neuen Höhenflügen. Gutes Entscheiden in Wirtschaft, Politik und Gesellschaft, Bern 2001.

VON DER WETH, R., Management der Komplexität. Ressourcenorientiertes Handeln in der Praxis, Bern 2001.

Winfried Hacker, Annekatrin Wetzstein, Constanze Winkelmann

Wissensintegration als Innovationsanstoß

1 Einordnung: Netzwerke sind kooperative Arbeitsformen 21
2 Das psychologische Schlüsselmerkmal von Kooperationen: Arbeitsteilung vs. Arbeitskombination 22
3 Kooperatives Arbeiten aus psychologischer Sicht 24
4 Kooperatives Arbeiten als potentielle Quelle von wissensgetriebener Innovation: „Organizational Knowledge Creation" durch Heterogenität 25
5 State-of-the-Art: Zwischenbetriebliche Wissensintegration 26
6 Bedingungen effizienter überorganisationeller Gruppenprozesse zum Problemlösen 27
7 Wissen, Innovation und Reorganisationsmaßnahmen in Personalbereichen 31

1 Einordnung: Netzwerke sind kooperative Arbeitsformen

Im globalisierten Wettbewerb ist es für Wirtschaftsstandorte wie für einzelne Unternehmen entscheidend, nicht lediglich mit der technologischen Entwicklung Schritt zu halten, sondern auch selbst durch neuartige Verbesserungen der Herstellungsprozesse sowie der Produkte und Dienstleistungen diese Entwicklung mitzubestimmen. Daher wird arbeits- und organisationspsychologisches Handwerkszeug für die Gestaltung der Aufgaben bei kognitiv anspruchsvollen - kurz bei geistigen - Arbeitstätigkeiten unerlässlich.

Für das Ziel der Innovationssteigerung können aus arbeits- und organisationspsychologischer Sicht mehrere Ansatzstellen genutzt werden. Vergröbernd kann angesetzt werden an der Gestaltung der Unternehmenskultur, insbesondere der Organisationsprinzipien, sodann an der Gestaltung der Aufbau- und Ablauforganisation, sowie schließlich an der Arbeitstätigkeitsgestaltung für Gruppen und Individuen. Wichtig ist die Berücksichtigung dieser Ansatzstellen auch bei den vielerorts laufenden Reorganisationsmaßnahmen in betrieblichen Dienstleistungsbereichen wie beispielsweise den Personalbereichen. Hier werden derzeit Aufgaben ausgelagert bzw. aus Sicht von Auftragnehmern eingegliedert. Abhängig vom Charakter der jeweiligen Reorganisationsmaßnahme bzw. von den wirtschaftlichen Rahmenbedingungen sind hier verschiedene Formen interorganisationaler Kooperation bzw. von Netzwerken beobachtbar. Für den Erfolg dieser Reorganisationsmaßnahmen ist die Gestaltung der Überleitung der Aufgaben und der anschließend notwendigen (ständigen) Kooperation von entscheidender Bedeutung. Da zu Kooperationen in den beschriebenen Dienstleistungsbereichen bislang keine Untersuchungen vorliegen, soll hier auf Ergebnisse aus anderen Bereichen zurückgegriffen werden.

In ihrer Analyse zur Verbreitung und zum Nutzen regionaler Kooperationen in der deutschen Investitionsgüterindustrie berichten Kinckel und Lay (2000) über etwa 1400 regionale Kooperationen. Sie verstehen darunter die unternehmensübergreifende zwischenbetriebliche Zusammenarbeit in den Feldern Vertrieb, Beschaffung, Service oder Produktion. Zum Erhebungszeitpunkt pflegte ein Drittel (32 %) aller befragten Firmen dieser Branche regionale Kooperationen. Unabhängig davon, ob die Betreiber nur in einem Feld, z. B. nur im Vertrieb oder in mehreren Feldern kooperieren, betrifft die Kooperation am häufigsten die Produktion, gefolgt vom Vertrieb. Beschaffungs- und Servicekooperationen sind seltener.

Auffällig ist, dass in der Erhebung nicht von Kooperation zur Produkt- und Prozessentwicklung bzw. -innovation die Rede ist. Innovationsnetzwerke werden in der zitierten Untersuchung nicht benannt. Möglicherweise deshalb nicht, weil die zwischenbetrieblichen Kooperationen zu vorhandenen Produkten bzw. zu vorhandenen Technologien selbst schon eine Neuerung sind, hinter die Produkt- und Technologieentwicklung in den Hintergrund treten. Mittelfristig wäre dieser Mangel an Entwicklungskooperationen allerdings sehr gefährlich.

2 Das psychologische Schlüsselmerkmal von Kooperationen: Arbeitsteilung vs. Arbeitskombination

Psychologisch kann man fragen, was unter der Oberfläche der überbetrieblichen Vernetzung an Anforderungen an die Arbeitenden entsteht sowie ob und welche andersartigen Anforderungen dabei vorliegen:

(1) Vernetztes Arbeiten ist kooperatives Arbeiten, d. h. Zusammenarbeiten und zu diesem Zweck durchgeführter Informationsaustausch. Die Zusammenarbeit existiert im Unternehmen innerhalb von Gruppen oder Abteilungen, innerhalb des Unternehmens bspw. zwischen relativ unabhängigen Profitcentern sowie zwischen Unternehmen und weist Gemeinsamkeiten auf. (2) Kooperatives Arbeiten ist überall durch das Schlüsselmerkmal der Art der Arbeitsteilung bzw. Arbeitskombination zu beschreiben. (3) Die Arbeitsteilung kann

- in oder zwischen Organisationseinheiten vorliegen und
- dabei zeitlich erfolgen als gleichzeitiges oder sukzessives Arbeiten sowie
- inhaltlich erfolgen und zwar als Art- oder Mengenteilung.

Der ausschlaggebende Sachverhalt, der insbesondere die psychologisch entscheidenden Aspekte der Teilung bestimmt, ist der Arbeitsauftrag. Es gibt ohne Zusatzaufwand teilbare, mit erheblichem Abstimmungsbedarf teilbare sowie kaum zweckmäßig teilbare Aufträge. Psychologisch am folgenreichsten ist, dass die *Artteilung* bzw. *-kombination*, (welche in anforderungsmäßig verschiedenartige Teilaufträge zerlegt oder kombiniert werden kann), eine funktionelle Partialisierung oder Bereicherung bedeutet. Dies bedeutet eine Senkung oder Steigerung der Anforderungsvielfalt und damit des Tätigkeitsspielraumes bei häufigerer oder seltener Wiederholung gleichartiger Anforderungen. Sie ist als vertikale Artteilung bzw. -kombination möglich. Diese trennt oder integriert dispositive von ausführenden Tätigkeiten. Sie ist des Weiteren horizontal möglich und trennt oder integriert unterschiedliche dispositive bzw. unterschiedliche ausführende Tätigkeiten. Schließlich ist sie auch als Kombination vertikaler und horizontaler Artteilung bzw. Artkombination möglich.

Hingegen teilt die *Mengenteilung* Gesamtaufträge in gleichartige, nicht funktionell verteilte Teilaufträge. Sie erhält die Anforderungsvielfalt und den Tätigkeitsspielraum bzw. schafft als Mengenkombination sogar funktionelle Integration.

Zwischenbetrieblich sind *Mengen- und Artteilung* möglich. Der zwischenbetrieblichen Artteilung wird betriebswirtschaftlich eine Konzentration auf Kernkompetenzen zugeschrieben. Der überwiegende Anteil der Produktionskooperationen dürfte daher artteilige Arbeitsteilung beinhalten, stellt also arbeitswissenschaftlich eine funktionelle Partialisierung der Arbeitsaufträge dar.

Ob damit nachteilige Wirkungen für die arbeitenden Menschen im Sinne einer erhöhten Repetitivität verbunden sind, hängt davon ab, wie gleichzeitig die innerbetriebliche Arbeitsteilung und -kombination gestaltet wird. Falls parallel im Unternehmen die Artteilung verringert wird, d. h. Artkombination betrieben wird, wären keine Nachteile zu befürchten. Wege dazu sind

- Stufe 1: Im Zusammenhang mit dem Lean-Management werden dispositive Tätigkeiten mit ausführenden integriert.
- Stufe 2: Produktbegleitende Dienstleistungen werden mit ausführenden Tätigkeiten beispielsweise arbeitsrotatorisch kombiniert.

Derartige Dienstleistungen sind z. B. Anwendungsberatungen beim Kunden, Schulung oder Wartung. Auf Unternehmensebene entspräche das der Entwicklung zum sogenannten PRODIE, d. h. dem Produzenten, der zugleich produktionsnahe Dienstleistung verkauft. Damit entstünden für die einbezogenen Mitarbeiter Arbeitsbereicherung, Steigerung des Wissenseinsatzes und Ermöglichen von innovationsrelevantem Wissensgewinn. In einer solchen „Multi-Task-Organization" der Arbeit werden produzierende und dienstleistende Funktionen teilweise von den gleichen Mitarbeitern erbracht. Der Wissensrückfluss aus der Dienstleistung in die Produktion erfolgt ohne Zusatzaufwand in ein und derselben Person.

Kurzum: Psychologisch, d. h. hier unter dem Aspekt der psychischen Anforderungen an die Mitarbeiter, kann überbetriebliche Kooperation, ob dyadisch oder in ganzen Netzen, je nach Art der zwischenbetrieblichen Arbeitsteilung und -kombination und ihrem Verhältnis zur parallelen innerbetrieblichen Arbeitsteilung und -kombination nachteilige oder förderliche Auswirkungen haben. Es besteht also *Gestaltungsspielraum*.

Allerdings ist es erforderlich, diesen Gestaltungsspielraum zielgerichtet zu identifizieren und auszufüllen. Die Gefahr für eine effiziente leistungsförderliche Arbeitstätigkeitsgestaltung lauert beim unreflektierten Selbstlauf, beim Durchwursteln (muddling through). Die theoretischen Grundlagen und die praktischen Hilfsmittel für eine planmäßige Gestaltung sind bekannt. Man muss sie also lediglich nutzen:

1. Die EN DIN 9241 fordert ganzheitliche Tätigkeiten; Netzwerke und Kooperationen sind von dieser Forderung nicht ausgenommen.

2. Das Motivierungspotential der Tätigkeit (HACKMAN/OLDHAM 1974) benennt die ausschlaggebenden Tätigkeitsmerkmale dieser ganzheitlichen Tätigkeit.

3. Tätigkeitsbewertungsverfahren, teilweise mit computergestützten Simulationsmöglichkeiten, unterstützen das Analysieren, Bewerten und sogar das prospektive Gestalten der Arbeitsteilung und -kombination.

3 Kooperatives Arbeiten aus psychologischer Sicht

Aus psychologischer Sicht gibt es nicht „die" eine Kooperation, sondern verschiedene Formen des Zusammenarbeitens. Das dürfte für inner- wie zwischenorganisationales Zusammenarbeiten gelten. Psychologisch bedingen verschiedene Kooperationsformen aufgabenabhängig verschiedene psychische Vorgänge bei den kooperierenden Personen mit jeweils verschiedenen Auswirkungen. 90 % der Varianz kooperativer Leistungen wird durch die Aufgabe erklärt (HACKMAN/VIDMAR 1970). Persönlichkeitsmerkmale wie Teamfähigkeit oder Sensibilität - soweit das konsistente Personeneigenschaften sein sollten - erklären also bestenfalls bedeutungsarme Varianzreste.

Praktisch folgt, dass die aufgabenoptimale Kooperationsform auszuwählen ist. Wie kann Kooperation klassifiziert werden?

Zunächst gilt es zwischen Zusammenarbeit (Kooperation) und Gruppenarbeit im engeren Sinne zu unterscheiden. Nicht jede Form der Kooperation ist Gruppenarbeit. Und tatsächliche Gruppenarbeit ist vielfältig im Gesamtarbeitsprozess integriert: a) als Organisationsform zeitweiliger Zusatzaktivitäten (beispielsweise Qualitätszirkel) oder b) als Organisationsform der Grundarbeitsaktivitäten und bei diesen wiederum b1) als zeitweilige – beispielsweise phasenweise – Gruppenarbeit neben anderen Organisationsformen oder b2) als unablässiges Arbeiten in echten Gruppen. Zwischen den möglicherweise fiktiven Extremen der reinen Einzel- und der reinen beständigen Gruppenarbeit dominieren Mischformen. Auf diese Weise entsteht eine Vielzahl von Realisationsmöglichkeiten des Zusammenarbeitens.

- Transorganisationelle, z. B. überbetriebliche zeitweilige Arbeitsgruppen, Hospitationen, zeitweilige Doppelzugehörigkeiten von Grenzgängern - sei es zwischen Organisationseinheiten, etwa Profitcentern eines Unternehmens oder zwischen Unternehmen - lassen sich einordnen.

- Zwischenorganisationelle Kooperationsmöglichkeiten sind insbesondere bei Beachten der sukzessiven Kombinationsmöglichkeiten sehr vielfältig, zumal sie auf verschiedenen hierarchischen Ebenen und in verschiedenen Mischungen von Ebenen möglich sind. Man denke an gelegentliche oder systematische Arbeitsgespräche zweier Geschäftsführer, zweier oder mehrerer Konstrukteure sowie Facharbeiter oder Konstrukteure mit Facharbeitern etc.

Es ist die Frage, ob alle Kooperationsarten für alle Aufgaben gleichermaßen sinnvoll sind. Das ist wenigstens für geistige und speziell innovative geistige Arbeit keineswegs der Fall. Beispielsweise kann Gruppenarbeit mehr Verluste als Gewinn erzeugen; darauf wird noch zurückzukommen sein.

4 Kooperatives Arbeiten als potentielle Quelle von wissensgetriebener Innovation: „Organizational Knowledge Creation" durch Heterogenität

Innovationen sind Produkt- oder Prozessneuerungen, die am Markt einen Mehrgewinn erzeugen, weil sie Kunden-, Käufer-, Klientenbedürfnisse besser als frühere Produkte oder Prozesse erfüllen. Innovationen entstehen keinesfalls ausschließlich, aber zu einem erheblichen Anteil aus Wissen und zwar genauer aus dem *Zusammentreffen heterogener Wissensbestände*: Wenn alle Informationsquellen das Gleiche besagen, alle Beteiligten das Gleiche wissen, ist das Entstehen neuer Ideen weniger wahrscheinlich, als wenn inhaltlich unterschiedliches Wissen zu einem Sachverhalt zusammentrifft und integriert wird. Dieses heterogene Wissen ist auf verschiedene Personen verteilt, die häufig aus verschiedenen Organisationseinheiten mit deren verschiedenen Wissensbasen und Fachperspektiven stammen. Hierbei ist die Rolle der Personen im Gegensatz zu den Medien entscheidend: Es muss nämlich zwischen Daten, Informationen in Datenbanken, Zeitschriften, Bibliotheken einerseits und Wissen in den Köpfen von Personen andererseits unterschieden werden. Wissensgetriebene Innovationen entstehen nicht durch das Zusammenlegen von Disketten mit heterogenen Informationen, sondern durch das zielgerichtete und überlegte Zusammenwirken, Kooperieren und Kommunizieren von Personen mit heterogenem Wissen. Weniger bedeutsam als deren heterogene Wissensbestände sind deren Persönlichkeitseigenschaften (BROMME 1999): Können schafft wechselseitige Akzeptanz und sachverständiges Zusammenarbeiten zu beiderseitigem Gewinn sowie Wertschätzung und Vertrauen. Umgekehrt würden Vertrauen oder Wertschätzung nicht das Können der Partner zu erzeugen vermögen.

Warum entstehen durch die Integration heterogenen Wissens zu einem Problem und unterschiedlicher Sichtweisen auf ein Problem innovative Lösungen? Unterschiedliche

Expertise umfasst auch Wissen darüber, was der andere wissen dürfte und was nicht. Kooperation mit unterschiedlichem, verteiltem Wissen oder Interdisziplinarität muss Wissensdifferenzen zunächst nicht beseitigen, sondern nutzt sie, indem sie Zuständigkeiten absteckt. Dabei werden Beiträge des jeweils anderen Experten akzeptiert, mangelnde Passfähigkeit dieser Beiträge wird gemeinsam identifiziert sowie Bindeglieder, die zu einer Gesamtlösung noch fehlen, werden herausgearbeitet. Das wiederum ist der Anstoß zur Präzisierung der Lücke und zur vertieften Auseinandersetzung mit ihr sowie zur Reflexion über die eigenen Lösungsbeiträge (BROMME 1999). Es wurde gezeigt, dass diese Reflexion signifikant zur Lösungsverbesserung beiträgt (WINKELMANN ET AL. 2003).

Nonaka und Takeuchi (1995) haben versucht, diese Prozesse als Spirale der organisationalen Generierung innovationsrelevanten Wissens theoretisch zu fassen, in der allerdings motivationale und intellektuelle Prozesse noch zu ergänzen bleiben. Wissen allein bleibt unfruchtbar: Erforderlich ist die Einheit eines ganz bestimmten Wissens, nämlich des Handlungswissens und der Intelligenz, d. h. der zielgerichtete und wohl durchdachte Umgang mit Wissen. Entscheidend ist zu wissen, für welches neue Ziel welches vorhandene Wissen wie zu nutzen und welches fehlende Wissen wodurch zu erzeugen ist. Handlungswissen ist - im Unterschied zu Kenntnissen - organisiert in Ziel-Bedingungs-Maßnahmeneinheiten.

5 State-of-the-Art: Zwischenbetriebliche Wissensintegration

In 48 sächsischen Unternehmen wurde u. a. untersucht, ob, wie und mit welchem Effekt überbetriebliche Wissensintegration bereits existiert und zwar bei der Einbeziehung von Lieferanten- und Kundenwissen in die Arbeit von Produzenten (WETZSTEIN ET AL. 2003, WETZSTEIN 2004). Das Management aller befragten Unternehmen gab wissensbezogene Interaktionen mit Lieferanten und Kunden an. Die Angaben zum Austausch mit Kunden waren erwartungsgemäß vielfältiger - Rückmeldungen über die eigenen Produkte von deren Beziehern sind überlebensnotwendig. 96 % der Unternehmen bekundeten, die Wünsche ihrer Kunden an die Produkte „ziemlich gut" bis "sehr gut" zu kennen, aber nur 38 % geben an, die Herstellungsprozesse ihrer Zulieferer „ziemlich gut bis sehr gut" zu kennen (z (40) = 1.71, p <.10).

Den Hauptanteil der Interaktionen mit Zulieferern, etwa 90 %, bilden formelle wissensbezogene Interaktionen direkter Art (Projektbesprechungen, Seminare) und indirekter Art (Besprechungen vermittelt durch Telekommunikation). Auffällig ist der vergleichsweise geringe Anteil von Unternehmen (reichlich 10 %), die informelle wissensbezogene Austausche pflegen. Das ist deshalb auffällig, weil - im Sinne des Slogans von der Kantinen-, Kaffeeecken- oder Kneipeninnovation - die Unternehmen die Beiträge informeller Wissensaustausche hoch - und zwar ebenso hoch wie die der formellen - beurteilen. Dieser Befund wird als ein Defizit in der Pflege des innovationsbedeutsamen informellen Austausches insbesondere im überbetrieblichen Bereich interpretiert.

Kaum berichtet wird des Weiteren über die Existenz eines systematischen Plans oder Vorgehenskonzepts sowie einer systematischen Führung bzw. Moderation dieser wissensbezogenen Lieferanten-Produzenten-Kundeninteraktionen. Auch das verweist auf ein mögliches bedeutungsvolles Defizit. Da fast alle Betriebe über gemeinsame Beratungen oder Seminare mit ihren Kunden berichten, hat deren optimale Gestaltung eine grundsätzliche Bedeutung. Trotzdem wird dem aber offensichtlich wenig Bedeutung zugemessen.

6 Bedingungen effizienter überorganisationeller Gruppenprozesse zum Problemlösen

Die Initiative "InnoRegio" des BMBF hat das Ziel, Innovationsnetzwerke zu fördern. Eine Aktivität war das Bereitstellen eines professionellen externen Moderators für die Treffen, Sitzungen und Workshops der Netzwerke. Anhand der Analyse von mehr als 200 Diskussionen in Netzwerken konnten Immig, Bachmann und Scholl (2001) die Vorzüge professioneller externer Moderation nachweisen. Sie betreffen ein besseres Zeit- und Konfliktmanagement, einen effizienteren Einsatz von Moderationstechniken und deutlichere neutrale Moderationsgestaltung im Vergleich zu nichtprofessionellen Moderatoren.

Darüber hinaus ist für die Leistung von Gruppen die Gestaltung des Typs der gewählten Gruppenprozesse, der Gruppenzusammensetzung, der Arbeitsregeln, der Gruppengröße und der Integration der Gruppenarbeit in die Gesamtorganisation des Unternehmens entscheidend. Diese Merkmale entscheiden, ob Gruppenprozesse gegenüber getrennter Arbeit zu Leistungsverlusten führen – wie der Slogan „Innovation im Konsens ist Nonsens" - nicht gänzlich unzutreffend verallgemeinert und sogar Gewinne an Problemlösungsqualität entstehen.

Zysno (1998) berichtet für ein repräsentatives innerbetriebliches Experiment in einem badischen Traktorenwerk, das verschiedene organisatorische Einheiten einschließt, über bedenkliche Nachteile bei tatsächlicher Gruppenarbeit. Man erkennt zweierlei: Tatsächliche Gruppenarbeit schneidet beim Generieren von Ideen bezüglich der Gesamtzahl geeigneter Vorschläge deutlich schlechter ab als Einzelarbeit mit anschließender Lösungsintegration, d. h. der so genannten Nominalgruppentechnik. Die Gruppenverluste steigen mit der Gruppengröße (Ringelmanneffekt).

In Weiterentwicklung einer hybriden Gruppentechnik mit dem Aufgabenorientierten Informationsaustausch (im Folgenden AI) konnte gezeigt werden (NEUBERT/TOMCZYK 1986; WETZSTEIN 2004), inzwischen ist dies Lehrbuchinhalt (SCHULER 2001), dass und wie derartige Verluste auch bei interorganisationeller, einschließlich überbetrieblicher wissensbasierter Innovation vermeidbar sind. Die Abbildung 6-1 skizziert die Kernmerkmale derartiger hybrider Gruppenprozesse.

Abbildung 6-1: „Hybrider Problembearbeitungszyklus" bei wissensintensiven fachgebietsüberschreitenden komplexen Diagnose- und Gestaltungsproblemen

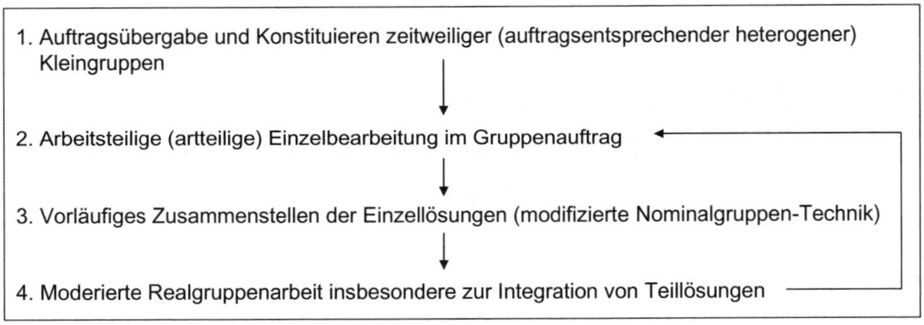

1. Auftragsübergabe und Konstituieren zeitweiliger (auftragsentsprechender heterogener) Kleingruppen

2. Arbeitsteilige (artteilige) Einzelbearbeitung im Gruppenauftrag

3. Vorläufiges Zusammenstellen der Einzellösungen (modifizierte Nominalgruppen-Technik)

4. Moderierte Realgruppenarbeit insbesondere zur Integration von Teillösungen

Das Beispiel (Tabelle 6-1) zeigt die interdisziplinär erzielten Leistungsgewinne bei einem Fertigungsunternehmen (WETZSTEIN 2004).

Tabelle 6-1: Wirtschaftliche Effekte in Teilen des Arbeitsprozesses im Vergleich zwischen vor und nach dem AI

	vor AI	nach AI	Relative Veränderung
fehlerfreie Lose pro Woche	4721	6770	+43.4 %
mittlere Wartezeit der Lose	0.22	0.17	-22.3 %
mittlere Durchlaufzeit der Lose	0.41	0.36	-12.2 %
mittlere Anzahl der Fehler/Los	1.43	1.04	-27.3 %
mittlere Anzahl von Arbeitsschritten			-24.0 %

Bisher ist noch nicht systematisch geprüft worden, ob für das überbetriebliche kooperative Problemlösen Gruppenprozesse vom Typ des Aufgabenbezogenen Informationsaustausches gleichermaßen erfolgreich sind wie für das innerbetriebliche Problemlösen. Wie berechtigt Zweifel daran sind, belegt die von den Teilnehmern eingeschätzte geringe Aufgabenbewältigung zu Beginn überbetrieblicher Sitzungen beim Aufgabenbezogenen Informationsaustausch (Abb. 6-2). Sie ist signifikant schlechter als bei innerbetrieblichen Sitzungen.

Abbildung 6-2: *Bewältigung der Arbeitsaufgaben: Vergleich von 1. und 9. Treffen zwischen den Gruppen*

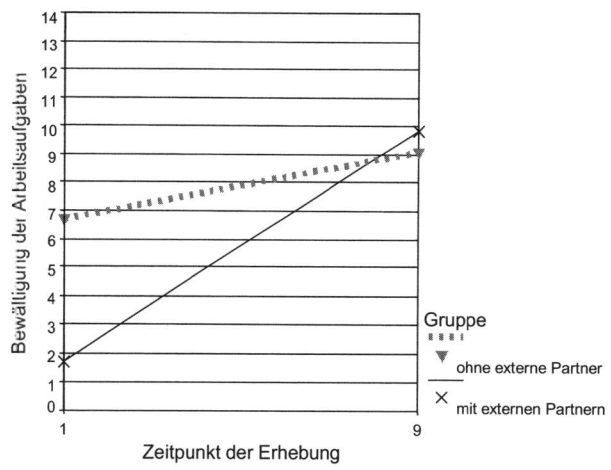

Dieses Defizit wird jedoch im Verlaufe des mehrwöchigen Sitzungsverlaufs zur überbetrieblichen kooperativen Problembearbeitung allmählich ausgeglichen. Am Ende besteht kein signifikanter Unterschied zu der als sehr gut bewerteten innerbetrieblichen Aufgabenbewältigung bei Gruppen ohne externe Partner.

Zwei Erklärungsansätze hierfür sind nahe liegend: Zuerst könnte eine motivationale Zurückhaltung, beispielsweise durch anfänglich fehlenden Vertrauens, die Ursache sein. Eine andere Erklärungsmöglichkeit ist kognitiver Art. Sie betrifft die umfangreichen Lernerfordernisse bei überbetrieblichem Gruppenproblemlösen bezüglich der Terminologie, der Problemsicht, der Ziele und der Wissensbestände der Partner aus unterschiedlichen Arbeitsfeldern.

Die Abbildung 6-3 zeigt, dass die Einstellung nach Aussagen der Teilnehmer keineswegs eine bremsende Rolle spielt: Die Akzeptanz des Verfahrens und die Motivation sind zu Anfang bei überbetrieblichen Gruppenprozessen signifikant besser als bei innerbetrieblichen. Also müssen kognitive Aspekte, die anfangs schlechtere Aufgabenbewältigung bei überbetrieblichen Gruppen erklären. Dafür kommen Unterschiede im Wissen und in den Sichtweisen in Frage, die im Verlaufe des kooperativen Prozesses schrittweise bewältigt werden.

Abbildung 6-3: Akzeptanz des AI: Vergleich von 1. und 9. Treffen zwischen den Gruppen

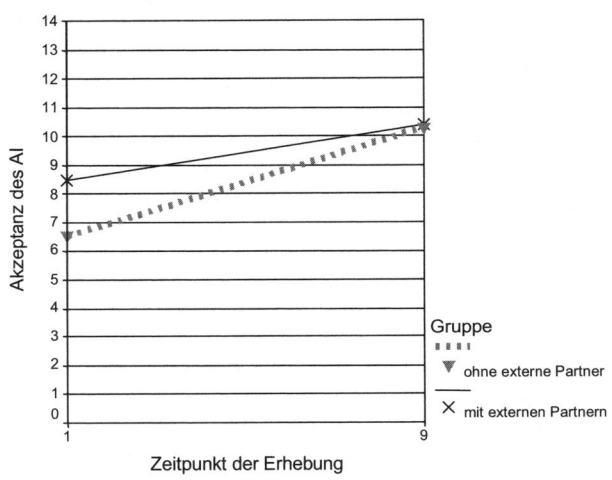

Diese Befunde werden hier folgendermaßen interpretiert: Wer sich auf interorganisationale, beispielsweise überbetriebliche Kooperation einlässt, bringt u. a. einen Vertrauensvorschuss ein, der ihn auch den unerlässlichen kognitiven Lernprozess akzeptieren und bewältigen lässt. Eine erfolgreiche Gestaltung der Kooperation muss gerade diesen *Lernprozess fördern*.

Das Lernen betrifft Mitglieder verschiedener Hierarchieebenen gleichermaßen, die im Aufgabenbezogenen Informationsaustausch mit seiner auch vertikalen Heterogenität gleichberechtigt - zugespitzt: „hierarchielos" - integriert sind. Die Aufträge, welche die Gruppe für die Umsetzung von Ergebnissen und die Vorbereitung neuer Schritte erteilt, nutzen im Falle der Mitgliedschaft von Vorgesetzten jedoch gerade deren hierarchiebedingte Weisungskompetenz. Also ist die psychologische Frage nicht, ob eine hierarchische oder hierarchielose Organisation vorliegt, sondern wie beide - je nach Arbeitsphase - optimal in einer hybriden Organisation integriert werden.

7 Wissen, Innovation und Reorganisationsmaßnahmen in Personalbereichen

Die einschneidersten Anforderungsverschiebungen insbesondere durch Reorganisationsmaßnahmen betreffen die so genannte Wissensarbeit, die bei Lichte besehen genauer Denkarbeit, d. h. Arbeit mit dominant nicht standardisierbaren, schlecht messbaren intellektuellen Anforderungen wird. Reorganisationsmaßnahmen sollten die - im Beitrag ausschnitthaft skizzierten - Änderungen der Arbeitsanforderungen einbeziehen. Die vorliegenden Erkenntnisse können Hinweise für die Gestaltung der Aufgaben und Abläufe bei Reorganisationsmaßnahmen liefern. Die (gegenseitige) Wissensintegration im Zuge der interorganisationalen Zusammenarbeit bzw. Kooperation ist bei Outtasking- oder Outsourcing-Maßnahmen in höchstem Maße erfolgsrelevant. Hier wird jedoch bislang vieles dem Selbstlauf überlassen. Den erwähnten „Vertrauensvorschuss" einzubringen, fällt den Beteiligten oft schwer, zumal hier auch massive Arbeitsplatzverlagerungen und/oder -verluste eintreten können.

Eine gezielte Gestaltung der regelmäßig notwendigen überbetrieblichen Kooperation findet demzufolge nicht statt. Auftretende Probleme bei der Vorbereitung und der Durchführung von Kooperationen könnten durch die hier beschriebene Gestaltung überwunden werden und der notwendige (gegenseitige) Lernprozess ließe sich organisieren. Damit wäre es oft möglich, die angestrebten Ziele mit geringeren „Hindernissen" zu erreichen. Wichtig ist es, offen und transparent zu agieren, um erfolgsbestimmende Lernprozesse abzusichern. Vieles spricht auch für eine *bewusste Neu-Gestaltung* sowohl der nach Outsourcingmaßnahmen in den Unternehmen verbleibenden Aufgaben als auch der dann notwendigen ständigen zwischenbetrieblichen Kooperation. Damit sind ein konsequentes Zeit- und Konfliktmanagement und ein effizienterer Einsatz von Moderationstechniken angesprochen. Den Akteuren der hier betrachteten Kooperationsprozesse sollte es auf diese Weise erleichtert werden, sich auf die notwendige interorganisationale Kooperation einzulassen.

Literaturverzeichnis

BROMME, R., Die eigene und fremde Perspektive: Zur Psychologie kognitiver Interdisziplinarität, in: Umstaetter, W./Wessel, K. F. (Hrsg.), Interdisziplinarität - Herausforderung an die Wissenschaftlerinnen und Wissenschaftler, Bielefeld 1999, S. 37-61.

HACKMAN J. R./OLDHAM, G. R., The job diagnostic survey: An instrument for the diagnosis of jobs and the evaluation of job redesign projects, New Haven 1974.

HACKMAN, J. R./VIDMAR, N., Effects of size and task type on group performance and member reactions, in: Sociometry, 33. Jg., 1970, S. 37-54.

IMMIG, S./BACHMANN, T./SCHOLL, W., Effektivität von Netzwerkmoderation, in: van der Meer, E., Hagendorf, H., Beyer, R., Krüger, F., Nuthmann, A. Schulz, S. (Hrsg.), 43. Kongress der Deutschen Gesellschaft für Psychologie in Berlin, Lengerich 2002, S. 402.

NEUBERT, J./TOMCZYK, R., Gruppenverfahren der Arbeitsanalyse und Arbeitsgestaltung, Berlin 1978.

NONAKA, I./TAKEUCHI, H., The Knowledge Creating Company. How Japanese Companies Create the Dynamics of Innovation, Oxford 1995.

SCHULER, H. (HRSG.), Lehrbuch der Personalpsychologie, Göttingen 2001.

WETZSTEIN, A., Unterstützung der Innovationsentwicklung. Einfluss von wissensbezogenen Interaktionen insbesondere im kooperativen Problemlösen und fragenbasierter Reflexion, Diss., Fachrichtung Psychologie, TU Dresden, Regensburg 2004.

WETZSTEIN, A./OBERKIRSCH, S./SCHUMANN, K., Wissensbezogene Interaktionen in und zwischen Unternehmen und deren Zusammenhang zu Erfolg und Innovation, in: Wirtschaftspsychologie, 7. Jg., Heft 1, 2003, S. 34-36.

WINKELMANN, C./WETZSTEIN, A./HACKER, W., Question Answering - Vergleichende Bewertung von Reflexionsanregungen bei Entwurfstätigkeiten, in: Wirtschaftspsychologie, 7. Jg. Heft 1, 2003, S. 37-40.

ZYSNO, P., Vom Seilzug zum Brainstorming: die Effizienz der Gruppe, in: Witte, E. H. (Hrsg.), Sozialpsychologie der Gruppenleistung, Lengerich 1998, S. 184-210.

Klaus Lurse

Die zukünftige Rolle des Personalmanagements aus Sicht des Beraters
Manager des Aufbaus einer flexiblen Organisation von Arbeit und Lernen im Unternehmen

1 Einleitung 35
2 Trends für die zukünftige Rolle von Personalmanagement in Deutschland 35
   2.1 Trends in Wirtschaft und Gesellschaft 35
   2.2 Trends im Personalmanagement 37
3 HR-Strategie - Die Grundlage einer proaktiv gestaltenden Personalarbeit 39
   3.1 Gegenstand der HR-Strategie 39
   3.2 Determinanten der HR-Strategie 40
   3.3 Top Management Commitment 41
4 Konsequenzen für die zukünftige Rolle von Personal 42
   4.1 Welche Fähigkeiten müssen Personalbereiche künftig stärker entwickeln? ...42
   4.2 Kernrollen eines zukunftsgerechten Personalmanagements 44
      4.2.1 Der „Kundenmanager" 44
      4.2.2 Zentrale Servicefunktionen 45
      4.2.3 Originäre Zentralfunktionen 45
      4.2.4 Expertenrollen 47
          4.2.4.1 Bildung 47
          4.2.4.2 Arbeitsrecht 47
          4.2.4.3 Vergütung 47
          4.2.4.4 Altersvorsorge 48
          4.2.4.5 Integration 48
      4.2.5 Realisierung der Expertenrollen 48
5 Erfolgsfaktoren für die erfolgreiche Zusammenarbeit mit externen Beratern 49

1 Einleitung

In der Formulierung des Themas für diesen Aufsatz liegt eine These: Unternehmen in Deutschland (aber nicht nur in Deutschland) brauchen deutlich mehr Flexibilität, um die Wettbewerbsfähigkeit ihrer Leistungen am Standort Deutschland zu sichern.

Diese These will ich zunächst vor dem Hintergrund einiger Trends begründen, die mir für die weitere Entwicklung in Deutschland besonders wichtig erscheinen. Anschließend will ich der Frage nachgehen, welche besonderen Anforderungen diese Trends an die Weiterentwicklung von Personalarbeit, Führungssystemen und Arbeitsbedingungen stellen. Kurz heißt das: Welche Themen bestimmen die strategische Agenda der HR-Funktionen in den nächsten Jahren?

Structure follows strategy! Nur wer ein klares Bild der anstehenden Aufgaben für den Personalbereich hat, kann bestimmen, in welcher Struktur, mit welchen Rollen und Qualifikationsanforderungen Personaler diese Herausforderungen bewältigen können.

Ich bin Berater. In 15 Jahren Arbeit als Berater habe ich ca. 200 Unternehmen und deren Personalbereiche in gemeinsamen Projekten kennen gelernt. Das hat meine Erfahrung geprägt. Ich kann also gar nicht anders, als die zukünftige Rolle von Personal vor dem Hintergrund dieser eigenen Erfahrungen - also aus Sicht des Beraters - zu beschreiben. Das soll in diesem Aufsatz auch bewusst aus dieser Perspektive geschehen.

2 Trends für die zukünftige Rolle von Personalmanagement in Deutschland

2.1 Trends in Wirtschaft und Gesellschaft

Welche Entwicklungen prägen das Umfeld, in dem sich Unternehmen in den nächsten Jahren behaupten müssen?

- Globalisierung

Die Märkte sind weltweit geöffnet worden. Im Schutze der Welthandelsabkommen haben Produkte aus Deutschland einen fast uneingeschränkten Zugang zu allen Märkten der Welt. Selbst für kleinere Unternehmen ist das Geschäft mit nicht selten 70 % bis 80 % Exportanteil international geworden. Entsprechend setzen die Anforderungen internationaler Märkte zunehmend die Maßstäbe, an denen Unternehmen in Deutschland sich ausrichten müssen. Umgekehrt sind auch Herstellungsprozesse durch globa-

Klaus Lurse

le Arbeitsteilung geprägt. Exportweltmeister können deutsche Unternehmen nur sein, weil internationale Zulieferer immer stärker dazu beitragen, die gesamten Herstellkosten auf einem wettbewerbsfähigen Niveau zu halten. Verstärkt wird die internationale Arbeitsteilung nicht nur in der Produktion, sondern auch in Entwicklung und Verwaltung genutzt, um Prozesskosten zu senken. In vielen Funktionsbereichen bedeutet das für den Standort Deutschland einen verstärkten Druck auf Senkung der Arbeitskosten und Steigerung der Produktivität.

■ EU-Erweiterung

Die Osterweiterung der EU öffnet neue Arbeitsmärkte. Gleichzeitig verschärft sich der Standortwettbewerb, weil unter den stabilen Rahmenbedingungen der EU in den östlichen Beitrittsländern Standortalternativen mit deutlich niedrigeren Lohnkosten pro Stunde verfügbar sind. Die Notwendigkeit, im verschärften Standort-Wettbewerb Arbeitsplätze in Deutschland zu sichern, hat in jüngster Zeit eine Welle von Standortsicherungsvereinbarungen mit deutlich abgesenkten Arbeitskosten und verlängerten Arbeitszeiten ausgelöst.

■ Demografische Entwicklung

Die demografische Entwicklung verändert den Altersaufbau der Bevölkerung dramatisch. Während pro Tausend Einwohner immer weniger Kinder geboren werden, steigt der Anteil der über 50-jährigen. Schon in wenigen Jahren wird es einen Mangel an Bewerbern für Ausbildungsplätze, etwas später einen Mangel an Hochschulabsolventen geben. Sicher ist auch, dass das mittlere Renteneintrittsalter schon relativ bald auf 63 bis 65 Jahre steigen wird. Ältere Arbeitnehmer werden 5 bis 10 Jahre länger im Arbeitsleben verweilen müssen, weil sie sich einen früheren Renteneintritt nicht mehr leisten können.

■ Umbau der Sozialsysteme

Der demografische Wandel und der internationale Wettbewerbsdruck erzwingen einen deutlichen Umbau der Sozialsysteme in Deutschland. Die Beiträge zur Sozialversicherung müssen sinken. Um das zu ermöglichen, werden in allen Sozialversicherungssystemen die Leistungen abgesenkt. Die wachsende Versorgungslücke verstärkt den Bedarf nach ergänzenden, unternehmens- oder mitarbeiterfinanzierten Versorgungsleistungen.

■ Technologischer Wandel

Der technologische Fortschritt wird mit kurzen Innovationszyklen anhalten. Die Halbwertzeit des Wissens wird eher kürzer als länger. Zur Verteidigung des Lohnniveaus in Deutschland brauchen wir hohe Innovationskraft und Technologieführung, um daraus Alleinstellungsmerkmale aufzubauen. Das alles müssen wir in Deutschland auch mit älter werdenden Belegschaften beherrschen. Lernen und frühzeitiger Qualifikationsumbau, Sicherung der Employability von älteren Arbeitnehmern bleiben deshalb auf der Tagesordnung.

■ Mergers and Akquisitions

Vieles spricht dafür, dass der Prozess der Neuordnung von Unternehmensbeteiligungen noch lange nicht abgeschlossen ist. Mergers and Akquisitions werden ebenso wie Betriebsaufspaltungen weiterhin die Entwicklung vieler Unternehmen in Deutschland begleiten.

■ Internationalisierung der Kapitalmärkte

Börsennotierte Unternehmen spüren es: Der Einfluss internationaler Investoren und Kapitalmärkte wächst. Von dort geraten auch gesunde Unternehmen unter den Druck erhöhter Renditeerwartungen. Wer nicht durch niedrige Kurse zum Übernahmeopfer werden will, muss sich den Gesetzen der internationalen Kapitalmärkte beugen.

2.2 Trends im Personalmanagement

Das wirtschaftliche und gesellschaftliche Umfeld prägt die Herausforderungen des Personalmanagements der Zukunft.

■ Absenkung der Arbeitskosten unter dem Druck der Standortfrage

International tätige Unternehmen demonstrieren, wie Arbeitskosten in Deutschland mit der Drohung der Standortverlagerung zur Beschäftigungssicherung in Deutschland gesenkt werden können. Lange Zeit verwalteten Personalmanager in Deutschland scheinbar unvermeidbare jährliche Kostensteigerungen. Jetzt arbeiten nicht nur Not leidende Unternehmen verstärkt an Programmen zur Personalkostensenkung - zum Teil mit spürbaren realen Einkommenseinbußen.

■ Perforierung der Flächentarife

Die Regelungsmacht der Flächentarife wird aus zwei Richtungen eingeschränkt: Einerseits werden in tarifgebundenen Unternehmen - in der Regel in den größeren - unter dem Druck der Standortfrage die geltenden Flächentarife durch die Nutzung von Öffnungsklauseln und den Abschluss von Ergänzungstarifverträgen perforiert, z. B. durch eine Verlängerung der Arbeitszeit, die Minderung von Zuschlägen, die Minderung von Lohnzuwächsen etc. Gleichzeitig steigt die Anzahl der Austritte aus den Arbeitgeberverbänden parallel zum Mitgliederschwund der Gewerkschaften. Ein wachsender Anteil der Arbeitsverhältnisse in Deutschland ist nicht mehr durch Tarifnormen geregelt.

■ Wachsende Gestaltungshoheit und -notwendigkeit für Arbeitsbedingungen und Führungssysteme im Unternehmen und Betrieb

Lange Zeit wurden Arbeitsbedingungen in vielen Unternehmen ausschließlich tarifvertraglich geregelt. Die wenigen einzelvertraglichen Regelungen für Führungskräfte und außertarifliche Angestellte spielten eine untergeordnete Rolle. Personalbereiche, die lange Jahre überbetriebliche Tarifnormen umsetzen und interpretieren mussten, müssen zukünftig selber die für ihr Geschäft zweckmäßigen Richtlinien für eine flexible Gestaltung von Vergütung und Arbeitszeit entwickeln.

- Technologieführerschaft braucht Kompetenzführerschaft

Immer kürzere Technologiezyklen erzwingen für immer größere Teile der Belegschaft lebenslanges Lernen. Die Verweildauer im Beruf wird steigen. Umso wichtiger ist es, durch frühzeitigen Qualifikationswandel die produktive Verwendbarkeit für älter werdende Mitarbeiter zu sichern. Wir schließen nicht aus, dass wir auch neue Karrieremodelle brauchen, um mit älteren Belegschaften produktiv und wertschätzend zu arbeiten. Noch immer herrschen Leitvorstellungen wie, dass der Zenit der Karriere am Ende der Berufslaufbahn vor dem Renteneintritt erreicht ist. Vielleicht brauchen wir neue Muster, mit denen akzeptiert wird, dass der Zenit eher in den frühen 50ern eines Menschen erreicht wird und ein vorsichtiges Absinken von Verwendung, Verantwortung und Vergütung in späteren Berufsjahren normal und akzeptabel ist.

- Zunehmende Bedeutung internationalen Personalmanagements

Noch endet die Zuständigkeit vieler Personalbereiche deutscher Unternehmen an den deutschen Landesgrenzen. Zunehmend werden auch deutsche Unternehmen entdecken, dass in vertikalen Business-Strukturen Führungssysteme, Nachwuchsentwicklung, Managementvergütung, Managemententwicklung und andere Themen international koordiniert und gesteuert werden müssen.

- Optimierung von HR Verwaltungsprozessen

HR-Service- und -Verwaltungsfunktionen sind unverzichtbar, aber eben auch nur die notwendige Pflicht. Der Zwang zur Kostensenkung und Produktivitätssteigerung hat schon längst die administrativen Personalservicefunktionen erfasst. Entweder werden diese Funktionen outgesourced oder innerbetrieblich durch verstärkten Einsatz von IT und Optimierung der Prozesse auf wettbewerbsfähige Kosten gesenkt.

Ich erhebe nicht den Anspruch, an dieser Stelle die relevanten Trends vollständig zu beschreiben, die die zukünftige Rolle des Personalmanagements in Deutschland prägen werden. Schon diese kurze Auflistung wesentlicher Trends macht für mich aber deutlich, dass die Rolle des Personalmanagements in Deutschland deutlich an Bedeutung gewinnen wird. Mit diesem Bedeutungszuwachs wird aber auch eine erhebliche Verlagerung von Aufgabenschwerpunkten und entsprechenden Kompetenzanforderungen für Führungskräfte und Experten im Personalmanagement deutscher Unternehmen verbunden sein.

3 HR-Strategie - Die Grundlage einer proaktiv gestaltenden Personalarbeit

3.1 Gegenstand der HR-Strategie

In einer Studie zur Arbeit von Unternehmen in Deutschland mit Personalmanagement-Strategien haben wir Anfang 2002 festgestellt, dass weniger als die Hälfte der untersuchten Unternehmen mit umfassenden und im Management abgestimmten Strategien für die Weiterentwicklung des Personalmanagements arbeiten. Wir sind sicher, dass eine vollständige Erhebung in allen Unternehmen in Deutschland mit mehr als 250 Mitarbeitern zeigen würde, dass nicht einmal ein Viertel dieser Unternehmen über ausgearbeitete und abgestimmte Strategien zur Weiterentwicklung des Personalmanagements verfügen. Gibt es hier einen Zusammenhang mit der teilweise recht schwachen Rolle und Durchsetzungsmacht von Personalfunktionen in deutschen Unternehmen? Ich weiß nicht, was dabei Henne und was Ei ist. Ist die Schwäche der Personalfunktionen Ursache dafür, dass das Management wenig Interesse an der Entwicklung einer tragfähigen Strategie für die Weiterentwicklung des Personalmanagements zeigt oder ist es umgekehrt? Ist die Personalfunktion so schwach, weil sie kein klares Bild der Beiträge des Personalmanagements zur erfolgreichen Umsetzung der Business-Strategie zeichnen kann und weil der Nutzen und kreative Verbesserungspotenziale nicht aufgezeigt werden?

Sicher bin ich aber, dass man ohne einen Konsens über strategische Herausforderungen und notwendige Änderungen im Personalmanagement nicht beschreiben kann, welche Veränderungen der Aufgaben und Rollen des Personalbereiches notwendig, nützlich und sinnvoll sind. Trends zeigen allgemeine Entwicklungen. Für das einzelne Unternehmen stellen Sie einen Steinbruch möglicher, eventuell auch notwendiger Veränderungen dar. Allein reichen Trends nicht aus, um die in einem Unternehmen sinnvolle Ausgestaltung der Rolle und Funktionen des Personalbereiches zu bestimmen. Dazu brauchen wir ein klares, mit dem Management abgestimmtes Bild der zukünftigen Herausforderungen, der notwendigen Veränderungen und der vom Personalbereich wahrzunehmenden Aufgaben bei der Realisierung dieser notwendigen Aufgaben und Veränderungen. Dies nennen wir eine Personalmanagement-Strategie.

Hier will ich etwas tiefer ausführen, was Personalbereiche tun können, um sich mehr Klarheit über ihre Personalmanagement-Strategie zu verschaffen. Zentraler Orientierungspunkt der notwendigen Beiträge des Personalmanagements ist die Unternehmensstrategie, also das Bündel von Maßnahmen und Handlungsansätzen zur mittelfristigen Erreichung der Unternehmensziele. Indem wir den Nutzen der personalpolitischen Maßnahmen sichtbar machen, werden diese Themen vom Management als wichtig wahrgenommen. Nur mit wahrgenommenem strategischen Nutzen wird es auch eine Wertschätzung der Personalarbeit geben.

Klaus Lurse

Abbildung 3-1:   Handlungsfelder des Personalmanagements

Personalmarketing und -beschaffung	Personalplanung	Nachwuchsentwicklung
Personalabbau	‚Management' der Arbeitnehmervertretungen	Training und Qualifizierung
Arbeitszeitmanagement	Personalcontrolling	Performancemanagement
Vergütung und Vertragsgestaltung	Verwaltung und Abrechnung	Führungskräfteentwicklung
Mitarbeiterinformation und Partizipation	IT-Systeme/Prozesse (Personal)	Berufsausbildung - gewerblich - technisch - kaufmännisch
Internationales Personalmanagement	Struktur und Arbeitsorganisation	Führungs- und Arbeitskultur

Wesensmerkmal einer Personalmanagement-Strategie ist Vollständigkeit in der Analyse. Strategieentwicklung hat das Ziel, alle wesentlichen Gestaltungsfelder und Leistungsbeiträge des Personalmanagements zu überprüfen, Veränderungsbedarfe zu identifizieren, in ihrer Vernetzung sichtbar zu machen und dann Handlungsfelder und Maßnahmen sachgerecht zu priorisieren. Ein Blick auf die Handlungsfelder des Personalmanagements (Abb. 3-1) macht die Komplexität des Themas deutlich. Eine Personalmanagement-Strategie kann deshalb nicht ad hoc entwickelt werden.

3.2   Determinanten der HR-Strategie

Die wesentlichen Determinanten für die Entwicklung der Personalmanagement-Strategie wollen wir mit Abbildung 3-2 sichtbar machen. Eindeutig muss die Personalmanagement-Strategie auf die Geschäftsstrategie ausgerichtet werden. Nur hier kann abgeleitet werden, welche Leistungsbeiträge von Mitarbeitern zukünftig gefordert werden, in welcher Menge und Qualifikation Personal benötigt wird. Das sind die notwendigen Beiträge Personal. Weitere wesentliche Determinanten sind Stärken und Schwächen der Ist-Situation, Werte und Leitvorstellungen und externe Einflüsse.

Abbildung 3-2: Determinanten der Personalmanagement-Strategie

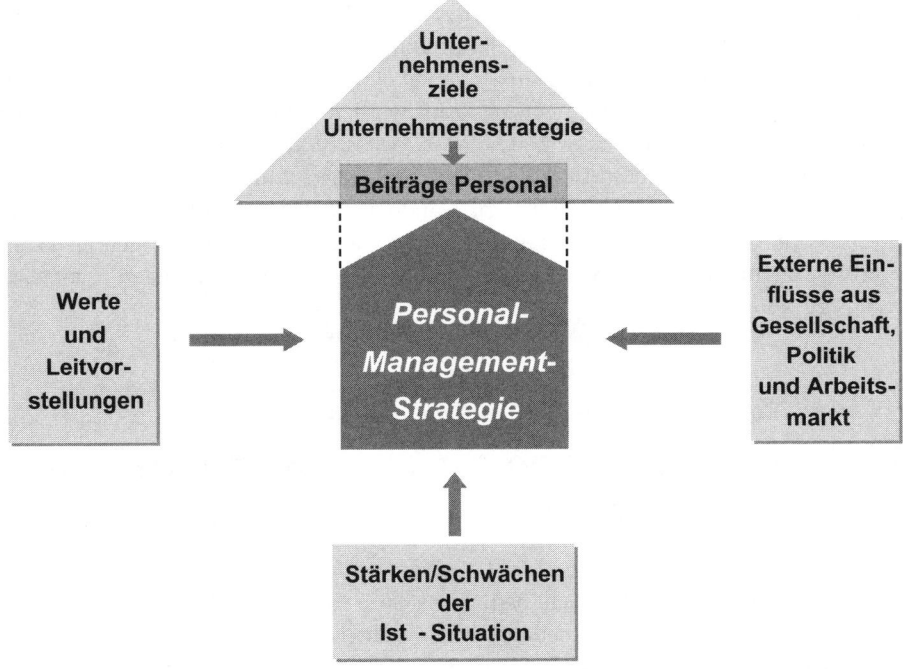

3.3 Top Management Commitment

Die beste Strategie nützt nicht, wenn es dazu nicht einen abgestimmten Konsens mit dem Top Management gibt. Nur wenn Handlungsschwerpunkte und die Priorisierung der notwendigen Beiträge des Personalmanagements mit Geschäftsleitung und obersten Führungskräften des Unternehmens solide abgestimmt sind, taugt diese Strategie auch als Grundlage, um daraus die notwendigen Strukturen und Rollen für die Realisierung der anstehenden Aufgaben abzuleiten. Die Personalmanagement-Strategie ist also uneingeschränkt unter Federführung des Personalbereiches zu erarbeiten. Tragfähig ist sie erst nach einer soliden Abstimmung.

Es gibt einen weiteren Grund, warum ich besonders im Personalmanagement belastbare mittelfristige Handlungsstrategien mit einem verbindlichen Management Commitment für notwendig halte. Die meisten Veränderungen in Personalstrukturen,

Klaus Lurse

Verhaltensmustern und Beschäftigungsbedingungen brauchen leider Zeit, um durchgesetzt und wirksam zu werden. Beschäftigungsbedingungen sind in Deutschland in hohem Maß reguliert. Fast alles ist in Tarifverträgen, Arbeitsverträgen, Besitzständen und Gesetzesnormen festgeschrieben. Wer z. B. durch den Austritt aus dem Arbeitgeberverband und das Abstreifen der Tarifbindung Handlungsfreiheit für eine flexiblere Gestaltung von Arbeitsbedingungen gewinnen will, braucht - leider - einige Jahre Vorlauf bis spürbare Veränderungen wirksam werden können. Es braucht Jahre, um handlungsfähige, von Vertrauen getragene Arbeitsstrukturen in der Betriebsverfassung aufzubauen. Wir brauchen Zeit, um Personalstrukturen, Kompetenzaufbau, Qualifikationsprofile sozialverträglich zu wandeln. Weil das so ist, sollten wir über HR-Strategien die Reichweite unseres „HR-Radars" erweitern. Vielleicht gelingt es uns so, früher anzufangen, um trotz langer Vorlaufzeiten für Veränderungen rechtzeitig „fertig" zu sein.

4 Konsequenzen für die zukünftige Rolle von Personal

Unternehmen sind unterschiedlich, befinden sich in unterschiedlichen Entwicklungsphasen, stehen vor sehr verschiedenartigen strategischen Herausforderungen. Das erfordert unterschiedliche Strategien und Beiträge im Personalmanagement. Deshalb kann es nicht das einheitliche zukünftige Verständnis von Rolle und Struktur der Personalfunktionen in Unternehmen geben.

4.1 Welche Fähigkeiten müssen Personalbereiche künftig stärker entwickeln?

- Mehr Business-Orientierung

    Viel ist in den vergangenen Jahren zum Thema „Personal als Business-Partner" geschrieben worden. Einiges hat sich geändert. Zu vielen Personalern haftet unverändert das Image der „Personalverwaltung", der Betriebsratsnähe und der Verhinderer an, die dem Management erklären, was alles in Deutschland nicht geht.

    Als Berater habe ich schnell gelernt, dass ich kein Geschäft machen kann, wenn ich nicht helfe, Nutzen zu realisieren. Leitfrage für jeden Personaler muss deshalb sein: Wie kann ich dem operativen Management wirksam helfen, das Geschäft erfolgreicher zu betreiben? Solche Nutzenpotenziale können z. B. sein: Personal hilft,

- bessere Talente als Bewerber ans Unternehmen heranzuführen,
- mit sauberen Auswahlmethoden und -prozessen, die Trefferquote bei Neueinstellungen zu erhöhen,
- mit pfiffigen Maßnahmen effizienter zu qualifizieren, d. h. mit weniger Aufwand mehr Wirkung zu erreichen,
- bessere Steuerungssysteme für Vergütung und Arbeitszeit einzuführen, die mit weniger Kosten und mehr Flexibilität mehr Engagement für die Realisierung strategischer Ziele freisetzen.

Business-Orientierung braucht ein tiefes Verständnis der Anforderungen des Geschäftes und gleichzeitig fachliche Kompetenz im Personalhandwerk.

■ Mehr betriebliche Gestaltung von Führungssystemen und Beschäftigung

Lange Zeit haben wir über die Überregulierung von Arbeitsbedingungen in Gesetzen, Tarifverträgen, Arbeitsverträgen und Rechtsprechung geklagt. Das ist ohne Zweifel berechtigt, wurde aber auch als Alibi benutzt, um nicht selber gestalten zu müssen. Eine aktive Gestaltung von Arbeitsbedingungen setzt voraus, dass Personaler selber praxisgerechte Ideen für eine bessere, mehr Nutzen schaffende Gestaltung von Führungssystemen und Arbeitsbedingungen entwickeln können, diese dem Management vermitteln und auch überzeugen können, dass die Umsetzung beherrschbar ist. An dieser Stelle sind Personaler in der gleichen Rolle wie externe Berater. Wir müssen unsere Leistungen „verkaufen", um Aufträge für die Realisierung zu erhalten. Eine betriebliche Gestaltung von Arbeitsbedingungen kann niemals Selbstzweck sein. Zunächst bedeutet betriebliche Gestaltung nur zusätzliche Arbeit und Verantwortung - auch für das Management. Sinnvoll ist eine betriebliche Gestaltung nur dort, wo die Betriebsnähe in der Gestaltung auch mehr Nutzen bringt.

Wir konnten in jüngster Zeit verfolgen, wie in der Automobilindustrie dramatische Kostensenkungsprogramme vereinbart wurden. Diese Kostensenkungen schaffen Wettbewerbsvorteile. Nicht immer geht es in der betrieblichen Gestaltung um Kostensenkung. Oft wachsen die Vorteile bei gleichem Aufwand aus mehr Flexibilität und Effizienz.

■ Mehr Mitgestaltung und Mitverantwortung in der Betriebsverfassung

Die Fähigkeit zur konstruktiven, partnerschaftlichen und innovativen Weiterentwicklung von Führungssystemen und Beschäftigungsbedingungen im partnerschaftlichen Dialog mit den Arbeitnehmervertretern in Betriebsräten und Gewerkschaften wird zu einem kritischen Erfolgsfaktor für das Personalmanagement der Zukunft. Dazu gilt es, kompetente, kooperative und handlungsfähige Arbeitsstrukturen in der Betriebsverfassung aufzubauen. Die Pflege und Entwicklung dieser kooperativen Arbeitsbeziehungen ist eine zunehmend wichtige Aufgabe im Personalmanagement.

- Mehr Internationalität

Nicht nur im Absatz wird das Geschäft internationaler. Zunehmende Anteile der Wertschöpfung werden im Ausland erbracht. Immer stärker wird das Geschäft weltweit in vertikalen Strukturen vorangetrieben. Diese zunehmende Internationalisierung des Geschäftes kann und wird vor dem Personalmanagement nicht Halt machen. Wenn bestimmte HR-Leistungen im Inland sinnvoll sind, weil sie mehr Erfolg und bessere Resultate schaffen, dann kann dieser Bedarf nicht an deutschen Landesgrenzen enden. Für angelsächsische Unternehmen ist internationale Orientierung im HR-Management selbstverständlich. Hier wird auch im Personalmanagement mit international weitgehend standardisierten Prozessen gearbeitet. Vielleicht übertreiben das manchmal angelsächsische Unternehmen. Deutsche Personalmanager müssen nach meiner Einschätzung aber eindeutig mehr Internationalität in der Bereitstellung von HR-Leistungen gewährleisten.

- Mehr Lust am Qualifikationswandel

Die hohen Arbeitskosten in Deutschland können wir nur halten, wenn wir Technologieführer bleiben und über Alleinstellungsmerkmale Preisvorteile realisieren können. Technologieführung braucht Kompetenzführung. Um ein verstärktes Interesse am Qualifikationswandel aufzubauen, brauchen wir Führungssysteme, die Mitarbeitern die Notwendigkeit des Qualifikationsaufbaus und des Lernens, sowie verlässliche Perspektiven dafür zeigen. Wir brauchen intelligente Lernangebote und -formen und wir brauchen zusätzlich verstärkte Anreize für eigene Investitionen der Mitarbeiter in ihre berufsbegleitende Qualifikationsentwicklung.

4.2 Kernrollen eines zukunftsgerechten Personalmanagements

4.2.1 Der „Kundenmanager"

Der Kundenmanager ist der Vertreter des Personalmanagements gegenüber einem Geschäftsbereich im Unternehmen. Er verbindet eine ausgeprägte Kenntnis des Geschäftes, der Funktionen, der zukunftsgerechten Anforderungen für diese Funktionen in dem Geschäftsbereich mit einer Allrounder-Kompetenz im Personalmanagement.

Der Kundenmanager verbindet also ausgeprägtes Businessverständnis mit einer breiten HR-Kompetenz.

Abbildung 4-1: Der „Kundenmanager"

Der Kundenmanager nutzt sein tieferes Verständnis des Geschehens im Geschäftsbereich, um z. B. *Kompetenzprofile, Auswahlmethoden und -prozesse, Programme zur Kompetenzentwicklung für Schlüsselfunktionen im Geschäftsbereich, Zielvereinbarungsprozesse und Modelle der variablen Vergütung* entsprechend dem Bedarf seines Geschäftsbereiches (d. h. seiner Kunden) zu schärfen und anzupassen.

Er unterstützt und verlängert zentrale Führungssysteme und Personalprogramme in den Geschäftsbereich hinein. Er unterstützt dabei gleichzeitig das notwendige Customizing dieser HR-Programme. Dabei ist eine vernünftige Balance zwischen dem Bedürfnis nach zentraler Harmonisierung und Standardisierung von Führungssystemen und Prozessen mit der notwendigen Spezifizierung zur Anpassung an die Erfordernisse der einzelnen Geschäftsbereiche eines Unternehmens zu gewährleisten.

Damit ist der Kundenmanager immer Mittler in zwei Richtungen. Es gilt, die Notwendigkeit gemeinsamer Standards und Systeme an die Kunden im Geschäftsbereich zu vermitteln und umgekehrt, den Zentralfunktionen, die für die Entwicklung der gemeinsamen Systeme im Personalmanagement verantwortlich zeichnen, die Notwendigkeit geschäftsbereichsspezifischer Anpassungen zu vermitteln.

4.2.2 Zentrale Servicefunktionen

Ich denke hier besonders an Aufgabenbereiche wie Entgeltabrechnung, Pflege und Weiterentwicklung der IT-Systeme für HR, das Personalberichtswesen und die klassische Personalverwaltung. Diese zentralen Servicefunktionen müssen in optimierten Prozessen zentral organisiert und bereitgestellt werden. Sie gelten nicht notwendig als Kernfunktionen. Damit ergibt sich immer die Frage des Outsourcings dieser Funktionen. Letztendlich wird darüber die Frage der Qualität und Kosten entscheiden, mit denen diese internen Servicefunktionen für einzelne Unternehmensbereiche bereitgestellt werden können.

4.2.3 Originäre Zentralfunktionen

■ Personalcontrolling

Wenn Personalmanagement nicht ständig getrieben werden will von Nachrichten über unvorhergesehene Umsetzungsdefizite und Abweichungen, dann braucht der für das gesamte Personalmanagement verantwortliche Personalmanager ein wirksames Personalcontrolling. Dazu gehören Personalplanung, Berichtswesen, aber insbesondere eine qualifizierte Steuerung und Wirkungskontrolle zu allen wesentlichen Personalprozessen und Verantwortungsfeldern.

Wenn wir unsere Leitvorstellung zu Führung und Zusammenarbeit ernst nehmen, dann brauchen wir Feedbackprozesse, z. B. in Form von Mitarbeiterbefragungen, die offen legen, wie konsequent diese Leitvorstellungen in den einzelnen Unternehmensbereichen umgesetzt werden.

Wenn wir Zielvereinbarungsprozesse starten, dann werden wir nachhaltig nur erfolgreich sein, wenn wir gleichzeitig konsequent Disziplin und Qualität der Zielvereinbarungen evaluieren und mit den gewonnenen Erkenntnissen Schritt für Schritt verbessern.

■ Personalmarketing

Die aktuellen Arbeitslosenzahlen sollten nicht darüber hinwegtäuschen, dass es unverändert einen Mangel an guten Fachkräften und einen Wettbewerb um gute Talente gibt. Deshalb bleibt es ein wichtiges Thema des Personalmanagements, kontinuierlich im Bereich der Hochschulen aber auch insgesamt in der Öffentlichkeit am Aufbau eines positiven Arbeitgeberimages für das Unternehmen zu arbeiten. Gute Marketingarbeit, die ausgerichtet ist auf Absolventen von Schulen und Hochschulen, sichert den Zugang qualifizierter Bewerber. Erst bei qualifizierten Bewerbungen geben ausgefeilte Auswahlmethoden richtig Sinn, um aus dem Bewerberangebot die besten Mitarbeiter für das Unternehmen auszuwählen. Ein attraktives Image als Arbeitgeber in der Öffentlichkeit hilft aber auch, gute Mitarbeiter ans Unternehmen zu binden und kompetente Fach- und Führungskräfte ans Unternehmen heranzuführen.

■ Nachwuchsentwicklung

Die Entwicklung von Führungsnachwuchs ist eine nicht delegierbare Aufgabe jeder Führungskraft. Damit das gelingt, müssen Unternehmen durchdachte Bildungsprogramme und konsequente, systematische Karrierepfade bereitstellen. Nur wenn es gelingt, den Einsatz von Nachwuchspotenzial systematisch im Sinne der Nachwuchsentwicklung zu steuern, kann das wichtigste Lernfeld „Praxis" gezielt für den schnellen und notwendigen Kompetenzaufbau bei Nachwuchstalenten genutzt werden.

Durch eine zentrale Steuerung der Nachwuchsentwicklung gilt es sicherzustellen, dass bei allen Neubesetzungen von Führungspositionen nicht nur die Frage der kompetenten Besetzung der offenen Führungspositionen beachtet wird, sondern dass jede offene Führungsposition gleichzeitig auch optimal für den notwendigen Erfahrungsaufbau bei Nachwuchstalenten genutzt wird.

■ Personalpolitik obere Führungskräfte

Auswahl, Einsatz und Steuerung der Vertragsbedingungen der oberen Führungskräfte erfolgen letztendlich in der direkten Verantwortung der obersten Geschäftsführung.

Die zukünftige Rolle des Personalmanagements aus Sicht des Beraters

Die obersten Führungskräfte sind die wertvollste Führungsressource des Unternehmens. Bei der Besetzung von oberen Führungsfunktionen im Unternehmen gilt es, die verfügbaren Führungskräftepotenziale quer über das Unternehmen unabhängig von Bereichsinteressen optimal im Sinne des Gesamtinteresses des Unternehmens zu nutzen. Das macht eine zentrale Steuerung und Betreuung der obersten Führungskräfte ebenso wie eine quer über das gesamte Unternehmen harmonisierte Gestaltung der Vertragsbedingungen der obersten Führungskräfte notwendig.

- Kommunikation

Ich will hier nicht die Frage beantworten, ob das ein Fulltime-Job ist. Sicher bin ich, dass eine konsequente, systematisch gesteuerte Kommunikation von Geschäftspolitik und Personalpolitik und -programmen an die Mitarbeiter notwendig ist.

4.2.4 Expertenrollen

Wir haben weiter vorn unter Trends beschrieben, dass die Verantwortung für die Ausgestaltung von Vergütung und Arbeitsbedingungen zunehmend in die Unternehmen verlagert wird. Dazu braucht es in den Unternehmen entsprechende Fähigkeiten der Experten. Dieses Expertenwissen wird besonders für folgende Themen benötigt:

4.2.4.1 Bildung

Die Kundenmanager kennen den Bildungsbedarf. Ich fürchte, wir überfordern die Generalisten in der Rolle der Kundenmanager, wenn wir von ihnen gleichzeitig verlangen, dass sie über die besondere Expertise verfügen, wie man mit modernsten Methoden und geringstem Aufwand, mit höchstem Wirkungsgrad den notwendigen Qualifikationswandel und das dazu notwendige Lernen organisieren kann. Bildungsexperten in diesem Sinne wissen, wie Lernen im Unternehmen effizient und wirksam organisiert wird. Sie kennen die aktuellen Methoden und wissen, den richtigen Methodenmix (blended learning) zu steuern.

4.2.4.2 Arbeitsrecht

Natürlich sollten Personalreferenten und Kundenmanager über Grundwissen im Arbeitsrecht verfügen. Das wird nicht reichen, um bei der Gestaltung von Personalsystemen die rechtlichen Gestaltungsmöglichkeiten zielsicher zu nutzen und umgekehrt arbeitsrechtliche Fehler zu vermeiden.

4.2.4.3 Vergütung

Die Zeiten sind vorbei, in denen Personaler alles konnten. Je mehr die Ausgestaltung der Details flexibler leistungs- und erfolgsorientierter Vergütungssysteme in die Betriebe verlagert werden, um so stärker braucht es auch in mittelgroßen Unternehmen

Experten, die eine ausgeprägte Fachkompetenz haben in der Ausgestaltung betrieblicher Entlohnungssysteme.

4.2.4.4 Altersvorsorge

Wir haben bereits gezeigt, dass demografische Entwicklung und das Abschmelzen der Leistungen aus gesetzlichen Sozialversicherungen den Bedarf der Mitarbeiter nach zusätzlichen Versorgungsleistungen erhöht. Unternehmen werden nachhaltig mit diesem Bedarf konfrontiert. Deshalb wird die zukünftige Attraktivität von Arbeitgebern auch durch die Kreativität und Kompetenz der Unternehmen in der Gestaltung von intelligenten und aufwandsoptimierten Angeboten zum Aufbau zusätzlicher Elemente der Alterssicherung bestimmt werden.

4.2.4.5 Integration

Wenn es stimmt, dass Reorganisations- und Neustrukturierungsprozesse von Unternehmen noch lange nicht zum Stillstand gekommen ist, bleibt die Aufgabe der Steuerung der Integration von Unternehmen und Unternehmensteilen nach Fusionen eine zentrale Aufgabe des Personalmanagements. Unterschiedliche Kulturen, Führungssysteme, Beschäftigungsbedingungen und Vergütungsstrukturen müssen harmonisiert werden, neue Organisationsstrukturen sind zu entwickeln und die Führungspositionen in den neuen Strukturen sind in fairen, ausbalancierten Auswahlprozessen bei Nutzung der Führungspotenziale der beteiligten Organisationen zu besetzen.

4.2.5 Realisierung der Expertenrollen

Grundsätzlich gilt für die Expertenrollen, dass Unternehmen in jedem Einzelfall zu entscheiden haben, ob und in welchem Maße der Aufbau des entsprechenden Expertenwissens innerhalb des Unternehmens Sinn gibt oder ob alternativ dieses Expertenwissen über Beratung eingekauft wird. Wenn die Kundenmanager ihre Aufgabe konsequent wahrnehmen, dann halte ich den externen Einkauf von Expertenwissen für ungefährlich. Dort, wo in größeren Organisationen Expertenwissen und Fähigkeiten regelmäßig benötigt werden, wird sich die Frage stellen, ob dieses Expertenwissen besser intern aufgebaut oder extern eingekauft wird. Ich vermute, dass der Trend – ähnlich wie in Amerika – verstärkt zum externen Einkauf gehen wird. Zwei Fragen sollten nach meiner Einschätzung maßgeblich darüber entscheiden, ob dieses Expertenwissen intern oder extern aufgebaut wird:

- Die Kosten, mit denen Expertenwissen intern vs. extern bereit gestellt werden kann

Externe Berater gelten gemeinhin als teuer. Ich habe viele Jahre als interner Experte und zuletzt auch 15 Jahre als externer Berater gearbeitet. Ich bin inzwischen nicht mehr sicher, ob wir externen Berater im Kostenvergleich wirklich schlecht abschneiden. Dazu gehört jedoch, dass wir diesen Vergleich richtig und umfassend anstellen. Hier darf ich nicht die Arbeitskosten des Internen pro Tag mit den Arbeitskosten des externen Beraters vergleichen. Um richtige Ergebnissen zu erhalten, müssen wir erstens die Frage stellen, was der Interne pro produktivem Tag im Projekt kostet und zweitens die Frage beantworten, mit welchem Aufwand ein Projekt intern vs. extern realisiert wird.

- Die Qualität der Expertenunterstützung

Wirkliche Experten werden sich nur die größeren Unternehmen leisten können. Auch hier werden die zentralen Experten für Vergütung, Arbeitsrecht und Bildung nicht mehr über eine ausgeprägte Kundennähe verfügen. In dieser Frage werden sich externe oder interne Experten nicht wesentlich unterscheiden. Die maßgebliche Frage ist, ob ein Unternehmen Experten, die intern ausgebildet werden, ein attraktives Lernfeld bieten kann. Sofern das gewährleistet ist, z. B. die Rolle als Integration Manager bei Fusionen oder für die Expertenrolle als Bildungsmanager, halte ich den Aufbau internen Expertenwissens deshalb für wichtig, weil diese Expertise für die Wettbewerbsfähigkeit von Unternehmen in der Zukunft unter Umständen ein kritischer Erfolgsfaktor werden könnte. Dieses Expertenwissens sollte auch bewusst im Unternehmen gesichert werden, um es Wettbewerbern nicht verfügbar zu machen.

In langen Jahren der Beratung habe ich auch gelernt, dass der Einsatz des Beraters in wechselnden Unternehmen jedem Berater ein außerordentlich interessantes, wechselhaftes Lernfeld bietet, in dem die entsprechende Fachkompetenz durch die Wahrnehmung ähnlicher Aufgaben in unterschiedlichen Unternehmen wesentlich schneller wachsen kann, als ich es in den meisten Fragen innerhalb eines Unternehmens für einen internen Experten für möglich halte.

Die Innovationsfähigkeit des externen Beraters, sein Wissen über Erfahrungen und Praktiken anderer Unternehmen werden uns Beratern bei der betrieblichen Gestaltung der Führungssysteme eine wichtige Rolle erhalten.

5 Erfolgsfaktoren für die erfolgreiche Zusammenarbeit mit externen Beratern

Wir haben in den vergangenen Jahren immer wieder in unseren eigenen Reihen darüber nachgedacht, warum bestimmte Projekte in einzelnen Unternehmen gut gelaufen sind und andere Projekte trotz ähnlicher Lösungsansätze und Problemstellungen teilweise von erheblichen Schwierigkeiten begleitet waren.

Eine Erkenntnis hat sich dabei bei uns durchgesetzt. Richtig erfolgreiche Projekte haben wir dort realisiert, wo wir auf Kundenseite mit kompetenten Partnern, die dort für die Projektsteuerung und Realisierung verantwortlich waren, zusammengearbeitet haben. Eine gute Balance der Einflüsse von beiden Seiten scheint mir immer mehr ein Schlüsselfaktor für den Erfolg unserer Beratungsprojekte zu sein. Die Personaler auf

Klaus Lurse

der Kundenseite werden uns immer übertreffen, was ihre Vertrautheit mit Personen, Kultur und speziellen Anforderungen der Organisation angeht. Wir werden hoffentlich die größere Kompetenz hinsichtlich der möglichen Ausgestaltung der Systeme, der Erfahrungen in anderen Unternehmen, und bei der Wahl zweckmäßiger Vorgehensweisen für die Entwicklung und Umsetzung der Systeme einbringen können.

Es ist nicht gut, wenn Berater zu mächtig sind. Richtig gute Lösungen wachsen aber auch nicht, wenn die Internen zu mächtig sind und den Berater dazu missbrauchen, ihre eigenen Konzepte abzusegnen. Nur in einer partnerschaftlich konstruktiven Zusammenarbeit auf Augenhöhe werden die wechselseitigen Potenziale im Projekt optimal genutzt.

Larissa Becker

Change Management in Personalbereichen
Rahmenbedingungen und Handlungsempfehlungen

1 Grundlagen 53
2 Wandlungsbedarf 54
    2.1 Ausgangssituation 54
    2.2 Quantitativer Abbau 55
    2.3 Qualitativer Umbau 56
3 Wandlungsbereitschaft 56
    3.1 Ausgangssituation 56
    3.2 Gestaltungsempfehlungen 59
4 Wandlungsfähigkeit 61
    4.1 Komponenten der Wandlungsfähigkeit 61
    4.2 Fähigkeiten und Kenntnisse im Personalbereich 62
    4.3 Unternehmensinterne Rahmenbedingungen 64
5 Praxisbeispiel Stadtwerke Osnabrück 66
    5.1 Wandlungsbedarf 66
    5.2 Wandlungsbereitschaft 67
    5.3 Wandlungsfähigkeit 69
6 Schlussbetrachtung 70

1 Grundlagen

Die Gestaltung organisatorischen Wandels ist eine der schwierigsten Herausforderungen, der sich Manager und Mitarbeiter gegenüber sehen. Oft sind sie ihr nicht gewachsen, wie die mit über 50 Prozent erschreckend hohe Rate gescheiterter Reorganisationsvorhaben zeigt (KOBI 2004, S. 23; GRAF/JORDAN 2002, S. 233). Dieser Befund gilt für die Restrukturierungen von Personalbereichen genauso - wenn nicht gar mehr - wie für andere Bereiche. Es bedarf eines professionellen Change Managements, dessen Basis und Ausgangspunkt Wandlungsbedarf, Wandlungsbereitschaft und Wandlungsfähigkeit sind (vgl. Abbildung 1-1). Fehlt auch nur eine dieser drei Koordinaten des Wandels oder ist sie unzureichend ausgeprägt, ist die Reorganisation zum Scheitern verurteilt.

Abbildung 1-1: Koordinaten des Wandels

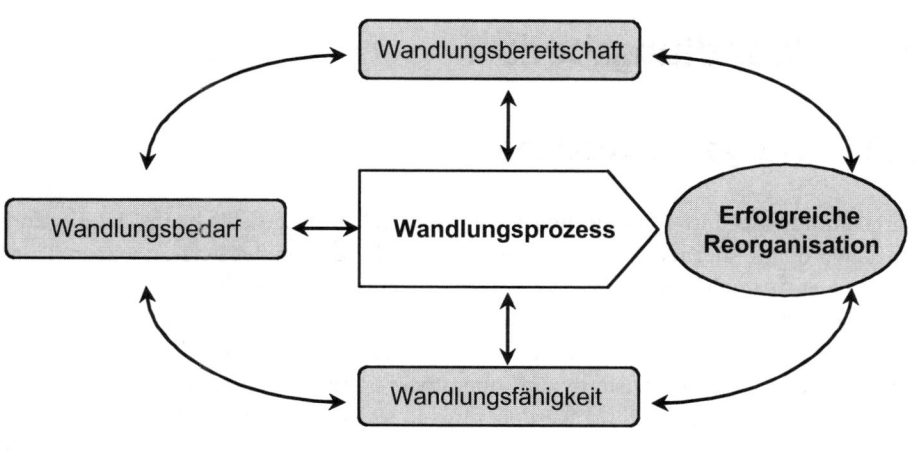

Grundlage jeden Wandels ist die objektive Notwendigkeit einer Veränderung, der *Wandlungsbedarf*. Er wird meist durch externe Einflüsse wie veränderte Wettbewerbsbedingungen ausgelöst. Der Wandlungsbedarf muss hoch genug sein, um der Reorganisation eine klare Zielrichtung zu geben und ein Gefühl der Dringlichkeit („ohne Krise kein Wandel") zu erzeugen (GRAF/JORDAN 2002, S. 235). Es darf jedoch keinesfalls zu lange gewartet werden. Organisatorischer Wandel ist umso erfolgreicher, je frühzeitiger der Handlungsbedarf erkannt und Maßnahmen eingeleitet werden (SCHEITER ET AL. 2003, S. 18).

Larissa Becker

In der Praxis scheitern Veränderungsvorhaben meist an unzureichender *Wandlungsbereitschaft*. Die Reorganisation des Personalbereichs erfordert in der Regel drastische Veränderungen in den Denk- und Verhaltensweisen. Führungskräfte und Mitarbeiter weisen jedoch oft eine hohe Veränderungsresistenz auf. Die Gründe für personale Wandlungsbarrieren sind vielschichtig: (berechtigte) Befürchtungen bezüglich persönlicher Nachteile und Angst vor Überforderung, aber auch Bequemlichkeit und ein grundsätzliches Unbehagen gegenüber allem Neuen und Veränderten (BECKER 2001, S. 27; CLAßEN/ARNOLD 2004, S. 27).

Um eine Reorganisation erfolgreich zu bewältigen, bedarf es nicht zuletzt der *Wandlungsfähigkeit*. Hierunter ist die auf Wissen und Können basierende Möglichkeit von Personen, Personenmehrheiten und Unternehmen, einen Wandlungsprozess erfolgreich durchzuführen, zu verstehen (KRÜGER 1998). Es geht also nicht nur um die Fähigkeiten und Erfahrungen einzelner Personen, sondern auch um die Veränderungsfähigkeit des Unternehmens insgesamt.

2 Wandlungsbedarf

2.1 Ausgangssituation

Der Wandlungsbedarf in deutschen Personalbereichen ist erheblich. In Theorie und Praxis werden immer wieder ernsthafte Zweifel geäußert, ob das Personalwesen überhaupt einen nennenswerten Beitrag zur unternehmerischen Wertschöpfung erbringt. In vielen Unternehmen ist es ineffizient, bürokratisch, inkompetent und kostenintensiv. Transparenz bezüglich Kosten und Leistungen ist nur in Ansätzen vorhanden. Die häufig zu beobachtende Distanz zum operativen Geschäft führt vielfach dazu, dass Dienstleistungen weiter geführt werden, obwohl sie schon lange an den Bedürfnissen der Kunden vorbei gehen. Der angeschlagene Ruf der Personalabteilungen wurde durch eine Handelsblatt-Umfrage aus dem Jahr 2004 erneut bestätigt (ARMUTAT 2004, S. 35; BECKER 2001, S. 184 ff.; HUS 2005; ULRICH 1998, S. 59).

Einer Studie von Droege & Comp. aus dem Jahr 2003 zufolge überwiegen in den meisten Personalabteilungen reaktive Administratoren. Proaktive Führungskräfte-Beratung ist die Ausnahme. Der Einfluss der Personaler auf Strategie, Kultur und Organisation ist nach wie vor gering. Der Rollenwandel vom Verwalter zum Gestalter in Verbindung mit höherer Kosteneffizienz gehört daher zu den großen Herausforderungen des Personalwesens (Vgl. KRICSFALUSSY/REINERS 2004, S. 18 ff.; GROOTHUIS 2000, S. 190 ff.).

Eine Ursache der verbreiteten Effizienzmängel liegt im nicht vorhandenen Marktkontakt des Personalbereichs. Damit fehlt im Gegensatz zu den operativen Funktionen der unmittelbare Wettbewerbsdruck. Einem direkten Produktivitätsvergleich entziehen sich viele Personaler nach wie vor mit Verweis auf die Qualität und Kreativität ihrer Arbeit. Es heißt, der Faktor Personal sei zu weich und daher nicht quantifizier- oder messbar (ARMUTAT 2004, S. 35; KRICSFALUSSY/REINERS 2004, S. 19).

Doch der Wind hat sich gedreht. „Die Zeiten, in denen Personalabteilungen als notwendiger und kaum zu beeinflussender Kostenfaktor galten, sind vorbei" (HUS 2005). Nachdem die operativen Bereiche ihre „Hausaufgaben" gemacht haben, steht nun auch und gerade die Personalfunktion auf dem Prüfstand. Der Effizienzdruck auf die Personalarbeit hat in den letzten Jahren konjunkturbedingt stark zugenommen. Insbesondere in der Aus- und Weiterbildung regiert seit Längerem der Rotstift. Darüber hinaus sind neben der Personalentwicklung vor allem die administrativen Funktionen Gegenstand von Outsourcingbestrebungen. Auch die seit einigen Jahren zu erkennende Tendenz zur Re-Zentralisierung macht vor den Personalbereichen nicht Halt (KRICSFALUSSY/REINERS 2004, S. 18 f.). Diese Entwicklungen stellen für Personalbereiche „klassischer Prägung" eine erhebliche Bedrohung dar. Sie müssen die Flucht nach vorne antreten und neue, strategisch-konzeptionelle Aufgaben übernehmen, um ihrer Abschaffung zu entgehen (ULRICH 1998).

2.2 Quantitativer Abbau

Zentrales Element der Reorganisation eines Personalbereichs ist meist ein quantitativer Abbau. Er steht vor allem dann im Vordergrund, wenn die Restrukturierung von der Unternehmensleitung angestoßen oder gar erzwungen wird. Das Personalwesen muss seine Kosten senken und die Effizienz steigern, um die eingangs geschilderten Defizite zu bekämpfen. Hierzu ist in einem ersten Schritt Transparenz über Leistungen und Kosten zu schaffen, beispielsweise unter Zuhilfenahme der Wertschöpfungskette als Analyseraster (BECKER 2000). Dann ist das Leistungsportfolio unter Berücksichtigung der Anforderungen der internen Kunden und auf Grundlage einer Kosten-Nutzen-Betrachtung neu zu definieren. Die Prozesse sind zu „entrümpeln", nicht wertschöpfende Aktivitäten zu eliminieren (BECKER 2000, S. 13 f.). Durch Verlagerung von Personalmanagementaufgaben auf Führungskräfte und Mitarbeiter (Employee Self Service) wird der Personalbereich verschlankt. Das Outsourcing von Personalprozessen, eine Variante des so genannten Business Process Outsourcing (BPO), bietet erhebliche Einsparpotenziale und dient zugleich der Flexibilisierung der Kosten. Personaldienstleister wie Zeitarbeitsvermittler haben ihr Leistungsspektrum in den vergangenen Jahren enorm ausgeweitet und damit neue Outsourcingmöglichkeiten geschaffen. Mittlerweile bieten sie vom Führen der Personalakten über Einstellung, Schulung, Arbeitseinsatz bis hin zur Entlassung von Mitarbeitern und der Verwaltung von Betriebsrenten eine Vielzahl operativer und administrativer Personalmanagementleistungen an. Insbesondere in der Personalverwaltung lassen sich durch Fremdvergabe Kostensenkungen von bis zu 30 Prozent erreichen (DRUCKER 2002). Daher werden in erster Linie wenig wertschöpfende, administrative Aufgaben fremd vergeben. Die in der Personalabteilung verbleibenden Funktionen können durch Standardisierung, Prozessoptimierung und verbesserte IT-Unterstützung effizienter und mit geringerem Personaleinsatz erbracht werden (bspw. BECKER 2000, S. 14 f.).

2.3 Qualitativer Umbau

Gelingt es den Personalverantwortlichen, die Restrukturierung ihres Bereichs aktiv mit zu gestalten, ergibt sich neben dem quantitativen Abbau die Chance für einen qualitativen Umbau. Effizienzsteigerung in der Administration und Verschlankung der operativen Funktionen sind die Basis für eine Konzentration des Personalbereichs auf das, was dem Unternehmen zum geschäftlichen Erfolg verhilft: die Beratung von Topmanagement und Führungskräften in allen Personal- und Führungsfragen, die Begleitung der Unternehmensentwicklung und die Einführung moderner Personalmanagementinstrumente und -konzepte. Wert schafft der Personalbereich auch durch ein leistungsfähiges Personalcontrolling, eine langfristig angelegte Personalentwicklungs- und Nachfolgeplanung und ein überzeugendes Personalmarketing. Durch die Abkehr von der klassischen Servicefunktion und eine Neuorientierung hin zu einer proaktiven, strategisch-gestaltenden Rolle wird die einst ordnende und verwaltende Funktion komplexer, umfangreicher und anspruchsvoller (LOBENSTEIN 2004, S. 26; ULRICH 1998; WUNDERER/DICK 2000, S. 226 ff.).

3 Wandlungsbereitschaft

3.1 Ausgangssituation

Die Wandlungsbereitschaft der *Führungskräfte* des Personalbereichs prägt wesentlich die Erfolgsaussichten von Veränderungsvorhaben (GRAF/JORDAN 2002, S. 235; CLAßEN/ARNOLD 2004, S. 27; SCHIRMER/LUZENS 2003, S. 318). Dies beginnt schon mit dem Anstoß des Wandels. Seitens der Personalverantwortlichen werden oft trotz offensichtlicher Defizite keine ausreichenden Optimierungsmaßnahmen eingeleitet. Überlastungsmythos und Kenner-Macher-Syndrom führen zu Problemerkennungsdefiziten. Folge ist ein Abwarten, bis sich die Situation krisenhaft zuspitzt und die Unternehmensleitung sich zum Eingreifen gezwungen sieht. Fehlt darüber hinaus der Mut, auf erkannte Probleme angemessen zu reagieren, kommt zur Problemerkennungslücke eine Problembewältigungslücke (KRÜGER/EBELING 1991, S. 48 ff.). Wesentliche Energien werden dann in die Erarbeitung von Argumentationen für das Bewahren des Bestehenden investiert. So wird beispielsweise vor einer während der Reorganisation eingeschränkten Funktionsfähigkeit der Personalabteilung gewarnt, die parallel laufende Restrukturierungsprojekte anderer Unternehmensbereiche behindern kann. Versteckte „Sabotageakte" - beispielsweise die nicht mit der neuen Struktur vereinbare Verteilung von Aufgaben - können erreichte Veränderungen wieder zunichte machen. Durch unterschwellige Kommunikation der Vorbehalte gegenüber der Restrukturierung beeinflussen die Führungskräfte zudem die Einstellungen ihrer Mitarbeiter.

Auch fehlende Wandlungsbereitschaft der *Mitarbeiter* gefährdet den Reorganisationserfolg. Umstrukturierungen wecken in ihnen verständliche Ängste beispielsweise vor Arbeitsplatzverlust oder Überforderung. Folge sind geringe Akzeptanz oder auch Ablehnung der Veränderung. In vielen Unternehmen haben die Beschäftigten bereits mehrere Restrukturierungen miterlebt und gelernt, diese „auszusitzen". Sie verstehen es, ihre bisherigen Verhaltensweisen in das neue Umfeld hinüber zu retten bzw. wieder aufleben zu lassen. Beispielsweise werden neu eingeführte formale Berichts- und Entscheidungswege durch Rückgriff auf Netzwerke und „Seilschaften" informal umgangen (KRÜGER/BECKER 2001).

Für die Diagnose der Wandlungsbereitschaft empfiehlt sich die Unterscheidung in Wandlungsgewinner und Wandlungsverlierer. *Gewinner* von Reorganisationsvorhaben sind vor allem jüngere, leistungsstarke Mitarbeiter, die über die nötige Lernbereitschaft und -fähigkeit verfügen. Ihnen bietet eine Neuausrichtung des Personalwesens meist interessante, abwechslungsreiche Aufgaben sowie attraktive Aufstiegs- und Entfaltungsmöglichkeiten. *Verlierer* des organisatorischen Wandels sind beispielsweise Abrechner. Die administrativen Personalfunktionen, insbesondere die Entgeltabrechnung, die Zeitwirtschaft und die Reisekostenabrechnung, bergen erhebliche Synergiepotenziale und stehen daher im Mittelpunkt von Zentralisations- oder Outsourcingüberlegungen. Für die bisher mit diesen Aufgaben betrauten Mitarbeiter bedeutet dies den potenziellen Verlust oder eine Standortverlagerung ihres Arbeitsplatzes. Erschwerend kommt hinzu, dass Personaler infolge ihrer Spezialisierung kaum in anderen Unternehmensbereichen eingesetzt werden können. Aufgrund der immer noch überwiegend vorherrschenden traditionellen Rollenverteilung ist zudem die regionale Mobilität der meist weiblichen Beschäftigten von Personalabteilungen gering. Akzeptanz der Reorganisation ist unter diesen Umständen nicht zu erwarten.

Eine Einteilung der Betroffenen in Befürworter (Promotoren) und Gegner (Opponenten) bildet die Realität des Change Managements nur unzureichend ab. Typischerweise finden sich wenige Mitarbeiter in den Extrempositionen, die zu reiner Akzeptanz bzw. reinem Widerstand führen. Die große Masse dagegen ist verhalten positiv, abwartend neutral oder skeptisch gestimmt. Die Sichtweise der Mitarbeiter auf Veränderungen entspricht meist einer Normalverteilung (vgl. Abbildung 3-1 sowie CLAßEN/ARNOLD 2004, S. 29).

Larissa Becker

Abbildung 3-1: Sichtweise der Mitarbeiter auf Veränderungen
(Vgl. CLAßEN/ARNOLD 2004, S. 29)

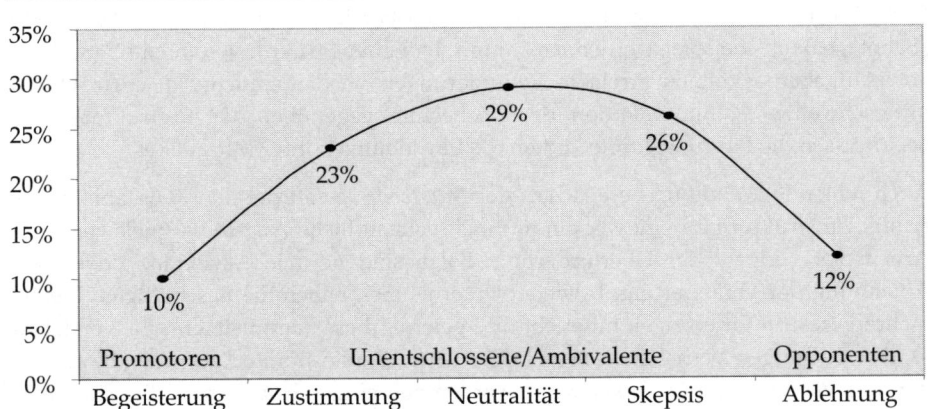

Die Begeisterten sind Wandlungsgewinner, die zudem schon von ihrer Persönlichkeit her offen für Neues sind. Diese Mitarbeitergruppe ist zu unterstützen und in ihrer Einstellung zu bestärken. Die ablehnenden Mitarbeiter bestehen aus voraussichtlichen Wandlungsverlierern und grundsätzlich veränderungsresistenten Personen. Bei ihnen ergeben sich nur wenige Ansatzpunkte für ein Change Management. Es ist schon viel erreicht, wenn sie sich mit der Veränderung arrangieren, statt ihr aktiven Widerstand entgegenzusetzen. Zuviel Aufwand sollte daher nicht in ihre Bekehrung investiert werden. Wichtiger ist es, eine kritische Anzahl wirklich überzeugter Führungskräfte und Mitarbeiter zu gewinnen (KOBI 2004, S. 24).

Hauptgegenstand des Change Managements ist daher die große Gruppe derer, die dem Wandel zögerlich gegenüber stehen. Bei ihnen handelt es sich um potenzielle Wandlungsgewinner und um Mitarbeiter, die im Saldo nur geringe persönliche Vor- oder Nachteile zu erwarten haben. Durch das Auseinanderklaffen von Denken, Fühlen und Handeln kommt es bei ihnen zu einer ambivalenten Reaktion auf die Reorganisation. Neben der vernunftmäßigen Beurteilung der Veränderung beeinflussen Gefühle und Stimmungen das individuelle Verhalten im Change Prozess. Beispielsweise ist es denkbar, dass ein Mitarbeiter die Notwendigkeit der Restrukturierung einsieht und das gewählte Vorgehen für richtig hält (positive kognitive Einschätzung), aber durch die mit der Veränderung einhergehende Unsicherheit Angst verspürt (negative emotionale Reaktion). Die hieraus entstehenden Ambivalenzen können zur Quelle von Widerständen werden. Erfolgreiches Change Management wirkt darauf hin, dass die vernunftmäßige Einsicht von einer positiven emotionalen Reaktion und gleichzeitiger Handlungsbereitschaft begleitet wird, also Denken, Fühlen und Handeln gleichgerichtet sind (SCHIRMER/LUZENS 2003, S. 316 ff.).

3.2 Gestaltungsempfehlungen

Im Folgenden werden die wichtigsten Instrumente des Change Managements erläutert, mit dem die zögerlichen Mitarbeiter gewonnen, die Begeisterten aktiv eingesetzt und die Widerstände der ablehnenden Mitarbeiter reduziert werden können (CLAßEN/ARNOLD 2004, S. 28).

So abgedroschen sie auch klingt, die Forderung, *Betroffene zu Beteiligten* zu machen, hat nichts von ihrer Relevanz eingebüßt. Die kontinuierliche Einbeziehung der Betroffenen ermöglicht ihnen, den Prozess der Analyse, Konzeption und Umsetzung gedanklich nachzuvollziehen. Hier darf es allerdings nicht um „Scheinpartizipation" gehen, sondern es muss eine echte Einbindung stattfinden. Nur dadurch kann eine Identifikation mit den neuen Strukturen erreicht werden. Berücksichtigt die Restrukturierung die Ideen der Mitarbeiter, werden sie sich ihr weniger widersetzen. Zugleich können schon während des Change-Prozesses neue Verhaltensweisen wie beispielsweise Teamarbeit eingeübt werden. Nicht zuletzt bedeutet die Vernachlässigung der Einbindung der Mitarbeiter den Verzicht auf wertvolle Experteninformationen (bspw. KOBI 2004, S. 24).

Ein weiterer Grundpfeiler des Change Managements ist die *Kommunikation*. Um Leidensdruck herzustellen, ist die aktuelle Situation mit allen Problemen und Defiziten schonungslos offen zu legen. Die Mitarbeiter müssen die Unausweichlichkeit der Reorganisation nachvollziehen können. „Wandel bewirken heißt, Menschen zu überzeugen, dass das Neue gegenüber dem Status quo notwendig ist und Vorteile bringt" (KOBI 2004, S. 23). Ein klar kommuniziertes, idealerweise gemeinsam erarbeitetes Zukunftsbild wirkt motivierend und verleiht dem Changeprozess die „notwendige Stabilität der Sinnhaftigkeit" (GRAF/JORDAN 2002, S. 235). Es ist ein fataler Fehler, dass gerade in Krisensituationen häufig eine restriktive Kommunikationspolitik betrieben wird. Oft wird nur das Nötigste berichtet. Unangenehmes, Umstrittenes, Belastendes wird hinausgezögert und nur auszugsweise und mit positiver Tönung durchgelassen. Bei mangelnder Transparenz des Veränderungsprozesses werden fehlende Informationen durch Gerüchte und Spekulationen ersetzt - und diese sind regelmäßig deutlich negativer als die tatsächlich geplanten Veränderungen. Frühzeitige, glaubwürdige und umfassende Kommunikation trägt dazu bei, unbegründete Befürchtungen und damit zumindest einen Teil der Widerstände abzubauen (DUCK 1993, S. 110; SCHIRMER/ LUZENS 2003, S. 320). Gerade die zu Beginn einer Transformation häufige Verunsicherung kann eine aggressive Verteidigung des Status quo, im Extremfall auch völlige Apathie mit sich bringen. Jeder Betroffene ist frühzeitig darüber zu informieren, wo in der neuen Organisation sein Platz sein wird. Den Wandlungsgewinnern sind die Chancen aufzuzeigen, die sich ihnen durch die Veränderung bieten. Mit den Wandlungsverlierern sind Alternativen und Unterstützungsmöglichkeiten zu besprechen. Dabei können und müssen auch emotionale Reaktionen auf die Veränderung thematisiert werden.

Neben schriftlicher Kommunikation hat mündliche Kommunikation einen besonderen Stellenwert. Dies gilt umso mehr, als es sich mit dem Personalbereich typischerweise um eine Organisationseinheit mit überschaubarer Mitarbeiterzahl handelt, bei der persönliche Gespräche mit jedem Einzelnen ohne weiteres möglich sind. Grundhaltung des Change Managers sollten dabei Wertschätzung und Respekt auch und gerade gegenüber denjenigen sein, die die Restrukturierung nicht mitgehen können oder wollen.

Durch *Anreize* - positive und negative Sanktionen - kann eine aktive Mitwirkung von Führungskräften und Mitarbeitern an der Restrukturierung gefördert werden: „Things that get rewarded get done" (SCHMID 1989, S. 36). Erwünschtes Verhalten ist zu verstärken, überkommene Verhaltensweisen sind zu sanktionieren, beispielsweise durch Kritik oder Androhung von Konsequenzen. Letztlich geht es darum, die individuellen Ziele der Mitarbeiter und Führungskräfte mit den Reorganisationszielen zu verbinden. Bestehende Anreiz-, Beurteilungs- und Zielvereinbarungssysteme sind in Hinblick auf die künftige Struktur und ihre Ziele zu überarbeiten. Besonders wirksam ist das gemeinsame Erleben von Erfolgserlebnissen. „Erfolg beschleunigt die Lernspirale, gibt Selbstvertrauen und Kraft. Nichts begeistert mehr als der eigene Fortschritt." (KOBI 2004, S. 25). Will man die Nachteile der Wandlungsverlierer zumindest teilweise kompensieren, kommt man allerdings um finanzielle Leistungen wie Abfindungen oder Mobilitätsprämien kaum herum.

Die Verbesserung der Wandlungsbereitschaft ist auch und vor allem eine *Führungsaufgabe*. Die Vorreiterfunktion der Führungskräfte ist nicht zu unterschätzen. Change Management kann daher nur teilweise delegiert werden. Die Führungskräfte müssen ihre eigenen Verhaltensweisen kritisch hinterfragen und verändern, um glaubhaft Verhaltensänderungen von ihren Mitarbeitern einfordern zu können. Als Coach und Förderer müssen sie den Mitarbeitern bei der Bewältigung des organisatorischen Wandels helfen und gleichzeitig Ziele und Vorgaben hartnäckig nachhalten. Toleranz und ein offener, positiver Umgang mit Fehlern schaffen ein Klima, in dem die Betroffenen Mut zu Veränderungen entwickeln können (KRÜGER/BECKER 2001, S. 15). Eine dauerhaft erfolgreiche Restrukturierung verlangt von den Führungskräften vor allem Konsequenz und einen langen Atem. Sie müssen ihre Anstrengung während des gesamten Change-Prozesses und darüber hinaus aufrecht halten. Nur so können Verhaltensänderungen dauerhaft verankert und kann ein Rückfall in alte Arbeitsweisen vermieden werden (KRÜGER/BECKER 2001; GRAF/JORDAN 2002, S. 239).

Die Herstellung von Wandlungsbereitschaft ist ein schwieriges und zeitraubendes Geschäft. Oft scheitert jede Überzeugungs- und Beeinflussungsbemühung an der spezifischen Situation oder Person. Dies gilt insbesondere dann, wenn die Betroffenen zu den Verlierern der Reorganisation gehören. In diesen Fällen bleibt vor allem bei Einflussträgern nur der *Austausch von Personen*, die die Veränderung nicht mitgehen können oder wollen. Daher beinhaltet eine erfolgreiche Restrukturierung häufig einen personellen Wechsel an der Führungsspitze. Umbesetzungen in den oberen Führungsetagen machen deutlich, dass ein Aufbruch in eine neue Ära ansteht. Ein von außerhalb des Unternehmens kommender Personalleiter kann notwendige Maßnahmen unbelastet von der Vergangenheit angehen und Probleme ansprechen, die bisher unter den Teppich gekehrt wurden (KANTER 2003, S. 30; NEVIS 2000, S. 48). Er ist (noch) nicht betriebsblind und somit offen für innovative, kreative Lösungen. Dadurch wird er zu einem zentralen Promotor und Träger des Wandels.

Die folgende Tabelle gibt einen Überblick über die Ziele des Change-Managements und die schwerpunktmäßig einzusetzenden Maßnahmen in Abhängigkeit von der Wandlungsbereitschaft. Sie verdeutlicht, dass Change Managements vor allem an den Unentschlossenen ansetzt. Dabei kann und soll nur ein grober Anhaltspunkt gegeben werden. Letztlich sind alle Change-Management-Maßnahmen in unterschiedlichem Ausmaß bei allen Mitarbeitergruppen einzusetzen und situationsspezifisch zu dosieren.

Tabelle 3-1: Schwerpunkte des Change Managements in Abhängigkeit von der Wandlungsbereitschaft

	Zielsetzung des Change Managements	Schwerpunkt des Change Managements
■ Promotoren	Bestärkung, Unterstützung	– Einbindung – Anreize (positive Verstärkung)
■ Unentschlossene	Gewinnung, Überzeugung	– Einbindung – Kommunikation (Aufzeigen von Chancen) – Anreize – Führung (Vorleben)
■ Opponenten	Begrenzung des Schadenpotenzials	– Anreize (Sanktionierung) – Führung (Ausübung von Druck) – personeller Austausch

4 Wandlungsfähigkeit

4.1 Komponenten der Wandlungsfähigkeit

Mit der Wandlungsbereitschaft ist das „Wollen" des Personalbereichs angesprochen, das sich in den Einstellungen und Verhaltensweisen seiner Führungskräfte und Mitarbeiter ausdrückt. Ist der Wille vorhanden, aber nicht die Fähigkeit, bleiben die Bemühungen letztlich doch erfolglos. Es bedarf also neben Wandlungsbedarf und Wandlungsbereitschaft ausreichender Wandlungsfähigkeit.

Fähigkeitsdefizite sind leichter zu bewältigen als fehlende Akzeptanz. Kenntnisse und Fähigkeiten können intern verbessert, teilweise auch durch Einsatz externer Berater zugekauft werden. Für die Restrukturierung des Personalwesens reicht es allerdings nicht aus, wenn die Mitglieder des Personalbereichs über ausreichende Wandlungsfähigkeit verfügen. Neben ihren Fähigkeiten und Kenntnissen müssen die Rahmenbedingungen im Unternehmen stimmen (vgl. Abbildung 4-1): Die Personalabteilung muss den Wandel nicht nur bewältigen wollen und können, das Unternehmen muss dies auch zulassen.

Abbildung 4-1: *Komponenten der Wandlungsfähigkeit*

Personalbereich	Fähigkeiten und Kenntnisse: - Fähigkeiten, Kenntnisse im Change-Prozess - Fähigkeiten, Kenntnisse nach dem Change	Wandlungs-fähigkeit
Unternehmen, interne Kunden	Unternehmensinterne Rahmenbedingungen: - Organisatorische Einbindung, Stellung - Image, Erwartungen	

4.2 Fähigkeiten und Kenntnisse im Personalbereich

Während des Change-Prozesses sind vor allem folgende Fähigkeiten und Persönlichkeitsmerkmale gefordert:

- Analytische und konzeptionelle Kompetenz für die Bestandsaufnahme der Ist-Situation und ihrer Defizite sowie die Erarbeitung organisatorischer Alternativen

- Projektmanagement-Know-how sowie Kommunikation und Change Management zur Steuerung der Veränderung sowie

- Konfliktfähigkeit und politische Kompetenz, um zu verhindern, dass die Optimallösung durch Zugeständnisse so weit verwässert wird, dass keine großen Erfolge mehr zu erzielen sind.

Da die genannten Kompetenzen nur während der Restrukturierung vonnöten sind, können Fähigkeitslücken durch externe Unterstützung ausgeglichen werden. Vor dem

Hintergrund, dass Wandel zunehmend zum Dauerzustand wird, erscheint es allerdings sinnvoll, sie zumindest teilweise intern aufzubauen. Dies hat den Vorteil, dass der Personalbereich nach der Restrukturierung seine Change-Management-Kenntnisse und -Erfahrungen anderen Unternehmensbereichen bei Reorganisationsvorhaben anbieten kann.

Die *nach dem Change-Prozess* erforderlichen Kenntnisse und Fähigkeiten sind abhängig von der Art des Wandels. Hier kann auf die in Kapitel zwei eingeführte Unterscheidung in quantitativen Abbau und qualitativen Umbau zurückgegriffen werden. Ein reines „Downsizing" erfordert nur wenig neues Know-how. Hierzu gehören beispielsweise Dienstleistermanagement, Service Level Management und IT-Kompetenz.

Deutlich gravierender ist die Herausforderung bei einem qualitativen Umbau. Der Wandel vom Verwalter zum Gestalter stellt an Führungskräfte wie an Mitarbeiter große, anfangs gänzlich ungewohnte Anforderungen. So werden unter anderem unternehmerisches und strategisches Denken und Handeln sowie Beratungskompetenz benötigt. Diesbezüglich können bei Personalverantwortlichen oft Defizite konstatiert werden (OLESCH 2001, S. 12). Mängel an betriebswirtschaftlichem Generalisten-Knowhow sind vor allem durch die Dominanz der Psychologen und Juristen bedingt. Auch Zahlendenken liegt dem „klassischen" Personaler weniger. Die meist geringe Durchlässigkeit zwischen Personalbereich und operativen Bereichen behindert zudem den Aufbau von Business-Know-how. Durch die typischen personalbereichsinternen Kaminkarrieren fehlen den Personalern Erfahrungen im operativen Geschäft und damit oft auch das Gespür für die Bedürfnisse und Nöte der Fachbereiche (HOFFMANN 2000, S. 42; DOYÉ 2004, S. 44). Eine Lösung für dieses Dilemma besteht beispielsweise in Hospitationen von Personalmitarbeitern in operativen Bereichen. Das wäre gleichzeitig ein Schritt in Richtung auf mehr Kunden- und Serviceorientierung.

Der Umbau der Personalabteilung erfordert neben fachlichen Fähigkeiten auch und vor allem eine Veränderung von Denken und Verhalten. Verlangt wird die Abkehr von bestehenden, oftmals jahrzehntelang praktizierten Grundsätzen. Wer an Anordnung und Ausführung gewöhnt ist, hat Schwierigkeiten, sich teamfähig, kooperativ oder eigeninitiativ zu zeigen. Neue Verhaltensweisen müssen erlernt, alte „verlernt" werden. Bisher „hinken" die Personalbereiche dem modernen Unternehmensprofil hinterher. Ihr Selbstverständnis ist geprägt durch soziale Arbeitsstrukturen, die unter anderem Beamtenmentalität und eine verstaubte Organisation beinhalten (KRICSFALUSSY/REINERS 2004, S. 19).

Eine Ursache für die derzeitigen Fähigkeitsdefizite und das veraltete Selbstbild ist ein sich selbst verstärkender Teufelskreis, in dem die Personalabteilung gefangen ist. Ein Personalwesen „traditioneller Prägung" ist für Mitarbeiter mit Eigeninitiative und dem Wunsch nach Gestaltungsspielräumen wenig attraktiv (vgl. Abbildung 5-1). Erschwerend kommt hinzu, dass der Personalbereich in vielen Unternehmen als Abstellgleis für leistungsschwache Führungskräfte und Mitarbeiter dient. Personalbereiche können nicht als Karrieresprungbrett genutzt werden und sind daher unattraktiv für

High Potentials (BECKER 2001, S. 191 f.; DOYÉ 2004, S. 44; KRICSFALUSSY/REINERS 2004, S. 20).

Abbildung 4-2: Der „Teufelskreis" der Personalabteilung (BECKER 2001)

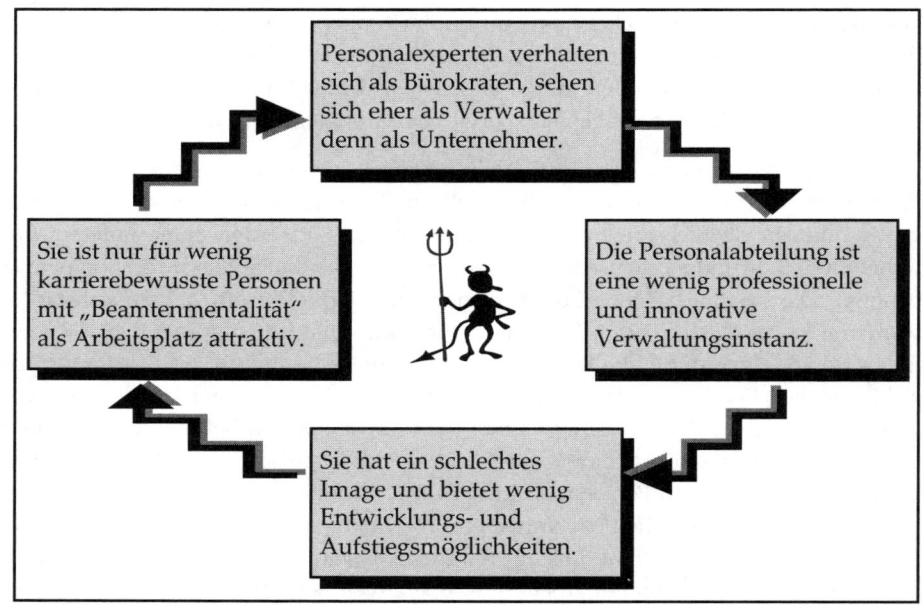

Die Herstellung von Wandlungsfähigkeit erfordert ein umfangreiches und langfristig angelegtes Schulungs- und Coachingprogramm für die Betroffenen. Es ist zu ergänzen um den gezielten Austausch von Schlüsselpersonen. Quereinsteiger aus anderen Unternehmensbereichen und Zugänge vom externen Arbeitsmarkt bringen nicht nur Erfahrungen und Kenntnisse mit, sondern auch andere Selbstverständnisse und Verhaltensweisen.

4.3 Unternehmensinterne Rahmenbedingungen

Ein qualitativer Umbau des Personalwesens muss Hand in Hand gehen mit der Gewährung entsprechender Handlungs- und Entscheidungsrechte. Zudem muss der Personalleiter frühzeitig über Planungen informiert und in Entscheidungsprozesse eingebunden werden. Nur dann kann die Personalabteilung die Rolle eines Gestalters übernehmen. Diesbezüglich ist ein positiver Trend zu vermelden. Während der Personalleiter bis Mitte der siebziger Jahre vor allem auf der zweiten Führungsebene positioniert war, herrscht seitdem eine Tendenz vor, ihn auf der ersten Führungsebene anzusiedeln (OLESCH 2001, S. 12). Einer Untersuchung von Wunderer/Dick zufolge ist zu erwarten, dass der oberste Personalverantwortliche in Zukunft häufiger in der Unternehmensleitung vertreten sein wird als bisher und dass Personalabteilungen zunehmend in strategische Fragestellungen eingebunden werden (WUNDERER/DICK 2000, S. 209 ff.).

Das vielfach schlechte Image des Personalwesens führt zu einem zweiten Teufelskreis. Sämtliche Anstrengungen des Personalbereichs können ins Leere laufen, wenn ihnen seitens ihrer Kunden keine Akzeptanz entgegen gebracht wird. Die Entwicklung vom Verwalter zum Business Partner setzt voraus, dass Topmanagement und Führungskräfte unter anderem die hiermit verbundene Beratung annehmen und den Rat der Personaler beachten. Solange sie den Personalbereich für inkompetent und überflüssig halten, wird dies kaum der Fall sein. Zudem wirken das negative Image und die geringen Erwartungen demotivierend. Erste Erfolge des Change Managements, wie beispielsweise die Erzeugung einer Aufbruchsstimmung, werden auf diese Weise schnell wieder zunichte gemacht. Der Glaube in die mangelnde Kompetenz des Personalwesens wirkt als sich selbst erfüllende Prophezeiung. Dabei kommt der so genannte Pygmalion-Effekt zum Tragen, dem zufolge Menschen dazu neigen, sich so zu verhalten, wie sie glauben, dass es von ihnen erwartet wird (LIVINGSTON 1990).

Topmanagement, Führungskräfte und Mitarbeiter müssen Kooperationsbereitschaft zeigen und dem Personalwesen die Chance geben, sich in der neuen Struktur zu bewähren (BECKER 2001, S. 193 ff.). Die Restrukturierung der Personalabteilung ist daher durch interne Kommunikation und Vermarktung der Leistungen und Erfolge zu begleiten. Das Personalwesen muss sich besser als bisher verkaufen. Durch Bekanntmachung des Leistungsspektrums kann das Vorurteil einer überflüssigen, wenig wertschöpfenden Abteilung abgebaut und das Image des Personalwesens sukzessive korrigiert werden. Internes Marketing unterstützt die Steigerung der innerbetrieblichen Akzeptanz und trägt so zur Neuausrichtung des Personalbereichs bei (LOBENSTEIN 2004, S. 27 ff.). Die Vermarktung wirkt nicht nur nach außen, sondern auch nach innen auf die Führungskräfte und Mitarbeiter der Personalabteilung: Werden Veränderungserfolge von Unternehmensleitung und Fachbereichen wahrgenommen, so spornt dies Promotoren an und überzeugt möglicherweise sogar einige Opponenten.

Larissa Becker

5 Praxisbeispiel Stadtwerke Osnabrück

5.1 Wandlungsbedarf

Die Abteilung Personal- und Sozialwesen der Stadtwerke Osnabrück wies 1998 die in Kapitel 2.1 geschilderten typischen Defizite bezüglich Effizienz, Kundenorientierung und Leistungsspektrum auf.[1] Die Personalarbeit bestand im Wesentlichen aus Administration und Kontrolle. Es gab weder Personalcontrolling noch Personalkostenplanung oder Personalentwicklung. Die Bürokratie trieb bisweilen bizarre Blüten und führte zu erheblichen Ineffizienzen. Anstelle von strategisch-unternehmerischem Denken oder kundenorientierter Beratung dominierte Beamtenmentalität. Schnittstellen und hierarchische Strukturen bewirkten Intransparenz und Informationsverluste. Die internen Kunden hatten oft Schwierigkeiten, den richtigen Ansprechpartner für ihre Anliegen zu finden. Entsprechend schlecht war das Image der Personalabteilung.

Mitte der 90er Jahre verschärfte sich die Situation. Deregulierung und steigender Wettbewerbsdruck führten zu veränderten Anforderungen an die Personalarbeit. Restrukturierungen und die Ausgründung von Tochtergesellschaften brachten neue, vornehmlich strategische Personalmanagementaufgaben mit sich, denen die Personalabteilung weder qualitativ noch kapazitätsmäßig gewachsen war. Gleichzeitig bewirkte ein Wechsel im Vorstand eine neue Führungskultur sowie die verstärkte Forderung nach Effizienz und Professionalität. Es kam zu Überlegungen in Richtung auf ein Outsourcing der Personaladministration und die Verlagerung von Personalmanagementaufgaben auf die Fachbereiche. Die Existenzberechtigung der Personalabteilung war in Frage gestellt, die Arbeitsplätze ihrer Mitarbeiter waren in akuter Gefahr.

Die Situation erforderte eine Kombination aus quantitativem Abbau und qualitativem Umbau. Der Personalbereich wollte die Diskussionen um Personalabbau und Outsourcing stoppen und die Stellen innerhalb des Personal- und Sozialwesens sichern. Andererseits sollten durch Effizienzsteigerungen Kapazitäten für strategische Aufgaben freigesetzt werden. Dies war erforderlich, da eine Erhöhung der Mitarbeiterzahl außer Frage stand. Die zusätzlichen Aufgaben mussten mit der bisherigen Personalkapazität übernommen werden. Im Zuge einer grundlegenden Restrukturierung wurde das Leistungsspektrum überarbeitet, und es wurde Transparenz über Kosten und Leistungen geschaffen. Prozesse wurden verschlankt, Schnittstellen reduziert und „alte Zöpfe" abgeschnitten. Zudem wurden Aufgaben auf die Fachbereiche verlagert, beispielsweise in der Zeitwirtschaft. Die sich hieraus ergebenden Spielräume wurden genutzt, um eine strategische und konzeptionelle Ausrichtung des Personalwesens aufzubauen. Grundlage hierfür war die Einführung einer kundenorientierten Team-

---

[1] Vgl. zu folgenden Ausführungen Hager (2000), Becker (2001) sowie die am 06.09.2000 geführten Interviews mit Vertretern des Bereichs Personal & Recht der Stadtwerke Osnabrück.

Organisation (vgl. Abbildung 5-1). Das Selbstbild wurde verändert, und der Fokus wurde auf die Kunden gelegt. So gelang der Wandel vom Verwalter zum internen Berater.

Abbildung 5-1: Reorganisation Personal- und Sozialwesen der Stadtwerke Osnabrück

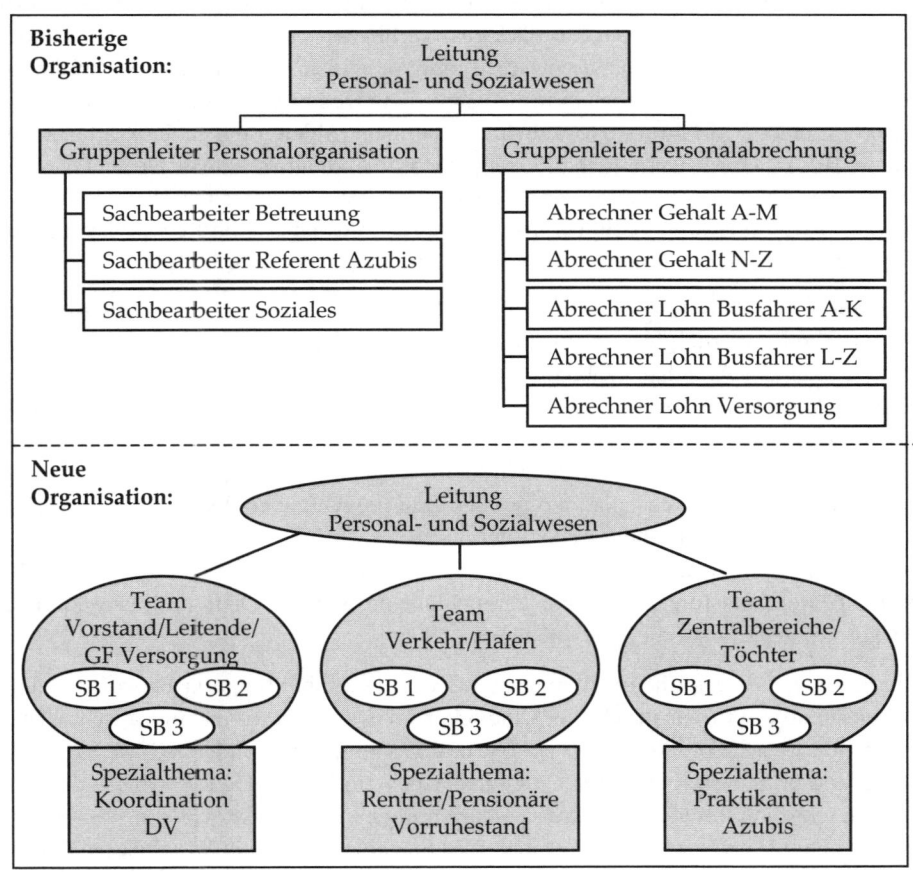

5.2 Wandlungsbereitschaft

Am Beispiel der Stadtwerke Osnabrück bestätigt sich nicht nur die in Kapitel 3 beschriebene zentrale Rolle der Führungskräfte im Change Management, sondern auch die Bedeutung des Austauschs der Führungsmannschaft: Die Reorganisation wurde etwa ein Jahr nach der Neubesetzung der Geschäftsbereichsleitung Personal und Recht sowie der Leitung der Abteilung Personalentwicklung eingeleitet. Die neue Führungsmannschaft erkannte die Notwendigkeit eines radikalen Wandels und entschloss sich, die Flucht nach vorne anzutreten und im Veränderungsprozess voranzugehen: „Wir wollten nicht reagieren und warten, bis man uns optimiert, wir wollten agieren und offensiv selbst die Optimierung gestalten." (HAGER 2000, S. 228).

Die Wandlungsbereitschaft in der neuen Führungsmannschaft war hoch, es herrschten Eigeninitiative und Aufbruchstimmung. Die Leiterin des Geschäftsbereichs Personal und Recht verhinderte durch hartnäckiges Nachhalten ein Versanden des Veränderungsvorhabens und wirkte als Machtpromotor. Die Leiterin Personalentwicklung moderierte Workshops, Arbeitsgruppen und Teamtreffen und übernahm damit die Funktion eines Prozesspromotors. Beide zusammen bildeten ein schlagkräftiges Gespann, das zu einem wesentlichen Erfolgsfaktor des Wandels wurde. Der langjährige Leiter der Abteilung Personal- und Sozialwesen reagierte anfangs eher abwartend neutral bis skeptisch. Er hatte bereits Anfang der 90er Jahre eine Reorganisation der Personalabteilung erlebt, daher sah er keinen erneuten Handlungsbedarf.

Bezüglich der Wandlungsbereitschaft der Mitarbeiter war das Personalwesen der Stadtwerke Osnabrück in der glücklichen Situation, dass es durch die Restrukturierung zu keinem Arbeitsplatzabbau kam. Durch Effizienzsteigerungen frei werdende Kapazitäten wurden im Zuge des qualitativen Umbaus für die Übernahme neuer Aufgaben benötigt. Die Mitarbeiter mussten also keine Angst vor einem Arbeitsplatzverlust haben. Trotzdem gab es Widerstände, da langjährige Bürogemeinschaften durch die neue Organisation auseinander gerissen und die Aufgaben der Mitarbeiter verändert wurden. Auf Mitarbeiterseite dominierte ein Gefühl der Unsicherheit. Einige Mitarbeiter lehnten das Umlernen vom Spezialisten zum Generalisten ab. Auch die extreme Mehrbelastung durch die Parallelität von Tagesgeschäft und Veränderung wirkte sich negativ auf die Motivation aus.

Ein Erfolgsfaktor des Change Managements war die Einbindung der Betroffenen. Die Arbeitsabläufe wurden durch die Mitarbeiter analysiert, bewertet und anschließend unter den Gesichtspunkten Zeit, Kosten und Qualität den Kundenbedürfnissen entsprechend optimiert. Erste Erfolge („Quick Wins") und resultierende Arbeitserleichterungen wirkten motivierend. Durch Einbeziehung in das Projektteam konnte auch der anfangs eher skeptische Leiter Personal- und Sozialwesen für die Mitarbeit gewonnen und sukzessive von der neuen Struktur überzeugt werden.

Ziele und Selbstbild wurden frühzeitig vorgestellt und mit den Mitarbeitern diskutiert. Kontinuierlich fanden formelle Information und informelle Gespräche statt. Die überschaubare Größe der Personalabteilung und das gute Arbeitsklima erleichterten die Kommunikation. Bei der Überzeugung der Betroffenen von der neuen Struktur war die mit ihr erreichte Arbeitsplatzsicherheit ein gewichtiges Argument. Durch die Reorganisation wurde die Anzahl der Stellen in der Personalabteilung festgeschrieben, und es wurde Diskussionen über Outsourcing vorgebeugt. Es wurden sogar zwei befristete Verträge in unbefristete umgewandelt. Die wichtige direkte, persönliche

Kommunikation zwischen der Geschäftsbereichsleiterin und den Mitarbeitern kam allerdings durch die Überlastung mit operativen Aufgaben etwas zu kurz. Das wurde kompensiert durch die Leiterin Personalentwicklung, die Ansprechpartnerin für die Sorgen und Nöte der Mitarbeiter wurde. Als „anerkannter Spion" hatte sie zudem eine Mittlerrolle zwischen den Mitarbeitern und der Geschäftsbereichsleiterin.

Auch auf Mitarbeiterebene kam es zu personellen Wechseln, die allerdings nicht in Zusammenhang mit der Reorganisation standen. Innerhalb weniger Monate schieden vier der zehn Beschäftigten aus dem Personal- und Sozialwesen aus. Dies wirkte einerseits positiv auf die Akzeptanz des Wandels, da die neu eingestellten Mitarbeiter direkt in der neuen Struktur starteten und ihr gegenüber keine Vorbehalte hegten. Andererseits stiegen durch die hohe Fluktuation und die mit ihr einhergehende Integrations- und Einarbeitungsnotwendigkeit die Arbeitsbelastung und der Stress.

5.3 Wandlungsfähigkeit

Bezüglich der Fähigkeiten und Kenntnisse in der Personalabteilung gab es keine wesentlichen Defizite. Know-how zur Steuerung des Change-Prozesses brachte die Leiterin Personalentwicklung mit. Das Projektteam wurde zudem durch einen externen Berater unterstützt. Beratung wirkte also auch hier als Kompetenzergänzung. Zur Vorbereitung der neuen Organisation wurden fachliche Seminare beispielsweise zu Abrechnung oder Eingruppierung durchgeführt. Wechselseitige Einarbeitung und Unterstützung begleiteten die Übernahme neuer Aufgaben. Wie schon bei der Wandlungsbereitschaft wirkte sich auch bezüglich der Wandlungsfähigkeit der gute Zusammenhalt in der Abteilung positiv aus. Um die Mitarbeiter nicht zu überfordern, wurde ein langsamer, sukzessiver Übergang vom Spezialisten zum Generalisten gewählt, und die Verantwortung wurde schrittweise in die Teams gegeben. Die hohe Fluktuation wurde zur weiteren Verbesserung der fachlichen Qualifikation genutzt. Dabei stieg der Akademikeranteil erheblich. Es kam zu einer Einstellungs- und Verhaltensänderung weg von der Beamtenmentalität hin zu mehr Eigeninitiative sowie Kunden- und Serviceorientierung. Das entwickelte neue Selbstbild wird heute gelebt.

Weniger günstig war die Ausgangssituation bezüglich der unternehmensinternen Rahmenbedingungen. Sehr viel Anerkennung, Unterstützung und Begeisterung erfuhr das Projektteam durch die beiden Vorstände der Stadtwerke Osnabrück. Behindernd wirkte das schlechte Image der Personalabteilung. Bei den Fachbereichen fehlte es teilweise an Anerkennung, um die neuen Rollen voll ausfüllen zu können. Stattdessen herrschten aufgrund der typischen Vorurteile eher Gleichgültigkeit und Unverständnis vor. Das erschwerte insbesondere die Stärkung der Beratungsfunktion.

Mit Verweis auf die erreichten Erfolge insbesondere bei der Prozessoptimierung wird es möglich sein, das Vertrauen der Fachbereiche zu gewinnen und den Wandel vom

Larissa Becker

Verwalter zum Gestalter zu vollenden. Langfristig will die Personalabteilung Wegbereiter eines ganzheitlichen Veränderungsprozesses der Stadtwerke Osnabrück werden.

6 Schlussbetrachtung

Mit einem reinen Abbau - der „Sanierung" des operativen Kerngeschäfts und der administrativen Bereiche - lassen sich zwar Kostensenkungen realisieren, aber es lässt sich kein Mehrwert schaffen. Ein qualitativer Umbau oder gar Aufbau alleine dagegen ist unternehmensintern derzeit nicht durchsetzbar. Er würde eine Kapazitätsaufstockung der Personalabteilung erfordern, was angesichts des steigenden Effizienzdrucks in allen Unternehmensbereichen kaum vermittelbar ist. Auch ist kaum Akzeptanz der Fachbereiche für neue, strategische Personalmanagementleistungen zu erwarten, solange das Basisgeschäft nicht funktioniert. Die Personalabteilung der Zukunft entsteht daher durch eine ausgewogene Restrukturierung, die gleichermaßen quantitativen Abbau wie auch qualitativen Umbau umfasst.

Die erfolgreiche Umsetzung von Abbau- und Umbaukonzepten im Personalbereich bedarf eines professionellen Change Managements, das die drei Komponenten Wandlungsbedarf, Wandlungsbereitschaft und Wandlungsfähigkeit berücksichtigt. Um dem Reorganisationsvorhaben den benötigten Schwung zu verleihen, sollten sich Handlungsdruck von außen (bspw. von der Geschäftsleitung) und Initiative von innen (also von den Personalern selbst) wechselseitig verstärken. Gestützt durch einen Sponsor im Topmanagement kann sich der Personalleiter zu einem Treiber des Wandels entwickeln. Gelingt es ihm zudem, eine kritische Masse von Führungskräften und Mitarbeitern innerhalb des Personalbereichs für sein Vorhaben zu gewinnen, erlangt der Changeprozess die notwendige Dynamik.

Diese Dynamik dauerhaft aufrecht zu erhalten ist eine der großen Herausforderungen des Change Managements. Nach der meist durch anspruchsvoll-analytische und kreative Aufgaben sowie schnelle Erfolge geprägten Konzeptionsphase kommt die mühselige Kleinarbeit der Umsetzung. Die fast unvermeidlich eintretenden Rückschläge sind Wasser auf die Mühlen der Kritiker und nagen an der Zuversicht der Befürworter. Anstatt viel Energie in die Diskussion mit Opponenten zu investieren, sind spätestens jetzt die knappen zeitlichen Ressourcen auf die Unentschlossenen und die Befürworter zu konzentrieren. Sie benötigen dauerhaft Unterstützung, Bestätigung und Ermutigung, um im Schwung nicht nachzulassen.

Ein professionelles Change Management verbessert entscheidend die Erfolgsaussichten von Reorganisationen und wirkt so darauf hin, dass die Personalabteilung gestärkt aus der Krise hervorgeht. Der Wandel ist daher als Chance zu begreifen und aktiv voranzutreiben. Dabei gilt die Handlungsmaxime von Jack Welch: „Drive change, or it will drive you" (KENNEDY/HARVEY 1997).

Literaturverzeichnis

ARMUTAT, S., Mit professioneller Personalarbeit zum Erfolg, in: Personal, 56. Jg. , Heft 2, 2004, S. 35-38.

BECKER, L., Personalmanagement als Wertschöpfungskette: Systematisierung und kritische Gestaltung des Personalwesens, Arbeitspapier Nr. 1/2000 der Professur für Betriebswirtschaftslehre II, Gießen 2000.

BECKER, L., Personalabteilung im Unternehmungswandel. Anforderungen, Aufgaben, Rollen im Change Management, Wiesbaden 2001.

CLAßEN, M./ARNOLD, S., Change Management hat Konjunktur, in: Personalwirtschaft, 31. Jg., Heft 6, 2004, S. 26-30.

DOYÉ, T., Personalmanager als Business Partner, in: Personal, 56. Jg., Heft 5, 2004, S. 42-44.

DRUCKER, P. F., Es sind nicht Arbeitnehmer - es sind Menschen, in: Harvard Business Manager, 24. Jg., Heft 4, 2002, S. 74-84.

DUCK, J. D., Managing Change: The Art of Balancing, in: Harvard Business Review, 71. Jg., Heft 6, 1993, S. 109-118.

GRAF, G./JORDAN, G., Implementierung einer neuen Organisationsform, in: Zeitschrift für Organisation, 71. Jg., Heft 4, 2002, S. 233-243.

GROOTHUIS, U., Seite an Seite, in: Wirtschaftswoche, Nr. 37/2000, S. 190-193.

HAGER, E., Ein Personalbereich im Wandel von der Dienstleistung zur Beratung, in: Personal, 52. Jg., Heft 5, 2000, S. 228-234.

HOFFMANN, W., Schöne, neue HR-Welt, in: Personalwirtschaft, 27. Jg., Heft 9, 2000, S. 41-44.

HUS, C. , Was leisten eigentlich unsere Personaler?, in: Handelsblatt, 7./8./9.1.2005, S. k01.

KANTER, R. M., So schaffen Sie die Wende, in: Harvard Business Manager, 25. Jg., Heft 9, 2003, S. 24-37.

KENNEDY, C./HARVEY, D., Managing and Sustaining Radical Change, London 1997.

KOBI, J. M., Menschen überzeugen, in: Personal, 56. Jg., Heft 3, 2004, S. 23-25.

KRICSFALUSSY, A./REINERS, J., Personal-Agenda 2004: Dringend professionalisieren, in: Personal, 56. Jg., Heft 1, 2004, S. 18-21.

KRÜGER, W., Management permanenten Wandels, in: Glaser, H./Schröder, E. F./von Werder, A. (Hrsg.), Organisation im Wandel der Märkte, Wiesbaden 1998, S. 227-249.

KRÜGER, W., Das 3W-Modell: Bezugsrahmen für das Wandlungsmanagement, in: Krüger, W. (Hrsg.), Excellence in Change. Wege zur strategischen Erneuerung, 2. vollständig überarbeitete Auflage, Wiesbaden 2002, S. 15-33.

KRÜGER, W./BECKER, L., Warum Restrukturierungen versanden, und wie Sie das vermeiden, Arbeitspapier Nr. 1/2001 der Professur für Betriebswirtschaftslehre II, Gießen 2001.

KRÜGER, W./EBELING, F., Psychologik: Topmanager müssen lernen, politisch zu handeln, in: Harvard Manager, 13. Jg., Heft 2, 1991, S. 47-56.

LIVINGSTON, J.S., Motivation: Pygmalions Gesetz, in: Harvard Manager, 12. Jg., Heft 1, 1990, S. 90-99.

LOBENSTEIN, I., Personalwesen muss sich besser verkaufen, in: Personal, 56. Jg., Heft 6, 2004, S. 26-29.

NEVIS, E. C., An Integrated Approach to Transformational Change, in: Busch, R. (Hrsg.), Change Management und Unternehmenskultur. Konzepte in der Praxis, München/Mering 2000, S. 45-61.

OLESCH, G., Performance des Personalmanagement, in: Personal, 53. Jg., Heft 1, 2001, S. 12-14.

SCHEITER, S./MALKWITZ, A./FELDMANN, S., Renovieren statt reparieren, in: Harvard Business Manager, 25. Jg., Heft 9, 2003, S. 18-21.

SCHIRMER, F./LUZENS, M.-A., Widerstand und Ambivalenz im Veränderungsprozess - am Beispiel eines Flexible-Office-Projektes, in: Zeitschrift für Organisation, 72. Jg., Heft 6, 2003, S. 316-323.

SCHMID, E. W., Personalbilanz: So wird gute Personalführung endlich messbar, in: IO Management Zeitschrift, 58. Jg., Heft 7-8, 1989, S. 36-38.

ULRICH, D., Das neue Personalwesen: Mitgestalter der Unternehmenszukunft, in: Harvard Business Manager, 20. Jg. Heft 4, 1998, S. 59-69.

WUNDERER, R./DICK, P., Personalmanagement - Quo vadis? Analysen und Prognosen zu Entwicklungstrends bis 2010, Neuwied/Kriftel 2000.

Ramona Alt

Entwicklungstendenzen der Personalarbeit in mittel- und osteuropäischen Ländern

1 Einleitung 75
2 Rahmenbedingungen des Personalmanagements 75
    2.1 Ähnlichkeiten und Unterschiede 76
    2.2 Kulturelle Muster 79
3 Auf dem Weg zu einem modernen Human Resource Management 82
    3.1 Struktur und Politik des Personalmanagements 82
    3.2 Personalentwicklung 85
    3.3 Nutzung von externen Dienstleistungsagenturen und Beratern 87
    3.4 Flexibilisierung der Arbeit 88
4 Schlussfolgerungen 90

1 Einleitung

Seit Öffnung des „Eisernen Vorhangs" haben sich die mittel- und osteuropäischen Transformationsländer zu einem attraktiven Wirtschafts- und Handelspartner entwickelt. In den vergangenen Jahren wuchs der deutsche Außenhandel mit diesen Staaten überproportional (BERNHARDT 2004, S. 63 f.). Zudem stellen diese Länder ein interessantes Zielgebiet für ausländische Direktinvestitionen dar. Firmen, die im Zuge der zunehmenden wirtschaftlichen und politischen Integration Europas ihre grenzüberschreitenden Aktivitäten verstärken, stellt sich häufig die Frage, ob in den mittel- und osteuropäischen Transformationsländern ähnliche oder anders geartete Personalpraktiken angewandt werden. Der Beitrag beschäftigt sich daher mit dem aktuellen Stand und den Entwicklungsrichtungen des Personalmanagements in Mittel- und Osteuropa. Im Einzelnen sollen dabei Slowenien und Polen, die beide als fortgeschrittene Transformationsökonomien gelten, Estland als Vertreter der baltischen Staaten und Bulgarien als EU-Beitrittskandidat näher betrachtet werden. Im Mittelpunkt stehen dabei vor allem die Struktur und Politik des Personalmanagements, Fragen der Personalentwicklung, die Nutzung externer Personaldienstleister sowie moderne Beschäftigungsformen.

„Der Osten" verkörpert für westliche Unternehmen einen fremden Rechts- und Wirtschaftsraum, der durch unterschiedliche historische, kulturelle, soziale und auch politische Erfahrungen geprägt ist. Die Region bildete schon in der Zeit der sozialistischen Staatengemeinschaft keine Einheit, wie das der gängige Begriff „Ostblock" suggerieren mag. Sie befindet sich in einem Wandel, der als andauernder Transformationsprozess angesehen werden muss (vgl. SCHERM 1996, S. 217 und LANG 2003, S. 1). Die Transformationsprozesse im Osten wurden in der Wissenschaft und in der Praxis häufig auf den Wandel des Wirtschaftssystems, der Eigentumsordnung und des politischen Systems beschränkt. Dies stellt allerdings eine Betrachtung dar, die der Komplexität der Wandlungsprozesse in den Transformationsländern kaum gerecht wird. Auch kulturelle und mentale Veränderungsprozesse im Sinne einer Sozialintegration müssen als grundlegende Bestandteile gesellschaftlicher Transformationsprozesse angesehen werden (vgl. LANG/ALT 1996, S. 357; LANG 2003, S. 1). Eine Analyse des Standes und der Entwicklungsrichtungen des Personalmanagements in Mittel- und Osteuropa sollte deshalb neben den veränderten wirtschaftlichen, politischen und rechtlichen Rahmenbedingungen insbesondere auch die sozio-kulturellen Faktoren mit all ihren Besonderheiten und Unterschieden beachten.

2 Rahmenbedingungen des Personalmanagements in mittel- und osteuropäischen Transformationsländern

2.1 Ähnlichkeiten und Unterschiede

Bezüglich der Rahmenbedingungen des Personalmanagements in den mittel- und osteuropäischen Ländern scheint es angebracht, differenzierende und vereinheitlichende Faktoren zu unterscheiden. Ähnliche Einflussfaktoren sind in den bestimmenden ökonomischen und sozialen Strukturen der Vergangenheit wie der Orientierung auf gesellschaftliches Eigentum, der zentralen Steuerung der Wirtschaft und der politischen Herrschaft der kommunistischen Partei sowie den damit verbundenen mentalen Dispositionen zu sehen. Diese Spuren der Vergangenheit beeinflussen das Handeln der Akteure in den Transformationssituationen und werden mit neuen Erfahrungen und Einstellungen verknüpft. Daneben stellen die Übernahme des westlichen Rechtssystems und die Umsetzung entsprechender Reformprogramme sowie die Internationalisierungs- und Globalisierungstendenzen und die Einbindung der Reformstaaten in die internationale Arbeitsteilung diese Länder vor ähnliche Herausforderungen. Ebenso scheint der Transfer von Management-Know-how eine wesentliche Komponente zu sein. Allerdings müssen diese, aus dem Westen transferierten Konzepte und Praktiken, an die jeweiligen Bedingungen vor Ort angepasst werden. Die Akteure stehen vor der Herausforderung, sich die Konzepte in individuellen und organisationalen Lernprozessen anzueignen und in die unterschiedlichen nationalen und lokalen Bedingungen einzubetten.

Differenzierende Wirkungen gehen demgegenüber aus von:

- einem unterschiedlichen technologischen Stand und Industrialisierungsgrad bereits vor 1917 bzw. 1945 und unterschiedlichen Wegen der staatssozialistischen Modernisierung,

- differenzierten Landeskulturen, die auf verschiedenen historischen Erfahrungen sowie ethnischen und religiösen Engagements beruhen,

- verschiedenen Zeitpunkten des Beginns unterschiedlicher Reformkonzepte, den jeweiligen Akteurskonstellationen sowie dem differenzierten Verlauf der Reformaktivitäten und dem erreichten Stand des Entwicklungsprozesses,

- dem unterschiedlichen Einfluss westlicher Länder in Abhängigkeit vom Umfang der wirtschaftlichen Zusammenarbeit in Vergangenheit und Gegenwart,

- den konkreten gesetzlichen Vorgaben und dem allgemeinen wirtschaftlichen und gesellschaftlichen Klima, woran sich ein erfolgreiches Personalmanagement ausrichten sollte (vgl. LANG ET AL. 1998, S. 313 ff. und LANG 2003, S. 1 f.).

Die Tabelle 2-1 verdeutlicht einige wichtige Wirtschaftsdaten in ihrer Entwicklung.[1] Die realen Wachstumsraten des Bruttoinlandprodukts vermitteln einen Eindruck von der wirtschaftlichen Entwicklung der Transformationsländer über die Zeit und im Vergleich der Länder zueinander bzw. zu den EU-Ländern insgesamt. Danach können die Transformationsländer, nachdem der Wandel des Wirtschaftssystems zu einer Marktökonomie bewältigt war, auf Wachstumsraten verweisen, die in der Regel über dem EU-Durchschnitt liegen. Die Arbeitskosten je Stunde sind gegenüber Deutschland ausgesprochen gering. In Slowenien als „reichstem" Land unter den hier betrachteten Transformationsländern liegen sie bei gerade 38 % der deutschen Arbeitskosten.

Tabelle 2-1: Einige wichtige Wirtschaftsdaten in der Übersicht[2]

	1995	2000	2001	2002	2003	2004
Reale Wachstumsrate des BIP in konstanten Preisen (1995) – Veränderung in % des Vorjahres[3]						
EU (25 Länder)	n.f.	3,6	1,7	1,1	0,9	2,3
EU (15 Länder)	2,4	3,6	1,7	1,0	0,8	2,2
Deutschland	1,7	2,9	0,8	0,1	-0,1	1,6
Estland	4,5	7,8	6,4	7,2	5,1	5,9 (f)
Polen	2,7	4,0	1,0	1,4	3,8	5,8 (f)
Slowenien	4,1	3,9	2,7	3,3	2,5	4,0 (f)
Bulgarien	2,9	5,4	4,1	4,9	4,3	5,5 (f)
Arbeitskosten je Stunde (in EUR)						
EU (25 Länder)	n. f.	19,31	19,75	20,48	22,61	n. f.
EU (15 Länder)	n. f.	22,62	22,59	23,36	n. f.	n. f.
Deutschland	n. f.	25,68	26,41	27,25	27,93	n. f.
Estland	n. f.	2,85	3,22	3,67	4,01	n. f.
Polen	n. f.	4,48	5,30	5,27	n. f.	n. f.
Slowenien	n. f.	8,98	9,58	9,70	10,54	n. f.
Bulgarien	n. f.	1,23	1,29	1,32	1,39	n. f.

1 Die entsprechenden Daten sind zumeist erst ab 1995 über Eurostat verfügbar.
2 Quelle: EUROSTAT/U.S. BUREAU OF THE CENSUS, Online support 2005
3 (n. f.): nicht verfügbar, (f): Prognose

Während der letzten 15 Jahre haben sich auf den Arbeitsmärkten der Transformationsländer tiefgreifende Veränderungen vollzogen. Die drastischsten Veränderungen erfolgten in der Regel Anfang der 1990er Jahre (vgl. ALAS/SVETLIK 2004; KOUBEK/ VATCHKOVA 2004). Der Strukturwandel führte hier zu einer meist starken Reduzierung der Erwerbstätigen. Aufgrund der sich herausbildenden hohen Arbeitslosenquoten gerieten die Beschäftigten unter Druck. Seit der 2. Hälfte der 1990er Jahre ist nunmehr eine gewisse Stabilisierung bei den Beschäftigungsquoten zu erkennen mit Ausnahme von Polen, wo die Beschäftigungsquote weiterhin sinkt.

Tabelle 2-2: Anzahl der Erwerbstätigen und Beschäftigungsquote in ausgewählten Ländern[4]

	1995	2000	2001	2002	2003
Erwerbstätige (im Jahresdurchschnitt in Millionen)[5]					
Deutschland	37,38	38,75	38,92	38,67	38,25
Estland	0,63	0,57	0,58	0,58	0,59
Polen	14,79	14,53	14,21	13,78	13,62
Slowenien	n. f.	0,89	0,90	0,90	0,89
Bulgarien	3,28	2,98	2,97	2,98	3,08
Beschäftigungsquote insgesamt in Prozent					
EU (25 Länder)	n. f.	62,4	62,8	62,9	63,0
EU (15 Länder)	60,1	63,4	64,1	64,3	64,4
Deutschland	64,6	65,6	65,8	65,4	65,1
Estland	n. f.	60,4	61,0	62,0	62,9
Polen	n. f.	55,0	53,4	51,5	51,2
Slowenien	n. f.	62,8	63,8	63,4	62,6
Bulgarien	n. f.	50,4	49,7	50,6	52,5

Während angesichts der wirtschaftlichen Entwicklung in einigen Transformationsländern die Zahl der Arbeitslosen zurück geht, ist insbesondere in Polen die Arbeitslosenquote mit knapp 20 % weiterhin anhaltend hoch (vgl. Tabelle 2-3)[6]. Aber auch in

---

[4] Quelle: EUROSTAT/U.S. BUREAU OF THE CENSUS, Online support und KOUBEK/VATCHKOVA (2004)
[5] (n. f.): nicht verfügbar
[6] Die entsprechenden Daten sind zumeist erst ab 1995 über Eurostat verfügbar.

Bulgarien ist die Arbeitslosigkeit angesichts des relativ geringen Umfangs an Auslandsinvestitionen vergleichsweise stark ausgeprägt.

Tabelle 2-3: *Arbeitslosenquoten in ausgewählten Ländern in Prozent[7]*

	1995	2000	2001	2002	2003	2004
EU (25 Länder)	n. f.[8]	8,6	8,4	8,7	8,9	9,0
EU (15 Länder)	10,0	7,6	7,2	7,6	7,9	8,0
Deutschland	8,0	7,2	7,4	8,2	9,0	9,5
Estland	n. f.	12,5	11,8	9,5	10,2	9,2
Polen	n. f.	16,4	18,5	19,8	19,2	18,8
Slowenien	n. f.	6,6	5,8	6,1	6,5	6,0
Bulgarien	15,0	16,4	19,2	17,8	13,6	11,9

2.2 Kulturelle Muster

In verschiedenen Untersuchungen ist im Hinblick auf das Personalmanagement auf die Rolle des kulturellen Hintergrunds verwiesen worden. Die kulturvergleichende Managementforschung hat gezeigt, dass die Landeskulturen der mittel- und osteuropäischen Transformationsländer zu hohen Machtunterschieden tendieren. Die Machtunterschiede zwischen den einzelnen Managementebenen und den Mitarbeitern sind hier sehr ausgeprägt und regulieren Unsicherheit (vgl. LANG ET AL. 1998). Gleichzeitig ist eine Neigung zum Kollektivismus festgestellt worden. Die Untersuchungen im Rahmen des GLOBE-Projekts verweisen auf einen stark ausgeprägten gruppenorientierten Kollektivismus und auf eine geringe Ausprägung des institutionellen Kollektivismus (vgl. Tabelle 2-4). Die gruppenorientierte Kultur in Mittel- und Osteuropa wird dabei von hierarchischen Managementpraktiken bestimmt (BAKACSI ET AL. 2002). Mittel- und Osteuropäer bevorzugen nach Smith et al. (1996, 1997) Autonomie (auf Nützlichkeit ausgerichtete) und Hierarchie statt Gleichheit. Zugleich ist eine Personenorientierung vorherrschend im Gegensatz zu der in Westeuropa und insbesondere in Deutschland dominierenden Sach- und Leistungsorientierung. Die humane Orientierung rangiert in den mittel- und osteuropäischen Transformationsländern weltweit gesehen im Mittelfeld um den Mittelwert 4 und ist damit höher als in Deutschland. Dagegen zeigen sich im „Osteuropa-Cluster" vergleichsweise geringe Werte hinsicht-

---

7 Quelle: EUROSTAT/U.S. BUREAU OF THE CENSUS, Online support und KOUBEK/VATCHKOVA (2004)
8 (n. f.): nicht verfügbar

lich der Unsicherheitsvermeidung und der Zukunftsorientierung. Die Bevölkerung dieser Länder toleriert demnach in hohem Maße Unsicherheit und lebt relativ stark im Hier und Jetzt. Bei näherer Betrachtung zeigen sich jedoch hier auch deutliche Unterschiede zwischen den mittel- und osteuropäischen Ländern wie Brodbeck et al. (2000) nachgewiesen haben.

Die baltischen Staaten bilden nach den kulturvergleichenden Studien ein eigenes Subcluster. Verglichen mit den anderen mittel- und osteuropäischen Ländern sind hier geringere Machtunterschiede und eine geringere Unsicherheitsvermeidung zu finden. Zugleich wird auf eine gewisse Abschwächung der kollektivistischen Tendenzen verwiesen (vgl. VADI ET AL. 2002).

Tabelle 2-4: Real erlebte Kulturdimensionen im Vergleich (in Anlehnung an BAKACSI ET AL. 2002 und SZABO ET AL. 2002)[9]

Wie es ist ("As is")	Weltmittelwert	Osteuropa-Cluster[10]	Polen	Slowenien	Deutschland (ehemals West)	Deutschland (ehemals Ost)
Unsicherheitsvermeidung	4,16	3,57	3,62	3,78	5,22	5,16
Zukunftsorientierung	3,84	3,37	3,11	3,59	4,27	3,95
Machtunterschiede	5,15	5,25	5,10	5,33	5,25	5,54
Institutionelle Gruppenorientierung	4,24	4,08	4,53	4,13	3,79	3,59
Gruppen- und familienbezogene Gruppenorientierung	5,12	5,53	5,52	5,43	4,02	4,52
Humane Orientierung	4,09	3,84	3,61	3,79	3,18	3,40
Leistungsorientierung	4,09	3,71	3,89	3,66	4,25	4,09
Dominanz / Konfliktorientierung	3,86	3,51	3,75	3,99	4,55	4,73
Gleichbehandlung der Geschlechter	3,40	3,84	4,02	3,96	3,10	3,06

---

[9] Die Angaben beziehen sich auf eine siebenstufige Skala. Der Wert 1 bedeutet eine sehr geringe und der Wert 7 eine sehr hohe Ausprägung.

[10] Zum Osteuropa-Cluster gehören nach den Untersuchungen des GLOBE-Projektes entsprechend ihrer ähnlichen Landeskultur folgende Länder: Albanien, Georgien, Griechenland, Ungarn, Kasachstan, Polen, Russland und Slowenien. Für Bulgarien und Estland liegen gegenwärtig noch keine Daten vor.

Dagegen ist in der deutschen Kultur - sowohl verglichen mit den mittel- und osteuropäischen Ländern als auch weltweit - eine höhere Unsicherheitsvermeidung und eine größere Zukunftsorientierung vorzufinden. Dies korrespondiert mit Befunden von Hofstede (1980), der eine hohe Unsicherheitsvermeidung für Deutschland fand (UAI-Index von 65 auf einer Skale zwischen 8 und 112). Gleichzeitig machen die Werte deutlich, dass im internationalen Maßstab gesehen deutsche Führungskräfte einen relativ starken Hang zu Standardisierung und Regelorientierung sowie zu hierarchischem und dominantem Verhalten aufweisen (vgl. SZABO ET AL. 2002, 62 ff.). Zugleich zeigt sich für Deutschland ein geringes Niveau an institutioneller Gruppenorientierung und an humaner Orientierung.

Gelebte Verhaltensweisen müssen nicht mit erwünschten übereinstimmen. Differenzen können einerseits „Idealvorstellungen" und andererseits einen Trend zur Veränderung reflektieren. Vergleicht man die Befunde zur gelebten Landeskultur mit den Ideal-Vorstellungen der Bevölkerung, wie die Kultur in ihrem Land sein sollte, so ergibt sich folgendes Bild (vgl. Tabelle 2-5):

Tabelle 2-5: Gewünschte Kulturdimensionen im Vergleich (in Anlehnung an BAKACSI ET AL. 2002 und SZABO ET AL. 2002)[11]

Wie es sein sollte („As should")	Weltmittelwert	Osteuropa-Cluster	Polen	Slowenien	Deutschland (ehemals West)	Deutschland (ehemals Ost)
Unsicherheitsvermeidung	4,62	4,93	4,71	4,99	3,32	3,94
Zukunftsorientierung	5,59	5,37	5,20	5,42	4,85	5,23
Machtunterschiede	2,78	2,84	3,12	2,57	2,54	2,69
Institutionelle Gruppenorientierung	4,72	4,33	4,22	4,38	4,82	4,68
Gruppen- und familienbezogene Gruppenorientierung	5,64	5,56	5,74	5,71	5,18	5,22
Humane Orientierung	5,39	5,41	5,30	5,25	5,46	5,44
Leistungsorientierung	5,88	5,81	6,12	6,41	6,01	6,09
Dominanz / Konfliktorientierung	3,71	3,88	3,74	2,78	3,09	3,23
Gleichbehandlung der Geschlechter	5,51	4,46	4,52	4,83	4,89	4,90

[11] Die Angaben beziehen sich wiederum auf eine siebenstufige Skala, wobei der Wert 1 mit einer sehr geringen und der Wert 7 mit einer sehr hohen Ausprägung verbunden ist.

Die existierende Landeskultur sollte sich nach Meinung der Mittel- und Osteuropäer in nahezu allen Dimensionen ändern. Sie wünschen sich, dass ihre Gesellschaften zukunftsorientierter und weniger hierarchisch wären. Durch eine stärkere Strukturierung sollten größere Unsicherheiten vermieden werden bei einer gleichzeitig höheren humanen Orientierung. Ebenso halten sie ein geringeres Niveau an Machtunterschieden in ihrer Gesellschaft für wünschenswert. Beibehalten werden soll dagegen die meist hohe Gruppenorientierung der Gesellschaft.

Insgesamt betrachtet könnten diese Befunde Indiz für eine recht hohe Veränderungsbereitschaft in den mittel- und osteuropäischen Transformationsländern sein, wobei natürlich zu beachten ist, dass die tatsächlich gelebte Kultur und die Idealvorstellungen beträchtlich auseinander fallen können.

3 Auf dem Weg zu einem modernen Human Resource Management

3.1 Struktur und Politik des Personalmanagements

Die Institutionalisierung des Personalmanagements in Form einer Personalabteilung oder eines Personalleiters ist weltweiter Standard. Die Untersuchungen des Cranfield Network of Strategic Human Resource Management kommen zu dem Ergebnis, dass rund 90 % aller befragten Unternehmen über eine derartige Einrichtung verfügt (vgl. z. B. BREWSTER ET AL. 2000 und 2004). Unter den hier betrachteten Transformationsländern ist vor allem in Slowenien der Stellenwert der Personalabteilungen bzw. der Personalverantwortlichen vergleichsweise anerkannt. Dagegen befinden sich die Personalverantwortlichen in Estland, Polen und Bulgarien nach wie vor in einer schwächeren Position als in anderen europäischen Ländern. In Slowenien sind Personalabteilungen ebenso wie z. B. in Deutschland oder Tschechien häufiger als im europäischen Durchschnitt vorhanden. Die Personalverantwortlichen waren zu Beginn dieser Dekade in ca. 60 % der slowenischen Unternehmen und damit ebenfalls öfter als in Europa allgemein üblich von Anfang an in die Entwicklung und Implementierung der Unternehmensstrategie einbezogen. Allerdings haben weder die Personalabteilungen noch die Personalleiter dabei einen zentralen Einfluss (vgl. IGNJATOVIC/SVETLIK 2002). Dies spiegelt sich auch darin wider, dass nur in 57 % der slowenischen Unternehmen der Personalleiter Mitglied der Geschäftsleitung ist. Mit etwas mehr als der Hälfte der Unternehmen liegt Slowenien damit zwar deutlich über den Werten anderer Transformationsländer und auch über dem Anteil in Deutschland (46 %). Dennoch ist die

Personalabteilung nicht so stark in der Geschäftsleitung verankert wie beispielsweise in Frankreich (87 %), Japan (85 %) oder Schweden (79 %) (vgl. WEBER/KABST 2002). Personalstrategien sind in Slowenien europaweit gesehen überdurchschnittlich oft und dabei eher in schriftlicher Form vorhanden. Der höhere Stellenwert der Personalabteilungen in Slowenien verglichen mit anderen mittel- und osteuropäischen Transformationsländern scheint dabei nicht zuletzt auf der längeren Tradition des Human Resource Managements in diesem Land und den seit über 30 Jahren etablierten HRM-Ausbildungsprogrammen zu beruhen (ALAS/SVETLIK 2004, S. 364).

Abbildung 3-1: Anteil der Unternehmen mit einem Personalleiter in der Geschäftsleitung[12]

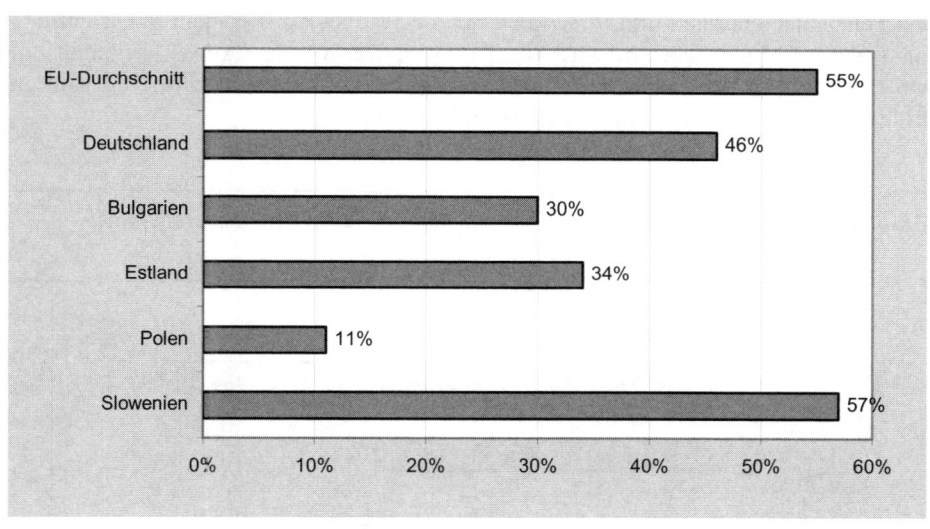

Anders als in Slowenien gestaltet sich die Situation in Estland, Bulgarien und Polen. Hier ist der Anteil an Unternehmen mit einer eigenen Personalabteilung vergleichsweise gering. Wenn vorhanden, dann sind die Personalabteilungen jedoch – gemessen an der Zahl der Beschäftigten – in der Regel relativ gut ausgestattet. Wenngleich zahlreiche Anstrengungen zur Einführung neuer professioneller Methoden unternommen werden, scheint die Position der Personalabteilungen und ihrer Manager in den Unternehmen vergleichsweise schwach ausgeprägt zu sein. Dies liegt neben der geringeren Verbreitung von Personalabteilungen insbesondere darin begründet, dass die Personalverantwortlichen relativ selten ins Top-Management und in die Entwicklung von Unternehmens- und Personalstrategien involviert sind (vgl. IGNJATOVIC/SVETLIK 2002). In besonderem Maße scheint dies für Polen zu gelten. Hier sind die Personal-

---

[12] Die Werte beziehen sich auf die Jahre 1998-2000.

verantwortlichen im Allgemeinen auf der mittleren Managementebene angesiedelt. Im Jahr 2000 waren nur in ca. 11 % der Unternehmen die Personalleiter in der Geschäftsleitung verankert und mit 45 % hatten überdurchschnittlich viele polnische Unternehmen keine Personalstrategie. Geht man davon aus, dass der formale Status der Personalverantwortlichen ein Indikator für die Wahrnehmung und Anerkennung der Personalfunktion ist, so muss man Aleksy Pocztowski (2002) zustimmen. Er bemängelt, dass das Human Resource Management in Polen trotz der verkündeten großen Bedeutung noch keine ausreichend starke Umsetzung gefunden hat. Obwohl bereits auf geringem Niveau ist in Bulgarien der Anteil der Unternehmen mit einer Personalabteilung sogar Ende der 1990er Jahre gegenüber Mitte der 1990er Jahre leicht zurückgegangen (VATCHKOVA 2002). Dies scheint ein Ergebnis des Personalabbaus und der Restrukturierungsprozesse sowie der geringen Wertschätzung zu sein, die spezialisierten Personalabteilungen und ihrer Rolle für die Wettbewerbsfähigkeit der Unternehmen hier entgegen gebracht wird (KOUBEK/VATCHKOVA 2004). Auch der Anteil der Unternehmen, in denen der Personalleiter Mitglied der Geschäftsleitung ist, sank in Bulgarien im gleichen Zeitraum um beträchtliche 15 %.

Abbildung 3-2: Anteil der Unternehmen mit einer schriftlich formulierten Personalstrategie[13] [14]

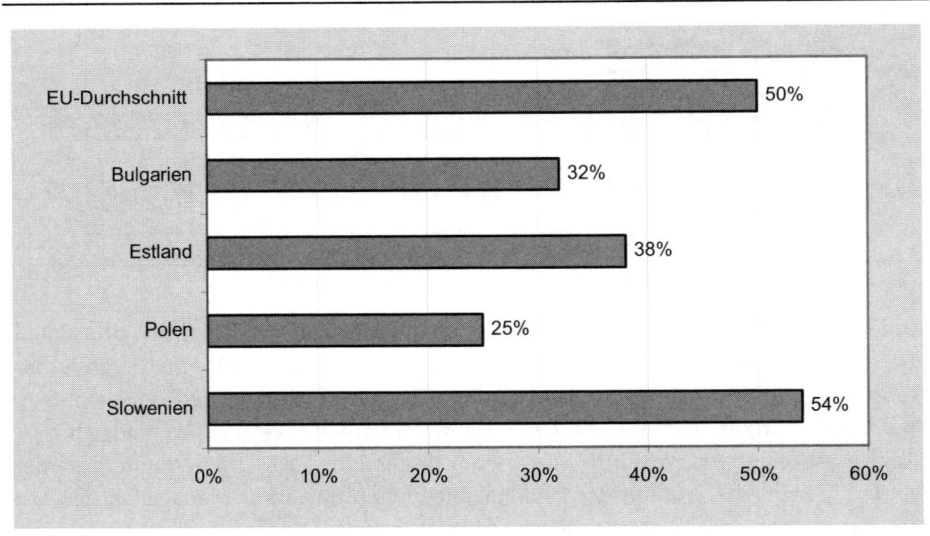

---

[13] Für Polen ist nach POCZTOWSKY (2002) der Anteil von Unternehmen mit einer Personalstrategie, unabhängig ob sie in schriftlicher oder nicht schriftlicher Form vorliegt, angegeben worden. Der Wert für eine schriftlich vorliegende Strategie dürfte noch deutlich geringer sein.
[14] Die Werte beziehen sich auf die Jahre 1998-2000.

Die mittel- und osteuropäischen Transformationsländer versuchen, Personalstrategien systematisch zu entwickeln und zu implementieren. Immerhin hatten zu Beginn dieser Dekade in Estland reichlich ein Drittel und in Bulgarien knapp ein Drittel der Unternehmen eine schriftliche Personalstrategie. In Polen besaß dagegen nur ein Viertel der Unternehmen überhaupt eine entsprechende Strategie. Insgesamt sind die Entwicklungstendenzen allerdings nicht frei von Brüchen. So mussten beispielsweise die bulgarischen Teilnehmer der CRANET-Studie Ende der 1990er Jahre einen Rückgang der strategischen Orientierung in puncto Personalfragen konstatieren.

Generell ergibt sich ein Bild, wonach das Personalmanagement in Estland, Bulgarien und Polen stärker in den Händen von General- und Linienmanagern liegt, die Entscheidungen eher zentral treffen und die von Human Resource Spezialisten unterstützt werden (IGNJATOV/SVETLIK 2002). So ist beispielsweise in Bulgarien und Estland die Hauptverantwortung für die Rekrutierung und Personalauswahl beim Linienmanagement angesiedelt (KOUBEK/VATCHKOVA 2004; ALAS/SVETLIK 2004). In Polen hat sich die Tendenz herausgebildet, dass diese Aufgaben gemeinsam von Personalleitern und Linienmanagern übernommen wird (POCZTOWSKI 2002, S. 24). Insgesamt hat die Verantwortung der Linienmanager in den letzten Jahren zumeist zugenommen. Begründet wird dies zum einen mit dem allgemein zu beobachtenden Trend, dass Personalaufgaben hin zum Linienmanagement verlagert werden. Zum anderen wird als Grund auch Misstrauen gegenüber den Fähigkeiten der Beschäftigten in der Personalabteilung angeführt (z. B. KOUBEK/VATCHKOVA 2004).

3.2 Personalentwicklung

Aufgrund der Besonderheiten der Transformationssituation stand in den mittel- und osteuropäischen Unternehmen zunächst vor allem der Personalabbau im Mittelpunkt (vgl. LANG ET AL. 1998). Unter den Bedingungen einer hohen Gruppenorientierung und relativ starker Machtunterschiede wurden die meisten Human-Resource-Konzepte kollektivistisch und paternalistisch ausgestaltet. Bei der Stellenbesetzung im Zuge von Umstrukturierungen orientierten sich die Unternehmen stark am internen Arbeitsmarkt. Externes Know how wurde nur selten implementiert.

Der nachhaltige Wandel der Wirtschaft, Globalisierung und sich wandelnde Märkte sowie steigender Wettbewerbs- und Innovationsdruck stellen sowohl die Personalressorts der Unternehmen vor neue Herausforderungen als auch neue Forderungen an die Kompetenzen der Mitarbeiter und Führungskräfte. Dies hat erhebliche Anstrengungen im Bereich der Personalentwicklung bewirkt, indem vor dem Hintergrund anderer Managementtraditionen und Bildungssysteme gezielt modernes Wissen an die Führungskräfte und Mitarbeiter in den mittel- und osteuropäischen Transformationsländern vermittelt wird. Westliche Unternehmen sind in früheren planwirtschaftlich organisierten Ländern häufig noch auf die Erwartung gestoßen, Verbesserungen im Unternehmen könnten in erster Linie mit zusätzlichen Investitionen in Sachkapital erreicht werden. Aus der Sicht westlicher Investoren besteht demgegenüber die Hauptaufgabe darin, Produktivität und Qualität zu verbessern, indem die vorhandene Ausstattung mittels Reorganisation und Personalentwicklung besser genutzt wird (OTTE 2004, S. 57). In den vergangenen Jahren ist den Unternehmen der Transformationsländer zunehmend klar geworden, dass gut ausgebildete Mitarbeiter einen Wettbewerbsvorteil darstellen. Wesentliche Indikatoren für den Umfang und die Intensität von Qualifizierungsanstrengungen sind zum einen die Anzahl der Ausbildungstage pro Beschäftigtenkategorie und zum anderen der Anteil der an Aus- und Weiterbildungsmaßnahmen teilnehmenden erwachsenen Bevölkerung. Die Tabellen 3-1 und 3-2 verdeutlichen die Werte für ausgewählte mittel- und osteuropäische Länder.

Tabelle 3-1: Durchschnittliche Aus- und Weiterbildungstage pro Jahr nach Beschäftigtenkategorie (für die Jahre 1999/2000[15])[16]

	Bulgarien	Estland	Slowenien	Deutschland	EU-Durchschnitt
Führungskräfte	8	8	7	5	6
Fachkräfte/Techniker	9	7	6	5	6
Verwaltungsangestellte	6	6	3	3	4
Gewerbliche Arbeitnehmer	5	3	2	2	6

Tabelle 3-2: Lebenslanges Lernen – Prozentsatz der an Aus- und Weiterbildungsmaßnahmen teilnehmenden erwachsenen Bevölkerung im Alter von 25-64 Jahren[17] [18]

	2000	2001	2002	2003	2004
EU (25 Länder)	7,9 (e)	7,9 (e)	8,0	9,3	9,4 (p)
EU (15 Länder)	8,5 (e)	8,4 (e)	8,5	10,0	10,1 (p)
Deutschland	5,2	5,2	5,8	6,0	6,0 (p)
Estland	6,0	5,2	5,2	6,2	6,7
Polen	n.f.	4,8	4,3	5,0	5,5
Slowenien	n.f.	7,6	9,1	15,1 (b)	17,9
Bulgarien	n.f.	1,4	1,3	1,4	1,3

---

[15] Quelle: nach ALAS/SVETLIK (2004, S. 367), KOUBEK/VATCHKOVA (2004, S. 336), DIETZ ET AL. (2004, S. 85)
[16] Für Polen liegen keine Daten vor.
[17] Quelle: EUROSTAT/U.S. BUREAU OF CENSUS, Online support (2005)
[18] (n. f.): nicht verfügbar, (b): Reihenunterbrechung, (e): geschätzter Wert, (p): vorläufiger Wert

Die Daten zeigen, dass die Anstrengungen vieler Länder beachtlich sind. Bulgarische und estnische Unternehmen investieren mehr Zeit in die Aus- und Weiterbildung ihrer Beschäftigten als dies in Europa allgemein und auch in Deutschland üblich ist. In Slowenien, wo die Geschwindigkeit der Transformationsprozesse als weniger drastisch eingeschätzt wird, wenden die Unternehmen etwas weniger Zeit für Aus- und Weiterbildungsmaßnahmen auf als in den anderen hier betrachteten mittel- und osteuropäischen Ländern. Bedenklich scheint in Slowenien der vergleichsweise geringe zeitliche Umfang, indem gewerbliche Arbeitnehmer aus- und weitergebildet werden (vgl. ALAS/SVETLIK 2004). Im Hinblick auf die Personalentwicklung kommt der Entwicklung der einheimischen Fach- und Führungskräfte im Bewusstsein der Unternehmen meist eine dominante Bedeutung zu. Bei der Auswahl der Personen scheint es hier ein selektives Vorgehen zu geben. Ignjatov und Svetlik (2002) verweisen darauf, dass insbesondere in Bulgarien und teilweise auch in Estland weniger Mitarbeiter zur Aus- und Weiterbildung geschickt werden als im europäischen Durchschnitt. Diese werden dann aber länger und intensiver qualifiziert. Im Vergleich zu Bulgarien, Polen und Estland nimmt dagegen in Slowenien ein weitaus größerer Anteil der erwachsenen Bevölkerung an Aus- und Weiterbildungsmaßnahmen teil.

Die Personalaktivitäten und vor allem die Personalentwicklungsmaßnahmen werden zunehmend systematisch evaluiert. Etwas überraschend mag sein, dass gerade in Bulgarien[19] diese Bereiche deutlich häufiger als im europäischen Durchschnitt Gegenstand von Evaluationen waren. Über die Gründe dafür kann nur gemutmaßt werden. Bulgarische Wissenschaftler vermuten, dass die Ursachen entweder in der zunehmenden Bedeutung der Personalarbeit liegen oder darin, dass die Personalabteilungen ihren Wert stärker beweisen müssen. In Estland und Slowenien werden die Leistungen der Personalabteilungen dagegen nur in ca. einem Drittel der Unternehmen und damit seltener als europaweit üblich systematisch evaluiert. Der Weiterbildungsbedarf wird insgesamt noch vergleichsweise selten systematisch ermittelt (vgl. IGNJATOVIC/SVETLIC 2002).

3.3 Nutzung von externen Dienstleistungsagenturen und Beratern

Bei der Umsetzung von personalwirtschaftlichen Aufgaben wirkt es sich für die Unternehmen erleichternd aus, dass in den Transformationsländern inzwischen ein relativ umfangreiches lokales Angebot besteht, so dass die Bewältigung der Anforderungen auch in Zusammenarbeit mit externen Dienstleistungsagenturen und Beratern realisiert werden kann. (vgl. VATCHKOVA 2002, OTTE 2004). Während in Slowenien in durchschnittlichem Umfang auf externe Kompetenzen zurückgegriffen wird, nutzen

---

[19] Wie übrigens auch in der Tschechischen Republik.

die Unternehmen in den anderen hier betrachteten Transformationsländern solche Angebote allerdings weitaus weniger. Die Mehrheit der Firmen nimmt keine externen Dienstleister für personalwirtschaftliche Aufgaben in Anspruch. Die CRANET-Daten verweisen darauf, dass Ende der 1990er Jahre bzw. zu Beginn dieser Dekade 45 % der polnischen Unternehmen und 35 % der bulgarischen Unternehmen diesen Service nutzte, allerdings oft nur sporadisch (vgl. POCZTOWSKI 2002; VATCHKOVA 2002). Im Vergleich dazu griffen 83 % der Unternehmen in Westdeutschland und 70 % der Unternehmen in Ostdeutschland zur Realisierung von Personalaufgaben auf professionelle externe Angebote zurück. Inhaltliche Schwerpunkte sind dabei in den Transformationsländern ähnlich wie in Deutschland vor allem die Personalentwicklung und auch die Personalbeschaffung.

Trotz der Erwartung, dass die Inanspruchnahme externer Dienstleistungen für personalwirtschaftliche Aufgaben zunimmt, wird speziell in Bulgarien zu Beginn dieser Dekade von einem Rückgang bei der Nutzung dieser Serviceangebote berichtet. Als mögliche Gründe werden zum einen die knappen finanziellen Budgets genannt. Zum anderen wird eingeschätzt, dass insbesondere bulgarische Manager die Bedeutung professioneller Personalbeschaffung und -auswahl unterschätzen. Mit der Nutzung externer Kompetenzen wären zwar zunächst höhere finanzielle Ausgaben verbunden, die sich jedoch für die Unternehmen durch die Stärkung der Leistungsfähigkeit bezahlt machen würden (vgl. VATCHKOVA 2002).

3.4 Flexibilisierung der Arbeit

Die Flexibilisierung der Beschäftigungsformen und der Arbeitszeit ist in den vergangenen Jahren europaweit zu einem wesentlichen Charakteristikum von Veränderungsprozessen in Unternehmen geworden. Obwohl diese sogenannten atypischen Beschäftigungsformen in Europa kontinuierlich zugenommen haben, sind sie in den mittel- und osteuropäischen Transformationsländern zumeist weniger populär und akzeptiert. Heim- und Telearbeit, Jobsharing sowie Teilzeitarbeit sind hier geringer verbreitet. Während in Estland insbesondere Telearbeit dank der rapiden technischen Entwicklung zunehmend breitere Anwendung findet (vgl. ALAS 2003 und 2005), weisen Bulgarien und Slowenien ein anderes Muster auf. Hier nimmt die Flexibilisierung der Arbeit in erster Linie in Form befristeter Beschäftigung zu. Befristete Arbeitsverträge sind in Bulgarien - trotz der Abneigung der Beschäftigten - verbreiteter als im europäischen Durchschnitt. Auch die Schichtarbeit, die es in den Transformationsstaaten schon immer gegeben hat, kommt hier häufiger zur Anwendung (vgl. KOUBEK/VATCHKOVA 2004). In Slowenien - so die Einschätzung von ALAS/SVETLIK (2004) - beschäftigen die Unternehmen mittlerweile ¾ ihrer Neuzugänge nur befristet.

Während in den EU-Ländern Teilzeitverträge insbesondere von Frauen zunehmend angenommen wurden, sind sie - wie die Tabelle 3-3 zeigt - in den mittel- und osteuropäischen Transformationsländern wenig beliebt. Josef Koubek und Elizabeth Vatchkova (2004, S. 339) nennen hierfür zwei prinzipielle Gründe: Erstens sind die Familieneinkommen relativ gering und steigen langsamer als die Lebenshaltungskosten. Und zweitens hält sich die Neigung der Arbeitgeber, derartige Verträge anzubieten, in Grenzen, da der administrative Aufwand und die fixen Kosten für Teilzeitjobs mit denen für Ganztagsjobs vergleichbar sind.

Tabelle 3-3: Teilzeitbeschäftigte Personen – Anteil an der Gesamtbevölkerung in Prozent (im Frühling)[20][21]

		1995	2000	2001	2002	2003	2004
EU (15 Länder)	insgesamt	16,0	17,9	18,0	18,1	18,6	n. f.
	Frauen	31,3	33,6	33,7	33,4	34,0	n. f.
	Männer	5,2	6,3	6,3	6,6	6,8	n. f.
Deutschland	insgesamt	16,3	19,4	20,3	20,8	21,7	n. f.
	Frauen	33,8	37,9	39,3	39,5	40,8	n. f.
	Männer	3,6	5,0	5,3	5,8	6,1	n. f.
Estland	insgesamt	n. f.	6,8	7,5	6,7	8,0	7,8
	Frauen	n. f.	9,5	10,4	9,6	10,6	10,7
	Männer	n. f.	4,2	4,7	3,9	5,5	5,0
Polen	insgesamt	n. f.	10,6	10,2	10,7	10,3	10,5
	Frauen	n. f.	13,2	12,6	13,4	13,1	13,4
	Männer	n. f.	8,4	8,2	8,3	7,9	8,1
Slowenien	insgesamt	n. f.	6,1	6,1	6,6	6,6	9,6
	Frauen	n. f.	7,7	7,4	8,3	8,5	11,7
	Männer	n. f.	4,7	5,0	5,2	4,9	7,7
Bulgarien	Insgesamt	n. f.	n. f.	3,5	3,1	2,4	3,1
	Frauen	n. f.	n. f.	3,9	3,7	2,9	3,4
	Männer	n. f.	n. f.	3,1	2,4	2,0	2,7

Mit 3 % teilzeitbeschäftigten Personen wird dieses Instrument in Bulgarien besonders selten genutzt. Am verbreitetsten ist es in Polen, wo eine vergleichsweise hohe Arbeits-

---

[20] Quelle: EUROSTAT/U.S. BUREAU OF THE CENSUS, Online support 2005
[21] (n. f.): nicht verfügbar

losigkeit vorherrscht. Mit Ausnahme von Slowenien wurde die Teilzeitarbeit im letzten Jahr in keinem der hier betrachteten Transformationsländer stärker ausgeweitet.

4 Schlussfolgerungen

Die betrachteten Untersuchungen des Cranfield Network of Strategic Human Ressource Management haben eine außerordentliche Breite und Differenziertheit der Personalpraktiken innerhalb der mittel- und osteuropäischen Transformationsländer ergeben. Gleichzeitig wurde im Rahmen dieser Untersuchungen eine zunehmende Professionalisierung der Akteure in Mittel- und Osteuropa festgestellt. Wesentliche Fortschritte können vor allem auf dem Gebiet der Aus- und Weiterbildung beobachtet werden, insbesondere von Fach- und Führungskräften sowie von Personalverantwortlichen. Demgegenüber ist die strategische Ausrichtung des Personalmanagements mit Ausnahme von Slowenien, wo es eine längere Tradition professionellen Personalmanagements gibt, zumeist relativ gering ausgeprägt.

Neben den großen europäischen Ländern wie Deutschland wird vor allem das angloamerikanische Modell des Human Resource Managements als Vorbild betrachtet. „In dieser Richtung wirken auch die Bemühungen an den Business Schools." (LANG 2003, S. 3). Dennoch kann man nicht von einer deckungsgleichen Kopie des deutschen oder angloamerikanischen Modells ausgehen. Aufgrund der vorliegenden Untersuchungen kann geschlussfolgert werden, dass auch im Bereich des Personalmanagements die modernen Konzepte an die örtlichen Bedingungen angepasst werden. Dies hat viele westliche Beobachter zu der Einschätzung veranlasst, man habe in diesen Ländern die Konzepte „nicht richtig verstanden". Demgegenüber stehen jedoch Auffassungen, dass es sich bei den Anpassungen doch um sinnvolle Modifikationen im Kontext der historisch gewachsenen Gegebenheiten und Praktiken handelt, ohne die diese Konzepte wirkungslos bleiben würden (vgl. LANG/STEGER 2002; LANG 2003).

Indizien dafür, dass sich das Personalmanagement den in westlichen Ländern üblichen Managementpraktiken annähert, können vor allem in der wachsenden Rolle des Linienmanagements in puncto Personalangelegenheiten gesehen werden, in der Einsystematischen Einführung moderner Aus- und Weiterbildungssysteme sowie in der Akzeptanz von Veränderungsmanagement. Gleichzeitig gibt es Tendenzen einer eigenständigen Entwicklung. Dies betrifft die zumeist geringere strategische Ausrichtung, den Status der Personalabteilungen sowie die vergleichsweise langsame Einführung moderner Beschäftigungsformen wie z. B. der Teilzeitbeschäftigung.

Literaturverzeichnis

ALAS, R., Eine Gesellschaft im Wandel: Der „Faktor Arbeit" in Estland. Arbeit, Beschäftigung und Soziales in den Transformationsgesellschaften des Baltikums am Beispiel Estlands, Personalführung, 36. Jg., Heft 5, 2003, S. 34-42.

ALAS, R./SVETLIK, I., Estonia and Slovenia: building modern HRM using a dualist approach, in: Brewster, Ch./Mayrhofer, W./Morley, M. (Ed.), Human Resource Management in Europe: Evidence of Convergence? Amsterdam 2004, S. 353-383.

ALAS, R./KAARELSON, T., Comparison of Human Resource Management in Estonian and Finnish Organisations, in: LANG, R. (Ed.), The End of Transformation? München/Mering 2005 (im Erscheinen).

ALT, R./LANG, R., Anforderungen an die Führungskompetenzen von Managern im Transformationsprozess ausgewählter MOEL, in: Zschiedrich, H./Schmeisser, W./Hummel, Th. R. (Hrsg.), Internationales Management in den Märkten Mittel- und Osteuropas, München/Mering 2004, S. 111-132.

BAKACSI, G./SANDOR, T./ANDRAS, K./VIKTOR, I., Eastern European cluster: tradition and transition, in: Journal of World Business, 37/2002, S. 69-80.

BERNHARDT, L., Der Einfluss der EU-Erweiterung auf Unternehmen vor dem Hintergrund steuerlicher Änderungen - Darstellung auf Grundlage einer Marktstudie, in: Zschiedrich, H./Schmeisser, W./Hummel, Th. R. (Hrsg.), Internationales Management in den Märkten Mittel- und Osteuropas, München und Mering 2004, S. 63-74.

BREWSTER, CH./MAYRHOFER, W./MORLEY, M., New Challenges for European Human Resource Management, London/New York 2000.

Brewster, Ch./MAYRHOFER, W./MORLEY, M., (Ed.), Human Resource Management in Europe: Evidence of Convergence?, Amsterdam 2004.

BRODBECK, F. C./FRESE, M. & ASSOCIATES, Cultural Variation of Leadership Prototypes across 22 European Countries, Journal of Occupational and Organization Psychology, 73. Jg., Heft 5, 2000, S. 1-29.

DIETZ, B./HOOGENDOORN, J./KABST, R./SCHMELTER, A., The Netherlands and Germany: flexibility or rigidity?, in: Brewster, Ch./Mayrhofer, W./Morley, M. (Ed.), Human Resource Management in Europe: Evidence of Convergence? Amsterdam 2004, pp. 73-94.

EDWARDS, V., Human Resource Management in Transformation: A Managerial Perspective (Or, what managers say and what managers do), in: Lang, R. (Ed.), The End of Transformation? München/Mering 2005 (im Erscheinen).

EUROSTAT,
http://epp.eurostat.cec.eu.int/portal/page?_pageid=1090,1&_dad=portal&_schema= PORTAL , 2005

HAAV, K., Models of Human Resource Management in the public sector in Estonia, in: Lang, R. (Hrsg.): Personalmanagement im Transformationsprozess, München/Mering 2002, S. 225-236.

HANEL, U./KABST, R./MAYRHOFER, W./WEBER, W., Personalmanagement in Europa - Ein Vergleich auf der Basis empirischer Daten, Personal, 51. Jg. Heft 1, 1999, S. 32-36.

HOFSTEDE, G., Culture's consequences: International differences in work related values, Beverly Hills 1980.

HOUSE, R., Global Leadership and Organizational Behavior Effectiveness Research Program - Results with special respects to Eastern Europe. in: Lang, R. (Hrsg.): Personalmanagement im Transformationsprozess. München/Mering 2002, S. 43-61.

IGNATOVIC, M./SVETLIK, I., European HRM Clusters, Presentation, Cranet Conference, Athens, 17-18 October 2002.

KOUBEK, J./VATCHKOVA, E., Bulgaria and Czech Republic: countries in transition, in: Brewster, Ch./Mayrhofer, W./Morley, M. (Ed.), Human Resource Management in Europe: Evidence of Convergence?, Amsterdam 2004, S. 313-351.

LANG, R./ALT, R., Handlungsspielräume des ostdeutschen Managements im Umbruch, in: Sadowski, D./Czap, H./Wächter, H. (Hrsg.): Regulierung und Unternehmenspolitik. Methoden und Ergebnisse der betriebswirtschaftlichen Rechtsanalyse, Wiesbaden 1996, S. 355-377.

LANG, R./BOKOR, A./IONESCO, G./NOVY, I./SAIZEW, G. G., Personalmanagement in Osteuropa, in: Kumar, B. N./Wagner, D. (Hrsg.), Handbuch des Internationalen Personalmanagement, München 1998, S. 313-353.

LANG, R./STEGER, TH., The Odyssey of Management Knowledge to Transforming Societies: A Critical Review of a Theoretical Alternative, in: Human Resource Development International, 5. Jg., Heft 3, 2002, S. 279-294.

LANG, R., Personalmanagement in Mittel- und Osteuropa: Zwischen östlicher Tradition und westlicher Moderne?, in: Personalführung, 36. Jg., Heft 5, 2003, S. 1-3.

POLDRE, P. / TIIMAN, T., Von der verwaltenden zur gestaltenden Personalarbeit. Die wirtschaftliche Stabilisierung und der geplante EU-Beitritt Estlands fördern das Interesse an einer modernen Personalarbeit, Personalführung, 36. Jg., Heft 5, 2003, S. 1-3.

POCZTOWSKI, A., Facing old traditions and new challenges - Human Resources Management in Central and Eastern Europe, in: LANG, R. (Hrsg.): Personalmanagement im Transformationsprozess. München/Mering 2002, S. 15-29.

OTTE, TH., Personalwirtschaftliche Rahmenbedingungen und Strategien bei der Marktbearbeitung in Transformationsländern am Beispiel Polens, in: Zschiedrich, H./ Schmeisser, W./Hummel, Th. R. (Hrsg.), Internationales Management in den Märkten Mittel- und Osteuropas, München/Mering 2004, S. 45-61.

RADKOVA, M., The labor market and the labor market policies as framework conditions for Human Resources Management in Bulgaria, in: Lang, R. (Hrsg.), Personalmanagement im Transformationsprozess, München/Mering 2002, S. 167-174.

SCHERM, E., Sonderprobleme des Führungskräfte-Transfers in osteuropäischen Reformländern, in: Marcharzina, K./Wolf, J. (Hrsg.): Handbuch Internationales Führungskräfte-Management, Stuttgart u.a. 1996, S. 215-232.

SMITH, P. B./DUNGAN, SH./TROMPENAARS, F., National culture and the values of organizational employees. A dimensional analysis across 43 nations, Journal of Cross-Cultural Psychology, 27. Jg., Heft 2, 1996, S. 231-263.

SMITH, P. B., Leadership in Europe - Euromanagement or the footprint of history?, in: European Journal of Work and Organizational Psychology, 6. Jg., Heft 4, 1997, S. 375-386.

SZABO, E./BRODBECK, F. C./DEN HARTOG, D. N./REBER, G./WEIBLER, J./WUNDERER, R., The Germanic Europe cluster: where employees have a voice, Journal of World Business 37/2002, S. 55-68.

WEBER, W./KABST, R., HR-Management in Deutschland: „Situation besorgniserregend", in: Personalführung, 35. Jg., Heft 10, 2002, S. 40-49.

VADI, M./ALLIK, J./REALO, A., Collectivism and its Consequences for Organizational Culture, University of Tartu 12/2002.

VATCHKOVA, E., The speed of changes - Bulgarian way to the integrated European HRM, in: Lang, R. (Hrsg.), Personalmanagement im Transformationsprozess, München/Mering 2002, S. 95-105.

Rainhart Lang, Rene Jörges, Mihajlo Kolakovic

Alles aus einer Hand?
Tendenzen in der Entwicklung von Personaldienstleistungen am Beispiel von Komplettanbietern

1 Einleitung 97
2 Personaldienstleistungen zwischen Outsourcing und Wettbewerbsdruck 98
   2.1 Definition und Klassifizierung 98
   2.2 Historische Entwicklung 101
   2.3 Aktuelle Trends 102
       2.3.1 Tendenzen bei Personalberatungsunternehmern 102
       2.3.2 Tendenzen bei Personalvermittlern 104
       2.3.3 Tendenzen beim Outsourcing von Personalfunktionen 106
3 Methoden und Ergebnisse der empirischen Untersuchung von Komplettanbietern 108
4 Diskussion 113

1 Einleitung

Im vorliegenden Beitrag diskutieren wir den Stand und die Perspektiven von Komplettanbietern von Personaldienstleistungen. Dabei ordnen wir zunächst diese Form von Personaldienstleistungen für Unternehmen und Organisationen in das Gesamtspektrum externer Angebote von Personalvermittlung bis Personalberatung ein und zeigen die Verbindungen zum ebenfalls breit diskutierten Phänomen des Outsourcings von Personalfunktionen auf.

Anschließend gehen auf wir die historische Entwicklung von Personaldienstleistungen und auf aktuelle Tendenzen ein. Beginnend in den 1990er Jahren mit Konzepten des Lean Management zeigen sich dabei auch in der Gegenwart im Zusammenhang mit der Globalisierung und ihren Auswirkungen auf nationale Arbeitsmärkte Tendenzen zur Angebotserweiterung sowohl bei klassischen Personalvermittlern, wie auch bei Beratungsfirmen. Vor diesem Hintergrund untersuchen wir im Weiteren die Komplettanbieter von Personaldienstleistungen in Deutschland hinsichtlich ihrer Entwicklung, Angebotsbreite und ihrer Entwicklungsperspektiven.

Es soll die Frage beantwortet werden, ob sich generelle Tendenzen in Richtung auf ein Komplettangebot von Personaldienstleistungen ausgehend von den verschiedenen Arten von Anbietern von Personaldienstleistungen erkennen lassen. Alternativ sind jedoch auch verschiedene Strategien der Konzentration auf jeweilige Kernkompetenzen und eine Verstärkung von Kooperationen denkbar. Die Ausweitung des Angebotes der Personalvermittler und Personalberater hat zugleich Konsequenzen für die Komplettanbieter von Personaldienstleistungen.

Neben einer Metaanalyse von Befunden aus vorliegenden empirischen Studien sollen daher insbesondere die Entwicklungspotenziale der letztgenannten Gruppe näher beleuchtet werden. Wir stützen uns dabei auf einen Vergleich der führenden Anbieter sowie die nunmehr langjährigen Erfahrungen eines Komplettanbieters von Personaldienstleistungen.

Rainhart Lang, Rene Jörges, Mihajlo Kolakovic

2 Personaldienstleistungen zwischen Outsourcing und Wettbewerbsdruck

2.1 Definition und Klassifizierung

Unter Personaldienstleistungen wollen wir im Folgenden alle von Einzelpersonen und insbesondere von Firmen gegenüber Organisationen angebotenen und erbrachten Leistungen verstehen, die sich auf die Realisierung der Personalfunktion[1] beziehen. Dabei handelt es sich um die Gesamtheit von strategischen und operativen Aufgaben zur Entwicklung und Gestaltung entsprechender Systeme im Bereich der Personalwirtschaft bis hin zur täglichen Realisierung von personalrelevanten Aufgaben von Organisationen (zu personalwirtschaftlichen Aufgabenfeldern vgl. z. B. SCHOLZ 2000, SISSON/STOREY 2000).

Mit dieser Definition nehmen wir eine sehr breite Palette von möglichen Personaldienstleistungen in den Blick[2]. Dies scheint vor allem geboten, weil in vielen Analysen zu diesem Thema oft eine Verengung des Begriffes der Personaldienstleistungen, z. B. auf die Arbeitsvermittlung und deren Anbieter anzutreffen ist (vgl. ERNST & YOUNG 2004) und Personalberatungsleistungen und sonstige Dienstleistungen im Personalbereich davon abgrenzen. Mit der von uns gewählten breiten Definition kann somit die Gesamtheit der auf das Personal bezogenen Aufgaben als potentielle Personaldienstleistung betrachtet werden, zunächst unbeschadet davon, ob dies sachlich und ökonomisch sinnvoll ist oder nicht.

Aus der Sicht der die Dienstleistung beziehenden Organisation kann es sich dabei entweder um eine Auslagerung von zuvor innerhalb der Organisation realisierter Aufgaben („Outsourcing") handeln, jeweils partiell oder vollständig, oder um sporadisch auftretende Aufgaben, für die innerhalb der Organisation bisher kein entsprechender Bedarf vorhanden war und die demzufolge bisher nicht realisiert wurden. Vor

---

[1] Der Begriff der Personalfunktion verweist auf ein dahinter stehendes strukturfunktionalistisches Konzept des Managements. Zum Funktionieren des Systems Unternehmen/ Organisation sind danach bestimmte Aufgaben im Bereich der Personalwirtschaft (zwingend) erforderlich, wenn der Systembestand nicht gefährdet werden soll (vgl. LANG 1995). Welche konkrete Gestalt und Ausformung die Personalfunktion annimmt, ist dabei zunächst unerheblich. In diesem Sinne ist auch die alternative Fragestellung nach dem Zweck von Personalabteilungen zu sehen (METZ 1995), die eben nur eine bestimmte, historisch herausgebildete Form der Realisierung der Personalfunktion darstellt. Vor dem Hintergrund einer institutionensoziologischen Betrachtung sind darüber hinaus die Einflüsse der institutionellen Umwelt auf die Herausbildung von entsprechenden Strukturmustern zu beachten (vgl. z. B. SCOTT/MEYER 1991).

[2] Allerdings schließen wir mit dem Bezug auf Organisationen oder Firmen („employer services") die Dienstleistungen aus, die für individuelle Bewerber erbracht werden („employee services"), da dies nicht unser zentraler Fokus ist.

dem Hintergrund unserer Arbeitsdefinition ist vor allem die von SCHOLZ (2003) als „externes Outsourcing" bezeichnete Form der Auslagerung von Personalaufgaben von Interesse.

Die in der Personalwirtschaft bereits in den 90er Jahren verstärkt geführte Debatte zum Outsourcing personalwirtschaftlicher Funktionen (z. B. LAMERS 1997; MECKL/ EIGLER 1998; MECKL 1999 und GREER ET AL. 1999; VERNON ET AL. 2000) sowie ihre Intensivierung ab ca. 2000 (vgl. z. B. MATIASKE/KABST 2002; SCHOLZ 2003) hat nochmals nachdrücklich auf die grundsätzliche Möglichkeit einer Auslagerung von Personalfunktionen, aber auch ihre Vor- und Nachteile für das Unternehmen verwiesen. Die Debatte wird jedoch vor allem aus der Sicht einer entsprechenden Organisation der Personalfunktion in meist größeren Unternehmen geführt. Diese Diskussion stellt insofern eine parallele oder komplementäre Debatte dar, weil durch das Outsourcing ein entsprechender Bedarf an Dienstleistungen generiert wird. Neben dem „externen Ousourcing" werden dabei in der Regel auch interne Organisationslösungen zur Realisierung von Personalfunktionen mit diskutiert, etwa interne Beratungen (SISSON/STOREY 2000), virtuelle Personalabteilungen (SCHOLZ 2002), Wertschöpfungscenter (WUNDERER/ VON ARX 1999) oder Shared Service Center für Personalleistungen (WISSKIRCHEN/MERTENS 1999; JASCHOK/JORDAN 2004; BECKER 2004)[3].

Eine systematische Betrachtung möglicher Personaldienstleistungen kann an Modellen der Personalwirtschaft oder des Personalmanagements (z. B. SCHOLZ 2000), ansetzen. Personaldienstleistungen sind demzufolge im Zusammenhang mit allen Teilfunktionen oder Aufgabenfeldern der Personalwirtschaft/des Personalmanagements denkbar, also mit

- der Personalpolitik und Personalstrategien,
- der Personalplanung und dem Personalcontrolling,
- der Personalbeschaffung,
- der Personalentwicklung,
- dem Personaleinsatz,
- der Personalführung,
- der Personalfreisetzung,
- der Personalauswahl und -beurteilung
- der Leistungsmessung und der Gestaltung von Anreizsystemen,
- der Gestaltung von Personalinformationssystemen sowie
- der Personalverwaltung einschließlich Lohn- und Gehaltsrechnung.

---

[3] Einen Überblick zu den verschiedenen Center-Konzepten gibt SCHOLZ (2000, S. 191-214).

Sie können sich dabei auf die Gestaltung entsprechender Systeme, z. B. Entwicklung von Personalentwicklungsprogrammen oder eines Personalbeurteilungssystems, aber auch auf die Realisierung und Durchführung der Aufgaben bzw. das Betreiben entsprechender Systeme, z. B. die Durchführung von Maßnahmen der Personalentwicklung oder die Durchführung von Personalbeurteilungen beziehen.

Ein Blick auf das Dienstleistungsangebot sowie komplementär auf die von Organisationen genutzten Dienstleistungen zeigt gegenwärtig deutliche Schwerpunkte im Bereich von Lohn- und Gehaltsrechnung/Personalverwaltung, der Personalbeschaffung und –auswahl sowie zunehmend von Personalentwicklung/Training und bei der Gestaltung von Anreiz- und Personalinformationssystemen (vgl. u. a. BREWSTER ET AL 2000; VERNON ET AL. 2000; BECKER/ROTHER 2003; WAGNER 2003, BDU 2003; ERNST & YOUNG 2004). Sie beziehen sich insbesondere auf die innerhalb der Organisationen zentralisierten und unterstützenden Personalaufgaben, weniger auf die durch die Linienmanager direkt zu realisierenden Aktivitäten z. B. der Personalführung, sowie die durch die Unternehmensleitungen wahrgenommenen strategischen Personalaufgaben (vgl. auch Befunde in SCHOLZ 2000, S. 193 ff.). Die Diskussion zum Outsourcing hat in diesem Zusammenhang auch gezeigt, dass es einerseits bei derartigen „Kernfunktionen" Grenzen der Auslagerung von Personalfunktionen gibt, und zum anderen, dass die Auslagerung von Personalfunktionen weitere zusätzliche Aufgaben generiert, z. B. in Form eines notwendigen Dienstleistungscontrollings für ausgelagerte Personalaufgaben, um die möglichen Nachteile des Outsourcing abzumildern (vgl. z. B. SISSON/ STOREY 2000, S. 229; SCHOLZ 2003, S. 112 ff.).

Insgesamt überwiegt in der Literatur und auch in den empirischen Studien jedoch sehr häufig die Perspektive der auslagernden und Dienstleistungen nutzenden Organisationen, während die Personaldienstleister im weitesten Sinne selten im Mittelpunkt des Interesses stehen.

Aus institutioneller Sicht lassen sich bei den Anbietern von Personaldienstleistungen folgende Gruppen unterscheiden:

- Personalberatungen mit dem Kerngeschäft im Bereich der Personal- und insbesondere Führungskräftebeschaffung und -auswahl, der Gestaltung von Personalsystemen und der personalpolitischen Beratung,

- Personalvermittler mit Schwerpunkt im Bereich der Zeitarbeit, Arbeitnehmerüberlassung und Arbeitsvermittlung,

- Komplettanbietern, die vollständige Personaldienstleistungen für Organisationen mit ausgelagertem Personalbereichen von der Beschaffung über Lohn und Gehalt bis hin zur Freisetzung anbieten sowie

- sonstige Personaldienstleister, zu denen vor allem Firmen gehören, die sich auf einzelne Personalfunktionen bzw. -aufgaben spezialisiert haben, wie Lohn- und Gehaltsrechnung, Training oder Personalinformationssysteme.

Der Schwerpunkt der folgenden Betrachtung liegt auf den ersten drei Gruppen, da nur hier der Trend hin zu einer Konzentration der Angebote sinnvoll analysiert werden kann[4].

2.2 Historische Entwicklung

In diesem Abschnitt soll kurz die historische Entwicklung von Personaldienstleistungen skizziert werden. Personaldienstleistungen haben eine längere Tradition. Erste Ansätze finden sich bereits im Umfeld des „Scientific Management", deren Vertreter gemäß ihrem Selbstverständnis als wissenschaftliche Berater und Dienstleister insbesondere auch in Personalfragen aufgetreten sind. In den 40er Jahren etablierten sich in den USA erste Zeitarbeitsfirmen und zwischen 1960 und 1970 kam es zur Gründung entsprechender Unternehmen auch in Deutschland. So wurden die zurzeit umsatzstärksten 5 Firmen im Bereich der Arbeitnehmerüberlassung und Zeitarbeit in Deutschland, Randstad, Adecco, Manpower, Persona und DIS alle zwischen 1960 und 1970 gegründet (ERNST & YOUNG 2004, S. 41). Auch zahlreiche Personalberatungen wurden bereits seit dem Ende des zweiten Weltkrieges in Deutschland gegründet, etwa Kienbaum 1945 oder Baumgartner & Partner 1958 (zur Entwicklung der Personalberatung vgl. u. a. auch SATTELBERGER 1999; KRAFT 2002).

Die steigende Nachfrage und Nutzung externer Personaldienstleistungen durch Organisationen und Unternehmen ist eng mit einer verstärkten Auslagerung von entsprechenden Aufgaben verknüpft. Für Deutschland konstatiert Scholz (2000, S. 108 f.) bis 1970 einen Trend zur Institutionalisierung und internen Professionalisierung. Zwischen 1970 und 1980 lag der Schwerpunkt des Outsourcing im Bereich der Personalentwicklung (externe Trainer). In den 80er und 90er Jahren verstärkte sich dieser Trend vor dem Hintergrund einer stärkeren Orientierung der Unternehmen auf eine Verbesserung der Wertschöpfung und der Wettbewerbsposition der Unternehmen, verbunden auch mit einer internen Verlagerung von Personalfunktionen hin zur Linie (ebenda). In der Folge stiegen sowohl die Zahl als auch der Umsatz von Firmen im Bereich der Personaldienstleistungen im weiteren Sinne deutlich an. So verdreifachten sich jeweils die Umsätze in der Personalvermittlung wie auch in der Personalberatung von 1993/1994 bis 2000/2001 (vgl. u. a. ERNST & YOUNG 2004, S. 8; BDU 2003, S. 3)

Ab 2000 konstatiert Scholz (2003) ein zum Teil überproportionales Outsourcing:

> „Auf der einen Seite kommt es teilweise zur Auslagerung unkontrollierter und oft extrem überdimensionierter Personalaktivitäten, wodurch die ursprünglich ange-

---

[4] Allerdings zeigen sich auch bei der letzten Gruppe zum Teil Tendenzen einer Ausweitung des Angebotes, zum Beispiel durch Ausbau von web-basierten Personalinformations- und Abrechnungssystemen, oder durch verstärkte Kooperation mit Anbietern weiterer Dienstleistungen. Diese Tendenz wird am Ende des Beitrages noch näher beleuchtet.

strebte Effektivitäts- und Effizienzsteigerung („besser und billiger") ernsthaft gefährdet wird. Hier geraten Unternehmen in den bedrohlichen Sog explosionsartig anwachsender externer Personal-Dienstleister: Einige davon sind aber genau diejenigen, die von ihrem ursprünglichen Unternehmen mit unterschiedlichsten Begründungen aus der Personalabteilung „freigesetzt" worden waren..."(S. 108).

Die hier skizzierte Situation hat im Bereich der Personaldienstleistungen zu einem verstärkten Wettbewerbsdruck geführt, insbesondere auch durch den zusätzlichen Eintritt von so genannten Komplettanbietern von Personaldienstleistungen, bei denen es sich zum Teil um ausgelagerte Personalbereiche, zum Teil jedoch auch um neu gegründete Unternehmen mit einer breiten Dienstleistungspalette handelt. Vor allem bei den Personalberatungen, zu denen die Komplettanbieter in der Regel gerechnet werden, aber auch bei Personalvermittlungsfirmen gingen die Umsätze zwischen 2000/2001 und 2003/2004 zurück oder stagnierten; gegenwärtig zeichnet sich eine leichte Verbesserung ab (vgl. BDU 2003, 2004; ERNST & YOUNG 2004).

Im Folgenden sollen daher zunächst der Stand und die wichtigsten Trends in den Aufgabenprofilen der beiden ersten Gruppen, der Personalberatungsunternehmen und der Personalvermittler, kurz dargestellt werden. Die Analyse stützt sich dabei auf Befunde aus empirischen Studien sowie auf eigene Recherchen zum Profil in den Veröffentlichungen ausgewählter Firmen, die als Beispiele für die Entwicklung dienen sollen. Weiterhin werden Tendenzen des Outsourcings von Personalfunktionen mit ihren möglichen Konsequenzen für die Entwicklung der (externen) Personaldienstleitungen betrachtet.

2.3 Aktuelle Trends

2.3.1 Tendenzen bei Personalberatungsunternehmern

Der Schwerpunkt der klassischen Personalberatungen liegt vor allem in den Feldern:

- Suche und Beschaffung von Führungskräften („Executive Search") und Spezialisten sowie der dazugehörigen Auswahlverfahren,

- Personalpolitische oder personalstrategische Beratung („Strategic HRM Consulting") sowie der Vergütungsberatung („Compensations"),

- Personalentwicklung, Karrieremanagement und Training,

- Outplacement-Beratung sowie Interimsmanagement.

Eine Übersicht zum gegenwärtigen Aufgabenprofil ausgewählter Personalberatungsfirmen zeigt die folgende Tabelle.

Tabelle 2-1: Übersicht zu den Dienstleistungen von Personalberatungsfirmen (Quelle: Eigene Recherchen - Stand Ende Februar 2005)

Ausgewählte Anbieter von Personalberatungsleistungen	Angebotsspektrum[5]
JODA Personalbetreuung GmbH	- Arbeitsvermittlung/Newplacement - Personalfreisetzung/Outplacement, Transfer - Personalentwicklung/Training - Projektarbeit
alpha –Test	- Personalauswahl/-beurteilung - Personalmarketing - Personalschulung - Coaching/Entwicklungsgespräche - Karriereberatung
Baumgartner und Partner, Human Resources Performance	- HR-Strategie und Organisation - Unternehmens- und Führungskultur - Vergütung und Beteiligung - Zielvereinbarung und Beurteilung - Personalauswahl/Assessments - Personalentwicklung/Karriereberatung - HR-Benchmarking
SCS Personalberatung	- Personalbeschaffung/-auswahl - Personalmarketing - Personalbeurteilung/AC, Karriereberatung - Personalentwicklung/Training, Coaching
Kienbaum Consultants International	- Personalbeschaffung/-auswahl - Personalmarketing - Vergütungsberatung - Personalentwicklung - Outsourcing-Beratung
Mbm Consulting Partners	- Führungskräftesuche/-auswahl - Managementtraining/Coaching - Mitarbeiterbeurteilung - Outplacement/Newplacement - Interimsmanagement/Nachfolge - Projektmanagement/-leitung

Ein Blick in die Entwicklung der Angebote zeigt, dass die einzelnen Firmen ihre Angebote zwar durch weitere Personalmanagementfelder oder Aufgaben abrunden, jedoch in der Regel keine Ausdehnung des Angebotes etwa in Richtung auf einen Komplettservice erfolgt. Vielmehr konzentrieren sich die hier dargestellten Anbieter auf ihre Kernkompetenzen, die in langjährigem Wissen und entsprechenden Erfahrungen beim Einsatz ganz bestimmter Personalmanagementinstrumente oder in der

---

[5] Im Interesse der Vergleichbarkeit wurden die Angebote möglichst analog und mit Bezug auf die personalwirtschaftlichen Aufgabenfelder formuliert, zum Teil abweichend von der in der Selbstdarstellung der Firmen verwendeten Begrifflichkeit.

verstärkten Nutzung von eHRM-Lösungen bestehen bzw. in entsprechenden Branchen mit wichtigen Kunden entwickelt wurden.

„Der Strategie der Schaffung eines zusätzlichen Standbeins des Geschäftes steht eine Konzentration auf die Kernkompetenzen der Suche und Auswahl von Führungspersonal entgegen. Mit dieser Option sind vor allem diejenigen Personalberater erfolgreich, die einen hohen Spezialisierungsgrad auf eine bestimmte Branche oder auf ausgewählte Positionen oder Berufsgruppen aufweisen." (BDU 2003, S. 11).

So machen Suche und Auswahl von Fach- und Führungskräften als Beschaffungsaktivitäten 79 % des Umsatzes der Firmen aus, 13,5 % fallen auf HRM-Aktivitäten, darunter wiederum überwiegend Personaltest und Eignungsdiagnostik als die Personalauswahl und -beurteilung unterstützende Aktivitäten. Es folgen Karrieremanagement/ -beratung und Vergütungsberatung. Als neues Geschäftsfeld zeigt sich lediglich die Übernahme von Aufgaben des Interimsmanagements bei einigen Anbietern (BDU 2003, S. 11).

Die Entwicklung ist auch durch Tendenzen der Marktbereinigung gekennzeichnet, u. a. auch durch den Austritt prominenter Akteure. So hat etwa Roland Berger seine Personal-Beratungssparte geschlossen, weil sich die erhofften Synergien zwischen Strategie- und Personalberatung nicht eingestellt haben (FINANCIAL TIMES DEUTSCHLAND 2004). Auch insgesamt ist die Zahl der Firmen von 2000 auf 2002 um 200 zurückgegangen und 2003 nur geringfügig angestiegen. Die Zahl der Berater hat sich deutlich verringert (BDU 2003, S. 7). Für 2004 wird jedoch ein Umsatzwachstum des Bereiches um 0,9 % vermeldet (BDU 2004, S. 11).

Komplettanbieter, die ein „Full-Service-Personalmanagement" offerieren, haben nach der BDU-Studie von 2003 einen Anteil von 2 %.

2.3.2 Tendenzen bei Personalvermittlern

Die großen Anbieter im Bereich der Personaldienstleistungen mit Schwerpunkt auf Arbeitnehmerüberlassung/Zeitarbeit und Arbeitsvermittlung konzentrieren ihre Aktivitäten nach wie vor im Kernfeld der Vermittlung von qualifiziertem Personal. Die nachfolgende Tabelle (Tabelle 2-2) illustriert dies an einem Überblick zu ausgewählten Firmen und deren Leistungsangeboten. Neben den Branchenführern wurden bewusst auch kleinere Firmen einbezogen.

Tabelle 2-2: Übersicht zu den Dienstleistungen von Personalvermittlungsfirmen, Quelle: ERNST & YOUNG (2004) sowie eigene Recherchen

Ausgewählte Anbieter von Personalvermittlungsleistungen	Angebotsspektrum[6]
Adecco Personaldienstleistungen GmbH	– Zeitarbeit – Arbeitsvermittlung – On-Site-Management – Outsourcing
Amadeus Fire Gruppe	– Zeitarbeit – Arbeitsvermittlung – Interimsmanagement – HR-Beratung
Randstad Deutschland GmbH & Co. KG	– Zeitarbeit – Arbeitsvermittlung – On-Site-Management – HR-Beratung
Manpower GmbH Personaldienstleistungen	– Zeitarbeit – Arbeitsvermittlung – Outsourcing – HR-Beratung – HR-Training
Teilzeit Thiele GmbH	– Zeitarbeit – Private Arbeitsvermittlung – Projekte/Individuallösungen
AMB Zeitarbeit GmbH	– Zeitarbeit – Arbeitsvermittlung
Job in Time Holding AG	– Zeitarbeit – Arbeitsvermittlung – Outsourcing – On-Site-Management
Autovision GmbH, Wolfsburg AG, GB PersonalServiceAgentur	– Zeitarbeit – Private Arbeitsvermittlung – Outsourcing – Outplacement – HR-Training – HR-Beratung
DIS Deutsche Industrie Service AG	– Zeitarbeit – Private Arbeitsvermittlung – HR-Beratung – Interimsmanagement

Dabei wird deutlich, dass weitere Personaldienstleistungen über die reine Arbeitsvermittlung hinaus erbracht werden. Insgesamt zeigt die aktuelle Studie von Ernst & Young (2004) jedoch nachdrücklich, dass die Zeitarbeit/Arbeitnehmerüberlassung mit

---

[6] Im Interesse der Vergleichbarkeit wurden die Angebote möglichst analog und mit Bezug auf die personalwirtschaftlichen Aufgabenfelder formuliert, zum Teil abweichend von der in der Selbstdarstellung der Firmen verwendeten Begrifflichkeit.

ca. 90 % dominiert. Vor allem die größeren Firmen, aber auch solche, die im Umfeld größerer Unternehmen entstanden sind, machen erweiterte Angebote. Die ab 2000 erfolgten M&A-Prozesse bei diesen Unternehmen verweisen vor allem auf eine Abrundung des Angebotes innerhalb der Personalvermittlung durch den Erwerb von speziellem Branchen- oder Online-Know How sowie durch Zukauf von Outplacement, Trainings- oder Beratungskompetenz (vgl. ERNST & YOUNG 2004, S. 34 u. 40).

Darüber hinaus zeigt sich innerhalb der Arbeitsvermittlung eine Tendenz der großen Agenturen in Richtung höher qualifizierter Arbeitskräfte bis hin in Managementpositionen. Offen bleibt, wie sich die weitere Konzentration im Feld der Personaldienstleistungen auswirken wird. Ernst & Young erwarten eine Umsatzsteigerung bei den 10 führenden Anbietern von ca. 33 auf über 40 % Marktanteil (2004, S. 38). Mit wachsender Größe und größerer Marktausdehnung kann also durchaus auch mit einer weiteren Diversifizierung des Angebotes gerechnet werden. Dennoch muss eingeschätzt werden, dass die klassische Arbeits- und/oder Personalvermittlung mit arrondierenden Dienstleistungen weiter das Kerngeschäft dieser Gruppe von Anbietern von Personaldienstleistungen bleiben wird. Speziell das „On-Site-Management", auch im Ausland, bildet eine geeignete Ergänzung. Ernst & Young sehen darüber hinaus noch Erweiterungspotenzial bei der Weiterbildung und Beratung für HR-Abteilung in Unternehmen sowie beim Outplacement (2004, S. 34). Im Interesse einer stärkeren Kundenbindung muss jedoch mit erweiterter Kooperation und ggf. zunehmenden Allianzen mit anderen Personaldienstleistern, z. B. Personalberatungen mit spezialisierten Angeboten, gerechnet werden.

2.3.3 Tendenzen beim Outsourcing von Personalfunktionen

Die Auslagerung (und der Zukauf) von bestimmten Unternehmensfunktionen hat sich als eine zentrale organisationale Praxis etabliert. So stellen Pettigrew et al. (2003) in ihrem internationalen Vergleich zu Organisationspraktiken in Europa, den USA und Japan fest, dass sowohl Outsourcing als auch neue flexiblere Personalmanagementpraktiken zu den in den 90er Jahren verstärkt eingeführten Elementen gehören:

> „The increase is most notable in Germany, however, reflecting a radical reorientation in German management logic relating to manufacturing…The German management perspective of the mid 1990s emphasized the imperative of integrating, suppliers into the 'process' view of the organization. This logic was consistent with the German desire for control and uncertainty avoidance…" (S. 297 f.).

Für das Outsourcing von personalwirtschaftlichen Aufgaben[7] in Europa haben Vernon et al. (2000) ermittelt, dass in 77 % der Firmen die Auslagerung von Aufgaben der

---

[7] Es geht an dieser Stelle nicht um die Frage eines Pro und Contra des Outsourcing von personalwirtschaftlichen Funktionen und auch nicht um Motive oder Strategien im De-

Personalentwicklung bzw. des Trainings weit verbreitet ist. Daneben wird in 59 % der Firmen die Personalbeschaffung und -auswahl, in 30 % der Unternehmen Aufgaben der Personalentlohnung sowie bei 29 % Aufgaben der Personalfreisetzung extern vergeben (nach VERNON ET AL. 2000, S. 7, 14). Der geringste Outsourcing-Anteil wurde interessanterweise für Unternehmen ermittelt, in denen überwiegend die Linienführungskräfte mit der Personalarbeit betraut sind. Den höchsten Anteil an externem Outsourcing weisen die Organisationen auf, in denen es zu einer Aufgabenteilung zwischen Personalabteilung und Linienmanagern kommt. (vgl. auch SCHOLZ 2003, S. 110 ff.; BREWSTER ET AL. 2000).

Für Ostdeutschland stellt Wagner (2003, S. 234-236) fest, dass vor allem bei der Personalbeschaffung und -auswahl ein stärkerer Einfluss „outgesourcter" Personalbereiche und externer Berater erwartet wird (von knapp 10 % auf ca. 18 %.). Während bei der Personalentwicklung eine Verlagerung in die Linie und zu externen Beratern gesehen wird, ist bei den erforderlichen Abbauprozessen ein stärkerer Einfluss der Geschäftsleitungen, wiederum zum Teil mit Unterstützung externer Dienstleister, aus der Sicht der befragten Unternehmen wahrscheinlich. Und schließlich erwarten die Befragten auch bei der Personalentlohnung eine gewisse Externalisierung der Aufgaben hin zu outgesourcten Personalbereichen.

Die anhaltende Diskussion und die empirischen Befunde machen allerdings auch deutlich, dass das Outsourcing aus der Sicht der größeren Unternehmen sehr selektiv erfolgt, und zugleich verschiedene interne Lösungen der Realisierung der Personalfunktion in Kombination mit extern eingekauften Leistungen häufig Anwendung finden. Dagegen stehen kleinere Unternehmen eher vor der Frage, die Routine- und Spezialisten-Aufgaben im Bereich des Personalmanagements auszulagern.

---

tail. Dazu wird auf die recht ausführlich geführte Diskussion und entsprechende Erhebungen verwiesen (vgl. u. a. MECKL 1999, MATIASKE/KABST 2002 oder für einen knappen Überblick, SCHOLZ 2003, S. 110ff.).

Rainhart Lang, Rene Jörges, Mihajlo Kolakovic

3 Methoden und Ergebnisse der empirischen Untersuchung von Komplettanbietern

Die nachfolgende Analyse von so genannten Komplettanbietern im Bereich der Personaldienstleistungen in Deutschland stützt sich zum einen auf eine Untersuchung von 5 Firmen in diesem Bereich. Sie wurde 2004 im Rahmen einer Projektarbeit durchgeführt (BEER ET AL. 2004). Dabei wurden alle Unternehmen hinsichtlich ihrer Firmengeschichte und Unternehmensform, des Selbstverständnisses, der Angebotspalette, der Kundenausrichtung und -betreuung sowie der Abrechnungs- und Preismodelle analysiert. Folgende Methoden wurden genutzt:

- Systematische Analyse der Internetseiten sowie sonstiger, durch die Firmen zur Verfügung gestellter Materialien,
- Kurze Firmenbefragung per E-Mail zur Ergänzung der Informationen.

Im Jahr 2005 erfolgte eine erneute Analyse der verfügbaren Informationsmaterialien, um Veränderungen gegenüber dem Stand 2004 zu erfassen. Zugleich wurden exemplarisch weitere Anbieter mit ähnlicher Angebotsstruktur auf der Basis von Internetrecherchen und einschlägigen Veröffentlichungen ergänzend berücksichtigt.

Eine Übersicht von 20 Firmen mit Angeboten im Bereich des „externen Personalservices/Outsourcing" in HR Services zeigte allerdings, dass nur wenige Firmen in dieser Übersicht weiterführende Personalmanagementaktivitäten offerieren und etwa Bereiche wie Personalauswahl, -entwicklung oder -führung kaum in das Angebot einbezogen sind (2004, S. 20-27). Ausnahmen bilden vor allem interne Beratungs- und Servicefirmen im Umfeld großer Unternehmen, etwa BASF IT Services oder T-Systems mit umfassenderen Angeboten.

Von den selbstständigen Unternehmen in der Übersicht wurden die PMO Management GmbH und die Triaton GmbH berücksichtigt. Weiterhin wurden die ADP Personal mit ihrer Employer Services GmbH einbezogen, die über ein Partner-Portal (ADP Personal Partner) ein breites Dienstleistungsangebot aufweist.

Und schließlich konnten auch die langjährigen Erfahrungen eines Autors als Gründer und Geschäftsführer einer der untersuchten Firmen in die Analyse einbezogen werden.

Die Entwicklung von Komplettanbietern von Personaldienstleistungen ist eng mit der partiellen oder vollständigen Auslagerung von Personalbereichen verbunden, kann allerdings nicht auf sie reduziert werden. In den nachfolgenden kurzen Firmenportraits wird sichtbar, dass es sich nur bei einem Teil der Unternehmen um „outgesourcte" ehemalige Personalabteilungen handelt. Vielmehr gibt es ebenso auch Neugründungen, die jedoch im Unterschied zu den bereits dargestellten klassischen Personalberatungen und Personalvermittlern bewusst ein breites Angebot von Dienstleistungen anstreben und bieten. Und schließlich haben sich als dritte Quelle IT-Firmen durch den Ausbau von HRM-Prozess-Lösungen in diesen Bereich hinein entwickelt. Tabelle 3-1 gibt einen Überblick zu den angebotenen Leistungen.

Die „Von Bonin Personalberatung GmbH (vbp)" aus Gelnhausen bietet mit ihrem Geschäftsbereich der externen Personalarbeit individuelle auf den Kundenbedarf zugeschnittene Lösungen für das operative Tagesgeschäft von Personalabteilungen bis hin zur Komplettlösung an. Ausgehend vom Profil einer klassischen Personalabteilung wurde das Angebot seit 1978 in dieser Richtung erweitert und ausgebaut. Die Klientel sind hauptsächlich Firmen zwischen 50 und 500 Mitarbeitern aller Branchen, für die die komplette Personalabteilung als „Implantat" oder im Outsourcing übernommen wird. Die Firma ist überwiegend im Rhein-Main-Raum tätig. Für größere Unternehmen werden darüber hinaus Projekte in den Feldern Personalmarketing oder Personalentwicklung, Fachkräftesuche und -vermittlung sowie Konzepte zur Lohn- und Gehaltsfindung angeboten. Die Angebotspalette ist modular aufgebaut und ermöglicht vielfältige Kombinationen der angebotenen Leistungen wie Personalverwaltung einschließlich Lohn- und Gehaltsabrechnung, Personaladministration und Vor-Ort-Betreuung, Mitarbeitersuche, Auswahl und Integration. Jeder Kunde wird durch ein zuständiges HR-Team betreut und ein Online-Service unterstützt zusätzlich die Kunden.

Die „BANDAO Unternehmensberatung GmbH" mit Sitz in Tutzing wurde 1997 als Firma für die ganzheitliche Beratung in Personalfragen gegründet und verfügt über ein breites Branchenprofil von Banken/Versicherungen über Automobil- und Zulieferindustrie bis hin zu Dienstleistungen, Medien, Verlagen, Telekommunikation und Medizintechnik. Die Kunden reichen von mittelständischen Firmen bis hin zu international tätigen Großunternehmen. Im Rahmen eines modular aufgebauten „Individual Human Resource Services" – Konzeptes wird ein Dienstleistungspaket angeboten, das von der Personalvermittlung und Rekrutierung von Fach- und Führungskräften über die Personalentwicklung mit Potentialanalyse und Karriereplanung sowie Training bis hin zu Coaching, Organisationsentwicklung und Outplacement reicht.

Die Firma „KEMPFER & KOLAKOVIC Personalmanagement GmbH" mit Sitz in Jena und einer Niederlassung in Berlin ist 2000 aus der 1997 gegründeten Beratungsgesellschaft Jenoptik für Personalmanagement GmbH (BGJ) hervorgegangen. Die BGJ kümmerte sich als „outgesourcte Personalabteilung" um das gesamte Personalmanagement von Firmen innerhalb und zum Teil außerhalb des Jenoptik-Konzerns (zur näheren Darstellung der Entwicklung vgl. auch KOLAKOVIC/KEMPFER 1998, KOLAKAVIC 2003). Die Dienstleistungspalette umfasst Personalbeschaffung/-auswahl, die Personalbetreuung und -verwaltung, die Lohn- und Gehaltsabrechnung, die Personalentwicklung/-bildung, das Management von Firmenakademien sowie die personalpolitische Beratung und die Beratung in Sanierungsfällen mit Interimsmanagement,

Outplacement und Personalfreisetzung. Zum Kundenkreis der Firma gehören neben dem ehemaligen Mutterunternehmen Jenoptik ca. 40 weitere Optik- und Technologieunternehmen, Montage- und Biotechnologiefirmen, Forschungsunternehmen und Beteiligungsgesellschaften, vorrangig in Thüringen sowie zum Teil in Berlin mit 20 bis über 300 Mitarbeitern; der Schwerpunkt liegt bei Firmen mit 100-200 Mitarbeitern. Die betreuten Unternehmen erhalten einen direkt zugeordneten Personalleiter.

Die „PWD Personalwirtschaftliche Dienste GmbH" hat ihren Sitz in Klein Offenseth und wurde 1996 als Dienstleistungs- und Beratungsunternehmen für Personalfragen gegründet. Die Kunden kommen überwiegend aus dem Mittelstand in Industrie, Handel, Gesundheitswesen und Dienstleistungen mit Betriebsgrößen zwischen 30 und 500 Mitarbeitern. Dabei ist auffallend, dass es keine regionale Begrenzung des Kundenstammes in Norddeutschland und in der Nähe des Firmensitzes gibt. Das Angebotsprofil umfasst vor allem ausgelagerte Personalfunktionen wie Entgeltabrechnung, Zeitarbeit, Personalbeschaffung, Personalleitung und Projektberatung. Die Kunden werden direkt über Telefon und E-Mail betreut und können jederzeit auf die Datenbanken der Firma mit ihren Abrechnungs- und Zeitwirtschaftsdaten zugreifen.

Die „ADP Employer Services Deutschland GmbH" bietet in Verbindung mit dem ADP Personal Partner Portal und entsprechenden Franchise-Partnern einen „Full Service" im Bereich Personal an, der von dem Bereitstellen einer Systemplattform über die „HR Basics" (Zeitmanagement, Lohn- und Gehaltsrechnung, Administration, Berichte), die „HR Operations" (Personalbeschaffung, -entwicklung und Training, Personalcontrolling etc.) bis hin zur Organisationsentwicklung und Strategieberatung reicht, und durch die entsprechende HR Software unterstützt wird. Die ADP Employer Services GmbH hat ihren Sitz in Deutschland in Neu-Isenburg, verfügt aber über 5 weitere Standorte und ein breites Partnernetz mit Beratern vor Ort, das sowohl Großunternehmen als auch mittelständische Firmen zu den Kunden zählt.

Das Unternehmen „LBK Personalmanagement-Center" hat seine Niederlassung in Hamburg und ist im Ergebnis von Outsourcing und Teilprivatisierung eines internen Personaldienstleisters im Gesundheitswesen entstanden. Die Firma hat sich auf diesen Bereich spezialisiert, ist aber zunehmend auch branchenübergreifend tätig und regional auf Norddeutschland orientiert. Das Angebot umfasst die komplette Dienstleistungs- und Beratungspalette für das operative und strategische Personalmanagement, u. a. Personalbeschaffung/-auswahl, Personalabrechnung und -betreuung, Coaching, Organisations- und Personalentwicklung, Personalcontrolling sowie Change- und Projekt-Management. Die Betreuung der Kunden erfolgt durch Personalmanager und -referenten in einem Front-Office-Bereich.

Die „PMO Managementberatung GmbH" ist ein Personaldienstleistungsunternehmen mit Fokus auf „Personal-Full-Service", einer Außer-Haus-Personalabteilung für mittelständische Unternehmen und Start-Ups, wobei besondere Kompetenzen und Erfahrungen im Gesundheitsbereich bestehen. Die Firma sitzt in Hamburg. Der zugehörige Abrechnungsservice für Lohn und Gehalt wird über ein Schwesterunternehmen realisiert. Weiterhin werden Angebote für Personalbeschaffung, Organisations- und Personalentwicklung sowie Trainingsorganisation unterbreitet.

Tabelle 3-1: Übersicht zu den Dienstleistungen von Komplettanbietern (BEER ET AL. 2004 und eigene Recherchen)

Ausgewählte Komplettanbieter von Personaldienstleistungen	Angebotsspektrum[8]
■ Von Bonin Personalberatung GmbH	- Personalverwaltung/Abrechnung - Personaladministration/-betreuung - Personalbeschaffung/-auswahl - HR-Beratung - Personalentwicklung/HR-Training - Interimsmanagement - Outplacement - Projektarbeit
■ BANDAO Unternehmensberatung GmbH	- Personalverwaltung/Abrechnung - Personalvermittlung - Personalbeschaffung/-auswahl - Personalentwicklung/HR-Training - HR und Führungsberatung/Karriereplanung, Coaching - Organisationsentwicklung - Outplacement
■ KEMPFER & KOLAKOVIC Personalmanagement	- Personalverwaltung/Abrechnung - Personaladministration/-betreuung - Personalbeschaffung/-auswahl - Personalentwicklung/Training/ - Ausbildung - Interimsmanagement - Outplacement - HR-Beratung
■ PWD Personalwirtschaftliche Dienste GmbH	- Personalverwaltung/Abrechnung - Personaladministration/Zeitwirtschaft - Personalbeschaffung - Interimsmanagement - HR-Projektberatung
■ ADP Personal: Employer Services und Partner Portal	- Personalverwaltung/Abrechnung - Personalbetreuung - Personalbeschaffung - Personalentwicklung - Personalcontrolling - Organisationsentwicklung - Strategie- und Kulturberatung

---

[8] Im Interesse der Vergleichbarkeit wurden die Angebote möglichst analog und mit Bezug auf die personalwirtschaftlichen Aufgabenfelder formuliert, zum Teil abweichend von der in der Selbstdarstellung der Firmen verwendeten Begrifflichkeit.

■ LBK Personalmanagement Center	– Personalverwaltung/Abrechnung – Personaladministration/-betreuung – Personalbeschaffung/-auswahl – HR und Führungsberatung/Coaching – Personal-/Organisationsentwicklung – Personalcontrolling – Change- und Projektmanagement
■ PMO Managementberatung GmbH	– Personalverwaltung/Abrechnung – Personalbeschaffung/-auswahl – Personalentwicklung/Training – Organisationsentwicklung – Outplacement
■ Triaton GmbH	– Personalverwaltung/Abrechnung – Zeitmanagement – Personalbeschaffung/-auswahl – Personalmarketing – Personalentwicklung – Personalplanung – Personalbetreuung/ Auslandsentsendung

Die „Triaton GmbH" ist ein mittelständiges Service-Unternehmen unter dem Dach von HP mit Sitz in Krefeld. Es bietet ausgehend von Hard- und Software-Produkten und langjährigen Erfahrungen im Abrechnungsservice und bei IT-Infrastruktur-Dienstleistungen auch Prozesslösungen für verschiedene Bereiche an, darunter auch einen „Full Service" im Bereich Personalmanagement. Von Personalabrechnung, -beschaffung und -entwicklung über Reisekostenabrechnung, Zeit- und Ideenmanagement bis hin zur Personalplanung werden Dienstleistungen offeriert. Auch ein Expatriation- und Impatriation-Service wird angeboten.

Ein Vergleich zeigt zunächst, dass alle Anbieter unabhängig von der Ausgestaltung des Angebotes im Gegensatz zu den bisher dargestellten Gruppen der Berater und Vermittler vor allem auch das operative Basisgeschäft der Personalarbeit, die Personalverwaltung/-administration, die Lohn und Gehaltsabrechnung und die Personalbetreuung und die damit verbundenen Aktivitäten einschließen. Darüber hinaus wird nahezu die gesamte Palette von Leistungen klassischer Personalberatungen offeriert. Unterschiede zwischen den Firmen zeigen sich vor allem in folgenden Aspekten:

■ in der Breite des Angebotes, denn auch bei den „Komplettanbietern" bleiben einige Felder offen, und das zusätzlich offerierte Angebot spezieller Dienstleistungen ist unterschiedlich ausgeprägt,

■ ein unterschiedlicher Ausgangspunkt und Hintergrund für die Entwicklung zum Komplettanbieter, von der ausgelagerten Personalabteilung, über die Personalberatung bis zum „IT Service Provider";

■ in einem daraus abgeleiteten, aber durchaus auch darüber hinaus gehenden speziellen Fokus auf bestimmte Kernkompetenzen, z. B. in der Personalberatung

(BANDOA), den Branchen (u. a. LBK bei Krankenhäusern, PMO im Gesundheitsbereich, K&K bei Optik- und Technologieunternehmen) oder der unterschiedlichen Nutzung und dem Fokus auf webbasierte Services bzw. Online-Beratung (bei PDW als zentrale Form der Betreuung, u. a. bei ADP oder Triaton als wichtige technische Basis, aber auch vbp sowie K&K als Ergänzung bzw. in bestimmten Feldern) sowie

- in der Standortfrage und der Organisationsform, von einem Standort, über mehrere Standorte oder in Kooperation mit freien Beratern als Partnern oder Franchisenehmern.

Gemeinsam ist allen, dass vor dem Hintergrund eines zunehmenden Wettbewerbs bereits frühzeitig eine Tendenz zur Modularisierung des Angebotes einsetzt, wie etwa bei der vbp. Aber auch alle anderen Anbieter haben ihre Leistungspalette so strukturiert, dass sie einen Zuschnitt auf die individuellen Kundenbedürfnisse ermöglicht, unabhängig von einem „full service", der aus dieser Sicht nur eine mögliche Option für die Kunden darstellt.

4 Diskussion

Die durchgeführte Analyse lässt zusammenfassend folgende Schlussfolgerungen zu:

1. Grundsätzlich kann in den nächsten Jahren wieder mit einem steigenden Bedarf an Personaldienstleistungen gerechnet werden (vgl. u. a. ERNST & YOUNG 2004; BDU 2003 u. 2004). Den Hintergrund für diese Annahmen bilden die realisierten und zu erwartenden Auslagerungen von Personalaufgaben unter den Bedingungen einer verstärkten Internationalisierung und Globalisierung der Wirtschaft mit entsprechenden Auswirkungen auf die Kostenstrukturen von Unternehmen, die Prozesse der Deregulierung der Arbeitsmärkte sowie der nach wie vor große Anteil an kleineren Firmen, für die das Vorhalten einer spezialisierten Expertise im Bereich Personal zu aufwendig wäre. Auf der Angebotsseite wird mit einer weiteren Marktbereinigung gerechnet, wobei der BDU davon ausgeht, dass die Anbieter qualitativ hochwertiger Dienstleistungen davon profitieren werden (BDU 2003, S. 13).

2. Die vorliegenden Befunde zum Outsourcing bestätigen aber auch, dass eine vollständige Auslagerung aller Personalfunktionen kaum zu erwarten ist bzw. nur den operativen Bereich oder/und bestimmte Bereiche (On-Site-Management) betrifft bzw. nur temporär realisiert wird (Interimsmanagement). Dabei zeigt sich auch, dass der übliche Fokus beim Outsourcing von Personalfunktionen auf die Personalabteilung und die durch sie realisierten Aufgaben zu kurz greift. Die Auslagerung von personalpolitischen und strategischen Aufgaben und Entscheidungen und Aufgaben der Personalführung, die ja auch Aspekte der Personalentwicklung, Auswahl, Beschaffung

und Betreuung einschließen, werden auch künftig nicht Gegenstand von dauerhafter oder vollständiger Auslagerung sein. Externe Dienstleistungsangebote beziehen sich in dieser Hinsicht höchstens auf die Unterstützung der genannten Aufgaben durch entsprechende Beratungsleistungen oder die temporäre Übernahme von Personalführungsaktivitäten durch die zeitweise Bereitstellung des entsprechenden Managements. Auch bei den anderen Personalfunktionen sprechen die Befunde der Outsourcing-Forschung eher für eine partielle Auslagerung, die abgrenzbare Aufgaben oder Aufgabenteile umfasst, als für eine starke Verbreitung einer vollständigen Auslagerung aller spezialisierten Personalfunktionen. In diesem Sinne ist auch das Bemühen von vielen größeren Unternehmen zu sehen, interne Lösungen zur Realisierung der Personalaufgaben zu entwickeln, die die Verlagerung zu den Linienmanagern und zur Unternehmensleitung mit einer Umgestaltung der Personalbereiche zu internen Service-Einheiten und dem „Zukauf" externer Personaldienstleistungen verbindet (vgl. u. a. SISSON/STOREY 2000; WAGNER 2003; SCHOLZ 2003)

3. Mit Blick auf die Anbieter von Personaldienstleistungen im weiteren Sinne, lassen sich leichte Tendenzen einer Konvergenz der Angebotsstrukturen erkennen. Insbesondere Personalvermittler mit traditionellen Angeboten im Bereich von Zeitarbeit und Arbeitsvermittlung haben ihre Aktivitäten ausgedehnt und bieten zum Teil Beratung und Projektmanagement sowie Beratung und Realisierung von Outsourcing oder On-Site-Management an. Dagegen konzentrieren sich die Personalberatungsfirmen nach wie vor auf das Angebot von Beratungsleistungen für die Funktionen Beschaffung und Auswahl, Entwicklung und Beurteilung, Führung sowie Freisetzung von Personal und die Gestaltung der entsprechenden Personalsysteme, wobei das Feld der Personalinformationssysteme durch spezielle Anbieter in diesem Bereich abgedeckt wird. Allerdings wird auch deutlich, dass im Anschluss an die Suche und Auswahl von Führungskräften auch Interimsmanagement und zum Teil On-Site-Management und private Arbeitsvermittlung das Angebot von Personalberatungen erweitern. Die Komplettanbieter von Personalleistungen unterscheiden sich von den vorgenannten Gruppen, wie die Analyse gezeigt hat, vor allem durch das Angebot von Routineprozessen der Personalverwaltung, einschließlich Lohn- und Gehaltsrechnung und der Personalbetreuung. Neben einer zunehmenden Modularisierung dieses Angebotes werden für fast alle anderen Gebiete der Personalarbeit Leistungen offeriert, die jedoch zunehmend in Richtung auf ein spezielles Profil ausgebaut und damit zugleich beschränkt werden (müssen). Nur so kann der von Firma zu Firma sehr unterschiedlichen Auslagerung und den damit verbundenen Erwartungen an eine kompetente Dienstleistung auch bei einem „Komplettanbieter" von Personaldienstleistungen entsprochen werden. Diese Bemühungen sprechen, wie auch bei den Personalberatungsfirmen beobachtet, gegen eine Uniformierung von Personaldienstleistungsstrukturen und gegen eine dominierende Tendenz zum Komplettangebot „aus einer Hand".

Vielmehr werden die analysierten Gruppen mit ihren bisherigen Kernkompetenzen weiter bestehen. Vor dem Hintergrund eines verstärkten Wettbewerbs dürfte neben einer weiteren Konzentration und Markbereinigung durch Übernahmen und Zusammenschlüsse vor allem die Profilbildung wie auch der Aufbau von Allianzen und eine erweiterte Kooperation zwischen den Personaldienstleistern im Sinne von „Make or Cooperate" - Entscheidungen eine zunehmende Rolle spielen.

4. Als generelle und übergreifende Trends in der Arbeitsweise und Organisation im Bereich der Personaldienstleistungen zeigt sich danach ein starke Tendenz zur Virtualisierung des Angebotes durch zum Teil umfangreiche Portale mit web-basierten Tools, die den verschiedenen Kundengruppen angeboten werden sowie eine Tendenz zur Bindung vorhandener und potentieller Kunden, denen vielfältige zusätzliche Angebote unterbreitet werden. Das schließt auch „employee services" ein, und wird im Sinne eines umfassenden „Customer-Relationship-Managements (CRM)" betrieben. Auch die Aktivierung vorhandener Netzwerke sowie nationale wie internationale Kooperationen gewinnen an Bedeutung. So waren bereits 2003 ca. je ein Drittel aller Firmen in nationale und in internationale Netzwerke eingebunden. Eine Zunahme ist zu erwarten. Neben traditionellen Lösungen mit Niederlassungen und Büros dürften die zum Teil praktizierten Franchise-Lösungen durch Kooperationen mit Beratern vor Ort an Bedeutung gewinnen.

5. Für die Komplettanbieter von Personaldienstleistungen ergeben sich vor dem Hintergrund der Standortbindung und der besonderen Anforderungen mit umfangreichen Angeboten eines externen Personalbereiches besondere Probleme. Eine mögliche Lösung stellt die Konzentration auf eine durch Kommunikationsmedien unterstützte Beratung dar. Die Dienstleistung kann dann auch standortübergreifend erbracht werden. Während dies bei Routineprozessen der Personalverwaltung oder Abrechnung sicher unproblematisch ist und unter Nutzung von Videokonferenzen und anderen modernen Kommunikationsmitteln sicher auch für weitere Beratungsleistungen eine Entwicklungsmöglichkeit bietet. So stehen dieser Lösung doch auch tief verwurzelte Auffassungen von der Personalarbeit als „People Business" mit direkter Kommunikation und Interaktion entgegen. Die Alternative besteht im Ausbau von Repräsentanzen und Büros an anderen Standorten, um eine kundennahe Dienstleistung zu erbringen. Diese sind jedoch mit erheblichen finanziellen Investitionen und wirtschaftlichen Risiken verbunden. Mit Blick auf die Konzentrationsprozesse in der Branche stehen damit auch die Komplettanbieter vor der Aufgabe, Kooperationslösungen zu entwickeln. Die Partnerwahl wird so zu einer zentralen Aufgabe. Mit der Einrichtung weiterer Standorte oder von lokalen Kooperationspartnern haben dann auch Firmen mit ausgeprägter IT-Infrastruktur Vorteile, da das Vorhandensein solcher Lösungen die notwendigen Investitionen in die technische Infrastruktur verringert.

Die vorliegende Analyse kann jedoch nur eine erste Erkundung im Bereich der Entwicklung von Personaldienstleistungen sein. Vertiefende quantitative Analysen der Leistungsangebote und ihrer Entwicklung, etwa nach unterschiedlichen Unternehmensgrößen, sowie qualitative Analysen der Entscheidungsprozesse zur Ausdehnung oder Einschränkung von Dienstleistungsangeboten stehen noch aus.

Literaturverzeichnis

BECKER, M./ROTHER, G. (HRSG.), Personalwirtschaft in der Unternehmenstransformation, München/Mering 2003.

BECKER, M., Die Organisation der Personalentwicklung als Shared Service Center., in: Betriebswirtschaftliche Beiträge der Martin-Luther-Universität, Halle-Wittenberg 2004.

BEER, CH./BRINKMANN, A./JÖRGES, R./MÜLLER, S., Stand des Outsourcings im Bereich des Personalmanagements in Deutschland, Projektarbeit Jena 2004 (unveröffentl.).

BREWSTER, CH./MAYRHOFER, W./MORLEY, M. (HRSG.), New Challenges for European Human Resource Management, Houndmills/London 2000.

BUNDESVERBAND DEUTSCHER UNTERNEHMENSBERATER e.V. (BDU), Studie Personalberatung in Deutschland 2003.

BUNDESVERBAND DEUTSCHER UNTERNEHMENSBERATER e.V. (BDU), Facts & Figures zum Beratermarkt 2004.

ERNST & YOUNG PERSONALDIENSTLEISTUNGEN, TRANSACTION ADVISORY SERVICE, Personaldienstleistungen in Deutschland, Studie, Düsseldorf 2004.

FINANCIAL TIMES DEUTSCHLAND, 8. APRIL 2004, online, www.ftd.de.

GREER, C. R./YOUNGBLOOD, S. A./GRAY, D. A., Human Resource Management Oursourcing. The Make or Buy Decision, in: Academy of Management Executive, 13. Jg., Heft 3, 1999, S. 85-96.

HR SERVICES, Heft 1/2004.

JASCHOK, H./JORDAN, J., Potenziale für die Reorganisation der Personalarbeit, in: Personalführung, 37. Jg., Heft 6, 2004, S. 106 ff.

KRAFT, T., Personalberatung in Deutschland und der Schweiz, Stuttgart 2002.

KOLAKOVIC, M./KEMPFER, U., Komplett-Outsourcing des Personalbereichs - Das Beispiel der Jenoptik-Gruppe, in: Personal, 50. Jg., Heft 10, 1998.

KOLAKOVIC, M., Outsourcing des Personalwesens, in: Schwuchow, K./Gutmann, J. (Hrsg.), Jahrbuch Personalentwicklung und Weiterbildung, Neuwied 2003, S. 230-237.

LAMERS, S. M., Reorganisation der betrieblichen Personalarbeit durch Outsourcing. Diss., Westfälische Wilhelms-Universität, Münster 1997.

LANG, R., Personalwesen im Osten vor und nach der Wende, in: Wächter, H./Metz, Th. (Hrsg.): Professionalisierte Personalarbeit? Perspektiven der Professionalisierung des Personalwesens. Sonderband der Zeitschrift für Personalforschung, München/Mering 1995, S. 85-110.

MARTIN, A./NIENHÜSER, W. (HRSG.), Neue Formen der Beschäftigung – neue Personalpolitik? München/Mering 2002.

MATIASKE, W./KABST, R. , Outsourcing und Professionalisierung in der Personalarbeit. Eine transaktionskostentheoretisch orientierte Studie, in: Martin, A./Nienhüser, W. (Hrsg.), Neue Formen der Beschäftigung - neue Personalpolitik?, München/Mering 2002, S. 247-271.

MECKL, R. (HRSG.), Personalarbeit und Outsourcing HR-Services und Dienstleistungen, Frechen 1999.

MECKL, R./EIGLER, J., Gefahren des Outsourcing personalwirtschaftlicher Leistungen - Eine empirisch gestützte Analyse, in: Journal für Betriebswirtschaft, 48. Jg., Heft 3, 1998, S. 100-112.

METZ, TH. (HRSG.), Status, Funktion und Organisation der Personalabteilung, München/Mering 1995.

PETTIGREW, A.M./WHITTINGTON, R./MELIN, L. ET AL. (HRSG.), Innovative forms of Organizing, London 2003.

SATTELBERGER, T., Handbuch der Personalberatung, München 1999.

SCHOLZ, C., Personalmanagement, Informationsorientierte und verhaltenswissenschaftliche Grundlagen, München 2000.

SCHOLZ, C., Die virtuelle Personalabteilung. Stand der Dinge und Perspektiven, in: Personalführung, 35. Jg., Heft 2, 2002, S. 22-31.

SCHOLZ, C., Personalmanagement – Strategisches Outsourcing oder operative Selbstauflösung?, in: Speck, P./Wagner, D. (Hrsg.), Personalmanagement im Wandel - Vom Dienstleister zum Businesspartner, Wiesbaden 2003, S. 107-124.

SCOTT, W. R./MEYER, J. W., The rise of training programs in firms and agencies. An institutional perspective, in: Cummings, L./Staw, B. M. (Hrsg.), Research in Organizational Behaviour, Grennwich (Conn.)/London 1991, S. 297-326.

SISSON, K./STOREY, J., The realities of Human Resource Management: Managing the employment relationship, Buckingham/Philadelphia 2000.

SPECK, P./WAGNER, D. (HRSG.), Personalmanagement im Wandel - Vom Dienstleister zum Businesspartner, Wiesbaden 2003.

VERNON, P./PHILLIPS, J./BREWSTER, C./OMMEREN, J. VAN, European Trends in HR Outsourcing, Studie Mercer/Cranfield, London/Bedford 2000.

WAGNER, D., Professionelles Personalmanagement in Ostdeutschland: Businesspartner für Klein-, Mittel- und Großunternehmen, in: Becker, M./Rother, G. (Hrsg.), Personalwirtschaft in der Unternehmenstransformation, München/Mering 2003, S. 217-238.

WISSKIRCHEN, F./MERTENS, H., Der Shared Service Ansatz als neue Organisationsform von Geschäftsbereichsorganisationen, in: Wisskirchen F. (Hrsg.), Outsourcing-Projekte erfolgreich realisieren, Wiesbaden 1999, S. 79-112.

WUNDERER, R./VON ARX, S., Personalmanagement als Wertschöpfungscenter, Wiesbaden 1999.

René A. Lichtsteiner

Prozessmanagement im Personalbereich
Vor- und Nachteile der Prozessorganisation im HRM - Beispiele und Erfahrungen

1 Wachsende Bedeutung von Prozessorganisation auch im Personalbereich 121
2 Grundlegende Schwierigkeiten 122
3 Output des Personalprozesses 122
4 Differenzierung von normativer, strategischer und operativer Ebene 123
5 Top-down- vs. Bottom-up-Definition des Personalprozesses 125
6 Prozesshierarchie und Prozessmodelle 126
7 Vorgehensweisen zur Festlegung 128
    7.1 Die Teilprozesse (Ebene 1) 128
    7.2 Die Subprozesse (Ebene 2) 130
    7.3 Die Aktivitäten auf Ebene 3 130
    7.4 Die Aktivitäten auf Ebene 4 131
8 Weiteres Vorgehen nach der Prozessfestlegung 132
9 Typische Schwierigkeiten bei der Einführung einer Prozessorganisation 132
10 Vorteile einer Prozessorganisation 134

1 Wachsende Bedeutung von Prozessorganisation auch im Personalbereich

Die Ablauforganisation hat in den letzten Jahren gegenüber der Aufbauorganisation deutlich an Bedeutung gewonnen. Wesentliche Ursachen sind der Wettbewerbsdruck (Reduktion der Durchlaufzeit, Elimination von nicht wert schöpfenden Aktivitäten), die technologische Entwicklung (Virtualisierung) und der Wertewandel mit einem größeren Handlungsspielraum am Arbeitsplatz (BEA/GÖBEL 2002).

Ausgehend von der Wertkette nach Porter (1985) wird zwischen Geschäftsprozessen (primäre Aktivitäten) und Unterstützungsprozessen (unterstützende Aktivitäten) differenziert; gelegentlich werden die Managementprozesse noch separat ausgewiesen. Die Betrachtung von betrieblichen Aktivitäten unter der Prozessperspektive führt dazu, dass die Nahtstellen zwischen dem Unternehmen und dem Markt überprüft und teilweise verändert werden (Insourcing oder Outsourcing). Innerhalb des Prozesses werden durch die Mitarbeitenden Inputs (Güter, Informationen, etc.) mittels mehrerer Schritte (Teilprozesse) in Outputs (Güter, Informationen, etc.) umgewandelt, um unternehmerische Ziele zu erreichen. Personalwirtschaft gehört neben Unternehmensinfrastruktur, Technologieentwicklung und Beschaffung in der ursprünglichen Porter-Wertkette zu den Unterstützungsprozessen. Ein Unterstützungsprozess kann sowohl in sich selbst zu Kostenvorteilen, Differenzierung und Wettbewerbsvorteilen führen als auch durch die Unterstützung innerhalb der primären Aktivitäten. Die Geschäftsstrategie legt die Prioritäten und relativen Gewichte fest.

Die grundlegenden Organisationsprinzipien einer Organisation widerspiegeln sich auch im Personalbereich der Organisation. Allerdings haben wir festgestellt, dass die Organisationskompetenz im Personalbereich tendenziell abgenommen hat und die Feststellung des vorherigen Satzes ist häufig eine bloße Sollvorstellung. Grundsätzlich führt die Betonung der Prozessperspektive auch zu einer Beschreibung, Analyse und Optimierung der Prozesse im Personalmanagement oder im Personalbereich. Je nachdem, ob als Träger des Personalmanagements nur der Personalbereich angesehen wird oder ob auch die Führungskräfte und die Mitarbeitenden nicht bloss Objekt des Personalmanagements sind, werden die Personalprozesse enger oder weiter gefasst sein.

Dieser Artikel schildert die Erfahrungen des Autors mit der Einführung oder Überprüfung der Prozessperspektive im Personalmanagement in privatwirtschaftlichen und öffentlichrechtlichen Organisationen primär in der Schweiz, aber auch in Deutschland. Diese Erfahrungen wurden einerseits in der Rolle als Prozessverantwortlicher für die globalen Personalprozesse im ABB-Konzern gemacht und andererseits als Experte und Prozessberater in rund zehn Beratungsprojekten mit dem Schwergewicht „Einführung bzw. Überprüfung der Prozessorganisation".

René A. Lichtsteiner

2 Grundlegende Schwierigkeiten

Bei der Einführung oder Überprüfung von Prozessorganisationen im Personalmanagement sind wir auf drei grundsätzliche Schwierigkeiten gestoßen. Die erste Schwierigkeit besteht darin, dass der Output des Personalprozesses entweder nicht genau definiert ist oder zumindest nicht in einer überprüfbaren Form umschrieben wird. Die zweite Schwierigkeit besteht darin, dass normative, strategische und operative Ebene nicht sauber differenziert werden und insbesondere normative Festlegungen fehlen, bevor die Personalprozesse eingeführt oder überprüft werden. Die dritte Schwierigkeit besteht darin, dass die Personalprozesse auf Grund von vorhandenen IT-Systemen oder personalwirtschaftlichen Prozessen (Bottom-up) und nicht im Hinblick auf den erwarteten Output und die Nahtstellen zu den anderen Geschäfts- und Unterstützungsprozessen festgelegt werden.

3 Output des Personalprozesses

Das Ziel des Personalmanagements oder in der Prozessterminologie der Output des Personalprozesses ist abhängig von der Unternehmens- bzw. Geschäftsstrategie und von normativen Festlegungen[1]. Sobald eine Organisation in mehreren Strategischen Geschäftseinheiten (SGE) tätig ist, wird sie unterschieden zwischen der Unternehmensstrategie für die gesamte Organisation (Portfolio und Synergien) und den Geschäftsstrategien pro SGE. In den meisten Organisationen werden bei den Humanressourcen Synergiepotenziale vorhanden sein (häufig in der Führungskräfteentwicklung und in der Personaladministration), doch werden sich die SGEs bezüglich Wichtigkeit und Anforderungen der Humanressourcen unterscheiden. Somit sollte eine Organisation mit mehreren SGEs auch zwischen dem Personalmanagement auf der Unternehmensebene und dem Personalmanagement pro SGE unterscheiden.

Für die Festlegung des Ziels des Personalmanagement bzw. des Outputs des Personalprozesses hat sich das Vorgehen in den sieben Schritten, die Becker/Huselid/Ulrich für die Umsetzung der strategischen Rolle des Personalbereichs empfiehlt, als sehr brauchbarer Weg erwiesen (BECKER ET AL. 2001, S. 36-52). Dies bedeutet:

- Die Geschäftsstrategie derart definieren, dass daraus die Anforderungen an das Management der Humanressourcen abgeleitet werden können. Dies bedeutet nach unserer Erfahrung häufig eine Verfeinerung der bestehenden Strategiebeschreibung, die oft unvollständig oder widersprüchlich ist.

---

[1] Weiteres dazu in Abschnitt 4

- Den Wertschöpfungsbeitrag des Personalmanagements innerhalb dieser Geschäftsstrategie identifizieren.

- Die strategische Landkarte definieren, indem für die zu erreichenden Ziele die Treiber bestimmt werden, die diese Ziele beeinflussen.

- Die Ergebnisse des Personalbereichs innerhalb der strategischen Landkarte definieren. Um z. B. kompetente Mitarbeitende zu erreichen, sind bestimmte Ergebnisse der Selektions-, der Personalentwicklungs- oder -freistellungsaktivitäten notwendig.

- Der nächste Schritt in diesem Modell, nämlich die so genannte HR-Architektur (Personalbereich, Personalsysteme, Mitarbeitendenverhalten) an die Ergebnisse anzupassen, geht dann bereits in den Inhalt der Prozessorganisation.

- Die Indikatoren und Zielwerte für die Messung von Ergebnissen bestimmen.

- Die Aktivitäten des Personalbereichs über die erzielten Werte steuern und das Managementsystem laufend verbessern.

Der Output des Personalprozesses muss also den wertschöpfenden Beitrag des Personalbereichs zur Umsetzung der Geschäftsstrategie beschreiben. Dieser Output muss mit mess- und überprüfbaren Leistungsindikatoren und konkreten Zielwerten beschrieben sein. Dadurch wird der Personalbereich Verantwortung übernehmen müssen, aber gleichzeitig an Glaubwürdigkeit gewinnen (sofern die Zielwerte im Wesentlichen erreicht werden).

4 Differenzierung von normativer, strategischer und operativer Ebene

Diese Differenzierung der drei Ebenen wird die praktische Arbeit im Personalbereich erheblich erleichtern. Nach unserer Erfahrung sind Schwierigkeiten beim operativen Personalmanagement darauf zurückzuführen, dass die Professionalität der handelnden Personen ungenügend ist (kann durch Qualifizierungsmaßnahmen verbessert werden) oder dass die normativen Grundlagen nicht ausdiskutiert und kommuniziert sind oder dass die operativen Aktivitäten nicht mit der strategischen Ausrichtung übereinstimmen. Für die auf den ersten Blick nicht einfache Unterscheidung dieser drei Ebenen hat sich das frühere St. Galler Managementmodell als sehr aussagekräftig erwiesen (BLEICHER 2004, S. 51-70).

Abbildung 4-1: Das St. Galler Managementmodell nach BLEICHER (2004)

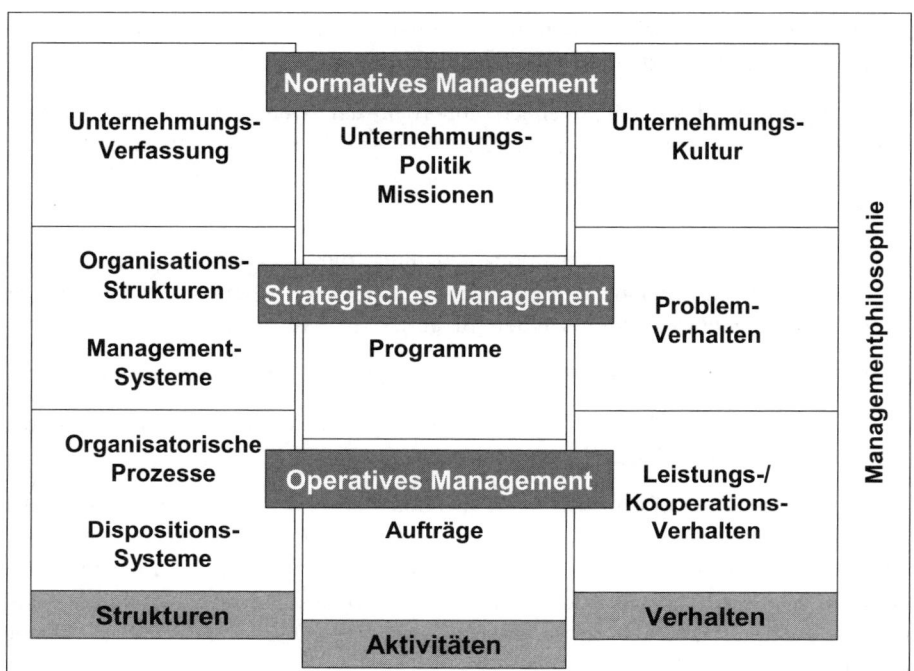

Die Anwendung dieses Management-Modells auf das Personalmanagement wird auf der normativen Ebene dazu führen, dass die teilweise widersprüchlichen Ansprüche der Anspruchsgruppen des Personalmanagements (Unternehmensleitung, Mitarbeitende, Gewerkschaften, Kunden, Öffentlichkeit) und die Ziele des Unternehmens (Mission, Vision, Leitbild, etc.) harmonisiert werden, so dass langfristig (typischerweise fünf Jahre und länger) eine Balance besteht, die eine gedeihliche Weiterentwicklung gewährleistet. Diese Harmonisierung wird sich in personalpolitischen Festlegungen materialisieren, die z. B. als Personalpolitik, als Führungsgrundsätze oder als Werte und Verhaltensziele bezeichnet werden. Diese expliziten Festlegungen sind wesentlich für die Kommunikation und sie müssen dementsprechend in der internen Kommunikation auch immer wieder verwendet werden. In der Anfangsphase ebenso wichtig ist der Klärungs- und Aushandlungsprozess bei der Explizierung von implizit vorhandenen Wertvorstellungen und Einstellungen der an diesem Prozess beteiligten Personen.

Auf der normativen Ebene müssen auch die grundsätzlichen strukturellen Vorgaben für das Personalmanagement festgelegt werden. Dazu gehören insbesondere die Vertretung des Personalbereichs in der Leitung der SGE, die Aufteilung der Verantwortung für das Personalmanagement zwischen Personalbereich, Führungskräften und Mitarbeitenden sowie der Einbezug der verschiedenen Anspruchsgruppen in das Personalmanagement. Somit könnte man dies auch als HRM Governance umschreiben. Auf dieser Ebene wird demnach auch das grundsätzliche Modell des Personalprozesses festgelegt[2].

Die normativen Vorgaben und die Geschäftsstrategie müssen in eine Personalmanagementstrategie übersetzt werden, die mittelfristig (also für einen Zeitraum von etwa drei Jahren, wobei der strategische Planungshorizont von der Komplexität und Dynamik des betreffenden Geschäftes abhängig ist) festlegt, wie sich die SGE im Wettbewerb um die Humanressourcen positioniert und mit welchen Prioritäten und Ressourcen die personalwirtschaftlichen Ergebnisse[3] erreicht werden können. Die verschiedenen strategischen Aktivitäten und Projekte werden typischerweise in strategische Programme zusammengefasst (z. B. Veränderung des regelbasierten Mitarbeitendenverhaltens auf ein kundenorientiertes Verhalten oder der Aufbau des Führungskräftenachwuchses). Auf dieser Ebene wird auch das so genannte Problemverhalten festgelegt, das im Konkretisierungsgrad über die Festlegungen auf der normativen Ebene hinausgeht. Dazu gehören z. B. die relative Bedeutung von Fachkompetenz und Persönlichkeit im Selektionsprozess oder die Ausgestaltung des psychologischen Arbeitsvertrages. Und schließlich werden auf dieser Ebene die Personalbereichs-interne Aufbauorganisation geregelt und die Make-or-Buy-Entscheidungen getroffen. Auf dieser Ebene werden demnach auch die Teilprozesse des Personalprozesses und deren Standardisierungsniveau festgelegt.

5 Top-down- vs. Bottom-up-Definition des Personalprozesses

Aus den bisherigen Überlegungen ist offensichtlich, dass das grundsätzliche Design des Personalprozesses Top-down erfolgen muss und die Festlegung ausgehend von einem HRMS (HR Managementsystem wie z. B. SAP-HR oder People Soft) oder aus bestehenden Instrumenten und Teilprozessen nicht zielführend ist. Damit soll keineswegs postuliert werden, dass Standard-Software an geschäftsspezifische Ausgestaltungen des Personalprozesses angepasst werden sollte. Vielmehr gilt es zu beachten, dass der Personalprozess erheblich mehr umfasst, als in einem HRMS typischerweise vorhanden ist und die Geschäftsspezifika, also die Differenzierungsmerkmale gerade

---

[2] Vgl. Abschnitt 3
[3] Vgl. Abschnitt 3

nicht in Bereichen liegen können, wie sie von einer Standard-Software abgebildet werden.

6 Prozesshierarchie und Prozessmodelle

Im Prozessmanagement hat sich eingebürgert, verschiedene Prozessebenen zu unterscheiden und diese mit arabischen Zahlen zu bezeichnen. Wenn wir nur den Personalprozess betrachten, so wird der Personalprozess mit dem zu definierenden Input und Output als Ebene 0 bezeichnet. Auf der Ebene 1 werden die Teilprozesse (wie z. B. „Mitarbeitende auswählen" oder „HRM Dienstleistungen erbringen") definiert. Auf der Ebene 2 werden die einzelnen Teilprozesse in Unterprozesse ausdifferenziert (z. B. der Teilprozess „Mitarbeitende auswählen" in „Grobauswahl treffen", „Selektionsinterviews vorbereiten", Selektionsinterviews durchführen", „zusätzliche Selektionsinstrumente einsetzen", „Selektionsergebnisse bereinigen", „Vertragsverhandlungen führen", etc.). Ein Prozessmodell auf Ebene 2 könnte wie folgt aussehen:

Abbildung 6-1: Vorschlag für ein HR-Prozessmodell (Ebene 2)

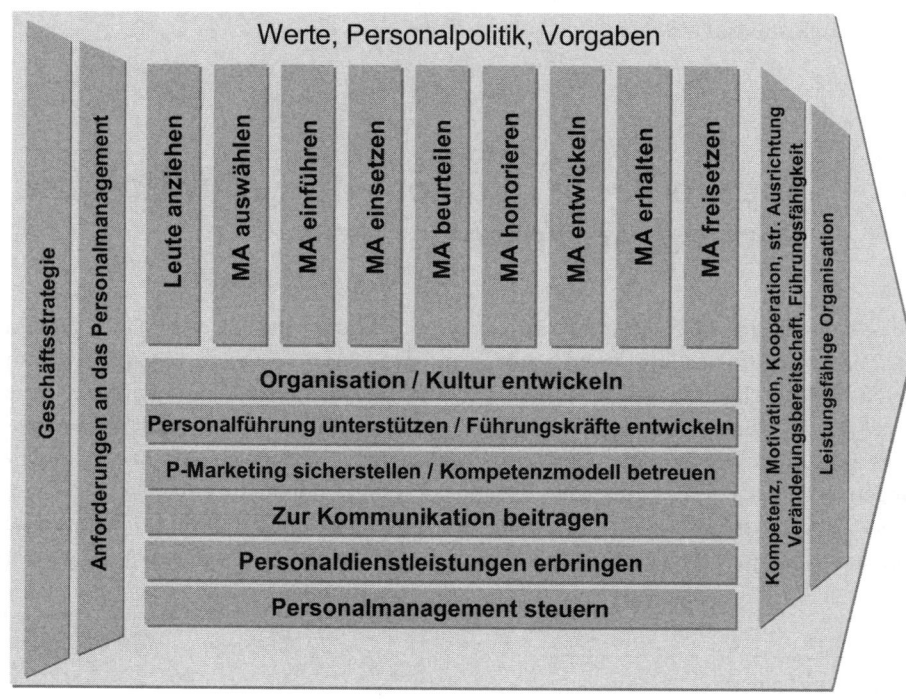

Auf der Ebene 3 werden die Unterprozesse in Aktivitäten, zugeordnet auf einzelnen Stellen oder Rollen, untergliedert und diesen Aktivitäten werden Hilfsmittel wie Instrumente oder Checklisten zugeordnet. So kann der Unterprozess „Grobauswahl treffen" in folgende Aktivitäten unterteilt werden: Bewerbungseingang bestätigen (Standardbrief), Kandidaten ausscheiden die Muss-Anforderungen nicht erfüllen (Checkliste mit Mussanforderungen), verbleibende Kandidaten in A/B/C-Kandidaten einteilen (Checkliste zur Bewertung von Bewerbungsunterlagen), etc. Auf dieser Ebene 3 werden typischerweise auch die Aktivitäten auf die beteiligten Personen aufgeteilt (Personalreferent, Personaladministration, Führungskraft, etc.). Auf der (untersten) Ebene 4 werden die Aktivitäten in Datenfelder und Eingabemasken eines HRMS übertragen oder die detaillierten Schritte in einem IT-gestützten Workflow beschrieben. Insofern ist Ebene 4 nur erforderlich, falls Aktivitäten automatisiert werden.

Dieses Prozessmodell basiert auf den folgenden Überlegungen:

- Input in den Personalprozess sind die Geschäftsstrategie und die daraus abgeleiteten Anforderungen an das Personalmanagement. Der Personalprozess ist zudem eingebettet in die normativen Vorgaben.

- Output des Personalprozesses ist die Leistungsfähigkeit der Organisation und dieses ergibt sich aus der Effizienz des Personalprozesses einerseits und den Teilergebnissen Kompetenz der Mitarbeitenden, deren Motivation, deren Kooperation, der strategischen Ausrichtung ihres Tuns, ihrer Veränderungsbereitschaft und der Persönlichkeit der Führungskräfte.

- Die Teilprozesse werden unterteilt in primäre Personalmanagement-Aktivitäten und in unterstützende Personalmanagement-Aktivitäten.

- Die primären Aktivitäten behandeln den Lebenszyklus der Mitarbeitenden im Unternehmen von der Weckung des Interesses für das Unternehmen als Arbeitgeber bis zu dessen Ausscheiden aus dem Unternehmen (allenfalls darüber hinaus bei Unternehmen, die wie Beratungsunternehmen ihre ehemaligen Mitarbeitenden strategisch in Akquisitionsaktivitäten einbeziehen). Der Personalbereich stellt bei den primären Aktivitäten den Prozess und die verwendeten Instrumente zur Verfügung, stößt den Prozess teilweise an (z. B. Beurteilungsrunde) und unterstützt Führungskräfte und Mitarbeitende bei der Prozessabwicklung (beratend, mit Dienstleistungen, steuernd). Der Detaillierungsgrad und damit die Anzahl der Teilprozesse sind abhängig vom Geschäft, von der Geschäftsstrategie und von übergeordneten Vorgaben. Immerhin sollten alle Teilprozesse auf dem gleichen Abstraktionsniveau liegen und intuitiv nachvollziehbar sein, da sie die Personalführungsaktivitäten einer Führungskraft umschreiben. In diesem Sinne hat sich auch die verbalisierende Umschreibung besser bewährt als die substantivierte Benennung als Personalauswahl, etc.

- Die unterstützenden Aktivitäten beschreiben die Teilprozesse, mit denen der Personalbereich die optimale Abwicklung der primären Aktivitäten sicherstellt. So werden für alle Teilprozesse der primären Aktivitäten Dienstleistungen erbracht oder das Kompetenzmodell fließt in die Ausgestaltung der Personalanzeige, in die Selektionskriterien, in die Kriterien für die Verhaltens- und Potenzialbeurteilung, in das Personalentwicklungsangebot und in die Kriterien zur Bestimmung freizusetzender Mitarbeitender ein. Bei den unterstützenden Aktivitäten werden damit die meisten Aktivitäten durch Mitarbeitende des Personalbereichs (oder zuliefernde Dritte) erbracht. Die Auswahl wird stark von der *HRM Governance* bestimmt sein. Im Beispielprozess (Abbildung 6-1) ist der Personalbereich nicht für das Wissensmanagement verantwortlich (kein Teilprozess), doch unterstützt der Personalbereich den Bereich Unternehmenskommunikation bei der innerbetrieblichen Kommunikation.

7 Vorgehensweisen zur Festlegung

7.1 Die Teilprozesse (Ebene 1)

Weil das Prozessmodell und die Teilprozesse der Ebene 1 einen entscheidenden Einfluss auf alle späteren Entscheidungen zur Prozessoptimierung im Personalmanagement haben und insbesondere auf die Erreichung der personalwirtschaftlichen Ziele, bedarf dieser Schritt besonders gründlicher Überlegungen. Dies ist in einem Projekt nicht immer leicht zu erreichen, da die beteiligten Personen typischerweise darauf brennen, die Aktivitäten zu beschreiben. Der externe Berater hat hier die undankbare Aufgabe, so lange auf der prinzipielle Ebene („ohne Wertschöpfung") zu beharren, als die Prozessdefinition nicht mit den Vorgaben übereinstimmt und die Nahtstellen zwischen den Teilprozessen (also deren Inputs und Outputs) nicht lückenlos sind und ohne Überschneidungen aufgehen. Wie bei den meisten Projekten mit einer Designphase werden hier die Auslagen verpflichtet, die erst später getätigt werden.

Als Vorgehensweise hat sich bewährt, entweder von einem bestehenden Modell der Personalprozesse auszugehen oder als Berater ein mögliches Modell (z. B. Abbildung 6-1) einzubringen. Dieses Modell wird getestet, indem alle Ist-Aktivitäten einem der Teilprozesse zugeordnet werden bzw. als vorläufig nicht zuordenbar aufgelistet werden. Dabei ist die Formulierung der Aktivitäten noch völlig nebensächlich und es sollten noch keine Überlegungen gemacht werden, ob diese Aktivitäten auf den Ebenen 2 oder 3 sein werden. Bei den primären Aktivitäten ist diese Sammlung bald erschöpfend und es werden auch nur wenige Streitfragen auftauchen. Schwieriger ist die Auflistung bei den unterstützenden Aktivitäten. Demzufolge bestehen die Unterschiede zwischen den Prozessmodellen bei den Unternehmen, die wir unterstützt haben, primär bei der Anzahl und Bezeichnung der unterstützenden Aktivitäten.

Gelegentlich werden auch primäre Aktivitäten weiter differenziert oder einzelne Teilprozesse werden zusammengefasst.

Sobald ein erster Entwurf des Prozessmodells besteht, werden die Inputs und Outputs der einzelnen Teilprozesse definiert. In einem konsistenten Prozessmodell sind die Outputs eines vorgelagerten Teilprozesses Input für die folgenden Teilprozesse. Und die Outputs der unterstützenden Prozesse sind Input für die primären Teilprozesse. Einige typische Beispiele mögen dies beleuchten.

- Aus den „Anforderungen an das Personalmanagement" müssen die Daten für die quantitative und die qualitative Personalplanung resultieren, da andernfalls nicht klar ist, welche und wie viele Mitarbeitende im Teilprozess „Leute anziehen" für das Unternehmen interessiert werden sollen. Ein weiterer Input in diesem Teilprozess stammt von übergeordneten Vorgaben (wie den explizierten Werthaltungen) bzw. vom Kompetenzmodell, das die erwünschten Kompetenzen näher bestimmt und einheitlich definiert.

- Input für den Teilprozess „Mitarbeitende freisetzen" sind der Output des Teilprozesses „Mitarbeitende beurteilen". Die personalpolitischen Vorgaben werden auch hier einen Einfluss haben und der Personalbereich wird selbst oder über einen beauftragten Dritten (Outplacement) Dienstleistungen bei der Freisetzung erbringen.

- Input für den Teilprozess „Organisation/Kultur entwickeln" sind einerseits die aus der Geschäftsstrategieresultierenden „Anforderungen an das Personalmanagement" und andererseits die normativen Vorgaben. Output dieses Teilprozesses sind einerseits unmittelbare Ergebnisse wie eine verbesserte Kundenorientierung und andererseits Inputs oder Vorgaben an Teilprozesse wie „Mitarbeitende auswählen", wo die Kundenorientierung zu einem wesentlichen Selektionskriterium wird, oder „Mitarbeitende freisetzen", wo sich das Unternehmen von Mitarbeitenden mit einer auch nach Verbesserungsbemühungen nicht ausreichenden Kundenorientierung trennt.

Neben den Inputs und Outputs werden für die einzelnen Teilprozesse auch die hauptsächlichsten Aktivitäten aufgeführt. Diese Auflistung wird dann bei der Definition der Unterprozesse auf Ebene 2 hilfreich sein. Zudem müssen die Outputs oder die Ergebnisse aller Teilprozesse mit mess- und überprüfbaren Leistungsindikatoren, sowie mit konkreten Zielwerten versehen werden. Die Schwierigkeiten bei der Bestimmung und Definition der Leistungsindikatoren tragen dazu bei, dass die Prozess-Outputs präzise definiert werden. Nicht notwendig ist selbstverständlich, dass für alle Leistungsindikatoren bereits Messungen oder Beobachtungen oder gar konkrete Leistungswerte vorliegen. Vielmehr werden nach der Einführung der Prozessorganisation viele Messgrößen neu erhoben werden müssen[4].

---

[4] Weiteres dazu im Abschnitt 8.

7.2 Die Subprozesse (Ebene 2)

Das grundsätzliche Vorgehen bei der Festlegung der Subprozesse pro Teilprozess ist identisch mit dem Vorgehen für die Teilprozesse. Nachdem bei den Teilprozessen häufig ein externer Berater die Moderation übernommen und kritische Fragen gestellt hat, sind es bei den Subprozessen meistens unternehmensinterne Projektgruppen, die einzelne Teilprozesse nach einheitlichen Vorgaben bezüglich der Darstellung durcharbeiten. Die Projektgruppen werden ihre Arbeitsergebnisse anschließend dem gesamten Projektteam präsentieren und die Subprozesse können dann vom gesamten Projektteam verabschiedet werden. Je nach Anzahl der Teilprozesse und dem Detaillierungsgrad wird die Anzahl der Subprozesse unterschiedlich sein. Aus der Erfahrung resultieren zwischen etwa 50 und maximal 200 Subprozessen, für die der Inhalt in einigen Sätzen beschrieben ist sowie Input und Output präzise definiert sind.

Auf der Ebene der Subprozesse ist es üblicherweise einfacher die Leistungsindikatoren zu bestimmen und Zielwerte festzuhalten, weil in einem einzelnen Subprozess weniger verschiedene Aktivitäten aggregiert sind. Oft werden diese Leistungsindikatoren zu übertriebener Bürokratie führen und es ist sinnvoller, auf der Ebene der Teilprozesse valide und reliable Leistungsindikatoren zu haben, weil bei Nichterreichen der Zielwerte relativ einfach die Ursachen auf der Ebene der Subprozesse eruiert werden können.

7.3 Die Aktivitäten auf Ebene 3

Bei der Festlegung der Aktivitäten kann die Arbeitsgruppe sogar in Einzelarbeit übergehen, indem jedes Arbeitsgruppenmitglied einen einzelnen Subprozess in die einzelnen Aktivitäten unterteilt. Hier besteht jedoch das Risiko, dass die Aktivitäten zu fein untergliedert werden. Deshalb sind hier neben der inhaltlichen Beschreibung und der Festlegung von Input und Output weitere Informationen pro Aktivität erforderlich, die den Detaillierungsgrad bestimmen. Es sind dies die Zuordnung

- der Aktivitäten auf die Stellen wie Personalreferent, Linienchef, Mitarbeitende, etc.
- von Hilfsmittel wie Personalinstrumenten, Checklisten, etc. zu den Aktivitäten.

Wenn in der vorläufigen Beschreibung zwei aufeinander folgende Aktivitäten sich bezüglich Zuordnung und Hilfsmitteln nicht unterscheiden, ist es empfehlenswert, die Aktivitäten zusammenzufassen. Andernfalls wird die Auflistung der Aktivitäten zu umfangreich und es wird zu stark in die Arbeitsautonomie der einzelnen Personalsachbearbeiter eingegriffen. Eventuell reicht bei einem Subprozess sogar eine etwas umfangreichere inhaltliche Beschreibung aus, ohne dass die einzelnen Aktivitäten detailliert werden müssen.

Erfahrungsgemäß finden bei der Beschreibung der Aktivitäten die engagiertesten Diskussionen zwischen den Projektbeteiligten statt. Hier zeigen sich unterschiedliche Arbeitsweisen konkret, denn die Nahtstelle zwischen Personalbereich und Führungskräften wird nicht bei allen Organisationseinheiten gleich sein oder unterscheidet sich gar zwischen den Führungskräften. Deshalb ist bei der betreffenden Aktivität zu unterscheiden, ob Varianten zugelassen werden (insbesondere an der Nahtstelle Personalbereich - Linie) oder ob die Aktivitäten genereller umschrieben werden, sodass die Bandbreite für die richtige Erledigung breiter und die Autonomie der Mitarbeitenden größer wird. Eine Schranke findet dieser Freiheitsgrad, wenn neben der Ebene 3 für diese Aktivität noch die Ebene 4 mit einem Workflow oder einem Datenfeld im HRMS tritt. Für diese Bereinigung empfiehlt sich ein dreistufiges Vorgehen. Auf der ersten Stufe werden die Einzelarbeiten innerhalb der Projektgruppe für den Teilprozess zusammengeführt und bereinigt. Auf der zweiten Stufe wird der Projektleiter die Ergebnisse jeder Teilprozess-Projektgruppe begutachten, seine Vorstellungen in den Diskussionsfällen einbringen und für eine einigermaßen einheitliche Linie quer über alle Projektgruppen sorgen. Auf der dritten Stufe schließlich werden alle Aktivitäten im Projektteam virtuell durchgespielt, indem die einzelnen Rollen (Personalreferent, Personaladministration, Linienchef, Mitarbeitende, etc.) in der korrekten Sequenz und mit den korrekten In- und Outputs vor dem Plenum des Projektteams durchgespielt werden und jeweils interveniert wird, wenn eine der am Projekt beteiligten Personen nicht einverstanden ist. Dazu sollten die entsprechenden Hilfsmittel (Personalinstrumente, Formulare, Checklisten, etc.) physisch vorhanden sein und z. B. laufend bei der einzelnen Aktivität projiziert werden. Ein Protokollführer geht die vorhandenen Prozessschritte mit allen Angaben durch und hält Anpassungen am Prozessablauf, notwendige Verbesserungen bei den Hilfsmitteln, Klärungsbedarf mit den Linienchefs, etc. einschließlich von Verantwortlichkeiten und Terminen fest. Dieses Vorgehen ist zwar zeitintensiv, ist aber eine hervorragende Weiterbildungsmöglichkeit für den Personalbereich und hat ebenfalls eine positive Auswirkung auf die Teamentwicklung und das gegenseitige Verständnis.

7.4 Die Aktivitäten auf Ebene 4

Auf der Ebene 4 werden die Aktivitäten in Datenfelder und Eingabemasken eines HRMS übertragen oder die detaillierten Schritte in einem IT-gestützten Workflow beschrieben. Insofern ist Ebene 4 nur erforderlich, falls Aktivitäten automatisiert werden. Workflows werden in den Unternehmen meistens spezifisch mit den vorhandenen IT-Systemen (wie Lotus Notes) erstellt und deshalb wird das IT-System keine schwerwiegenden Restriktionen setzen. Standardisierte Software-Lösungen hingegen werden die Aktivitäten auf Ebene 3 weitgehend definieren und teilweise sogar die Subprozesse auf Ebene 2. Deshalb kann es im Projekt effizienter sein, zuerst diese Restriktionen zu bestimmen und erst dann die Aktivitäten auf Ebene 3 festzulegen.

8 Weiteres Vorgehen nach der Prozessfestlegung

Nach der Bereinigung der Soll-Prozesse geht es an die Umsetzung. Wie immer in der Unternehmensrealität ist dieser Schritt für die meisten Mitarbeitenden und insbesondere für die Führung des Personalbereichs weniger attraktiv als die Entwicklungsphase. Der Erfolg liegt aber stets in der Systematik und Konsequenz der Umsetzung. Neben den Ergebnissen aus dem Durchlauf aller Aktivitäten fallen in dieser Phase typischerweise folgende Arbeiten an:

- Die Anpassung der Ablauforganisation führt häufig zu Korrekturen bei der Aufbauorganisation, indem die Zusammenarbeit zwischen Personaladministration und Personalreferenten verändert wird oder einzelne Aktivitäten bei einzelnen Personen oder Bereichen konzentriert werden (Bildung von Service- oder Kompetenz-Centern).

- Einzelne Stellen verlangen ein verändertes Kompetenzprofil oder ein neues Rollenverständnis. Dies löst Weiterbildungsbedarf und eine intensivierte Führung oder gar ein Coaching durch einen externen Coach aus.

- Die Steuerung des Personalmanagements und des Personalbereichs muss meistens auf eine völlig neue Basis gestellt werden. Dazu müssen die verschiedenen Leistungsindikatoren des Personalprozesses, der Teilprozesse und eventuell auch der Subprozesse aufeinander abgestimmt, in einer effizienten Art erhoben und derart aufbereitet werden, dass sie nicht bloß einen interessanten Einblick ermöglichen, sondern entscheidungsorientiert die für die Führung des Bereichs wesentlichen Informationen übersichtlich darstellen. Dabei ist nicht bloß auf die Führung des Personalbereichs durch dessen Leitung (nach unten) zu berücksichtigen, sondern auch der Leistungsausweis des Personalbereichs nach außen und die Darstellung des Personalmanagements gegenüber seinen Anspruchsgruppen (*HRM Governance*).

9 Typische Schwierigkeiten bei der Einführung einer Prozessorganisation

Folgende Schwierigkeiten treten bei Projekten zur Einführung einer Prozessorganisation im Personalmanagement regelmäßig auf:

- Das Projekt verfehlt die Balance zwischen Seriosität und Bürokratie. Gelegentlich bleiben Projekte für die Einführung einer Prozessorganisation an der Oberfläche.

Bereits auf der Ebene der Teilprozesse bleiben Lücken zwischen den Prozessen und viele Aktivitäten werden nicht den einzelnen Teilprozessen zugeordnet. So werden im Endergebnis nur die Aktivitäten prozessorientiert erledigt, wo die Standard-Software ein derartiges Vorgehen erfordert und bei den anderen Aktivitäten bleibt alles beim Alten. Oder alle Aktivitäten werden derart detailliert geregelt, dass aus dem Projekt zwar dicke Prozess-Handbücher resultieren und oft noch ein großer Revisionsaufwand, ohne dass die Mehrheit der Beteiligten ihre Arbeitsabläufe effektiv anpassen.

- Das Projekt wird mit viel Engagement gestartet, versandet aber bei der Festlegung der Subprozesse und Aktivitäten. Um diese Falle zu vermeiden lohnt es sich, dass alle Prozessbeteiligten vor dem Projektstart einen guten Überblick über die anfallenden Arbeiten haben und sich auch bewusst sind, dass mit dem Projekt eine Zusatzbelastung auf sie zukommt. Wenn die Beteiligten aus früheren Projekterfahrungen wissen, dass Projekte im Unternehmen selten so heiß durchgeführt werden wie sie geplant worden sind, so werden sie die Zusatzarbeit, die nach ihrer Erfahrung nie in einer Arbeitseinsparung resultieren wird, möglichst vermeiden wollen.

- Das Projekt wird gestartet bevor die Leitung des Personalbereichs mit der übergeordneten Ebene den erwarteten Output und die Rahmenbedingungen bereinigt hat[5]. Dies führt dazu, dass die mit viel Enthusiasmus betriebene Arbeit bei der Prozessfestlegung zumindest teilweise nutzlos ist.

- Im Projekt wird die Balance zwischen Nachvollziehbarkeit und Formalismus verfehlt. Für die Analyse von Prozessen und für deren Dokumentation besteht auf dem Softwaremarkt ein großes Angebot (z. B. ARIS, Visio, Aeneis, ViFlow, etc.). Derartige Softwarelösungen können bei großen Personalbereichen und insbesondere für die Anbindung von Standard-Softwarelösungen (Ebene 4) sehr hilfreich sein und sicherstellen, dass die Prozesse und Aktivitäten nahtlos ineinander übergehen. Allerdings verlangen sie deren Beherrschung und damit praktisch den Einsatz durch einen externen Experten oder durch eine interne professionelle Organisationsstelle. Bei einem kleineren und weniger komplexen Projektumfang sind von Beginn weg ein einfaches, meist MS-Office gestütztes Instrument wie Excel-Formulare und Word-Dokumente erforderlich sowie klare Vorgaben für deren Nutzung und die Benennung einer verantwortlichen Person für das Management der Daten. In den Workshops wird zu Beginn ohnehin primär mit klassischen Workshop-Tools wie Flipcharts und Kärtchen gearbeitet werden. Auf der Ebene 3 ist es hilfreich in den Arbeitsgruppen direkt auf dem PC zu arbeiten und das Diskussionsergebnis laufend zu projizieren.

---

5   Vgl. Abschnitt 2

René A. Lichtsteiner

10 Vorteile einer Prozessorganisation

Mit dem Projekt zur Einführung einer Prozessorganisation findet oft ein erheblich größerer Wandel bei den Projektbeteiligten statt als diese vorab erwarten. Die Mitarbeitenden gehen meistens davon aus, dass sie ihre Arbeit genau wie alle anderen erledigen und werden erst im Laufe des Projektes feststellen, dass erhebliche Unterschiede bestehen, die nicht gerechtfertigt werden können. Zudem werden sie feststellen, dass im Umfeld einzelner Prozessschritte viele unnötige Aktivitäten ablaufen oder fehlen. Und wenn das Projekt effektiv Top-Down gestartet und dann Bottom-up umgesetzt wird[6], so wird sich der Personalbereich auf die Ergebnisse und damit auf die Wertschöpfungsbeiträge konzentrieren und nicht mehr primär Aktivitäten abarbeiten. Dann wird das Projekt zu einem echten Kulturwandel im Personalmanagement führen und die Glaubwürdigkeit des Personalbereichs markant steigern.

---

[6] Vgl. Abschnitt 5

Literaturverzeichnis

BEA, F. X., GÖBEL, E., Organisation, 2. Auflage, Stuttgart 2002.

BECKER, B. E., HUSELID, M. A., ULRICH, D., The HR Scorecard, Boston 2001, S. 36-52.

BLEICHER, K., Das Konzept integriertes Management, 7. Auflage, Frankfurt/New York 2004, S. 51-70.

PORTER, M. E., Competetive Advantage, New York/London 1985.

Teil II
Best Practice und Anwendung

Helmut Hoitz

Globalisierung der HR-Funktion
Implikationen für HR-Prozesse und HR-Organisationen

1	Einleitung	141
2	Warum Unisys die HR-Funktionen transformierte	142
3	Vom traditionellen Modell zum „Unisys"-Modell	143
4	Warum Unisys mit „HR 21" erfolgreich ist	146
5	Was hat sich verändert?	147
	5.1 HR Information System	147
	5.2 Employee Network	147
	5.3 Career Fitness/Career Development	148
6	Standardisierte HR-Prozesse	149
7	Wie HR-Professionals bei Unisys ihre Situation heute sehen	150
8	Wo lokale HR-Professionals noch Verbesserungsbedarf sehen	151
9	Wie lokales HR heute von seinen internen Kunden gesehen wird	152
10	Wie Corporate HR die Entwicklung beurteilt	153
11	Vor- und Nachteile globaler Prozesse in der Zusammenfassung	154
12	Auswirkungen auf das Anforderungsprofil des lokalen HR-Verantwortlichen	156
13	Genereller Trend zur Globalisierung in HR	160
14	Wie könnte die lokale HR-Funktion internationaler Unternehmen in 5 Jahren aussehen?	162

Globalisierung der HR-Funktion

1 Einleitung

Personalabteilungen sind in den letzten Jahren nicht nur in Deutschland, sondern auch in den meisten westlichen Ländern erheblich durchgeschüttelt worden. Dies ist zum Teil darauf zurückzuführen, dass die klassische Personalabteilung mit ihren eher verwaltenden Aufgaben in vielen Unternehmen zu einer eng mit dem Business verzahnten Dienstleistungsfunktion aufgestiegen ist. Zum anderen haben insbesondere Großunternehmen und hier vor allem multinationale Unternehmen kräftig investiert, um diesen lange im Schatten von anderen Service-Funktionen stehenden Bereich zu modernen Human Resources Departments zu entwickeln. In diesem Beitrag wird beispielhaft dargestellt

- wie in einem internationalen, weltweit tätigen IT-Unternehmen durch Einführung von globalen, IT-gestützten Prozessen, die bis dahin eher traditionelle Personalfunktion einer Fitnesskur unterzogen wurde und diese sich zu einer integrierten, effizienten Human-Resources (HR)-Funktion gewandelt hat.
- welche Auswirkungen dieser Transformationsprozess auf die lokalen HR-Funktionen und die Corporate-HR-Funktionen hat.
- was das für Aufgabenschwerpunkte und Anforderungsprofile (skills profiles) der HR-Mitarbeiter in den Ländern bedeutet.
- wie Vorgesetzte mit diesen Herausforderungen umgehen können und die „richtigen" HR-Mitarbeiter mit dem „richtigen" Profil rekrutieren beziehungsweise halten.
- inwieweit globale HR-Prozesse eine zentralisierte Unternehmensführung eher begünstigen.

Dabei wird zunächst das IT-Unternehmen Unisys exemplarisch betrachtet. Nicht jedes Unternehmen ist ein globales Unternehmen. Auch ist das Unternehmen, das hier als Demonstrationsobjekt in den Vordergrund gestellt wird, nicht notwendigerweise typisch für andere. Allerdings wissen wir aus eigener Erfahrung mit internationalen Unternehmen, dass es so etwas wie Grundmuster gibt, beispielsweise was Organisation und Abläufe im Unternehmen betrifft. Zu Beginn des zweiten Teils dieses Beitrags zeigt sich, dass die Veränderungen, die bei dem betrachteten Unternehmen aufgetreten sind, in dieser oder ähnlicher Form auch bei anderen multinationalen Unternehmen beobachtet werden können.

Es geht nicht darum nachzuweisen, dass japanische Unternehmen eher zentraler oder schweizerische Unternehmen mehr dezentraler operieren. Vielmehr wird hier aufgezeigt, wie ein sich stark wandelndes, weltweit tätiges US-Unternehmen erfolgreich globale Prozesse in HR eingeführt hat, sich aber zusätzlich dafür entschieden hat, den Grad der Zentralisierung zu erhöhen, jedenfalls vorübergehend oder so lange, bis der

Umstrukturierungsprozess abgeschlossen ist. Dass Unisys nur ein Beispiel unter vielen ist, zeigen zahlreiche Gespräche mit anderen europäischen HR-Kollegen aus der IT-Branche, deren Inhalte in die nachfolgenden Betrachtungen eingeflossen sind.

Ähnlich wie bei Unisys ist in vielen multinationalen Unternehmen der Trend zu beobachten, dass einerseits eine Zentralisierung von HR-Prozessen erfolgt, während andererseits typische HR-Aufgaben, vor allem im administrativen Bereich, dezentralisiert werden, indem sie ausgelagert (Outsourcing), oder beispielsweise für eher einfache Transaktionen auf Linienvorgesetzte übertragen werden. Beide Tendenzen haben Einfluss auf die Arbeit der lokalen HR-Verantwortlichen und möglicherweise sogar auf den Grad ihrer Zufriedenheit.

2 Warum Unisys die HR-Funktionen transformierte

Unisys hat sich wie viele andere Unternehmen in der sich schnell verändernden IT-Branche neu positioniert und ist dabei durch einen mehrjährigen, im wesentlichen abgeschlossenen Umstrukturierungsprozess gegangen. Das Unternehmen stand in der zweiten Hälfte der neunziger Jahre vor der Frage, wie der Bereich Human Resources die neue Geschäftsstrategie besser unterstützen könnte. Die Abkehr von proprietären zu offenen IT-Systemen, die boomenden IT-Märkte und vor allem die neue strategische Ausrichtung von Unisys – weg vom reinen Technologie-Unternehmen hin zum „End-to-end"-Business mit starker Fokussierung auf Services - machte es notwendig, auch zu einer neuen strategischen Ausrichtung von HR zu kommen. Diese sollte darin bestehen,

- die HR-Funktion mit dem neuen Business-Modell (Services led; Technology-enabled; Client-focused) in Einklang zu bringen,

- die HR-Kosten um 40 % zu reduzieren (unter anderem durch Outsourcing),

- ein Modell zu entwickeln, das der HR-Funktion erlaubt, die „richtige", an die Bedürfnisse des Business angepasste Größe vorzuhalten,

- HR-Services mit klar definiertem Zusatznutzen für die internen Anwender einzuführen und dabei

- modernste Technologie einzusetzen.

Über die strategischen Ziele hinaus wurde erwartet,

Globalisierung der HR-Funktion

- die Zahl der weltweiten HR-Richtlinien, die zuweilen mehr als 70 betrug, drastisch zu verringern,
- die weltweit etwa 50 Gehaltsstrukturen radikal auf 6 Career Bands zu reduzieren und dabei
- die Anzahl der bei der Gehaltsfindung zu betrachtenden Jobs um mehr als 90 % zurückzufahren.

Darüber hinaus bestand Handlungsbedarf, über die Grenzen der Business Units hinaus Unisys bei Mitarbeitern, Kunden und in der Außenwahrnehmung als ein integriertes Unternehmen darzustellen.

Vor diesem Hintergrund wurde eine neue HR-Strategie entwickelt (HR 21). Sie sollte wegweisend für die wichtigsten Human-Resources-Bereiche wie Rekrutierung, Training, Gehaltsplanung oder Mitarbeitermotivation sein. Neben einer klar leistungsbezogenen Gehaltsstruktur (Pay for Performance) wollte sich Unisys zum Beispiel auch auf ein einheitliches Leistungsbeurteilungssystem fokussieren und wesentlich in Personalinformationssysteme investieren.

3 Vom traditionellen Modell zum „Unisys"-Modell

In den achtziger und neunziger Jahren des vergangenen Jahrhunderts verstand Unisys Human Resources - wie viele andere Unternehmen - schwerpunktmäßig als Personalplanung und -administration. Wie die Grafik zeigt, besteht die Zielsetzung des neuen „HR 21"-Strategiemodells darin, die Funktion zu „zerlegen" und neu auszurichten.

Abbildung 3-1: Zukünftige HR-Elemente

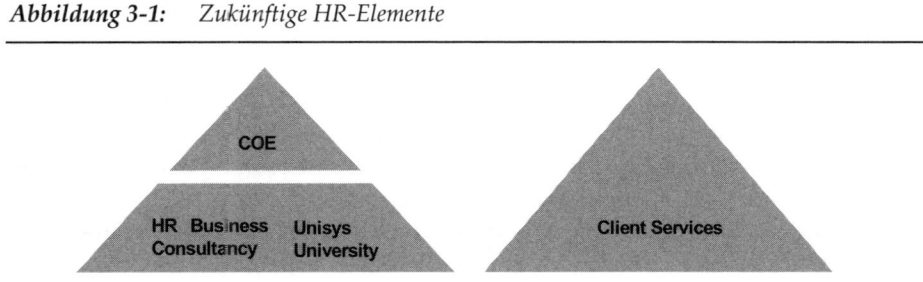

Helmut Hoitz

HR besteht zukünftig aus vier verschiedenen Elementen *Center of Expertise (COE), HR Business Consultancy, Unisys University* und *HR Client Services.*

Mehrere Center of Expertise bieten in wichtigen HR-Kernkompetenzen Unterstützung, beispielsweise in Global Recruiting, Global Rewards und Business Effectiveness. Sie haben dabei auch die Aufgabe, die Strategieplanung und -entwicklung in diesen Bereichen voranzutreiben und deren Ergebnisse umzusetzen.

Hauptaufgabe von HR Business Consultancy ist es, das tägliche HR-Consultancy-Geschäft sicherzustellen und die Business Units tatkräftig zu unterstützen. Diese Aufgaben sollen vor Ort, also in den Ländern und Business Units stattfinden. Wegen der quantitativen und qualitativen Bedeutung der Aufgabe bindet diese den weitaus größten Teil der lokalen HR-Ressourcen.

Die neue HR-Strategie sieht darüber hinaus zwei weitere Elemente vor, die Unisys nicht nur aus HR-Sicht deutlich geprägt und „revolutioniert" haben:

- Eine neue Unisys University als eine weitgehend virtuelle Institution. Die University bietet globale, zeitgerechte Lernmethoden und Trainings an, wobei der Schwerpunkt zunehmend von der herkömmlichen „Klassenraum"-Schulung hin zu modernem e-HR-Training verschoben ist. Eine weitere Aufgabe der Unisys University bestand und besteht darin, Mitarbeiter mit der neuen Unternehmenskultur bekannt zu machen. Hierdurch wird die geänderte Positionierung des Unternehmens mit neuen Geschäftsfeldern flankiert.

- HR Client Services. Dieser Bereich hat die Aufgabe, systemgestützte Prozesse und Transaktionen zu ermöglichen. Die Auslagerung von Teilprozessen, beispielsweise die Administration der Stock Option-Pläne, ist dabei bewusst einbezogen.

Während die COE's zunächst ebenso wie HR Business Consultancy auf allen drei Ebenen (corporate, regional, lokal) angesiedelt werden sollten, wurde die Unisys University auch regional aufgestellt im Gegensatz zum ausschließlich globalen HR Client Services Element.

Das Ineinandergreifen der drei Elemente Center of Expertise, HR Consultancy und Client Services kann am Beispiel von Performance Management dargestellt werden:

- Das Center of Expertise hat die Aufgabe, den Performance-Management-Prozess zu entwickeln, zu pflegen und gegebenenfalls zu erneuern, vor allem aber ihn als eine für das gesamte Unternehmen gültige Richtlinie zu kommunizieren. Außerdem besteht die Aufgabe darin, die Einführung des Prozesses zu unterstützen und zu überwachen. Durch die starke Systemunterstützung werden Vorgesetzte, aber auch HR in die Lage versetzt, auf „Knopfdruck" zu erkennen, ob und inwieweit zum Beispiel Zielvereinbarungen in ihren Bereichen vorhanden sind oder ein abschließendes Performance-Rating festgelegt wurde, die in ihrer Gesamtheit in den beiden oberen Leistungsbewertungskategorien einen bestimmten Prozentsatz nicht überschreiten dürfen. Schließlich hat das Center of Expertise auch dafür zu sorgen, dass besonders gute Implementierungsbeispiele (zum Beispiel bei Zielsetzungen oder Zielintegration) ausgetauscht werden, ohne dass jede einzelne Organisation, sei es in Business Units oder Ländern, das Rad neu zu erfinden hat.

- HR Consultancy, das den größten Teil der lokalen HR-Organisation umfasst, ist für die Prozesserfüllung im jeweiligen Land oder der jeweiligen Business Unit verantwortlich. Es berät Vorgesetzte, führt gegebenenfalls mit Unterstützung der Unisys University Trainings durch und hat vor allem für die hundertprozentige Prozess-Erfüllung zu sorgen. Der Beratungsbedarf für HR Consultancy endet allerdings nicht mit dem Performance-Rating, also dem Ende des Performance-Zyklus, da sich hieran in der Praxis fast immer individuelle Entwicklungsmaßnahmen anschließen. Diese betreffen sowohl besonders förderungswürdige Mitarbeiter, als auch solche, die mit ihrer Leistung enttäuschten.

- Client Services hat die besonders wichtige Aufgabe, eine kundenfreundliche und effiziente Systemunterstützung sicherzustellen. Auf der einen Seite wird dadurch die Arbeit für Anwender und von HR erleichtert, auf der anderen Seite werden schnelle und aussagefähige Reports – beispielsweise über den Prozentsatz der im System erfassten Performance Ratings zu einem bestimmten Stichtag – ermöglicht.

- Der Unisys University obliegt es, zusammen mit dem Center of Expertise und dem HR Consultancy Trainingsbedarf festzustellen und zuweilen sehr kurzfristig Trainings durchzuführen. Für das Gebiet des Performance Managements sind dies typischerweise Trainings zur Gesprächsführung bei der Leistungsbewertung oder zum Erstellen von persönlichen Entwicklungsplänen.

Generell ist es eine der Zielsetzungen von „HR 21", dass sich die lokale HR stärker als bisher auf „value-added"-Aufgaben konzentriert. Hierfür werden zeitgleich administrative Aufgaben durch IT-unterstützte Prozesse verlagert. Der Schwerpunkt von HR liegt dementsprechend zukünftig im rechten oberen Bereich des folgenden Schaubilds, zum Beispiel in der qualitativen Unterstützung von Performance Management, der Beratung von Vorgesetzten bei Skills Assessments und Talent Reviews sowie im Change Management Consulting.

Abbildung 3-2: Climbing the Power Curve (Quelle: Unisys Corp.)

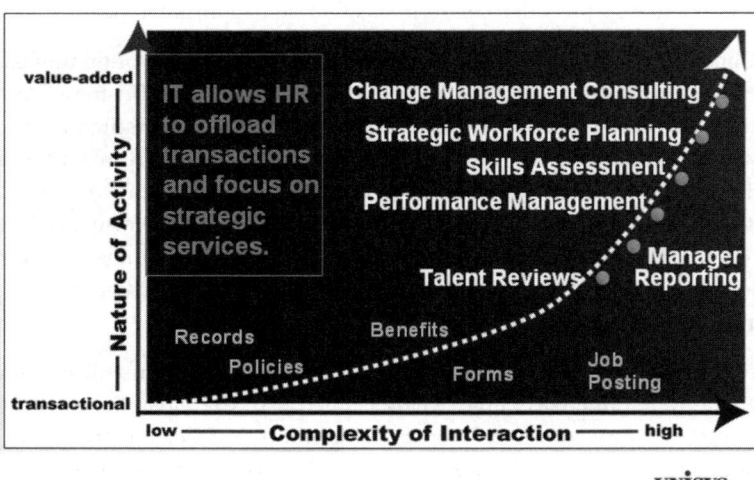

4 Warum Unisys mit „HR 21" erfolgreich ist

Es gibt viele Möglichkeiten, den Erfolg oder Misserfolg einer Strategie zu messen; häufig scheitern Vergleiche daran, dass historische Daten nicht mehr verfügbar sind. Aber allein zwischen 1997 und 2002 ging bei Unisys die Zahl der HR-Mitarbeiter pro Unisys-Mitarbeiter um 47 % zurück, was eine zuverlässige Aussage über die Effizienz internationaler Personalabteilungen erlaubt. Gleichzeitig reduzierte sich die Anzahl der Tage, die benötigt wurden, um eine Position zu besetzen, um ein Drittel. Dies ist auch darauf zurückzuführen, dass immer mehr Bewerber von Unisys-Mitarbeitern empfohlen und anschließend rekrutiert wurden (sog. Employee Referrals). Der Prozentsatz von Employee Referrals hat sich bis zum heutigen Tag verdreifacht. Insgesamt konnten die Rekrutierungskosten um mehr als 40 % reduziert werden. Zudem erhöhten sich die e-learning-Angebote der Unisys University um das Dreifache. Schließlich gingen die Kosten für die HR-Bereiche zwischen 1997 und 2003 um mehr als 50 Mio. Dollar jährlich zurück, was eine wesentliche Erfüllung der ursprünglich gesetzten Ziele bedeutet.

5 Was hat sich verändert?

Hier wird dargestellt, welche Schritte entscheidend zu diesem Erfolg beigetragen haben:

5.1 HR Information System (HRIS)

Ähnlich wie andere Unternehmen hat sich auch Unisys für eine globale IT-Lösung im Bereich HR entschieden - für PeopleSoft. Hierdurch wurde es möglich, eine Datenbasis für das weltweite Unternehmen mit circa 37.000 Mitarbeitern aufzubauen und einen Employee Self Service (ESS) zu implementieren. Mit ihm können Mitarbeiter ihre Daten direkt in PeopleSoft eingeben und aktualisieren, hat HR Zugriff auf Mitarbeiterdaten, können Manager bestimmte Daten für ihre Mitarbeiter selbst eingeben und genau definierte Transaktionen vornehmen.

Abbildung 5-1: Employee Self Service (Quelle: Unisys Corp.)

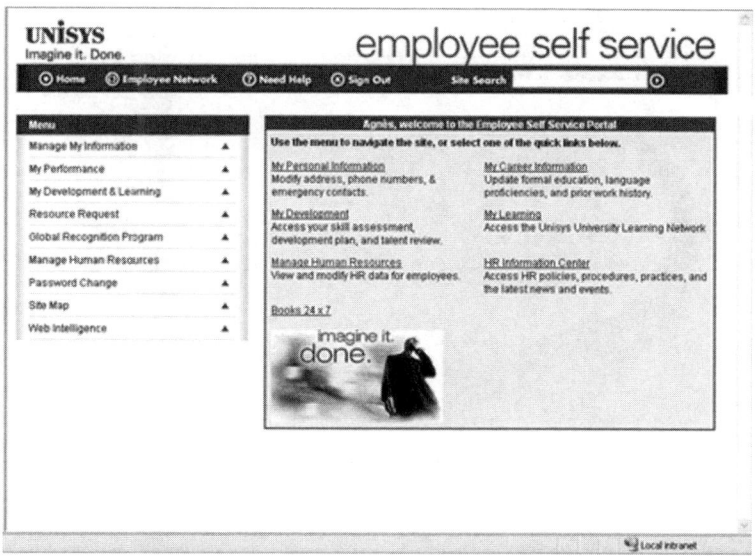

Dieses Portal, das wie andere web-basierende Instrumente und Prozesse ständig weiterentwickelt wird, ist mit Abstand die am meisten besuchte Unisys-Intranetseite. Mitarbeiter benutzen dieses Portal, um selbst Daten einzugeben oder abzurufen (Manage my Information; My Performance; My Development and Learning). Vorgesetzte

Helmut Hoitz

verwenden häufig Manage my Employees, eine Funktion, unter der sich unter anderem der Einstieg in den systemunterstützten Mitarbeiterbeurteilungsprozess befindet. Auch HR-Verantwortliche sind häufig Benutzer von ESS, beispielsweise wenn es darum geht, Mitarbeiterdaten aus Manage Human Resources abzurufen oder Berichte über die Business-Intelligence-Lösung WebIntelligence zu generieren.

5.2 Employee Network

Das Employee Network ermöglicht Mitarbeitern und Vorgesetzten als zentrale Plattform im System einen umfassenden Zugang zu allen globalen Richtlinien und Prozessen. Zugleich ist es das „Eingangstor" zum wichtigen Career Fitness Center.

Abbildung 5-2: Employee Network (Quelle: Unisys Corp.)

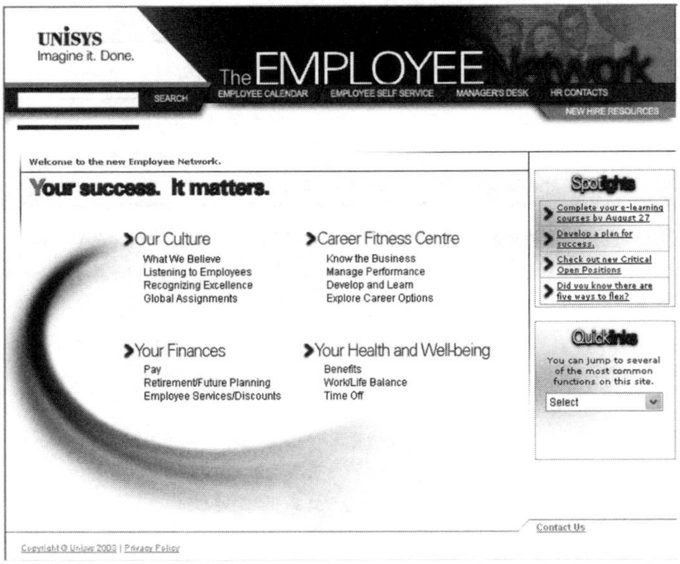

5.3 Career Fitness/Career Development

Beim Career Fitness Center handelt es sich um einen hochmodernen "Werkzeugkasten", der Manager und Mitarbeiter vor allem bei Karriereplanung und Personalentwicklung unterstützt. Neben dem Handwerkzeug enthält er auch Anleitungen und Training zum bestmöglichen Gebrauch der einzelnen Instrumente.

6 Standardisierte HR-Prozesse

Ein weiterer wichtiger Erfolgsfaktor der HR-Strategie „HR 21" ist die konsequente Einführung von standardisierten, globalen Prozessen unter Zuhilfenahme von HRIS. Als besonders gelungenes Beispiel für die Einführung von neuen Prozessen kann die Gehaltsplanung MeritNet vorgestellt werden.

Der Vorschlag für das Gehaltserhöhungsbudget eines Landes wird vom lokalen HR-Verantwortlichen in enger Abstimmung mit seinem Finanzkollegen erarbeitet. Die endgültige Festlegung/Genehmigung erfolgt anschließend durch die Corporation. Sobald die Budgets genehmigt sind, wird auf Corporate-Ebene eine Gehaltserhöhungsmatrix für jedes einzelne Land entwickelt. Gleichzeitig werden Richtlinien kommuniziert, wie die Matrix angewandt werden soll, beispielsweise dass Mitarbeiter mit sehr guten Leistungen standardmäßig ein Vielfaches von Mitarbeitern mit durchschnittlichen Leistungen erhalten sollen.

Obwohl diese Richtlinien global für das gesamte Unternehmen gelten, hat der lokale HR-Manager die Möglichkeit, in zwei wichtigen Punkten davon abzuweichen und verstärkt auf die länderspezifische Situation einzugehen:

- Er kann eine „strategische Reserve" zurückbehalten, um im laufenden Jahr auf individuelle Erhöhungsnotwendigkeiten eingehen zu können (bspw. bei Beförderungen).

- Er kann Teile des Budgets überproportional bestimmten, besonders „gefährdeten" Mitarbeitergruppen, zukommen lassen, beispielweise auf Grund der Wettbewerbssituation auf dem Arbeitsmarkt. Hierbei darf jedoch die Pay-for-Performance-Philosophie nicht angetastet werden.

Die Gehaltserhöhungsmatrix wird als Teil von Employee Self Service im Tool Compensation Planner eingeblendet. Sie bietet Empfehlungen für jeden einzelnen Mitarbeiter in Abhängigkeit von seiner Lage im Gehaltsband und seiner individuellen Leistung.

Während des MeritNet-Prozesses, der etwa 10 Tage dauert, hat jeder Manager Zugang zum Compensation Planner und kann Gehaltsinformationen für seine Mitarbeiter einschließlich der vorgesehenen Erhöhungen einsehen. Der Vorgesetzte hat in diesem Zeitraum die Möglichkeit, Änderungen vorzunehmen, indem er beispielsweise unter Einhaltung des vorgegeben Budgetrahmens Gehaltsveränderungen nach oben oder unten anpasst.

Der lokale HR-Manager ist dafür verantwortlich, dass das Budget auf Länderebene eingehalten wird. Gegebenenfalls kann er dabei Reserven für notwendig werdende Gehaltsanpassungen im laufenden Jahr vornehmen. Der endgültige Gehaltsveränderungsvorschlag wird zur Genehmigung über das System an die Corporation geschickt.

Vergleichbare Beschreibungen gibt es bei Unisys für alle globalen Abläufe, sei es im Bereich von Business Effectiveness (beispielsweise Performance Management, Skills Assessment und Talent Reviews) oder auch beim Recruiting.

7 Wie HR-Professionals bei Unisys ihre Situation heute sehen

Die nachstehende Abbildung (7-1) mag nicht abschließend sein, HR-Mitarbeiter auf lokaler Ebene kommen beispielsweise in einigen Punkten zu anderen Gewichtungen als Mitarbeiter in Corporate HR-Funktionen. Dennoch zeigt sich ein hohes Maß an Übereinstimmung bei der Einschätzung des Unisys „HR 21"-Modells.

Abbildung 7-1: *Vorteile des Unisys „HR 21"-Modells aus Sicht der HR-Professionals*

Als wesentliche Vorteile werden gesehen, dass

- die Prioritäten für HR klarer als bisher sind und die Implementierung der Business Strategien unterstützen.
- HR nunmehr über ein einheitliches umfangreiches Toolkit verfügt, das sie in den Augen der „Kunden" sehr viel professioneller aussehen lässt als noch vor Jahren. Dies gilt für die Verfügbarkeit von Daten ebenso wie für die Möglichkeit, Reports in Rekordzeit zu erstellen oder Fragen von Managern kurzfristig zu beantworten.
- der lokale HR-Verantwortliche „das Rad nicht jedes Mal neu erfinden muss", was in der Vergangenheit gelegentlich zu suboptimalen Lösungen („Management by Spreadsheet") geführt hatte.
- sich das Reporting vereinfacht hat, wobei ein umfangreiches Menü an Informationen den Zugangsberechtigten, sei es auf Corporate oder lokaler Ebene, zur Verfügung steht.
- sich wichtige Führungsaufgaben der Vorgesetzten durch HR sehr viel besser überwachen lassen als noch vor Jahren. Beim Performance Management war es beispielsweise nicht unüblich, dass zum festgelegten Stichtag lediglich mit 50 oder 60 Prozent der Unisys-Mitarbeiter ein Leistungsbeurteilungsgespräch stattgefunden hatte. Heute sind am Stichtag 100 Prozent der Beurteilungsgespräche erfolgt. Dies ist nicht nur auf ein besseres Training der Vorgesetzten und einen wesentlich kundenfreundlicheren Prozess zurückzuführen, sondern vor allem auf eine erhöhte Disziplin, und eine stärkere Überwachung der komplettierten Beurteilungen.
- sich durch verbesserte Informationen nicht nur die Verfügbarkeit von Daten erhöht, sondern auch die Fehlerwahrscheinlichkeit bei Transaktionen minimiert hat. Die Daten jedes einzelnen Mitarbeiters wie historische Gehalts- oder Beurteilungsdaten sind im System erfasst und Vorgesetzten oder HR zugänglich.
- Prozesse generell gestrafft wurden. Als gelungenes Beispiel wird immer wieder die Gehaltsplanung (MeritNet) erwähnt.

- Manager ganz überwiegend begrüßen, dass sie für bestimmte Transaktionen ihrer Mitarbeiter in ESS (beispielsweise Beförderungen oder Terminierungen) verantwortlich sind, wobei der administrative Aufwand durch ein höheres Maß an verfügbaren Information aufgewogen wird.

8 Wo lokale HR-Professionals noch Verbesserungsbedarf sehen

- Wenn sie nicht rechtzeitig oder umfassend genug über neue Prozesse und Tools informiert werden. Den HR-Mitarbeitern fehlt dann die Möglichkeit, sich angemessen vorzubereiten, was ihre Rolle als „Change Agent" erschwert. Dieser Effekt tritt auch dann ein, wenn mehrere COEs nahezu zeitgleich neue Konzepte implementieren wollen und damit das lokale HR-Management vor logistische Probleme stellen.

- Wenn sie zu wenig Spielraum für lokale Flexibilität haben. Das in vielen US-amerikanischen Firmen verfolgte Prinzip des „one size fits all" ist oft nur mit Schwierigkeiten lokal umsetzbar. Hier sei nur auf deutsche Mitbestimmung oder den vergleichsweise rigiden Datenschutz hingewiesen. Es lohnt sich allerdings genauer hinzuschauen, wie die Global-Rewards-Prozesse zeigen. Hier sind die Vergütungsprozesse im wesentlichen zentralisiert, Nebenleistungen (beispielsweise Vorsorge oder Sozialversicherungen) werden jedoch bei Unisys wie in vielen anderen Unternehmen fast völlig dezentral gehandhabt, um dabei den nach wie vor sehr heterogenen Marktkonditionen in den einzelnen Ländern Rechnung zu tragen.

- Wenn die Zeitersparnis, die sich durch weniger Administration ergeben müsste, durch erhöhten Aufwand an Genehmigungsprozessen zunichte gemacht wird. Einerseits wird bestätigt, dass die HR-Funktion vor Ort durch Wegfall von administrativen Aufgaben entlastet wurde und damit mehr Zeit erhielt, sich als Business Partner stärker um die Belange der internen Kunden zu kümmern. Andererseits wächst die Sorge, dass internationale Unternehmen der Versuchung erliegen könnten, Prozesse, die zu einer fast hundertprozentigen Transparenz führen, durch neue Genehmigungsprozeduren zu „ergänzen". Ob ein Unternehmen sich hierfür entscheidet oder nicht hängt von Unternehmenskultur und dem wirtschaftlichen Zustand des Unternehmens ab – schlechte Zeiten sind meistens gute Zeiten für Controller. Bei US-geführten Unternehmen zeigt sich die Tendenz, die Zügel in schwierigen Zeiten fest in der Hand zu halten. Nach Einführung der Sarbanes-Oxley-Richtlinien ist dies verständlich, trifft bei lokalen HR-Professionals aber nicht immer auf große Begeisterung.

- Wenn sie immer weniger Entscheidungskompetenz haben. Viele lokale HR-Verantwortlichen haben Schwierigkeiten, sich vorzustellen, dass die lokale HR-Funktion zwar künftig stärker im direkten Kontakt mit Headquarter-Funktionen steht, dabei aber häufig nur Entscheidungen vorbereitet, die letztlich auf Corporate Ebene getroffen werden. Damit ist die Furcht verbunden, dass lokale HR-Verantwortliche die Fähigkeit zur kreativen Problemlösung verlieren oder sogar verlernen könnten, in Krisensituationen wie der bei drohenden Kündigungen von sehr guten Mitarbeitern schnell und angemessen zu reagieren. Interessant an dieser Aussage ist, dass viele HR-Professionals die qualitative Bedeutung einer HR-Position nach wie vor nach eher traditionellen Kriterien wie dem Grad der Entscheidungskompetenz definieren.

9 Wie lokales HR heute von seinen internen Kunden gesehen wird

Was für Bereiche gilt, die im direkten Kontakt mit dem Markt stehen, trifft auch für eine Service-Funktion wie Human Resources zu: Es ist entscheidend, wie sehr die Kunden mit den Leistungen zufrieden sind. Interne HR-Kunden empfinden heute positiv, dass HR

- gute Leistungen bei der Implementierung von hervorragenden globalen Prozessen und Tools erbringt („they get things done").

- von der Rekrutierung bis zur Terminierung von Mitarbeitern als professioneller und Vertrauen erweckender Experte im täglichen Geschäft gilt.

- gute administrative Unterstützung mit Hilfe von modernen Systemen anbietet.

- sich als Krisenmanager bewährt.

- sehr gute und über das Intranet global verfügbare Informationen für Manager und Mitarbeiter zur Verfügung stellt.

- mit der Unisys University ein sehr gutes Trainings- und Weiterbildungsportfolio anbietet.

Nicht ganz einheitlich ist die Haltung der internen HR-Kunden zur Frage, ob sich HR von einer mehr administrativen Funktion zu einer HR-Consultant-Funktion gewandelt hat. Inwieweit dies zutrifft, hängt vermutlich von den Einzelpersonen ab. Sicherlich ist diese Erwartung in kleinen Organisationseinheiten, wo der HR-Professsional oft auf sich allein gestellt ist, schwerer zu erfüllen als in großen Organisationen. Dort ist nicht nur das Anforderungsprofil für den lokalen HR-Manager anspruchsvoller, er wird auch durch ein Team von gut ausgebildeten HR-Mitarbeitern unterstützt – überwiegend Generalisten mit einem so genannten T-Profil, das heißt vertieften Kenntnissen in Rekrutierung, Mitarbeiterentwicklung oder Gehaltssystemen.

Verbesserungsbedarf sieht man insofern als HR

- nicht immer genügend business-orientiert arbeitet, sondern oft HR-intern fokussiert ist.

- sich meist noch nicht als strategischer Partner anbietet, wobei Ausnahmen die Regel bestätigen.

- oft Schwierigkeiten im Spannungsfeld zwischen globalen Prozessen und berechtigten Wünschen nach lokaler Anpassung hat.

- bei den oft sehr komplexen und langwierigen Genehmigungsprozessen als „Teil des Problems" und nicht als „Teil der Lösung" angesehen wird.

- zwar bereit ist, kritische Management-Entscheidungen zu unterstützen, aber selbst wenig Spielraum hat, diese zu beeinflussen.

10 Wie Corporate HR die Entwicklung beurteilt

Die Entwicklung der letzten Jahre wird auf Corporate Ebene überwiegend positiv beurteilt, selbst dann, wenn ein Befragter in der Designphase von „HR 21" nicht unmittelbar involviert war. Dabei decken sich zahlreiche Argumente mit der Einschätzung von lokalen HR-Bereichen wie:

- Hervorragende Prozesse und Tools.

- e-HR-unterstützt.

- HR mehr business-integriert und -orientiert.

- Möglichkeit, aus einer reaktiven, administrativen Rolle heraus in eine pro-aktive, lösungsorientierte Rolle hineinzuschlüpfen.

Weniger positiv wird selbst von Corporate HR die etwas zu starke zentrale Fokussierung gesehen, die natürlich durch die Einführung globaler Prozesse erleichtert wurde. Nicht ganz unerwartet werden die globalen Prozesse selbst überwiegend positiv bewertet. Dies liegt unter anderem daran, dass sie zu einem höheren Grad an Qualität (zum Beispiel bei standardisierten Zielsetzungen oder Performance Templates) aber auch zu niedrigeren Administrationskosten geführt haben. Es wird allerdings angemerkt, dass zuweilen die Flexibilität etwas auf der Strecke geblieben ist. Während einige der globalen Prozesse (wie auch lokales HR bestätigt) ihren höchsten Reifegrad noch nicht ganz erreicht haben und andere wie das Gehaltsplanungssystem MeritNet sich großer Beliebtheit erfreuen, geraten wieder andere Prozesse bereits dicht an das Stadium einer gewissen „Überreife" (Over-Engineering). Offensichtlich werden mit letzteren Prozessen zu viele Zielsetzungen gleichzeitig verfolgt. Teilweise wird von Corporate HR auch die Frage aufgeworfen, welche Prozesse sich überhaupt als globale Prozesse eignen. Ein Beispiel hierfür ist Recruiting, das nach wie vor überwiegend lokal, zum kleineren Teil auch regional stattfindet und wo deshalb lokale Besonderheiten nur bedingt einem globalen Prozess untergeordnet werden können.

Es stellt sich für Corporate HR die Frage, ob möglicherweise diejenigen Prozesse besonders gut funktionieren, die wie MeritNet eine starke Einbeziehung der lokalen Ebene vorsehen. Darüber hinaus ist offen, welche Auswirkungen eine Matrix-Struktur auf die Abläufe hat. Viele Mitarbeiter berichten an funktionale Vorgesetzte und gleichzeitig an Business-Verantwortliche. Dies bedeutet einen erhöhten Aufwand an Genehmigungsprozessen, kann aber durchaus auch als Chance für mehr Qualität verstanden werden.

In einer Reihe von Punkten werden einhellig Vorteile für Corporate HR gesehen:

- Größerer Visibilität, die es erlaubt, Prozesse und Tools auf einem viel höheren Qualitätsniveau als zuvor zu entwickeln.
- Mehr Information durch bessere Reports.
- Höhere Effizienz in der konsistenten Durchführung von Key Processes.
- Stärkere Verzahnung mit der Business-Strategie.

Vorteile für lokales Human Resources Management sieht man vor allem darin, dass die Business-Verantwortlichen mit besseren Prozessen und Lösungen unterstützt werden können, was deren Aufgabe insgesamt erleichtert hat. Allerdings wird auch erkannt, dass es für das lokale HR-Management bei knappen Ressourcen oft schwierig ist, diverse und oft divergierende Prioritäten in Einklang zu bringen.

11 Vor- und Nachteile globaler Prozesse in der Zusammenfassung

Die folgende Darstellung zeigt die wesentlichen Vor- und Nachteile von globalen Prozessen. Obwohl hier die Unisys-Situation im Vordergrund steht, wird diese Einschätzung in vielen Fällen auch von HR-Verantwortlichen vergleichbarer multinationaler Unternehmen geteilt.

Abbildung 11-1: Vor- und Nachteile von globalen HR-Prozessen

	global	
Vorteile	• Weltweite Prozesse, von Top-Spezialisten entwickelt • Konsistenz in der Umsetzung • Kritische Masse für Implementierung • Sinnvoll in „best in class" IT-Lösungen zu investieren • Outsourcing möglich • Economies of scales bei Entwicklung und Wartung der Systeme • Vereinfachtes Reporting	**Nachteile**
• Gefahr der Übersättigung von Informationen • zu viele Prozesse werden möglicherweise gleichzeitig geändert		
• Systeme und Prozesse sind nicht immer an lokale Bedürfnisse angepasst (oder an lokale Gesetzgebung) • lokale HR-Funktion ist normalerweise nicht in die Design-Phase von Prozessen involviert • lokale HR-Funktion kann sich relativ einfach hinter globalen Prozessen „verstecken" • Globalisierte Prozesse führen unter Umständen zu einer zentralisierten Entscheidungsfindung Bürokratisierungsgefahr	• Lokale HR-Funktion muss das Rad nicht neu erfinden • Vereinfaches Reporting (mit Schwerpunkt Abweichungsanalyse) • hohe und schnelle Verfügbarkeit von Daten • benutzerfreundliche,, selbsterklärende Systeme • mehr Zeit für andere Aktivitäten	
	lokal	

Trotz der vielen Vorteile, die von Mitarbeitern in Corporate-HR-Funktionen und in lokalen HR-Funktionen gesehen werden, ist man sich bei Unisys über den einen oder anderen Nachteil, ob real oder empfunden, durchaus bewusst. Daher versucht man, die Qualität und Effizienz der Abläufe in regelmäßigen Abständen zu überprüfen und auch dafür zu sorgen, dass vor Einführung von neuen oder veränderter Prozessen und Tools die lokalen HR-Teams rechtzeitig und umfassend informiert werden. Ein sehr gelungenes Beispiel hierfür ist der kürzlich erfolgte Relaunch des Unisys Career Fitness Centers, bei dem regionale COE's ebenso wie regionale und lokale HR-Verantwortliche mehrere Wochen im Voraus ausführlich trainiert wurden oder das soeben vorgestellte HR-Portal als Kommunikationsforum für die weltweite HR-Community .

Helmut Hoitz

12 Auswirkungen auf das Anforderungsprofil des lokalen HR-Verantwortlichen

Für internationale Unternehmen mit globalen Prozessen haben sich die Anforderungsprofile an lokale HR-Verantwortliche in den letzten Jahren zum Teil deutlich geändert und sie werden sich auch weiter ändern. Am Beispiel des globalen Beurteilungsprozesses, der bei Unisys wie auch in vielen anderen Unternehmen ein hohes Maß an Reife und Funktionalität besitzt, wird deutlich, dass die unmittelbare Beeinflussung des Prozesses durch den lokalen HR-Verantwortlichen gesunken ist. Dennoch bestehen weiterhin eine Fülle von Chancen für pro-aktive, kommunikationsstarke HR-Mitarbeiter, die Qualität des Prozesses in der Umsetzung vor Ort positiv zu gestalten. Gute, flexible HR-Mitarbeiter werden diese Chance sicher nutzen. Weniger aktive lokale HR-Verantwortliche werden sich dagegen beklagen, dass ihnen der Prozess vorgegeben wird, und sich mental aus diesem wichtigen Gebiet (und möglicherweise auch aus dem Unternehmen) verabschieden.

Die strategisch-konzeptionelle Komponente spielt im Aufgabengebiet eines lokalen HR-Managers heute eine eher untergeordnete Rolle. In einem Unternehmen mit globalen Prozessen und zentralisierten Entscheidungsprozessen wird niemand von einem lokalen Manager erwarten dass er/sie beispielsweise ein neues Gehaltsplanungs- oder Beurteilungssystem entwickelt. Der Schwerpunkt liegt vielmehr in der Implementierung - möglichst effizient, intelligent und die Bedürfnisse der Corporation ebenso abdeckend wie die des lokalen Managements und der Mitarbeiter. Der lokale HR-Manager ist strategischer Partner des Business, hat aber kaum Möglichkeiten, strategisch zu arbeiten - ein zumindest teilweiser Widerspruch, der die Frage aufwirft, welches Anforderungsprofil ein lokaler HR-Verantwortlicher zukünftig erfüllen muss.

Auch sieht es zumindest auf den ersten Blick so aus, dass einiges von der früheren „Expertenmacht" des eher traditionellen „Personaldirektors" verloren gegangen ist. So plätschern in internationalen Unternehmen wichtige Informationen oft nicht mehr die Hierarchieebenen hinab, sondern fließen häufig direkt. Dabei eröffnen moderne Informationssysteme fast beliebige Möglichkeiten, da Information direkt an alle HR-Mitarbeiter, nur an den HR-Manager oder auch an alle Manager der Firma geschickt werden können.

Einige lokale HR-Verantwortliche trauern deshalb durchaus der Zeit nach, als die Erläuterung von globalen HR-Prozessen noch in den Händen der lokalen HR-Professionals lag, wobei das Briefing meist durch die nächst höhere Hierarchiestufe erfolgte. Es bestand zwar die Gefahr, dass Informationen durch das Weiterreichen von Hierarchiestufe zu Hierarchiestufe verloren gingen; der lokale HR-Verantwortliche wurde aber von seinen Management-Kollegen als wichtiger Überbringer einer bedeutsamen Nachricht der Corporation gesehen. Dies erlaubte es ihm, sich zu profilieren; gegebenenfalls musste er aber auch damit rechnen, „gesteinigt" zu werden. Heute laufen derartige Informationsprozesse meist anders ab. Im Normalfall erhalten die lokalen HR-Professionals eine Vorab Information, beispielsweise durch das Center of Expertise. Manchmal erfolgen wichtige Ankündigungen aber auch flächendeckend an alle Manager oder sogar an alle Mitarbeiter zugleich, was die lokalen HR-Professionals gelegentlich in Erklärungsnot bringt.

Tabelle 12-1: Performance Management und mögliche Auswirkungen auf lokales HRM

Status heute	Chancen für HR	Risiken für HR
– Globaler, sehr ausgereifter Prozess, Teilnahme bei 100 %, trotz vorgegebener Standardziele (performance templates) Zielqualität teilweise verbesserungsbedürftig – Zielintegration vor allem in Matrixstruktur suboptimal	– HR als lokaler Experte (nach eingehender Instruktion durch Center of Expertise; weiß mehr als das, was die Corporation über das Intranet kommuniziert) weist lokales Management proaktiv auf kommende Änderungen hin und organisiert gegebenenfalls Trainings – hilft bei Zielintegration (wichtig bei Matrix-Organisationen) – kommuniziert besonders gute Beispiele für klare und messbare Zielsetzungen (informiert sich auf Corporate oder regionaler Ebene) – sorgt bei Leistungsbeurteilung für Konsistenz in der Anwendung von Beurteilungskriterien über Abteilungsgrenzen hinweg – arbeitet eng mit Center of Expertise und Unisys University zusammen – führt post mortem Analyse durch, um Verbesserungsmöglichkeiten in der lokalen Umsetzung auszuloten beziehungsweise im globalen Prozess vorzuschlagen	– Lokaler HR-Verantwortlicher „verliert die Lust", sich für etwas zu engagieren was er/sie nicht entwickelt hat und nicht wirklich beeinflussen kann – Fokus ausschließlich auf Grad der Zielerreichung (100 %) und nicht auf Qualität – lokale Implementierung von Zielen nach globaler Vorgabe ohne Berücksichtigung der lokalen Besonderheiten („macht vielleicht keinen Sinn, aber die Corporation möchte es so") – Performance Management ist Sache der Manager, „kümmere mich nicht drum"

Es sieht allerdings so aus, dass internationale Unternehmen in den letzten Jahren viel gelernt haben. Zwar besteht bei zentral geführten Unternehmen nach wie vor noch die Tendenz, alle Unternehmenseinheiten mit einer Einheitsgröße („one size fits all") zu „beglücken", andererseits werden mögliche Implementierungsprobleme zumindest bei größeren Projekten regelmäßig vorab diskutiert. Dies gilt vornehmlich bei Ländern mit zu klärenden Datenschutz- oder Betriebsratsfragen. Auch hier kann die Unterstützung durch die Center of Expertise Experten sehr hilfreich sein.

Inwieweit sich die Anforderungen an einen lokalen Personalverantwortlichen zukünftig noch weiter ändern könnten, zeigt das nachstehende Tabelle.

Tabelle 12-2: Fähigkeiten von HR - heute und in der Zukunft

Ist heute wichtig	wird in der Zukunft ein "Muss"
– Umsetzen können	– Das Business wirklich verstehen
– Kommunizieren können	– Die „Sprache" der Business-Leader sprechen und Business Reports interpretieren können
– Schnell und diszipliniert sein	
– Zielorientiert sein	– Proaktiv Probleme erkennen und nach Lösungen suchen, die dem Business helfen (nicht erst auf „Anforderung" tätig werden)
– Sein Metier 100 % beherrschen	
– Als HR-Consultant anerkannt werden	– Flexibel auf immer häufiger stattfindende Organisationsänderungen reagieren
– Mitarbeiter führen können	
– Projekte leiten können	– Überzeugungsfähigkeit und diplomatisches Geschick zeigen
– Kundenorientiert sein	
– Vertiefte e-HR-Kenntnisse haben	– Mit sehr wenigen eigenen Ressourcen auskommen, aber in der Lage sein, vernetzt zu arbeiten
– Fähigkeit besitzen, komplexe (globale) Abläufe zu erklären und sie umzusetzen	
	– Von einem persönlichen Netzwerk profitieren, das auch Corporate HR Professionals einschließt
– Als Teamplayer mit gutem Beispiel vorangehen	
	– Eine Moderatorenrolle übernehmen können

Die Anforderungen an einen lokalen HR-Professional werden vermutlich also nicht niedriger, sondern eher anders sein, wie auch die folgende Tabelle zeigt:

Tabelle 12-3: Welche Fähigkeiten werden zukünftig für den lokalen HR Verantwortlichen eher an Bedeutung gewinnen?

Skills	Grund
■ Analytische Fähigkeiten/Problemlösungsfähigkeit	Notwendig, aus einer Fülle von Reports und Daten diejenigen auszuwählen, die für die Problemlösung seines internen Kunden entscheidungsrelevant sind.
■ Betriebswirtschaftliche Kenntnisse	Fähigkeit Business Reports zu interpretieren, Kosten/Nutzen-Kennzahlen zu erarbeiten und in Lösungsvorschläge (beispielsweise zur Reduzierung von Verwaltungskosten) mit einfließen zu lassen
■ Profunde Kenntnisse von Markt, Kunden und Produkten	HR wird nur dann als wirklicher Partner anerkannt, wenn ein zumindest ausgewogenes Verhältnis von technischem HR-Wissen und (internem) kundenbezogenen Wissen vorhanden ist
■ Fähigkeit, auch mit anspruchsvollen internen Abnehmern von HR-Dienstleistungen dauerhafte Kundenbeziehungen eingehen zu können	HR wird sehr viel weniger mit administrativen Prozessen zu tun haben und deshalb mehr die Rolle eines internen Consultants übernehmen, der zwar von seiner Fachkompetenz aber auch im besonderen Masse vom Vertrauen seiner Kunden lebt
■ Argumentations-, Überzeugungs-, Präsentationsfähigkeit	Muss sich und die HR-Funktion immer wieder neu wie ein externer Berater ins Spiel bringen
■ Anpassungsfähigkeit, Flexibilität	Muss sich auf kurzfristige, schnell verändernde Probleme mehrerer interner Kunden einstellen
■ Change-Management-Fähigkeiten	Unterstützt Business-Verantwortliche in zuweilen komplexen Change-Management-Prozessen
■ Teamfähigkeit	Notwendigkeit mit verschiedenen Experten auf gleicher Stufe erfolgreich zusammenzuarbeiten
■ Konsensfähigkeit	Die geringer werdende Entscheidungskompetenz führt zu verstärkter Notwendigkeit nach Zusammenarbeit und Ausgleich

Viele der in der Tabelle aufgeführten Kenntnisse und Fähigkeiten wären vor einigen Jahren entweder nicht erwähnt oder als nicht besonders wichtig eingestuft worden. Jedes Unternehmen muss sich also fragen, ob es die richtigen HR-Mitarbeiter hat, die bereit und in der Lage sind, diese Anforderungen in Zukunft zu erfüllen. Sicher können sich manche Mitarbeiter durch Training auf die neuen Anforderungen vorbereiten. Häufig tut ein Unternehmen aber gut daran, für eine Auffrischung zu sorgen, indem es gezielt Mitarbeiter vom Markt rekrutiert, die über Erfahrungen in dem Marktsegment haben, die für das Unternehmen in Zukunft besonders bedeutend sind, zum Beispiel Erfahrung in einem Serviceunternehmen der IT-Industrie.

Helmut Hoitz

13 Genereller Trend zur Globalisierung in HR

Bei US-geführten, japanischen oder deutschen Multis gibt es, wie eingangs erwähnt, häufig unterschiedliche Verhaltensgrundmuster.

Langjährige Erfahrung zeigt, dass internationale Unternehmen nicht immer Verfechter von globalen Prozessen in HR sind. Dies gilt insbesondere dann, wenn diese Unternehmen sehr dezentral geführt werden. Hier beschränkt man sich vielfach darauf, einige wesentliche Prozesse wie Performance Management oder Nachfolgeplanung sowie Hilfsmittel wie Zielsetzungs- und Beurteilungsformular oder Stock Options global zu standardisieren. Ansonsten wird das lokale Management „in Ruhe gelassen" und nur bei übergeordneten strategischen Fragestellungen unterstützt. Der Vorteil dieser Vorgehensweise besteht zweifellos darin, dass ein lokales Management selbst entscheiden kann, welche Prozesse und Hilfsmittel am besten für die spezifische lokale Situation geeignet sind. Dabei kann auch besser auf kulturelle oder rechtliche Erfordernisse eingegangen werden. Der Nachteil ist häufig, dass es insbesondere in Zeiten knapper Budgets zu improvisierten Lösungen kommt. Darüber hinaus muss sich das Gesamtunternehmen zuweilen mit der Frage beschäftigen, wie man mit „widerspenstigen" Organisationen umgehen soll, die wenig Bereitschaft zeigen, überhaupt mitzumachen. Oft zeigt es sich, dass gerade die lokalen Unternehmensleitungen mit den größten Führungsproblemen wenig Lust haben, sich mit Performance Management oder Mitarbeiterbefragungen „herumzuschlagen". In dezentralen Unternehmen kann es also durchaus vorkommen, dass in einer Organisationseinheit ein Performance-Management-System vorhanden ist, das sich von dem anderer Einheiten deutlich unterscheidet – ein Albtraum für internationale Vorgesetzte, deren Zahl in internationalen Unternehmen immer weiter zunimmt.

Die Einführung von globalen Prozessen muss zwar nicht notwendigerweise zu mehr Zentralismus führen, begünstigt aber dennoch eine zentrale Unternehmensführung. Dies wird von vielen international aufgestellten Unternehmen bestätigt. In manchen Firmen bewegt sich das Pendel von einer lokal/regionalen Ausrichtung hin zu Business Units. Andere Unternehmen berichten dagegen von Zentralisierungstendenzen, nicht zuletzt in Branchen, die in den letzten Jahren durch erhebliche Turbulenzen gegangen sind. Im Branchenumfeld von Unisys haben sich fast alle international tätigen Unternehmen für globale Prozesse entschieden. Viele Unternehmen sind äußerst strikt in der Durchführung; sie sind nur in Ausnahmefällen bereit, lokale Abweichungen zuzulassen. Der Trend zu globalen Prozessen wird auch damit begründet, dass Kunden immer globaler operieren.

Darüber hinaus wird berichtet, dass

- lokale HR-Organisationen tendenziell kleiner werden.

- Shared Service Center und Call Center an Bedeutung gewinnen.
- Outsourcing als Möglichkeit gesehen wird, sich von Standardprozessen zu trennen.

Interessanterweise schrumpfen in vielen Unternehmen nicht nur die lokalen HR-Funktionen, sondern auch vereinzelt Headquarter-Bereiche. Je nach Zentralisierungsgrad des Unternehmens konzentrieren sie sich künftig weniger auf die operationale Kontrolle, sondern auf HR-Strategie und -Planung und sie werden häufig durch schlagkräftige Center of Expertise ergänzt.

In fast allen betrachteten Unternehmen zeigen sich deutliche Veränderungen in den lokalen HR-Organisationen:

- Trend von strategisch/konzeptioneller HR-Arbeit hin zu mehr ausführender Tätigkeit.
- Verlust von Entscheidungsbefugnissen auf lokaler Ebene. Entscheidungen werden allerdings nicht nur auf Corporate-Ebene, sondern auch auf regionaler Ebene getroffen.
- Der lokale HR Professional gerät in ein Spannungsfeld zwischen einer nur auf Implementierung ausgerichteten Erwartung auf der einen Seite und der Fähigkeit, im Umgang mit der Corporation und mit internen HR-Kunden strategisch zu denken.
- Problematik, in Zukunft gute HR-Mitarbeiter für diese Rollen zu halten bzw. finden.

Dies hat auch Auswirkungen auf die Karriereentwicklung guter HR-Mitarbeiter. Die Möglichkeiten befördert zu werden, dürften wegen der schrumpfenden HR-Bereiche und der tendenziell zurückgehenden Zahl von Führungsebenen in Zukunft eher geringer werden. Stattdessen wird Karriere-Entwicklung häufig in kleineren Stufen, beispielsweise über Zusatzaufgaben, oder auch in horizontaler statt vertikaler Richtung erfolgen. Zweifellos gibt es auch in Zukunft Möglichkeiten, die überwiegend implementierungsorientierte Aufgabe eines lokalen HR Managers attraktiv zu gestalten.

Ob dabei Maßnahmen, die objektiv zu einer Bereicherung der Aufgabe führen können - beispielsweise die Einbeziehung des lokalen HR-Verantwortlichen in Akquisitionsprojekte - auch wirklich den gewünschten Erfolg haben, ist eine Frage der Führung. Sie setzt die Fähigkeit des Vorgesetzten voraus, mit seinen HR-Mitarbeitern über die Veränderungen konstruktiv zu sprechen und die Chancen und Risiken ausgewogen zu bewerten. Es ist kein Geheimnis, dass gerade HR-Mitarbeiter, die einer zentralen Unternehmensführung in einem internationalen Unternehmen wenig abgewinnen, sehr wohl die Vorteile schätzen, die ein solches Unternehmen in Form von modernsten

Prozessen und Tools bietet. Die Tätigkeit in einem derartigen Unternehmen wird von solchen Mitarbeitern überwiegend als wichtige Phase in ihrer Karriere genutzt.

Die meisten lokalen HR-Verantwortlichen sind also durchaus bereit, sich einerseits mit einer Implementierungsrolle abzufinden und andererseits flexibel zu reagieren, wenn ihr Aufgabengebiet vorübergehend erweitert oder reduziert wird – vorausgesetzt dass sie bei der Rekrutierung entsprechend darauf hingewiesen wurden. Die Gefahr, längerfristig unterbeschäftigt zu sein, ist in Zeiten knapper Budgets ohnehin minimal.

International tätige Unternehmen werden weiterhin einen Reiz auf Bewerber ausüben, weil sie „aufregende" Jobs in einem multikulturellen, internationalen Umfeld anbieten. Hinzu kommt, dass der lokale HR-Professional das gesamte Spektrum der Personalarbeit von der Rekrutierung bis zur Restrukturierung abdecken kann. Wenn viel rekrutiert wird, gibt es normalerweise wenig in Richtung Restrukturierung zu tun und wenn in erster Linie restrukturiert wird, sind die Rekrutierungsaktivitäten eher eingeschränkt. So gesehen ist der lokale HR-Job in solchen Unternehmen fast „Konjunktur unabhängig".

14 Wie könnte die lokale HR-Funktion internationaler Unternehmen in 5 Jahren aussehen?

Die Erwartungen an lokales HR sind relativ klar. Es soll sich auf der einen Seite fast vollständig aus administrativen Transaktionen zurückzuziehen, auf der anderen Seite aber sehr business-orientiert arbeiten und dabei einen Zusatznutzen generieren, beispielsweise bei der Unterstützung von Umstrukturierungsprojekten oder bei Maßnahmen zur Kostenreduzierung und Produktivitätserhöhung. Zunehmend dürfte darunter in vielen Unternehmen auch das interne Mitarbeiter-Sourcing fallen. Die Notwendigkeit, sich um klassische HR-Prozesse zu kümmern, könnte zunehmend in den Hintergrund treten, zumal globale Prozesse immer besser funktionieren und eine neue Generation von Managern und Mitarbeitern heranwächst, für die der Umgang mit web-basierten Tools selbstverständlich ist.

Dennoch gibt es keine eindeutige Antwort auf die Frage nach der Zukunft der lokalen HR-Funktion. Es ist nicht unwahrscheinlich, dass einzelne HR-Prozesse aus dem Unternehmen heraus verlagert werden. Mit Sicherheit wird die HR-Funktion verstärkt unter Kosten/Nutzen-Aspekten beobachtet; Kennzahlen wie Anzahl der HR-Mitarbeiter pro Mitarbeiter im Unternehmen werden sehr konsequent umgesetzt, was eher zu einer Verkleinerung der HR-Abteilungen führt.

Die weitere Globalisierung von HR-Prozessen, die Auslagerung von Standardabläufen und eine wachsende Bereitschaft von Managern und Mitarbeitern, im normalen Tagesgeschäft auch ohne die Hilfe durch HR zurechtzukommen, wird Auswirkungen auf die HR-Funktion auf allen Ebenen haben. Sicherlich wird HR nur noch dann eine entscheidende Rolle spielen, wenn sich die Funktion als strategischer Partner und Change Agent deutlich profilieren kann. Ersteres wird vor allem von Corporate und teilweise auch von regionalen HR-Mitarbeitern erwartet, letzteres schwerpunktmäßig vom lokalen HR-Mitarbeiter.

Unternehmen, die weiterhin mit einer alle klassischen Bereiche der Personalarbeit abdeckenden lokalen HR-Organisation operieren, werden gute und sehr gute Mitarbeiter rekrutieren und an das Unternehmen binden können, zumal wenn sie Entscheidungskompetenzen nicht vollständig streichen. In anderen Fällen werden Unternehmen einen Spagat bewältigen müssen. Wenn die operative Arbeit überwiegt und Entscheidungen ausschließlich auf regionaler Ebene oder Corporate-Ebene getroffen werden, der lokale HR-Verantwortliche aber gleichzeitig als strategischer Partner oder Change Agent gesehen wird, dürfte es schwer werden, die richtigen Mitarbeiter zu finden und zu halten.

Die oben genannten Faktoren haben vermutlich auch Auswirkungen auf die Struktur und die Größe künftiger Personalbereiche. Nur bei internationalen Unternehmen, die hinsichtlich ihrer Prozesse global, hinsichtlich ihrer Entscheidungsstrukturen aber eher zentral operieren, dürften die Headquarter wenig berührt werden. Die lokalen HR-Organisationen werden sich hingegen deutlich verändern. Dies kann beispielsweise bedeuten, dass kleinere Länder zukünftig verstärkt auf Cluster-Ebene oder regionaler Ebene betreut werden und damit keinen HR-Verantwortlichen mehr vor Ort haben. Selbst in größeren Organisationseinheiten könnte die Rolle des HR-Managers zukünftig von einem HR-Generalisten zu einem Länder-Spezialisten mutieren, der HR-relevante länderspezifische Besonderheiten handhabt.

Allerdings dürfte dieses Modell nur funktionieren, wenn der lokale HR-Manager starke Unterstützung auf regionaler Ebene oder Corporate-Ebene erhält. Denkbar ist, dass ein kleines Team von Center-of-Expertise-Spezialisten auf regionaler Ebene, möglicherweise auch Corporate-Ebene hilft. Bei vielen Unternehmen ist dies auch schon heute üblich. In beiden Varianten ist es unbedingt erforderlich, dass die unterstützenden Mitarbeiter in ihrem Bereich Experten sind und möglichst Erfahrungen als HR-Generalisten in lokalen oder BU-HR-Organisationen gesammelt haben. Idealerweise verfügen sie darüber hinaus auch über einen internationalen Erfahrungshintergrund, was für Corporate-Positionen internationaler Unternehmen immer wichtiger wird. Während Center-of-Expertise-Spezialisten bereits heute fast ausschließlich auf regionaler, kaum jedoch noch auf lokaler Ebene anzutreffen sind, gehen viele Unternehmen davon aus, dass diese Art von Funktionen künftig nur noch auf Headquarter-Ebene angesiedelt wird.

Helmut Hoitz

Was dies für die Entscheidungsspielräume lokaler HR-Professionals anbetrifft, ist schwer vorherzusagen und hängt auch von der eher zentralen oder dezentralen Ausrichtung eines Unternehmens ab. Zumindest in internationalen Unternehmen mit globalen Prozessen wird die relative Bedeutung von lokalem HR mit Sicherheit neu definiert werden. HR im Jahre 2010 wird in diesen Unternehmen anders aussehen als heute. Diese Evolution erhält jedoch nahezu revolutionäre Züge, wenn man den angenommenen Zustand im Jahre 2010 dem Ausgangspunkt der Zeitreise zu Beginn oder Mitte der neunziger Jahre gegenüberstellt.

Hanspeter Hollender-Matatko, Jana Brauweiler

Wertorientiertes Personalmanagement in der Praxis
Voraussetzungen und Beispiele der Umsetzung

1   Rahmenbedingungen für wertorientiertes Personalmanagement 167
2   Zum Konzept des wertorientierten Personalmanagements 168
3   Kennzeichen des wertorientierten Personalmanagements bei METZELER Automotive Profile Systems 169
    3.1   Das Unternehmen: METZELER Automotive Profile Systems 169
    3.2   Rahmenbedingungen des wertorientierten Personalmanagements 170
    3.3   Mitarbeiter sind Erfolgsfaktoren - Grundverständnis der Personalpolitik ... 171
    3.4   Erfolgsprozesse im Personalmanagement - Bewertung und Umsetzungsbeispiele 172
        3.4.1   Qualität und Verfügbarkeit des Personals 173
        3.4.2   Effizienz der Personal-Prozesse 175
        3.4.3   Arbeitgeberattraktivität 178
        3.4.4   Führungsqualität 181
4   Zusammenfassung 183

1 Rahmenbedingungen für wertorientiertes Personalmanagement

Die Arbeit in modernen Industrie- und Dienstleistungsgesellschaften ist in Folge von umfassenden Wandlungsprozessen gravierenden Änderungen unterworfen. Zu diesen Wandlungsprozessen gehören der:

- marktinduzierte Wandel (z. B. durch zunehmende Globalisierung, internationalen Konkurrenzkampf, diversifizierende Kundenwünsche);
- technikinduzierte Wandel (z. B. durch schnellere Innovationszyklen, sich verkürzende Produktionszyklen, Zunahme der Informations- und Kommunikationstechnologie) sowie
- wissensorientierte Wandel (z. B. durch Zunahme des Anteils Wissen am Produktionsprozess, Abnahme der Halbwertszeit des Wissens).

Arbeit wird dadurch zunehmend international, hoch qualifiziert sowie in Inhalt, Zeit, Ort, Vertragsform und Vergütung flexibel. Diese Rahmenbedingungen erfordert(te)n ein neues Verständnis vom Personalmanagement, dem als Teilprozess des Unternehmens Personalfunktionen, wie z. B. Beschaffung, Integration, Entwicklung, Evaluation oder Anpassung des Personals, aber auch die Personalführung zuzuordnen sind. Statt einem reagierenden Abarbeiten v. a. operativer Aufgaben rückt(e) ein strategisch angelegtes, offensives Agieren des Personalmanagements zur verantwortlichen Mitgestaltung der Unternehmensprozesse in den Mittelpunkt der Aufgaben (BRINKMANN 1996, S. 21). Die diesem „Paradigmenwechsel in der Personalarbeit" entsprechenden Konzepte, Maßnahmen, Schwerpunktsetzungen und Führungsformen des Personalmanagements werden seit Jahren in der Literatur diskutiert (SCHERM 2004, S. 53). Allerdings zeigen empirische Untersuchungen aus dem Jahre 2003[1], dass das Personalmanagement in einem Großteil der befragten Unternehmen immer noch eher durch reaktive Verwaltung, denn durch kreative Gestaltung gekennzeichnet ist (GOERKE 2004, S. 26).

Die verantwortliche Mitgestaltung der Unternehmensprozesse umfasst Beiträge des Personalmanagements zur Gestaltung und Steuerung des Wertschöpfungsprozesses, aber auch zur Umsetzung der Organisation und Unternehmenskultur durch den effizienten und effektiven Einsatz menschlicher Ressourcen (DOYÉ 2004, S. 42 f.). Die kon-

---

[1] Vgl. Studien der Beratungsunternehmen CSC Deutschland Akademie GmbH, Dr. Dr. Heissmann Unternehmensberatung und Fiebes in Company Personalmarketing GmbH, bei der über 1.500 Fach- und Führungskräfte sowie Personalexperten von rund 70 Unternehmen zu den Themen Mitarbeiterbindung, Vergütung, Personalentwicklung, Personalmarketing und Zukunftsstrategien im Jahr 2003 befragt wurden (vgl. FIEBES/LAU/PILGER 2004) sowie Droege & Comp., in der 45 Personalleiter aus Unternehmen mit mehr als 3.000 Mitarbeiter zu aktuellen Themen des Personalmanagements im Jahr 2003 interviewt wurden (vgl. KRICSFALUSSY/REINERS 2004).

sequente Ausrichtung der Funktionen des Personalmanagements und der Personalführung auf die Wertschöpfungsprozesse im Unternehmen und die damit verbundene Mitverantwortung für das wirtschaftliche Gesamtergebnis des Unternehmens wird hier als wertorientiertes Personalmanagement bezeichnet.[2] Es umfasst eine auf die Unternehmensstrategie abgestimmte Identifikation, Messung und Steuerung strategischer Erfolgsfaktoren, Erfolgsprozesse und Werttreiber auf dem Gebiet Personalmanagement. Eine empirische Bestätigung dafür, dass Aktivitäten des Personalmanagements und der Personalführung das Unternehmensergebnis positiv beeinflussen, wurde erstmals durch den „Global Human Capital Survey 2002/2003" von PricewaterhouseCoopers (2002) vorgelegt. In Form eines Benchmarkings wurden weltweit über 1.000 Unternehmen aus über 40 Ländern befragt. Zu den wichtigsten Ergebnissen zählen, dass Unternehmen mit einer expliziten und dokumentierten Personalstrategie:

- einen bis zu 35 % höheren Umsatz je Mitarbeiter erzielen,
- um 12 % niedrigere Fehlzeiten aufweisen,
- ein effektiveres Verbesserungsmanagementsystem haben und
- die Effekte von Trainingsmaßnahmen, z. B. auf den ROI, evaluieren.

Wichtig ist, dass Personal- und Unternehmensstrategie systematisch verknüpft und die Realisierung der Personalstrategie bzw. ihre spezifischen Beiträge zum Unternehmenserfolg kontinuierlich gemessen werden. Hierbei kann das Konzept des wertorientierten Personalmanagements wertvolle Hinweise und einen organisatorischen Rahmen liefern.

2 Zum Konzept des wertorientierten Personalmanagements

Das Konzept des wertorientierten Personalmanagements wurde gemeinsam von Vertretern aus Wissenschaft und Praxis entwickelt. Es erklärt, auf welche Weise strategische Erfolgsfaktoren, Erfolgsprozesse und Werttreiber des Personalmanagements abgestimmt auf die Unternehmensstrategie identifiziert, gemessen und gesteuert werden können. Ziel ist, den Einfluss des Personalmanagements auf die Entwicklung des Unternehmenswertes zu beschreiben bzw. zu messen. Das Konzept des wertorientierten Personalmanagements arbeitet hierfür die unternehmensspezifischen strategischen Erfolgsfaktoren heraus, die direkt zur Umsetzung der Unternehmensstrategie beitra-

---

[2] In der Literatur wird dies auch als Etablierung des Personalmanagements als „Business Partner" beschrieben (FLEIG 2004; DOYÉ 2004).

gen. Es geht hierbei um Erfolgsfaktoren wie "Qualität und Verfügbarkeit des Personals", "Effizienz der Personalprozesse", "Innovative Organisation", "Arbeitgeberattraktivität" und "Führungsqualität". Die Erfolgsfaktoren werden wiederum direkt durch strategische Erfolgsprozesse (z. B. Rekrutierung, Bindung, Entwicklung der Mitarbeiter) beeinflusst. Die Erfolgsprozesse können durch „Werttreiber des Personalmanagements" (d. h. entsprechende Kennzahlen) quantitativ abgebildet werden. Eine betriebsindividuelle Umsetzung des wertorientierten Personalmanagements erfordert in den Unternehmen ein methodisches und inhaltliches Gesamtkonzept, das auf entsprechende Werte, Leitlinien, Strategien und Maßnahmen für Personalfunktionen und Personalführung zurückgreift. Das wertorientierte Personalmanagement führt im Einzelnen:

- zu einer veränderten Schwerpunktsetzung und einer differenzierten Ausgestaltung der Personalmanagementfunktionen;
- zur Etablierung eines angemessenen Führungsverhaltens;
- zu spezifischen Konzepten zur Quantifizierung und Messung des Beitrags des Personalmanagements zur Wertschöpfung.

Um zu verdeutlichen, wie Personalmanagement in Form eines wertorientierten Personalmanagements ausgerichtet sein kann, um wirksame Beiträge zum wirtschaftlichen Gesamtergebnis des Unternehmens zu leisten, wird hier das wertorientierte Personalmanagement des Automobilzulieferers METZELER Automotive Profile Systems dargestellt.

3 Kennzeichen des wertorientierten Personalmanagements bei METZELER Automotive Profile Systems

3.1 Das Unternehmen: METZELER Automotive Profile Systems

METZELER Automotive Profile Systems (im Folgenden Metzeler) ist ein Systemlieferant für funktionssichere und technologisch anspruchsvolle Karosseriedichtsysteme. Die Position als Systemlieferant basiert auf erheblichen innovativen Verbesserungen, dem Ausbau der Entwicklungs- und Technologiebereiche und nicht zuletzt auf zeitgemäßen Organisationsformen im Unternehmen. Hinzu kommt, dass umweltschonende Produktionstechnologien bei hoher Produktqualität in einem humanen Arbeitsumfeld eingesetzt werden. Weltweit beschäftigt die Gruppe über 9.000 Mitarbeiter mit Schwerpunkten in Nordamerika und Europa. Nach der Übernahme durch die multinationale Investorengesellschaft CVC Capital Partners im April 2000 konzentriert sich die europäisch geführte Organisation auf den Ausbau einer weltweit aktiven Marktpräsenz. Die Standorte des aus dreizehn Werken bestehenden europäischen Firmenverbundes befinden sich in Frankreich, Großbritannien, Italien, Spanien, Polen und Deutschland. Im europäischen Firmenverbund sind über 5.500 Mitarbeiter beschäftigt.

Metzeler Germany besteht aus den Werken Lindau und Mannheim sowie einem Logistic Center im Freistaat Sachsen. Hinzu kommen zwei polnische Produktionsstätten in Dzierżoniów. In dieser Business Unit (BU) werden über 1.600 Mitarbeiter beschäftigt. In Lindau ist die europäische Führungsorganisation angesiedelt sowie das European Technical Centre (ETC).

Im Werk Lindau, dem Hauptsitz der BU Metzeler Germany, werden Automobil-Karosseriedichtsysteme für Türen, Front- und Heckklappen sowie Schiebedächer produziert. Weitere Produkte sind komplette Dichtsysteme für Cabriolets und Coupés sowie der im Unternehmen entwickelte berührungslose Einklemmschutz für elektrische Fensterhebersysteme. Die Dichtsysteme werden komplett in Lindau hergestellt – ausgehend von der eigenen Mischungsherstellung im Rohbetrieb über die Extrusion bis hin zur Konfektionierung. Am Produktionsstandort Lindau befindet sich außerdem ein leistungsfähiges Entwicklungszentrum für Karosseriedichtungen und Fensterführungstechnologien. Nach vorgegebenen Fahrzeugkonzepten wird hier in enger Kooperation mit den europäischen Partnern der Metzeler Firmengruppe an innovativen Produktlösungen gearbeitet. Im Werk Lindau sind ca. 1.000 Mitarbeiter tätig.

3.2 Rahmenbedingungen des wertorientierten Personalmanagements

Das Unternehmen Metzeler ist prozessorganisatorisch aufgestellt. Das Personalmanagement stellt in der Metzeler-Prozesslandschaft einen unterstützenden Prozess dar. Im Rahmen der Vorbereitung auf die letzte Zertifizierung nach TS 16949:2002 im Jahr 2004 wurde der Personalbereich inhaltlich im Sinne des wertorientierten Personalmanagements neu strukturiert. Dabei ist es das übergeordnete Ziel des Prozesses Personalmanagement, die für die Erfüllung der Unternehmensziele und der Kundenanforderungen erforderlichen qualifizierten, engagierten und leistungswilligen Mitarbeiter im Unternehmen zu haben. Die nachfolgende Abbildung verdeutlicht die Leistungen, die der Gesamtprozess bezogen auf eine wertorientierte Ausgestaltung zu erbringen hat.

Abbildung 3-1: Prozessanalyse Personalmanagement
(Quelle: Metzeler-Management-Handbuch)

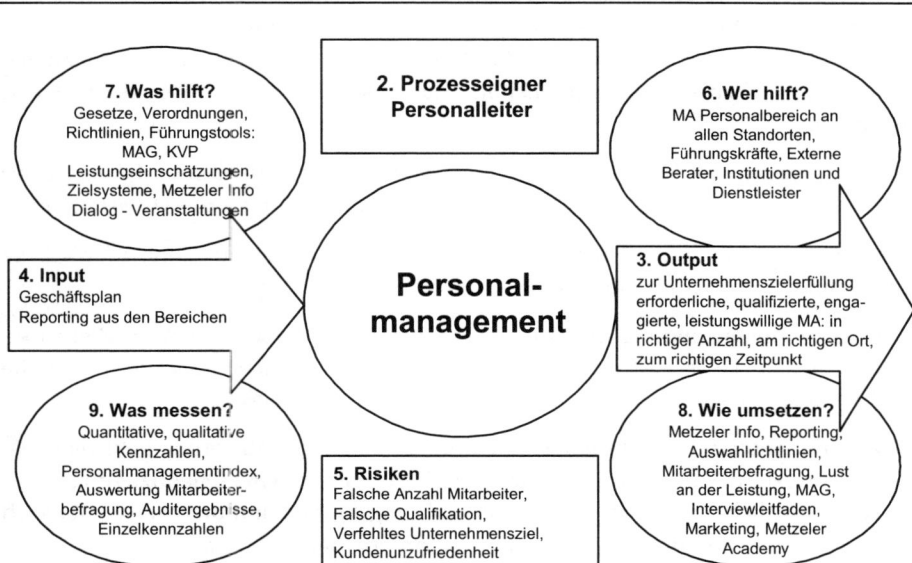

Der oben dargestellten Definition des wertorientierten Personalmanagements folgend, wird im Weiteren auf die Realisierung des wertorientierten Personalmanagements bei Metzeler eingegangen. Dabei werden zunächst die Personalpolitik des Unternehmens und die Erfolgsprozesse des wertorientierten Personalmanagements erläutert. In diesem Rahmen erfolgt eine beispielhafte Darstellung und Bewertung des erreichten Standes der Umsetzung des wertorientierten Personalmanagements bei Metzeler.

3.3 Mitarbeiter sind Erfolgsfaktoren - Grundverständnis der Personalpolitik

Personalpolitik und Finanzpolitik sind die zwei wesentlichen Säulen der Unternehmenspolitik von Metzeler. Personalpolitik leistet dabei vor allem über Effizienzsteigerung ihren Beitrag zur Zukunftssicherung und ist Voraussetzung für den Unternehmenserfolg. Effizienz beschreibt dabei das Verhältnis von Leistung zu Kosten. Eine Steigerung der Effizienz kann sowohl durch eine Steigerung der Leistung der Mitarbeiter als auch durch eine Senkung der Kosten erreicht werden. Weil aber die Leistungsfähigkeit, Leistungsbereitschaft und Leistungserbringung der Mitarbeiter das herausragende Unterscheidungsmerkmal erfolgreicher und erfolgloser Unternehmen darstellen, werden Mitarbeiter bei Metzeler nicht als Kosten-, sondern als Erfolgsfaktor begriffen. Ziel von Metzeler ist es deshalb, gemeinsam mit den Mitarbeitern mittels Leistungssteigerungen eine höhere Effizienz zu erzielen und nicht einseitig Kostenreduzierungen anzustreben. Damit ist die Basis für das wertorientierte Personalmanagement beschrieben, die sich in der Leitlinie der Personalpolitik von Metzeler wie folgt ausdrückt:

Leistungsverhalten und Leistungsergebnis der Mitarbeiter sind konsequenter Maßstab für die Gegenleistung des Unternehmens. Metzeler fordert die Mitarbeiter und erkennt Leistung an.

Leistungssteigerung bezieht gleichermaßen die Leistungsfähigkeit "Können", die Leistungsbereitschaft "Wollen" und die Leistungsmöglichkeit "Dürfen" ein.

1. Erste Voraussetzung hierfür ist eine ausgewogene Mitarbeiterstruktur. Ziel ist es, künftig intensiver leistungsstarke, auch ältere, Mitarbeiter zu fördern und die Trennung von nicht leistungsbereiten Mitarbeitern zu realisieren.

2. Zweiter Ansatzpunkt ist die Qualifizierung. Interne Qualifizierung geht regelmäßig vor externer Beschaffung. Jeder Mitarbeiter ist für seine Qualifizierung selbst verantwortlich. Er wird dabei von den Führungskräften und dem Personalbereich unterstützt. Als Grundregel gilt stets: Erst fordern, dann fördern.

3. Mitarbeiterpotenzial zu sichern heißt auch, Managementpotenzial zu entwickeln. Mitarbeiter, die sich für Führungsaufgaben eignen, sind entsprechend zu qualifizieren. Gefragt ist insbesondere die Fähigkeit, Ergebnisse zu erzielen, die sich am Optimum für das gesamte Unternehmen orientieren.

Zur konsequenten Umsetzung dieser grundsätzlichen Personalpolitik werden differenzierte Instrumente eingesetzt, wie z. B. Mitarbeitergespräch, Metzeler Academy, Arbeitszeitmodelle, Vergütungsregelung, Metzeler Info, eine systematische Ermittlung und Einschätzung der Leistung als auch der Potenziale der Mitarbeiter, Zielvereinbarungen zwischen Führungskraft und Mitarbeiter mit individuellen Entwicklungsplänen. Die hierfür erforderlichen Erfolgsprozesse sind Gegenstand der folgenden Ausführungen.

3.4 Erfolgsprozesse im Personalmanagement - Bewertung und Umsetzungsbeispiele

Der Unterstützungsprozess Personalmanagement gliedert sich in die in der nachfolgenden Tabelle dargestellten Teilprozesse.

Tabelle 3-1: Gliederung des unterstützenden Prozesses Personalmanagement
(Quelle: Metzeler-Management-Handbuch)

Prozesse	Teilprozesse
■ Qualität und Verfügbarkeit des Personals	Personal-Bedarfsplanung, Personal-Anpassung, Personal-Entwicklung, Personal-Einsatz
■ Effizienz der Personalprozesse	Arbeitsorganisation, Prozessmanagement, Personal-Controlling
■ Arbeitgeberattraktivität	Unternehmenskommunikation, Personal-Marketing, Mitarbeiterbindung und -motivation, Vergütung
■ Führungsqualität	Führungsprozesse/-systeme, Führungskräfteentwicklung

Im Folgenden werden diese Prozesse hinsichtlich ihrer Ausgestaltung und Umsetzung dargestellt, um zu verdeutlichen, wie ihre Mess- und Beeinflussbarkeit im Sinne des wertorientierten Personalmanagements sichergestellt werden kann.

3.4.1 Qualität und Verfügbarkeit des Personals

Bezeichnet die Verfügbarkeit der richtigen Mitarbeiter zum richtigen Zeitpunkt mit der richtigen Qualifikation und mit den benötigten Kompetenzen. Dabei werden die Funktionen der einzelnen Mitarbeiter in Abstimmung mit den jeweiligen Fachbereichen in Form von Organigrammen dargestellt. Vertreterregelungen erfolgen in einer Arbeitsrichtlinie. Stellenbeschreibungen werden dezentral von den jeweiligen Bereichsleitern erstellt. Zu diesem Prozess gehören folgende Teilprozesse:

1. Personal-Bedarfsplanung

    Umfasst alle Aufgaben der Identifikation des quantitativen und qualitativen Personalstandes und -bedarfs (einschließlich Auszubildender - vgl. Abbildung 3-2).

Abbildung 3-2: Instrumente der Personalbedarfsplanung

■ *5-Jahres-Planung*:
jährlich rollierende Ermittlung des quantitativen Personalbedarfs für die nächsten 5 Jahre, gegliedert nach fixen und variablen Mitarbeitern, Bereichen, Standorten.

■ *Jahresplanung*:
Ermittlung des quantitativen Personalbedarfs für das Folgejahr, gegliedert nach fixen und variablen Mitarbeitern, Bereichen und Standorten.

■ *3-Monats-Planung*:
Für den Bedarf an variablen Mitarbeitern erfolgt ein rollierender 3-Monats-Forecast (IST/SOLL Produktions-Kennzahlen).

2. Personal-Anpassung

Hierzu gehören die Personalrekrutierung einschließlich der Ansprache und Auswahl von Bewerbern sowie Maßnahmen zur Reduzierung der Personalkapazität incl. Trennung von Mitarbeitern. Für die Trennung von Mitarbeitern gelten die grundsätzlichen Regelungen und Vorgehensweisen zur *Metzeler-Trennungskultur*.

3. Personal-Entwicklung

Die Personalentwicklung umfasst alle Maßnahmen der beruflichen und fachlichen Aus- und Weiterbildung sowie die ziel- und bedarfsgerechte Entwicklung und Förderung der Mitarbeiter. Auf der Grundlage der Ergebnisse des jährlichen Mitarbeitergespräches, beschrieben im ‚*Gesprächsleitfaden Metzeler-Mitarbeitergespräch*', wird jährlich das Bildungsprogramm ‚*Metzeler-Academy*' erstellt. Die Schulung von Angestellten und Mitarbeitern in der Fertigung ist in einer Prozessbeschreibung Schulung beschrieben. Die Schulungsmaßnahmen werden mit einem Seminartransferbogen beantragt und genehmigt, die Wirksamkeit der Maßnahme sichergestellt und deren Qualität bewertet. Die jährliche Potenzial- und Leistungseinschätzung basiert auf dem Konzept „*Lust an der Leistung*".

4. Personal-Einsatz

Zum Personaleinsatz gehören alle Maßnahmen der Integration des Mitarbeiters in den Leistungserstellungsprozess. Die Einarbeitung neuer Mitarbeiter, die Integration von Angestellten und den Mitarbeitern Fertigung sowie die innerbetriebliche Versetzung sind in speziellen Prozessbeschreibungen geregelt. Gesetzliche Unterweisungen und Fortbildungen sind jährlich zu wiederholen und bereichsintern zu regeln. Im Handbuch - Notfallpläne für die Standorte - sind Betriebsvereinbarungen und Regelungen für personelle Notfälle (Arbeitskräftemangel, Kapazitätsmangel) hinterlegt.

5. Umsetzung der Prozesse

Die Schwerpunkte eines wertorientierten Personalmanagements sind grundsätzlich in Prozessen zur Quantität und Verfügbarkeit des Personals zu sehen. Zwar kann gegenwärtig noch von einer hohen Verfügbarkeit an Arbeitskräften - zumindest quantitativ - auf dem Arbeitsmarkt gesprochen werden. Aufgrund der sich abzeichnenden demografischen Entwicklung, die durch eine steigende Lebenserwartung und eine sinkende Geburtsrate gekennzeichnet ist, werden mittelfristig einerseits junge und/oder qualifizierte Nachwuchskräfte zum knappen Gut, andererseits steigt der Anteil älterer Arbeitnehmer (ECKARDSTEIN 2004, S. 128 f.). Um auf diese Tendenzen angemessen zu reagieren, ist eine quantitativ und qualitativ ausgerichtete Personalrekrutierung bzw. -bindung im Unternehmen erforderlich. Quantitativ vor allem durch die Akquise bzw. die Bindung einer ausreichenden Anzahl qualifizierter Mitarbeiter, qualitativ durch Etablierung eines positiven Arbeitgeberimages.

Die Gewährleistung der Beschäftigungssicherung - in der Literatur Employability genannt - durch eine kontinuierliche Anpassung der Qualifikationen und Kompetenzen an die Gegebenheiten und Erfordernisse des Arbeitsmarktes zum Einen und in Abhängigkeit der Leistungsfähigkeit und -bereitschaft i. R. des persönlichen Lebenszyklusses der Mitarbeiter zum Anderen, stellt den Schwerpunkt der Personalentwicklung dar (RUMPF 2004, S. 11; RICHENHAGEN 2004, S. 60). Zwar spielt hier - wie im Rahmen der Personalpolitik dargestellt - die Selbstverantwortung der Mitarbeiter eine große Rolle, i. S. der Unternehmensentwicklung und der Mitarbeiterbindung an das Unternehmen entwickelt Metzeler jedoch spezifische Maßnahmen zur Gewährleistung der Employability, die in Form einer Interessengemeinschaft zwischen dem Unternehmen und den Arbeitnehmern realisiert werden.

Der Prozess Qualität und Verfügbarkeit des Personals ist bei Metzeler durch ein hohes Niveau auf der operativen Ebene und breite Potenziale zur Weiterentwicklung und Ausprägung gekennzeichnet.

3.4.2 Effizienz der Personal-Prozesse

Das angemessene Verhältnis von Personalaufwand und Leistungen der Personalprozesse wird mit der Effizienz der Personal-Prozesse bezeichnet. Dabei gliedert sich dieser Prozess in folgende Teilprozesse:

1. Arbeitsorganisation

    Alle Maßnahmen der Arbeitszeit- und Arbeitsplatzgestaltung sind hier zugeordnet. Die erforderliche Flexibilität im Sinne der Anpassung der Arbeitskapazität der Mitarbeiter an die betrieblichen Flexibilitätserfordernisse wird durch die vereinbarten Arbeitszeitmodelle (*Flexzeit, Langzeitkonto, Schichtmodelle, Gleitzeit, Regelungen zu Überstunden*) und die Anwendung der tariflichen Öffnungsklauseln erreicht. Die bestehenden Regelungen sind in Betriebsvereinbarungen dokumentiert.

2. Prozessmanagement

    Dabei handelt es sich um alle Maßnahmen der Prozessdefinition, -standardisierung und -steuerung. Über „KVP im Office" werden Prozesse innerhalb des Personal-Bereichs definiert, Standards formuliert und deren Umsetzung gesteuert. Für die beschriebenen Prozesse werden Zielwerte definiert und regelmäßig Ist-Werte erfasst und zu einem Gesamtkennwert für den Unterstützungsprozess Personalmanagement zusammengefasst.

3. Personal-Controlling

    Alle Aktivitäten der Identifikation und der Steuerung des Verhältnisses von Personalaufwand und Personalleistung sind hier zugeordnet.

4. Realisierung der Prozesse

Durch geeignete Kennzahlen und Indikatoren wird eine ständige Verbesserung der Teilprozesse des Unterstützungsprozesses Personalmanagement ermöglicht. Metzeler hat dazu ein differenziertes Kennzahlensystem erarbeitet (siehe dazu die nachfolgende Tabelle), wodurch eine ständige Prozessanalyse im Sinne einer Abweichungsanalyse der Soll- und Ist-Anforderungen ermöglicht wird.

Tabelle 3-2: Kennzahlen der Personalmanagementprozesse
(Quelle: Metzeler-Management-Handbuch)

Prozesse/Teilprozesse	Kennzahlen
Qualität und Verfügbarkeit des Personals	
Personal-Bedarfsplanung	Entwicklungsquote der Gesamtbelegschaft (Anzahl Mitarbeiter im Verhältnis zur Soll-Mitarbeiterzahl)
	Azubi Quote (Anteil Azubis im Verhältnis zur Gesamtbelegschaft)
Personal-Anpassung	Gewinnungszeit (Anteil Gewinnungs-/Rekrutierungsfälle/Jahr, die von der genehmigten Personalanforderung bis zur Einstellung innerhalb von 3 Monaten abgewickelt werden im Verhältnis zu allen Gewinnungs-/Rekrutierungsfällen)
	Bindungsquote in der Probezeit (nach Probezeit im Unternehmen verbleibende Mitarbeiter im Verhältnis zu allen neu eingestellten Mitarbeitern)
Personal-Entwicklung	Förderquote Mitarbeiter (Anteil Mitarbeiter, die den definierten Umfang der Weiterbildung/Jahr erreichen im Verhältnis zur Gesamtbelegschaft)
	Weiterbildungsquote (Anzahl durchschnittlicher Weiterbildungstage/Mitarbeiter im Verhältnis zu durchschnittlichen Arbeitstagen/Mitarbeiter)
Personal-Einsatz	Produktivitätsquote (Anteil der Arbeitszeit für direkte Arbeiten am Produkt an der Gesamtarbeitszeit)
	Zeitflexibilität (Anteil der in Arbeitszeit-Flexibilisierungsinstrumente einbezogenen Beschäftigten im Verhältnis zur Gesamtbelegschaft - ohne Azubis, Praktikanten)

Effizienz der Personalprozesse		
Arbeitsorganisation	Langzeitflexibilisierung (Anteil Mitarbeiter, die Arbeitszeit größer als 100 Stunden auf einem Langzeitkonto angespart haben i. Vgl. zur Gesamtbelegschaft)	
	Flexibilisierung der Produktionskapazität/Zeitmodelle (Anteil der Kapazitätsflexibilität durch Arbeitszeit-/Betriebszeit-Modelle im Verhältnis zum Soll-Wert)	
Prozessmanagement	Planerreichungsgrad (Ist-Prozessergebnisse im Verhältnis zu Planergebnissen)	
Personal-Controlling	Personalmanagementkostenquote (Kosten des Personalmanagements gem. interner Definition pro Mitarbeiter im Verhältnis zum entsprechenden Benchmark-Wert der DGfP-Studie „Personalmanagement")	
	Mitarbeiterproduktivität (Anteil der Mitarbeiter mit einem Umsatz/Kopf von x im Verhältnis zur Gesamtbelegschaft)	
Arbeitgeberattraktivität		
Unternehmenskommunikation	Adressatenquote (Anteil der mit den internen Kommunikationsmedien erreichten Mitarbeitern im Verhältnis zur Gesamtbelegschaft)	
	Nutzbarkeitsquote (Ergebnis aus der Mitarbeiterbefragung)	
Personal-Marketing	Interne Besetzungsquote (Anteil intern besetzter Stellen im Verhältnis zur definierten Gesamtzahl)	
	Diplomanden und Praktikanten (Anteil der Diplomanden/Praktikanten im Verhältnis zur Anzahl der Mitarbeiter)	
Mitarbeiterbindung und -motivation	Wahrgenommene Führungsqualität (Ergebnis der Mitarbeiterbefragung)	
	Wahrgenommene Arbeitsqualität (Ergebnis der Mitarbeiterbefragung)	
Vergütung	Ausschöpfungsquote Management Incentive Compensation (Anteil des ausgeschütteten im Verhältnis zum maximal erreichbaren Volumen)	
	Gruppenvergütungsquote (Anteil Mitarbeiter in einer Gruppenvergütungsregelung im Verhältnis zur definierten Gesamtzahl möglicher Gruppenvergütungsteilnehmer)	

Führungsqualität	
▪ *Führungsprozesse und -systeme*	▪ Akzeptanz Mitarbeitergespräch (Anteil Mitarbeiter, die i. R. der Mitarbeiterbefragung das Mitarbeitergespräch positiv bewerten im Verhältnis zur Gesamtzahl der am Mitarbeitergespräch beteiligten Mitarbeiter)
	▪ Umsetzungsquote Führungsprozess Führungskräfte (Anteil Führungskräfte, die das Mitarbeitergespräch und die Potenzial- und Leistungseinschätzung einsetzen im Verhältnis zur Gesamtzahl der Führungskräfte)
▪ *Führungskräfte-entwicklung*	▪ Potenzialstärke für Führungspositionen (Anzahl der zur Verfügung stehenden Potenzialträger im Verhältnis zur festgelegten Zahl an Potenzialträgern (10 % der Angestellten)
	▪ Leistungsträger Portfolio (Anzahl der Leistungs- und Potenzialträger im Verhältnis zu allen Stellen mit Schlüsselcharakter)

Regelmäßige, im Unternehmen durchzuführende Abweichungsanalysen zeigen Verbesserungspotenziale zur Gestaltung des Verhältnisses von Personalaufwand und Leistungen der Personalprozesse auf. Auf dieser Basis werden die Werttreiber der betrieblichen Personalprozesse identifiziert und eine Quantifizierung und Messung des Beitrags des Personalmanagements zur Wertschöpfung realisiert.

3.4.3 Arbeitgeberattraktivität

Die Positionierung des Unternehmens auf dem externen Arbeitsmarkt und bei interessanten Bewerberzielgruppen im Verhältnis zu den eigenen Mitarbeitern drückt sich in der Attraktivität des Unternehmens aus, die nach innen und außen wirkt. Der Prozess umfasst folgende Teilprozesse:

1. Unternehmenskommunikation

    Die Information interner und externer Zielgruppen über wichtige Unternehmensangelegenheiten erfolgt durch eine Vielzahl unterschiedlicher Medien. Hierzu gehören für *Führungskräfte* regelmäßige Führungsmeetings (Leitungsteam, Führungskreis, Q-Steering, Manager-Informations-Team-Meetings etc.) sowie für *Mitarbeiter* Info-Veranstaltungen, Betriebsversammlungen etc. sowie Informationen über Metzeler-Info, Aushänge, Internet, Broschüren, Presseartikel. Die verschiedenen Kommunikationsformen sind in einer Medienmatrix zusammengefasst.

2. Personal-Marketing

    Hier handelt es sich um die Zusammenfassung der gesamten Aktivitäten, durch die sich das Unternehmen bei ausgewählten Bewerberzielgruppen und in der Öffentlichkeit bekannt macht.

3. Mitarbeiterbindung und -motivation

Maßnahmen zur Identifikation und Bindung erfolgskritischer Personen und Belegschaftsgruppen an das Unternehmen. Dies erfolgt über einen Mitarbeitermotivations-Fragebogen.

4. Vergütung

Die Teilprozesse Vergütung beinhalten die Maßnahmen der Konzeption und Koordination fester und variabler Entgeltbestandteile, wie:

- Ablauf Salary-Review (Erste Führungsebene);
- Ablauf Entgeltüberprüfung (Außertarifliche Mitarbeiter);
- Gruppenvergütung und
- Management Incentive Compensation-Regelung.

5. Umsetzung der Prozesse

Zur Messung der Arbeitgeberattraktivität wurde im November 2004 bei Metzeler an den drei Standorten Lindau, Mannheim, Dzierzoniow eine Mitarbeiterbefragung durchgeführt. Alle Mitarbeiter wurden anonym befragt, wie zufrieden sie mit ihrer Tätigkeit, den Vorgesetzten, Kollegen und allgemeinen Rahmenbedingungen sind. Die ausgefüllten Fragebögen wurden durch Experten von ZfM, Zentrum für Management- und Personalberatung, Edmund Mastiaux & Partner, Bonn, wissenschaftlich und anonym ausgewertet (Rücklauf 895 Fragebögen, das entspricht einer Rücklaufquote von 52,7 %). Die Ergebnisdarstellung erfolgte strukturiert nach den Themenbereichen: Allgemeine Zufriedenheit, Information und Kommunikation, Führung, Personalentwicklung, Mitarbeitergespräch, Kontinuierlicher Verbesserungsprozess und betriebliches Vorschlagswesen, Image, Allgemeines über Metzeler. Aus Tabelle 3-3 werden beispielhafte Inhalte der Mitarbeiterbefragung deutlich.

Tabelle 3-3: Schwerpunkte der Mitarbeiterbefragung, Quelle: Mitarbeiterbefragung

Bereich	Beispielhafte Fragen/Aussagen[3]
Allgemeine Zufriedenheit	▪ Mit meinen Aufgaben bin ich zufrieden. ▪ Die Zusammenarbeit zwischen Abteilungen und Bereichen im Arbeitsprozess verläuft reibungslos. ▪ Falls Sie die Zusammenarbeit als schlecht beurteilen, worauf führen Sie diese Einstufung zurück …?

---

[3] Anmerkung: Sofern die Frage/Aussage nicht mit … endet, waren folgende Antwortkategorien möglich: trifft voll zu, trifft zu, teils, teils, trifft wenig zu, trifft nicht zu.

		■ Bei Metzeler werden Fehler so angesprochen, dass daraus gelernt werden kann.
		■ Mit den bestehenden Arbeitszeitmodellen kann ich meine privaten und beruflichen Belange vereinbaren.
		■ Ich habe den Eindruck, dass bei meiner Arbeit meine Meinungen und Vorstellungen zählen.
	■ *Information und Kommunikation*	■ Ich fühle mich gut über die Themen informiert, die mir wichtig sind.
		■ Folgende Informationsquellen sind mir in diesem Zusammenhang besonders wichtig …
	■ *Führung*	■ Meine Führungskraft unterstützt und fördert meine berufliche Entwicklung.
		■ Meine Führungskraft vereinbart mit mir klare Ziele.
		■ Meine Führungskraft gibt mir regelmäßig Rückmeldung über Leistung und Verhalten.
		■ Meine Führungskraft überträgt mir entsprechende Verantwortung zur Erledigung meiner Aufgaben.
		■ Meine Führungskraft ist entscheidungsstark.
		■ Meine Führungskraft hat ein offenes Ohr für persönliche Anliegen.
		■ Meine Leistungs- und Potenzialeinschätzung erlebe ich als fair und transparent.
		■ Meine Führungskraft erkennt im Gespräch zur Leistungs- und Potenzialeinschätzung meine Leistungen an.
	■ *Personalentwicklung (PE)*	■ Die PE unterstützt mich in meiner beruflichen und persönlichen Entwicklung.
		■ Diese Leistungen der PE sind mir besonders wichtig …
Effizienz der Personalprozesse		
	■ *Mitarbeitergespräch (MAG)*	■ Das MAG bringt mich weiter.
		■ Das MAG erlebe ich als …
		■ Die im MAG vereinbarten Maßnahmen werden umgesetzt.
	■ *Kontinuierlicher Verbesserungsprozess (KVP), Betriebliches Vorschlagswesen (BVW)*	■ KVP verbessert wirkungsvoll die Unternehmensabläufe.
		■ KVP nutzt mir bei meiner persönlichen Arbeit.
		■ Ich mache aus folgenden Gründen gerne Verbesserungsvorschläge …
	■ *Image*	■ Metzeler ist innovativ.
		■ Metzeler ist zuverlässig.
		■ Metzeler ist schnell.
		■ Metzeler ist stark und stabil.
		■ Metzeler ist kompetent.

■ Allgemeines über Metzeler	■ Das Thema Führung wird bei Metzeler professionell umgesetzt.
	■ Metzeler entwickelt seine Mitarbeiter.
	■ Über die aktuellen Metzeler-Geschäfts- und Unternehmensziele fühle ich mich gut informiert.
	■ Ich arbeite sehr gerne bei Metzeler.
	■ Folgende Gründe würden mich zu einem Unternehmenswechsel bewegen ...

Aus den Ergebnissen der Mitarbeiterbefragung ergeben sich wesentliche Impulse zur Weiterentwicklung des wertorientierten Personalmanagements, z. B. hinsichtlich einer weiteren Professionalisierung:

- einzelner Personalmanagementfunktionen (z. B. mitarbeiterorientierte Personalentwicklung),
- des Führungsverhaltens (z. B. Durchführung der Mitarbeitergespräche),
- der Quantifizierung und Messung des Beitrags des Personalmanagements zur Wertschöpfung (z. B. Information der Mitarbeiter über die Geschäfts- und Unternehmensziele).

3.4.4 Führungsqualität

Dieser Komplex erläutert und beschreibt das strategieorientierte Führungsverhalten und die strategieorientierte Gestaltung der wesentlichen Führungs- und Führungskräfteentwicklungssysteme. Er umfasst folgende Teilprozesse:

1. Führungsprozesse und Systeme

   Führungsprozesse und Systeme umfassen das Zielsystem (Zielmatrix) mit regelmäßigen Reviews, das Mitarbeitergespräch und die regelmäßigen Führungsmeetings und Führungskräftetagungen (Führungskräfteinformationstage). Für die Gespräche mit Mitarbeitern wurde ein entsprechender Leitfaden entwickelt.

2. Führungskräfteentwicklung

   Ein durchgängiges Kompetenz- und Potenzialmanagement erfolgt nach einheitlichen und transparenten Kriterien und Vorgehen, durch

   - Potenzial- und Leistungseinschätzung „Lust an der Leistung";
   - Managerial Effectiveness Appraisal und
   - Zielgruppenspezifische Entwicklungspläne für Fach- und Führungskräfte (Projektmanager, jüngere Führungskräfte).

3. Ausführung der Prozesse

Die Etablierung einer angemessenen Führungsqualität zählt zu einem der wesentlichen Schwerpunkte im Rahmen eines wertorientierten Personalmanagements. Hierzu gehören v. a. Fragestellungen der Führungskräfteentwicklung. Um die Mitarbeiter in den verschiedenen Altersstufen zweckmäßig einsetzen und entwickeln zu können, ist es erforderlich, regelmäßige Einschätzungen der individuellen Ausprägung von Potenzialen, Wissen, Fähigkeiten und Bedürfnisse der Mitarbeiter durchzuführen. Metzeler hat hierzu eine umfangreiche Leistungs- und Potenzialeinschätzung der Mitarbeiter entwickelt. Jeder Vorgesetzte bewertet jeden seiner Mitarbeiter (Angestellte und Gemeinkostenlöhner) in den Dimensionen Potenzial und Leistung und begründet seine Einschätzung. Basis der Einschätzung sind die Leistungen im Rahmen der aktuell wahrgenommenen Aufgabe. Ein wichtiger Input ist der Grad der Zielerreichung sowie die Aufgabenerfüllung anhand von Kennzahlen und Vorgabewerten (siehe letzte Zeile in der nachfolgenden Abbildung).

Abbildung 3-3: Mitarbeiterportfolio (Quelle: Metzeler-Management-Handbuch)

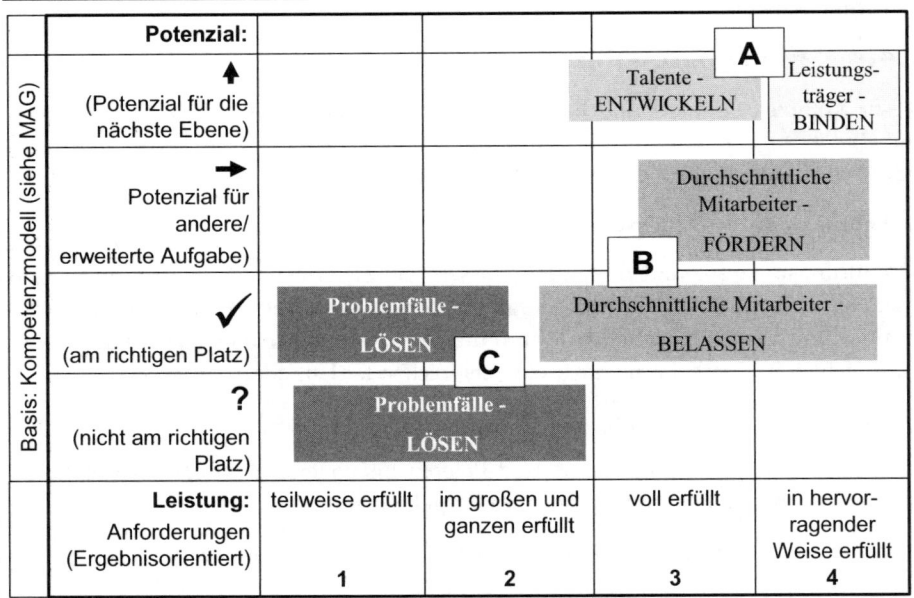

Aus dem Mitarbeitergespräch ergeben sich Hinweise auf das Potenzial der Mitarbeiter. Die Klärung der Aufgabe, der Kompetenz und Verantwortung in Verbindung mit dem SOLL- und IST-Profil gibt Hinweise für die Einschätzung, ob der Mitarbeiter am richtigen Platz ist (stärkenorientierter Einsatz) oder nicht. Hier erfolgt eine zusammenfassende Einschätzung der Mitarbeiter nach folgender Einteilung:

A = Leistungsträger/ Talent;

B = Durchschnittlicher Mitarbeiter;

C= Problemfall.

Die Einschätzungen werden fixiert (z. B. **3, ✓, B)**, mit den Bereichsleitern durchgesprochen (je nach Führungsstruktur) und von den Bereichsleitern an den Personalbereich weitergegeben. Dieser fasst die Ergebnisse zusammen, die der General Manager jeweils mit dem Bereichsverantwortlichen und dem Leiter Personal durchspricht. Auf Basis dieser Abstimmung werden für jede Gruppe konkrete Maßnahmen vereinbart und Verantwortlichkeiten festgelegt mit dem Ziel, Leistungsträger zu binden, Talente zu entwickeln, durchschnittliche Mitarbeiter zu fördern oder zu belassen und erkannte Problemfälle zu lösen. Hierzu kann auch die Trennung von Mitarbeitern gehören. In einem zweiten Schritt werden für die beschriebenen Gruppen Entgeltanpassungsbandbreiten festgelegt (außertariflich). Sie umfassen für

A = Leistungsträger/Talente: bis 8 %;

B = Durchschnittliche Mitarbeiter: 1-3 % (orientiert an der Inflationsrate und dem aktuellen Tarifabschluss) und für

C = Problemfälle: 0 %.

Für Tarifmitarbeiter erfolgt eine entsprechende Anpassung im Rahmen tarifvertraglicher Regelungen und bei Beachtung mitbestimmungsrelevanter Sachverhalte.

4 Zusammenfassung

Um den geänderten Anforderungen an Arbeit und Führung in modernen Industrie- und Dienstleistungsgesellschaften gerecht werden zu können, ist ein neues Verständnis und ein geänderter Umgang mit dem Management der Humanressourcen dringend erforderlich. Das Konzept des wertorientierten Personalmanagements gibt dabei sowohl den theoretischen als auch den praxisorientierten Rahmen für die konsequente Ausrichtung des Personalmanagements auf die Unternehmensentwicklung vor. Das Beispiel Metzeler zeigt deutlich, wie sich eine solche Ausrichtung in entsprechend geänderten Personalmanagementprozessen darstellt. Dazu wurde zunächst die Personalpolitik des Unternehmens erläutert, innerhalb derer die Mitarbeiter als Erfolgsfaktoren gesehen werden. Weiterhin wurde die Einbettung der Personalmanagementprozesse in die Prozessarchitektur des Unternehmens verdeutlicht und auf grundsätzliche

Teilprozesse des Unterstützungsprozesses Personalmanagement eingegangen. Indem diese in ihrer Ausgestaltung, mit ihren Kennzahlen und Instrumenten beschrieben wurden, erfolgte eine schlagwortartige Darstellung und Bewertung der Umsetzung des wertorientierten Personalmanagements. Es wurde gezeigt, dass der Hauptprozess:

- „Qualität und Verfügbarkeit des Personals" durch ein hohes Niveau auf der operativen Ebene gekennzeichnet ist;

- „Effizienz der Personal-Prozesse" durch eine regelmäßige Soll-Ist-Abweichungsanalyse das Erkennen von Verbesserungspotenzialen zur Gestaltung des Verhältnisses von Personalaufwand und Leistungen der Personalprozesse ermöglicht;

- „Arbeitgeberattraktivität" durch eine Mitarbeiterbefragung gemessen wird, in deren Rahmen für Personalmanagementfunktionen, das Führungsverhalten sowie den Beitrag zur Wertschöpfung Verbesserungspotenziale für die Weiterentwicklung des wertorientierten Personalmanagements aufgezeigt werden;

- „Führungsqualität" durch eine umfangreiche Leistungs- und Potenzialeinschätzung der Mitarbeiter gelebt wird, nach der regelmäßige Einschätzungen der individuellen Ausprägung von Potenzialen, Wissen, Fähigkeiten und Bedürfnisse der Mitarbeiter durchgeführt werden.

Anhand des Beispiels Metzeler wurde gezeigt, in welcher Form das wertorientierte Personalmanagement zu einer veränderten Schwerpunktsetzung und differenzierten Ausgestaltung der Personalmanagementfunktionen einschließlich eines angemessenen Führungsverhaltens sowie zu Möglichkeiten zur Quantifizierung und Messung des Beitrags des Personalmanagements zur Wertschöpfung führt. Wertorientiertes Personalmanagement ist dabei kein abzuschließender Prozess, sondern fokussiert deutlich auf messbare Beiträge zur Wertsteigerung des Unternehmens und damit zur Realisierung der Unternehmensstrategie. Das Personalmanagement wird so seiner Rolle als Business-Partner gerecht, indem es seine Leitfunktion professionell wahrnimmt.

Literaturverzeichnis

BRINKMANN, H., Ganzheitliche Unternehmensführung und Offensives Personalmanagement, Münster 1996.

DEUTSCHE GESELLSCHAFT FÜR PERSONALMANAGEMENT E. V. (HRSG.), Wertorientiertes Personalmanagement - ein Beitrag zum Unternehmenserfolg, Konzeption - Durchführung - Unternehmensbeispiele, Bielefeld 2004.

DOYÉ, T., Personalmanager als Business Partner, in: Personal, 56. Jg., Heft 5, 2004, S. 42-44.

ECKARDSTEIN, D. V., Demografische Verschiebungen und ihre Bedeutung für das Personalmanagement, in: Zeitschrift für Organisation, 73. Jg., Heft 3, 2004, S. 128-135.

FIEBES, H./LAU, V./PILGER, N., Viel reaktive Verwaltung, wenig kreative Gestaltung, in: Personalwirtschaft, 31. Jg., Heft 5, 2004, S. 14-19.

FISCHER, H., Makrotrends des Personalmanagements, in: Schwuchow, K. Gutmann, J. (Hrsg.): Jahrbuch Personalentwicklung und Weiterbildung, Luchterhand Verlag, Rheinbreitbach 2002, S. 18-26.

FLEIG, G., Das Personalressort als Business Partner, in: Personal, 56. Jg., Heft 1, 2004, S. 6-8.

GOERKE, S., Human Capital - entwickeln statt verwalten, in: Personalwirtschaft, 31. Jg., Heft 5, 2004, S. 26-29.

KRICSFALUSSY, A./REINERS, J., Personal-Agenda 2004: Dringend professionalisieren, in: Personal, 56. Jg., Heft 1, 2004, S. 18-21.

LAU, V., Pragmatismus im Personalmanagement, in: Personal, 56. Jg., Heft 11, 2004, S. 6-8.

Metzeler-Management-Handbuch

PRICEWATERHOUSECOOPERS: Executive briefing: Effective people management and profitability, 2002, download unter http://www.pwcglobal.com.

RICHENHAGEN, G., Demografischer Wandel: Gesünder arbeiten bis ins Alter, in: Personalführung, 37. Jg., Heft 2, 2004, S. 60-69.

RUMPF, J., Umdenken lernen, in: Personal, 56. Jg., Heft 6, 2004, S. 11.

SCHERM, E., Personalmanagement in der Krise, in: Personalwirtschaft, 31. Jg., Heft 1, 2004, S. 53-57.

Petra Popall, Peter M. Wald

Diversity@P&G
Reaching the next level

1 Einleitung 189
2 Exkurs: Zum Begriff Diversity 190
3 Fallbeispiel: Diversity bei P&G 193
   3.1   Über Procter&Gamble 193
   3.2   Basis des Diversity Managements bei P&G:
         Grundwerte des Unternehmens 193
   3.3   Einführung des Diversity Managements 195
   3.4   Bereiche, Instrumente und Maßnahmen des Diversity Managements 195
   3.5   Praxis des Diversity Managements 196
   3.6   Lessons learned - Erfahrungen und Erfolge 198
4 Ausblick und Schlussfolgerungen 200

1 Einleitung

Die umfassenden und tief greifenden Veränderungen in allen Bereichen der Gesellschaft bringen auch gravierende Änderungen in der Führung moderner Unternehmen mit sich. Vor allem im Bereich des Managements von Mitarbeitern kommt es aufgrund der im Folgenden dargestellten Trends zu nachhaltig geänderten Herangehensweisen. Zu den Trends zählen die

- wachsende Globalisierung der Wirtschaftstätigkeit mit einer zunehmenden Wettbewerbsintensität sowie „internationaleren" Kunden und Mitarbeitern,
- massiven demographischen Verschiebungen mit einem differenzierten Umgang mit verschiedenen Mitarbeitergruppen und einem deutlichen Bedeutungszuwachs der eigenen bzw. der verfügbaren (Mitarbeiter-)Ressourcen,
- zunehmende Kunden- und Marktorientierung unter Berücksichtigung der Bedürfnisse spezifischer Kundengruppen und das Agieren in besonderen regionalen Märkten bzw. in neu definierten Marktsegmenten.

Die Unternehmen müssen auf diese Trends offensiv und mit spezifischen internen Lösungen reagieren, d. h. die aufgeführten Entwicklungen sollten sich in neuen Führungs- und Organisationskonzepten (v. a. hinsichtlich struktureller und kultureller Führung) widerspiegeln. Damit sind neue Herangehensweisen, Programme und Funktionen angesprochen, die u. U. insbesondere im Zusammenhang mit der Führung von Mitarbeitern zukünftig eine entscheidende Bedeutung erlangen.

Damit sind nicht nur, aber vor allem Änderungen in den Personalstrategien in den Unternehmen gemeint. Insbesondere bei der Neuausrichtung des Personalmanagements aber auch bei der Umgestaltung von Personalbereichen sollten diese Zusammenhänge berücksichtigt werden. Viele Unternehmen stehen dabei aktuell vor der Frage, eigene Antworten zum Thema Verschiedenheit bzw. Diversity zu finden. In diesem Beitrag wird die Herausforderung „Diversity" sowohl theoretisch betrachtet als auch im Kontext der praktischen Erfahrungen eines erfolgreichen internationalen Unternehmens diskutiert. Wie kann Diversity bzw. Diversity Management definiert werden? Wie geht der bekannte und global tätige Markenartikler Procter & Gamble mit der Herausforderung Diversity um?

Diversity Management soll hier als Beispiel für den Umgang der Unternehmen mit sich ändernden Rahmenbedingungen dienen. Eine Betrachtung des Diversity Managements lohnt sich dabei nicht nur im Blick auf die sich in Deutschland ändernden rechtlichen Bedingungen (v. a. Anti-Diskriminierungsgesetz), sondern auch deshalb, weil die in diesem Band betrachteten neuen Anforderungen an das Personalmanagement ohne eine Berücksichtigung der weit reichenden Diversity-Erfordernisse nicht erfolgreich bewältigt werden können.

Petra Popall, Peter M. Wald

2 Exkurs: Zum Begriff Diversity

Unternehmen und Organisationen sehen sich vielfältigen Veränderungen ausgesetzt. Die zunehmende Vielfalt der Individuen und die hiermit einher gehende Verschiedenheit von Ansichten und Erfahrungen wird einerseits als problematisch empfunden bringt aber andererseits „attraktive Vorteile" (WEINERT 2004, S. 452) insbesondere bei der Bewältigung komplexer Aufgaben mit sich. Nach Robbins (2001) nimmt die als Heterogenität von Organisationen beschriebene Diversity tendenziell zu und erfordert die Einbeziehung unterschiedlicher Individuen und Gruppen mittels einer entsprechenden Führung. Hier setzt der Begriff Diversity Management an. Allgemein wird darunter ein bewusster Umgang mit Unterschieden in den Unternehmen verstanden. Diese Unterschiede können bspw. auf der Ebene von

- Mitarbeitern (z. B. ethnische oder Staatszugehörigkeit, Unternehmenszugehörigkeit, Alter, Geschlecht, Erfahrung, Expertise, Ansichten, Bildung, Religion, sexuelle Orientierung und andere persönliche Merkmale),

- Gruppen oder Teams von Mitarbeitern (z. B. deren Zusammensetzung, Strukturen, Wissen, Erfahrungen, Kompetenzen, Berufe, Ressourcen),

- gesamten Organisationen bzw. ihrer Bestandteile, wie strategische Geschäftsfelder bzw. -einheiten, Sparten, Produktgruppen sowie Regionen, Standorten und Partnerschaften wie Allianzen, Kooperationen und Netzwerken

existieren. In diesem Beitrag wird der Fokus auf das Diversity Management der Mitarbeiter gelegt. Vorliegende Erkenntnisse verdeutlichen (EUROPEAN COMMISSION 2003), dass eine diverse Mitarbeiterschaft Chancen für die Weiterentwicklung der Unternehmen eröffnet und durch ein zielgerichtetes Diversity Management Wettbewerbsvorteile erreichbar werden. Trotz dieser Wirkungen auf die Leistungsfähigkeit der Unternehmen praktizieren in Deutschland bislang nur große Firmen[1] (u. a. Deutsche Bank, Deutsche Telekom, Lufthansa, Siemens) ein systematisches Diversity Management. Was sind die Gründe für die zögernde Anwendung?

Die Beschäftigung mit Diversity tangiert gleichermaßen individuelle Vorstellungen und organisatorische Bedingungen und ist fast immer mit weit reichenden Veränderungen in den Unternehmen verknüpft. Dies führte zu einem eher schritt weisen Herantasten der Unternehmen an das Thema Diversity. Dabei sind spezifische Phasen bzw. diesen Phasen entsprechende Ansätze des Diversity Managements erkennbar (THOMAS/ELY 1996/2002). Zu den Ansätzen[2] gehören die folgenden:

---

[1] Vedder (2005) spricht von nicht mehr als 50 Banken, Automobilherstellern und anderen Großunternehmen in Deutschland, die ein Diversity Management praktizieren.

[2] Vgl. hierzu auch die Diversity-Reifegrade in Organisationen bei Thomas (2001, S. 276 f.) oder auch die thematischen Zugänge zum Diversity Management nach Vedder (2005).

■ Assimilationsansatz

Die Unternehmen gehen hier davon aus, dass Diversity kein Thema für sie ist. Aus Gründen der Antidiskriminierung und Fairness werden jedoch zunehmend Mitglieder aus verschiedenen Gruppen bzw. mit einem differenzierten Hintergrund eingestellt. Dabei kam es in der Regel zu einer Erhöhung des Anteils verschiedener Gruppen (Frauen, Behinderte). Oft existieren Unterstützungsangebote z. B. Mentoring- bzw. Coaching-Programme für Frauen oder Trainingsangebote für Führungskräfte. Es ging hier v. a. darum, die Mitarbeiterschaft aus ethischen Gründen diverser zu machen, weniger darum, Diversität als Quelle neuer Erkenntnisse bzw. als Ressource zu nutzen. Als Konsequenz entstand der Grundsatz "Alle sind gleich" und alle sind auch gleich zu behandeln. Es geht dabei v. a. um die Assimilation bzw. die Angleichung von Unterschieden im Sinne der so genannten Schmelztiegeltheorie (ROBBINS 2001, S. 31).

■ Differenzierungsansatz

Unterschiede werden akzeptiert. Unternehmen versuchen, unterschiedliche Mitarbeiter spezifisch einzusetzen bzw. sie in ausgewählten Bereichen zu konzentrieren. Im Marketing werden Marktsegmentierungs- und zielgruppenspezifische Strategien generiert, bestimmte Mitarbeiter zumeist aus ausgewählten ethnischen oder Bevölkerungsgruppen bearbeiten Marktnischen oder übernehmen Sonderaufgaben. Beispiele sind neben den Frauen als Verbrauchergruppe auch Senioren- und Sportlermärkte oder Märkte mit besonderen Interessengruppen. Markt- und kundenorientierte Unternehmen stellen sich auf die Berücksichtigung bzw. das Herausstellen von Besonderheiten ein. Das hieraus resultierende spezifische Vorgehen bringt oft Erfolge mit sich. Es ist hier jedoch wiederum nicht vorgesehen, dass die Unternehmen aus vorhandenen Unterschieden lernen bzw. schlussfolgern.

■ Integrationsansatz

Dieser Ansatz bringt einen grundlegenden („revolutionären") Wandel mit sich, der deutlich über die Vorgehensweisen des Assimilations- und Differenzierungsansatzes hinausreicht. Diversity wird hier zielgerichtet mit konkreten Leistungsanforderungen der Unternehmen verknüpft. Mitarbeiter mit einem spezifischen beruflichen und persönlichen Hintergrund, unterschiedlichen Erfahrungen und Eigenschaften werden bewusst rekrutiert und eingesetzt. Die Unternehmen fördern gleiche Chancen und wertschätzen kulturelle Diversität. Die diversen Perspektiven und Erfahrungen der Mitarbeiter werden konsequent für die Leistungsentwicklung des gesamten Unternehmens genutzt. Positionierung, Strategien und einzelne Handlungen werden überprüft und ggf. modifiziert. Das Organisationsverhalten und die Strukturen im Unternehmen erfahren eine kritische Überprüfung. Die Mitarbeiter werden mit ihren Meinungen und Erfahrungen aktiv in Veränderungen einbezogen. Auf diese Weise soll organisationales Lernen auf der Basis diverser individueller Erfahrungen ermöglicht werden. Dieser integrative Ansatz sollte durch folgende Maßnahmen flankiert werden (THOMAS/ELY 1996/2002)

1. Encourage open discussion of cultural backgrounds.
2. Eliminate all forms of dominance (by hierarchy, function, race, gender, etc.) that inhibit full contribution.
3. Secure organizational trust.

Eine solche Vorgehensweise lässt Diversity zur Ressource werden (SCHEIN 2004, S. 401) und die Unternehmen können "internalize differences among employees so that it learns and grows because of them." Mitarbeiter können von folgendem Grundsatz ausgehen: "We are all on the same team with our differences - not despite them." (THOMAS/ELY 1996/2002, S. 10). Mitarbeiter aus Organisationen mit dem hier dargestellten Diversity Management verfügen oft über eine ausgeprägte mentale Bindung mit dem Unternehmen, die auf Vertrauen basiert. Ergebnisse der EU-Studie "The costs and benefits of diversity" (EUROPEAN COMMISSION 2003) lassen erkennen, dass ein bewusstes Diversity Management positiv auf Wettbewerbsfähigkeit, wirtschaftliche Ergebnisse sowie den Aufbau der Reputation und des Humankapitals des Unternehmens wirkt.

Zur gezielten Einführung von Diversity Management empfahlen Molander und Winterton bereits 1994 folgende Strategie

- Allocation of overall responsibility to a specific senior executive.
- Agreement of the policy with employee representatives.
- Effective communication of the policy to all employees.
- An accurate survey of existing employees in terms of gender, ethnic origin, disability, etc. and the nature and status oft their jobs.
- An audit of human resources practices and their implications for equal opportunities.
- Setting equal opportunity objectives within the human resources strategy
- Resources, such as training and development capabilities, to back up these objectives.

Die mehr oder minder konsequente Abarbeitung dieses „Implementations-Fahrplanes" lässt sich in vielen Unternehmen nachweisen. Wichtig ist es in diesem Zusammenhang, konkrete Erfahrungen an die Unternehmen weiterzugeben, die vor der Einführung eines aktiven und systematischen Diversity Managements stehen. Vor allem an diese richten sich die nachfolgenden Ausführungen.

3 Fallbeispiel: Diversity bei P&G

3.1 Über Procter&Gamble

Procter und Gamble (P&G) zählt zu den größten und erfolgreichsten Markenartiklern weltweit und beschäftigt derzeit global ca. 110.000 Mitarbeiter und in Deutschland etwa 6.000 Mitarbeiter. P&G ist in 160 verschiedenen Ländern und Kulturen vertreten. Das Unternehmen hat erkannt, dass nachhaltiges Wachstum nur durch engen Kontakt mit dem Verbraucher („Consumer Is Boss") zu realisieren ist. Zweieinhalb Milliarden Mal am Tag kommen Verbraucher in aller Welt in Kontakt mit P&G-Produkten. Die Verschiedenartigkeit der Verbraucher setzt eine ebenso große Vielfalt bei denjenigen voraus, die diese Produkte entwickeln, vermarkten und vertreiben - den P&G Mitarbeitern.

Mit P&G rückt ein Unternehmen ins Blickfeld, das weltweit beim Diversity Management die Rolle eines Schrittmachers übernommen hat. Hier wird skizziert, welche spezifischen Instrumente P&G entwickelt hat und derzeit benutzt, um die Erfordernisse eines modernen Diversity Managements zu realisieren und wie das Diversity Management in die Führung integriert wurde. Hierfür ist es wichtig, P&G etwas näher kennen zu lernen. *Einerseits* ist P&G ein marketingorientiertes und weltweit agierendes Unternehmen, mit einer hohen Diversität unter seinen Verbrauchern. Fast 90 % der Konsumenten sind weiblich. Der größte Teil der Produkte geht an Frauen in aller Welt. *Andererseits* erkannte P&G, dass die bewusste Berücksichtigung und Nutzung von Diversity langfristig strategische Vorteile verspricht. Bei P&G ist „... diversity ... a business strategy that's working. It creates competitive advantage that - when fully developed and leveraged - is almost impossible to match."

P&G ist heute ein wahrhaft globales Unternehmen. Allein die in Westeuropa beschäftigten Mitarbeiter gehören mehr als 150 Nationalitäten an.

3.2 Basis des Diversity Managements bei P&G: Grundwerte des Unternehmens

Das Diversity Management bei P&G basiert auf den Grundwerten und Prinzipien des Unternehmens. Ausgehend von der Aussage, dass „P&G, das sind die Menschen und die Werte, nach denen sie leben", handelt P&G als innovatives Unternehmen in der Überzeugung, dass die Mitarbeiterinnen und Mitarbeiter das größte Kapital des Unternehmens sind. Dies ist an den allgemeinen Unternehmensprinzipien ablesbar:

- Wir respektieren jeden Einzelnen.
- Die Interessen des Unternehmens und des Einzelnen sind untrennbar miteinander verbunden.
- Wir schätzen persönliche Kompetenz.

Menschen verschiedener Herkunft, Kulturen und Geschlechter bilden das Fundament für die Entwicklung neuer Ideen und sind damit einer der Grundpfeiler für den langfristigen Erfolg bzw. die Wettbewerbsfähigkeit des Unternehmens. Bei der Vermittlung dieser Grundwerte übernimmt das Diversity Management eine Schlüsselfunktion: „Diversity is ... a perfect fit with our values & principles". Das Diversity Management kann dabei helfen, den Mitarbeitern konkrete Handlungsmöglichkeiten und Verantwortung zu vermitteln. Folgerichtig erfordert Diversity Management von P&G, die Vielfältigkeit und Individualität der Mitarbeiter zu respektieren und zu schätzen und ein Umfeld zu schaffen, in dem jeder einzelne Mitarbeiter seine Fähigkeiten und Fertigkeiten optimal einbringen kann. Und das unabhängig vom jeweiligen Geschlecht, der Nationalität oder der individuellen Persönlichkeit. P&G strebt nicht an, alle Mitarbeiter gleich zu behandeln, sondern jedem individuell und fair zu begegnen.

Diversity (Management) ist Unternehmensstrategie und hat bei P&G seit langem Bestand. Die Umsetzung reicht von verschiedenen Richtlinien bis hin zu der Tatsache, dass Führungskräfte auch daran gemessen werden, in welchem Maße sie diese Strategie in ihrem Verantwortungsbereich umsetzen. Diversity ist dabei nicht nur eine Frage der Gleichberechtigung von Mann und Frau. Diversity ist vielmehr eine Einstellung, die das tägliche Geschäft eines jeden Mitarbeiters beeinflusst. Das Unternehmen muss sich, wie andere Firmen auch, ständig ändernden Gegebenheiten stellen und darauf reagieren.

Was verspricht sich P&G vom Diversity Management? Was sind - vor allem aus der betriebswirtschaftlichen Sicht eines innovativen und global tätigen Konsumgüterunternehmens - die Vorteile von Diversity Management? P&G geht davon aus, dass

- Arbeitsgruppen mit Mitgliedern unterschiedlichen Geschlechts, unterschiedlicher Nationalität und Persönlichkeit nachgewiesenermaßen zu besseren und innovativeren Ergebnissen kommen,
- mit dem „Diversity" Konzept intern die hohe Vielfältigkeit der Verbraucher reflektiert wird,
- Diversity Management zu einer gestiegenen Mitarbeiterzufriedenheit beiträgt und somit die Bindung der Mitarbeiter an das Unternehmen verstärken hilft,
- Diversity letztendlich zu einer höheren Produktivität, Wettbewerbsvorteilen und höheren Marktanteilen der Produkte führt.

3.3 Einführung des Diversity Managements

Procter & Gamble hat sich dem Thema Diversity bereits seit langer Zeit zugewandt, wobei der Ursprung im US-amerikanischen „Equal Opportunity Gesetz" zu suchen ist. Als amerikanisches Unternehmen hat P&G auch in Deutschland schon früh versucht, "Diversity" Konzepte umzusetzen. Bei P&G in Europa begann im Jahr 1996 eine intensive Beschäftigung mit dem Thema. Zur Sensibilisierung und organisatorischen Verankerung wurden damals so genannte „Diversity-Kontakte" in allen Ländern eingerichtet. Diese „Diversity-Kontakte" erarbeiteten - basierend auf den lokalen Gegebenheiten - spezifische Konzepte und Aktionspläne zur Umsetzung des Diversity Managements. Als Netzwerk organisiert, arbeiteten „Diversity-Kontakte" eng auf europäischer Ebene zusammen, um Erfahrungen auszutauschen sowie gemeinsam europäische Projekte zu initiieren und durchzuführen. Beispiele hierfür sind vor allem flexible Arbeitszeitrichtlinien und Mentorenprojekte.

Die Auseinandersetzung mit Diversity und die Implementierung erster Diversity-Instrumente erfolgte in einer Zeit des wirtschaftlichen Booms, nicht zuletzt um Impulse für die Rekrutierung zusätzlicher qualifizierter Mitarbeiter zu geben. Mittlerweile hat sich die Arbeitsmarktsituation vor allem in Deutschland gravierend verändert. Wichtig ist, dass P&G das Diversity Management unabhängig von den konkreten wirtschaftlichen Rahmenbedingen einführte und realisierte. P&G erkennt Diversity als wichtiges Ziel auch bei sich ändernden Bedingungen an. Demzufolge steht Diversity aktuell im Zentrum der Führungsaktivitäten und bildet auch in Zukunft einen wichtigen Bestandteil der Geschäfts- und Personalstrategie. P&G geht von einem hohen Implementationsgrad des Diversity Managements in Deutschland aus. Diversity Management fand sowohl hohe Akzeptanz und Zustimmung bei den Mitarbeitern und Mitarbeiterinnen als auch die breite und anhaltende Unterstützung des Top-Managements.

3.4 Bereiche, Instrumente und Maßnahmen des Diversity Managements

Es ist eine Tatsache, dass Frauen eine Schlüsselrolle in den so genannten „Two Moments of Truth" spielen. Der erste Moment der Wahrheit schlägt für ein P&G Produkt, wenn die Kaufentscheidung ansteht. Diese wird immerhin zu mehr als 90 Prozent von Frauen getroffen. Der zweite Moment kommt, wenn die Verbraucherin wieder vor der Entscheidung steht ein P&G Produkt oder ein Konkurrenzprodukt zu kaufen. Allein diese Tatsachen erfordern zwingend einen höheren Anteil von Frauen im Unternehmen - auf allen Ebenen.

Petra Popall, Peter M. Wald

Im Jahr 2001 hat P&G eine umfassende Studie zur Erfassung des Diversity Status in Europa durchgeführt. Es konnte festgestellt werden, dass es eine repräsentative Vertretung verschiedenster Nationalitäten im Unternehmen gibt. Demgegenüber gab es jedoch Defizite bei der repräsentativen Vertretung von Frauen insbesondere auf höheren Hierarchieebenen. Der Fokus des Diversity Managements wurde deshalb zunächst konsequent auf den Bereich Gender Diversity gelegt, d. h. die entsprechenden Aktivitäten zielten auf die Vertretung von Frauen in allen Hierarchieebenen. Weitere Studien zur Erfassung des Status quo richteten sich auf die Analyse der spezifischen Barrieren von Gender Diversity in Europa. In diesem Zusammenhang gab es

- Fokus Gruppen Gespräche und Einzelinterviews mit Frauen aller Hierarchieebenen in Europa,
- umfangreiche Befragungen innerhalb verschiedenster Geschäftsbereiche in Europa, z. B. auch eine schriftliche Befragung aller Mitarbeiter/-innen im Bereich Forschung und Entwicklung in Deutschland,
- detaillierte Untersuchungen und Befragungen zu spezifischen Aspekten, z. B. zu flexiblen Arbeitszeitmodellen oder den Maßnahmen der Kinderbetreuung.

Im Rahmen dieser Untersuchungen konnten als Barrieren insbesondere für den Bereich Gender Diversity die Bereiche Flexibilität, Mobilität, Führungsstil, Mentoring/Rollenmodelle/Netzwerke sowie Bewusstsein und Engagement fixiert werden. Zur Überwindung dieser Barrieren mehr im folgenden Abschnitt .

3.5 Praxis des Diversity Managements

Die Erkenntnisse zum Diversity Management und die Maßnahmen zur Überwindung der spezifischen Barrieren im Bereich Gender Diversity finden sich den aktuellen Handlungsbereichen, Instrumenten und Programmen des Diversity Managements bei P&G wieder.

- Flexibilität

    Zu diesem Bereich gehören sowohl die flexible Arbeitseinteilung als auch eine flexible und umfassende Kinderbetreuung. Im Einzelnen sind hier die Entwicklung und Einführung flexibler Arbeitszeitmodelle, verkürzte Arbeitszeiten, Erziehungsurlaube, Sabbaticals, Möglichkeiten zur Betreuung von Angehörigen bei Dienstreisen, Heimarbeitsplätze, Jobsharing sowie die Unterstützung bei der Suche nach geeigneten Kinderbetreuungsmöglichkeiten, die Zusammenarbeit mit einem Familienservice, konzentrierte Informationssammlung und -bereitstellung bei Kommunen und Gemeinde für arbeitende Eltern und die Zusammenarbeit mit Tagesmüttervereinen und Elterninitiativen zu nennen.

Abbildung 3-1:   Angebot geeigneter Kinderbetreuungsmöglichkeiten

Kinder
- 0-3 Jahre: Angebot an Tagesmüttern, staatliche und private Kindertagesstätten
- 3-6 Jahre: Angebot an Kindergärten mit flexibler und ganztägiger Betreuung
- 6-12 Jahre: Verlässlichkeit der Unterrichtszeiten, Angebot an Hortplätzen

- Mobilität

Hierzu gehören vor allem Aktivitäten zur Unterstützung der Karrieren beider Partner sowie das Angebot virtueller Arbeitsplätze (Heimarbeit).

- Führungsstil

Mit Vortragsreihen und Workshops zum Thema unterschiedlicher Führungsstile soll eine nachhaltige Sensibilisierung zu den Zusammenhängen zwischen Führung und Diversity erreicht werden.

- Mentoring/Rollenmodelle/Netzwerke

In diesem Handlungsbereich kam es zur Einführung unterschiedlicher Mentorprogramme, wie z. B. Programme für Berufseinsteiger und für Frauen in den Produktionswerken, funktionsspezifische Mentorprogramme, Cross-Mentoring-Vorträge sowie zur Veröffentlichung von Rollenmodellen, der Einrichtung verschiedener Netzwerke (länder-, funktionsspezifisch und unternehmensübergreifend).

- Bewusstsein und Engagement

Hier sind hauptsächlich Maßnahmen der internen Kommunikation wie intranetgestützte Informationen und vierteljährliche Meetings sowie der externen Kommunikation (Veröffentlichungen in verschiedenen Online- und Printmedien) zu nennen. Die kommunikativen Maßnahmen im Unternehmen müssen einerseits umfassend über Diversity Angebote informieren, dürfen andererseits aber keine überzogenen Erwartungen bei den Mitarbeitern wecken. Nach wie vor gibt es Arbeitsplätze, die aus organisatorischen Gründen nicht flexibel gestaltet werden können. Die Anwendung flexibler Arbeitszeitmodelle setzt also eine Prüfung der praktischen Durchführbarkeit in jedem einzelnen Fall voraus.

Zu ergänzen ist die weltweite Durchführung eines internen „Internationalen Festivals" im Frühjahr 2005: Verschiedene Veranstaltungen in verschiedenen Ländern und Niederlassungen, denen ein gemeinsames Konzept zugrunde lag, rückten das Thema Diversity erneut in den Vordergrund. Während Gender Diversity in den vergangenen Jahren eine wichtige Rolle spielte, rückt nun *„Age"* in den Mittelpunkt. Mit Blick auf eine schwierige demografische Entwicklung wurden die Auswirkungen einer immer älter werdenden Bevölkerung auf ein Unternehmen wie P&G mit den Mitarbeitern diskutiert. Dabei ist es hier nicht Absicht, Fragen zufrieden stellend und abschließend zu beantworten. Vielmehr sollte ein Anstoß gegeben werden, Sensibilität für das Thema zu entwickeln.

Wie hier deutlich wird, ist Diversity Management bei P&G zum integralen Bestandteil der Unternehmensführung bzw. der Unternehmenspolitik geworden. Diversity Management beschränkt sich nicht mehr nur auf einen Bereich oder eine ausgewählte Politik des Unternehmens, wie z. B. Personalmanagement bzw. Personalpolitik. In der nachfolgenden Darstellung zeigt sich die Vielfalt der Elemente des P&G Diversity Programms.

Tabelle 3-1: Bestandteile des aktuellen P&G Diversity Programms
(Quelle: Procter & Gamble Deutschland)

Bestandteile	Einzelne Elemente
Flexible Arbeitszeit- und Arbeitsmodelle (flexible working)	Reduzierte Arbeitszeit (Teilzeitangebote in verschiedenen Abstufungen)
	Home Office/Work from home
	Job Sharing
	Personal Leave of Absence/Family Leave/Sabbaticals
	Standortunabhängige Stellen/Location free
Mentoring, Coaching & Trainingsprogramme	verschiedene Programme, länder- und funktionsspezifisch sowie unternehmensübergreifend
Role Model Sessions	Luncheons zu verschiedenen Diversity Themen
Kinder-/Familien-/Angehörigenbetreuung	Unterstützung eines regionalen Internetportals für Tagesbetreuung (www.net-e-v.de)
	Kindergartenplätze im lokalen Kindergarten am deutschen Headquarter
	Kooperation mit „Familien Service"

3.6 Lessons learned - Erfahrungen und Erfolge

Kann Diversity Management zum Unternehmenserfolg beitragen? Selbstverständlich: Die Erfahrungen bei P&G zeigen deutlich die Vorteile eines langfristigen und strategisch eingebundenen Diversity Managements. Diversity Management hat den Praxistest bei P&G bestanden, denn es trägt direkt zum geschäftlichen Erfolg bei. Dies bezieht sich nicht nur auf die durch unterschiedliche Sichtweisen gewonnenen zusätzlichen Perspektiven, sondern bedeutet ganz pragmatisch, dass:

- Mitarbeiter mit ihrem wertvollen Erfahrungsschatz langfristig an das Unternehmen gebunden werden können,
- Zufriedenheit der Mitarbeiter erreicht wird,
- Vereinbarkeit von Familie und Beruf bzw. eine Work-Life-Balance ermöglicht werden,
- eine hohe Motivation und Identifikation der Mitarbeiter mit dem Unternehmen erreicht werden,
- weniger Fehlzeiten zu verzeichnen und eine schnelle Wiedereingliederung der Mitarbeiter durch flexible Arbeitsmodelle erreichbar sind.

Dies sind nur ausgewählte Beispiele. Viele der genannten Maßnahmen haben dazu beigetragen, das Diversity Management nachhaltig in die operativen Mitarbeiterführungsprozesse und -systeme zu integrieren. Ausgangspunkt bleibt jedoch die Integration des Diversity Managements in die allgemeinen Führungs- bzw. Managementsysteme des Unternehmens. Mittlerweile sprechen die folgenden Fakten für ein funktionierendes Diversity Management:

- Eine Diversity Unternehmensrichtlinie existiert und wird konsequent angewandt.
- Diversity wurde zur „Chefsache" auf allen Ebenen, d. h. Führungskräfte sind für die Umsetzung und konkrete Fortschritte beim Diversity Management verantwortlich.
- Ein Netzwerk lokaler Diversity-Verantwortlicher arbeitet an einem Konzept zur Umsetzung der Diversity-Richtline.
- In Deutschland arbeitet ein „Women in Business Team".
- Es finden laufend Gender Workshops statt.
- In Role Model Sessions zu Diversity Themen können Mitarbeiter mit Managern der mittleren und höheren Führungsebene über deren persönliche Erfahrungen diskutieren.

Neue Gebiete für das Diversity Management sind beispielsweise Mobilität und Job Börsen. Weiterhin durchgeführt werden Diversity Awareness und Unterstützungstrainings. Einige Beispiele aus Deutschland zeigen die konkreten Erfolge von P&G: In den Jahren 1999 und 2002 erhielt das Unternehmen das „Total E-Quality-Prädikat" (E-Quality = Gleichheit; Quality = Qualität). Damit wird bestätigt, dass P&G ein attraktives Arbeitsumfeld und hervorragende Arbeitsbedingungen bietet. Dies wird auch deutlich durch den achten Platz für die deutsche P&G „Market Development Organization" beim Wettbewerb „Bester Arbeitgeber Deutschland" im Januar 2003. Im Jahr 2005 konnte wiederum ein achter Platz in der Gesamtwertung erreicht werden.

Petra Popall, Peter M. Wald

Über die Jahre ist Diversity Management bei P&G zum festen Bestandteil der Unternehmenspolitik geworden. Leistungsbeiträge sind deutlich feststellbar. Dabei hat es sich als sehr vorteilhaft erwiesen, Diversity sowohl als einen festen Bestandteil der Unternehmenspolitik als auch ein strategisches Ziel zu betrachten. Damit erwachsen dem Diversity Management eine Rolle als Bedingung und die Funktion als Ziel für die Weiterentwicklung des Unternehmens.

4 Ausblick und Schlussfolgerungen

Das Diversity Management steht auch weiterhin im Mittelpunkt der Unternehmensführung. P&G betrachtet Diversity als kontinuierlichen Lernprozess. Stakeholder und die Öffentlichkeit sehen in P&G mittlerweile ein führendes Unternehmen auf dem Gebiet Diversity Management. Es sind beträchtliche Erfolge erreicht worden. Der Anteil von Frauen bei P&G beträgt inzwischen 52 Prozent[3], wobei der Anteil in den unteren Managementebenen überdurchschnittlich hoch ist und nach oben hin abnimmt. Erklärtes Ziel des Unternehmens ist es, auf allen Hierarchieebenen ein Gleichgewicht zwischen männlichen und weiblichen Mitarbeitern herzustellen.

Aufbauend auf den Erfolgen und den definierten Zielen geht es in der Zukunft sowohl um die kontinuierliche Berücksichtigung der Diversity-Erfordernisse als auch um die weitere Integration des Diversity Managements in die Führung des Unternehmens. Damit geht P&G weit über die nahe liegende Integration des Diversity Managements in das Personalmanagement bzw. die Personalpolitik hinaus.

Was könnten diese Erfahrungen für andere Unternehmen bedeuten? Diversity Management sollte als integraler Bestandteil der Unternehmenspolitik aufgefasst werden. Es gehört deshalb von Beginn an in das Zentrum der Führung und nicht erst im Zuge sich ändernder Rahmenbedingungen. Die Unternehmen sind aufgefordert sich überhaupt oder stärker als bisher mit dem Thema Diversity bzw. Diversity Management zu beschäftigen. Oft führt eine zu späte Auseinandersetzung mit Diversity zu hohen Aufwendungen.

Das Beispiel P&G zeigt auch, dass eine aktive Umsetzung und die Fokussierung auf das Thema Diversity Potenziale für Veränderungsmaßnahmen freisetzen hilft. Diversity Management wird auf diese Weise Element und Ziel bzw. selbst zum Treiber des Change Managements.

Als vorteilhaft erwies sich hier ein Vorgehen in Schritten. Damit wird in erster Linie dem begrenzten Veränderungspotenzial der Unternehmen Rechnung getragen. In

---

[3] im Bereich der westeuropäischen Marketing- und Vertriebsorganisation - Stand: April 2005

Abhängigkeit vom jeweils erreichten Stand des Diversity Managements kann auf der Basis spezifischer Aktivitäten und Programme agiert werden. Beispielsweise können Awareness Trainings je nach erreichtem Stand angeboten werden.

Es ist wichtig, Einführung und Anwendung des Diversity Managements ständig mit gezielten kommunikativen Maßnahmen zu flankieren. Im Rahmen dieser Maßnahmen sollten sowohl die Verschiedenartigkeit als Chance und Voraussetzung für den Erfolg hervorgehoben als auch die Erlebbarkeit von Diversity sichergestellt werden. Diversity muss - dies zeigt das Beispiel P&G eindrucksvoll – auch Vorteile für die einzelnen Mitarbeiter mit sich bringen. Des Weiteren kann die Bildung von Netzwerken zum Erfahrungsaustausch und zur Weitergabe von best practices zwischen verschiedenen Einheiten des Unternehmens dienen. Die Anforderungen des Diversity Managements sind in die Personalführungssysteme aufzunehmen. Hieraus folgt, dass der Erfolg von Führungskräften auch an ihrem persönlichen Beitrag zum Diversity Management zu messen ist. Diversity sollte als Ziel alljährlich neu vereinbart werden oder bei Veränderungen fester Bestandteil der Zielkataloge sein.

Mit diesen Aktivitäten kann die Verbindung von Unternehmenskultur und Diversity Management befördert werden. Diversity bzw. Diversity Management „übernimmt" dann eine Rolle als handlungsleitender Wert im Unternehmen. Bei P&G ist Diversity sowohl ein fester Bestandteil der Unternehmenskultur als auch ein kontinuierlicher Prozess, der helfen wird, auch in Zukunft Produkte zu entwickeln und herzustellen, die die Bedürfnisse der Verbraucher voll und ganz erfüllen. Die Vielfältigkeit der Mitarbeiter wird eine essentielle Voraussetzung sein, diese zu identifizieren und in „Business Cases" umzusetzen. Dies zeigt, dass durch Diversity Management ein strategischer Wettbewerbsvorteil erarbeitet, gehalten und ausgebaut werden kann. Ein bewusstes Diversity Management verfügt somit über das Potenzial, als nachhaltiger Erfolgsfaktor zu wirken.

Diversity Management bei P&G: We're still learning ? but it works!

Literaturverzeichnis

EUROPEAN COMMISSION (DIRECTORATE-GENERAL FOR EMPLOYMENT, INDUSTRIAL RELATIONS AND SOCIAL AFFAIRS), The Costs and Benefits of Diversity, Centre for Strategy and Evaluation Service, Kent/Bruxulles 2003.

ROBBINS, S. P., Organisation der Unternehmung, München 2001.

PRICE, A., Human Resource Management in a Business Context, 2nd Edition, London 2004.

MOLANDER, C./WINTERTON, J., Managing Human Resources, Routledge 1994.

SCHEIN, E. H., Organizational Culture and Leadership, 3rd Edition, San Francisco 2004.

THOMAS, D. A./ELY, R. J., Making Differences Matter: A new paradigm for managing diversity, in: Harvard Business Review, 74. Jg., Heft 5, 1996, S. 79-90 zzgl. Ergänzungen 2002.

THOMAS, R. R., Management Diversity, Wiesbaden 2001

VEDDER, G., Diversity Management - Quo vadis?, in: Personal 57. Jg., Heft 5, 2005, S. 20-22.

WEINERT, A. B., Organisations- und Personalpsychologie, Weinheim/Basel 2004.

PROCTER&GAMBLE, Unternehmensgrundsätze, Stand 5/2005.

PROCTER&GAMBLE, P&G History, Stand 5/2005.

PROCTER&GAMBLE, Interne Materialien/Präsentationen zu Diversity.

Franz Holtgreve, Marcus Winterfeldt

Post-Merger-Integration im Personalbereich
Ein Erfahrungsbericht

1 Einleitung 205
2 Veränderungsmanagement in Post-Merger-Phasen 206
    2.1 Die Rolle des Personalmanagements im Post-Merger-Prozess 209
    2.2 Die Rolle der Mitarbeitervertretung in Post-Merger-Phasen 212
3 enviaM – Post-Merger-Integration im Personalbereich 212
    3.1 Eine Dekade erfolgreicher Veränderungen 213
    3.2 Veränderungsmanagement im Personalbereich 214
        3.2.1 Kulturelle Herausforderungen 215
        3.2.2 Harmonisierung der Personalbereiche 216
        3.2.3 Zusammenarbeit mit Betriebsrat und Belegschaft 218
4 Fazit und Handlungsempfehlungen 220

1 Einleitung

Die Energiebranche war in der vergangenen Dekade von tief greifenden Veränderungen geprägt. Die Liberalisierung der Energiemärkte, Megafusionen, Konsolidierungen, die staatliche Förderung regenerativer Energien sind nur ausgewählte Themen, die die Branche nachhaltig verändert haben.

Andere Branchen kritisieren immer wieder die Steuerlast, die hohen Löhne und Gehälter sowie die hohen Lohnnebenkosten im Vergleich zum globalen Wettbewerb. Insbesondere der Kündigungsschutz wird als Hemmnis für Veränderungen gesehen (BECKER 2003, S. 1). Gerade Veränderungen bestimmen jedoch zunehmend die Wettbewerbsfähigkeit der deutschen Wirtschaft. Beeindruckende Veränderungen der gewünschten Kostenstrukturen, Optimierungen der Wertschöpfungskette, marktnahe Zielstellungen mit wöchentlichen Controllingzyklen, permanent rastlose Merger-, Outsourcing-, Des- und Investitionsentscheidungen bis hin zu in kurzfristigen Abständen neuen strategischen Gesamtausrichtungen von Unternehmen sind Themen in Veränderungsprozessen. Die Veränderungsgeschwindigkeit steigt stetig im gleichen Maße wie die Anzahl der Unternehmen, die sich umfangreichen Veränderungsprozessen unterwerfen. Gleichzeitig müssen sie ihre Marktfähigkeit erhalten und permanent beweisen. Turbulente Umwelten verlangen nach eigenverantwortlichen Akteuren (WILKENS/PAWLOWSKY 2003, S. 239 ff). Der Anspruch an die Qualität von Veränderungen ist nachhaltig gestiegen. Der verantwortungsvolle Umgang mit Mitarbeitern stellt Unternehmen im Veränderungsprozess vor große Herausforderungen.

Die Personalarbeit ist für Veränderungsprozesse von besonderer Bedeutung, da sie als Querschnittsfunktion alle Unternehmensebenen und -bereiche durchdringt. Personalmanagement bezieht sich systembildend, indirekt auf die strategie- und kulturgerechte Gestaltung von Instrumenten und Prozessen der Personalarbeit (WAGNER 2003, S. 219) insbesondere in Veränderungsprozessen.

Die Zielstellung, die Marktfähigkeit mittels eines erfolgreichen Veränderungsprozesses weiter zu stärken, gelingt nur, wenn die Mitarbeiter in Veränderungsprozessen einen Identitäts- und Rollenwechsel vollziehen und in der neuen Struktur entsprechende fachliche und soziale Kompetenzen beweisen. Für Führungsaufgaben besteht die Herausforderung im gleichen Maß: die nachhaltige[1] Erhaltung der Motivation und Leistung bei gleichzeitiger Durchführung von Personalanpassungen, Standortkonsolidierungen, Mitarbeiterentwicklung und die Steuerung der Schnittstellen zu Outsourcing-Bereichen. In einer zunehmend wissensbasierten Wirtschaft muss die rein funktionale Personalarbeit hin zum prozess- und potenzialorientierten Management von Spannungsfeldern entwickelt werden (WILKENS/PAWLOWSKY 2003, S. 249).

---

[1] Nachhaltigkeit ist gekennzeichnet durch langfristig, zukunftsfähig und dauerhaft orientiertes Denken und Handeln (nach GABLER-WIRTSCHAFTS-LEXIKON 2000)

Franz Holtgreve, Marcus Winterfeldt

2 Veränderungsmanagment in Post-Merger-Phasen

In vielen Organisationen herrschen zurzeit unausgewogene teils konträre Ansichten zum Thema Umgang mit Personalressourcen. Auf der einen Seite betonen alle Ebenen, dass der Mitarbeiter den wesentlichen Erfolgsfaktor für das Unternehmen darstellt. Andererseits werden Synergien aus Restrukturierungen, etc. in der Reduktion von Personalkosten und in der Verkleinerung des Personalbestandes realisiert.

Abbildung 2-1: *Phasen eines Unternehmenszusammenschlusses (in Anlehnung an* WUCKNITZ *2003, S. 147)*

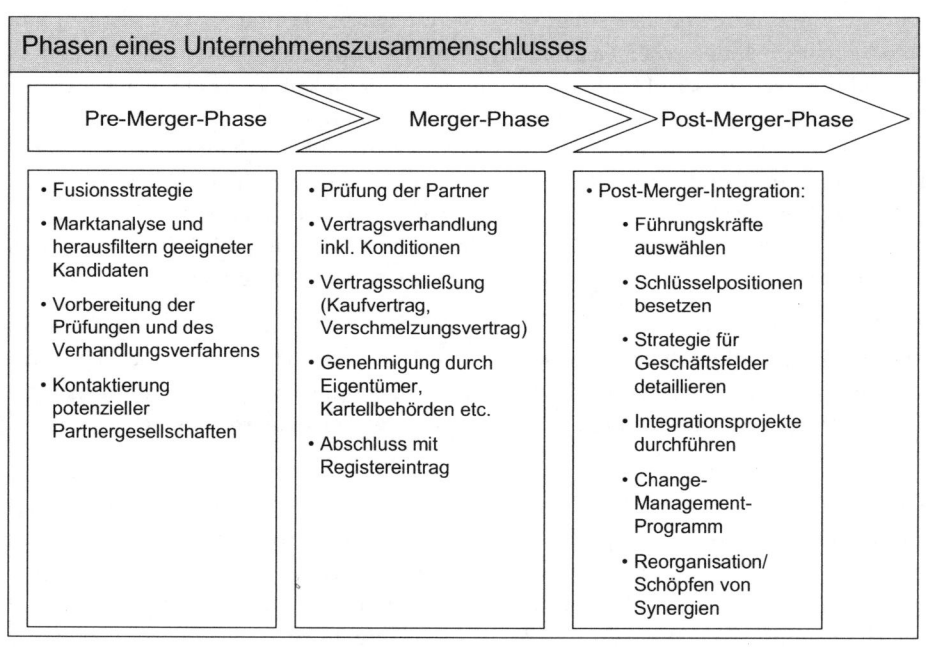

Selten spielen neben finanzwirtschaftlichen Zielgrößen die wenig messbaren internen Netzwerke und Unternehmenskulturen (PFEFFER/JEFFREY 1998, S. 1 ff.) eine Rolle, die einen unschätzbaren immateriellen Wert für Unternehmen darstellen können.

Die Wissenschaft fordert, dass Unternehmen und Menschen in Veränderungen dort abzuholen sind, wo sie in ihrer individuellen Entwicklungsgeschichte bereits angekommen sind (ROTHER 1996). Im Fusionsprozess bedeutet das, die Aufmerksamkeit der Handelnden zum Thema Personal auf alle Phasen des Unternehmenszusammenschlusses[2] zu lenken. Der idealtypische Prozess eines Unternehmenszusammenschlusses wird, wie die Abbildung 2-1 zeigt, in drei Phasen unterteilt.

- Die *Pre-Merger-Phase* dient zunächst der unternehmensinternen Planung und Vorbereitung der Transaktion. Nachdem das Management die Fusionsstrategie auf Grundlage der Unternehmensstrategie definiert hat und über Marktanalyse geeignete Kandidaten ermittelt wurden, beginnen die vorbereitenden Prüfungen und die Kontaktaufnahme mit potenziellen Partnergesellschaften. Schon an dieser Stelle ist es sinnvoll, künftige Führungsstrukturen in die Betrachtung einzubeziehen.

- In der *Merger-Phase* werden Tiefenanalysen[3] (Vgl. BECKER 2003, S. 4) potenzieller Fusionspartner durchgeführt. Darauf aufbauend wird die Transaktion entschieden und juristisch verwirklicht. Während der Planung und Durchführung der Transaktion werden häufig bereits auch wichtige Grundsatz- und erste Personalentscheidungen über das zukünftige Unternehmen getroffen sowie zukünftige Organisations- und Führungsstrukturen definiert. Das sind z. B. die zukünftige Geschäftsstrategie einschließlich der Entscheidung über den Weiterverkauf bestimmter Unternehmensteile, die Grundpfeiler der neuen Aufbauorganisation einschließlich Geschäftsfeldstruktur, Größe der Einheiten, Verteilung etc., die Finanzplanung einschließlich der Schätzung von Synergien sowie die Besetzung zumindest der ersten Führungsebene. In dieser Phase besteht die Chance, gewachsene Strukturen der eingehenden Unternehmen kritisch zu hinterfragen und die neuen Strukturen zukunftsorientiert auszurichten.

- Der eigentliche Unternehmenszusammenschluss und damit der operative Veränderungsprozess beginnt mit der *Post-Merger-Phase*. Das zeigt, dass neben der exakten Planung und Durchführung der Transaktion, der sich anschließende Veränderungsprozess ein entscheidender Erfolgsfaktor ist. Neben der Zusammenführung des Personals bilden die Umsetzung von Auflagen der Genehmigungsbehörden und Eigentümer, die Realisierung der geplanten Synergien, die gemeinsame Neuausrichtung des Geschäftes (Geschäftsprozesse, Systemharmonisierung, etc.) den Mittelpunkt der Aktivitäten. Zusätzlich muss das aktuelle Tagesgeschäft weiter laufen (Vgl. WUCKNITZ 2003, S. 148.).

Oft wird in der Merger-Phase die optimale Planung des Post-Merger-Prozesses unterschätzt. Dabei bringt für die Beteiligten schon zu diesem Zeitpunkt die Tiefenanalyse (HR-Due-Diligence) gleich mehrfachen Nutzen:

4. Potenzielle personelle Risiken des Zusammenschlusses können deutlich werden. Dadurch können die angemessenen Konditionen des Zusammenschlusses genauer

---

[2] Im Folgenden wird für den Begriff Unternehmenszusammenschluss als Synonym „Transaktion" verwendet.
[3] Im Sprachgebrauch häufig auch als Due Diligence bezeichnet.

bestimmt werden. Die Kompensation von Mehraufwendungen kann durch zusätzliche Sparmaßnahmen geplant werden.

5. Die auf das Personal bezogenen potenziellen Stärken und Schwächen werden analysiert und bewertet. Dadurch können notwendige Maßnahmen des Post-Merger-Prozesses rechtzeitig geplant werden und unrealistische Erwartungen aus Sicht der agierenden Unternehmen vermieden werden.

6. Der Aufwand für notwendige Integrationsmaßnahmen nach dem Zusammenschluss kann genauer erfasst werden. Dafür notwendige Budgets können treffend und rechtzeitig ermittelt werden.

7. Die Intensität und Güte der Durchführung der Analyse der personellen Werttreiber der Unternehmung kann für die spätere Post-Merger-Integration von Vorteil sein.

Abbildung 2-2: Grundsätzlicher Ablauf einer HR-Due-Diligence (in Anlehnung an WUCKNITZ 2003, S. 159)

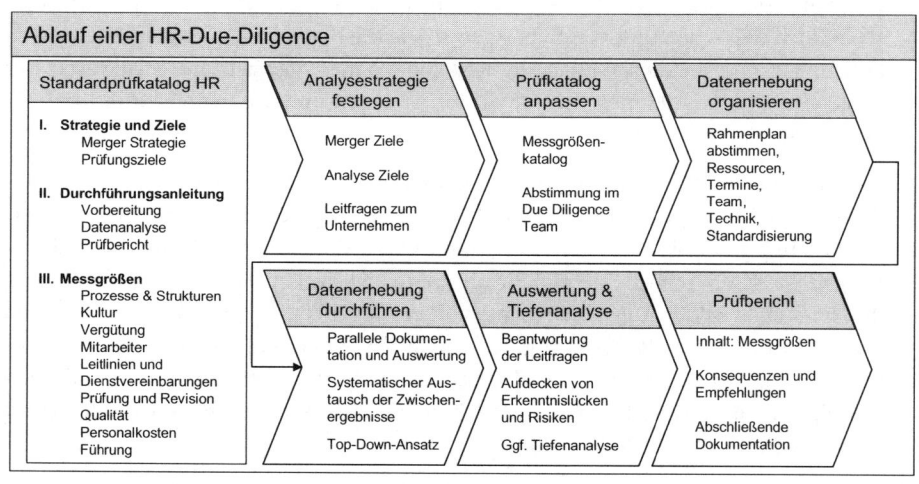

Der Gesamtaufwand der personellen Integration kann im Rahmen der HR-Due Diligence ermittelt werden und als Budgetgröße in die Konditionsverhandlungen eingehen. Die inhaltliche Vorbereitung und die Durchführung einer HR-Due-Diligence sind in sechs Schritte gegliedert (Vgl. Abb. 2-2). In der Regel verantwortet der Personalbereich die Erstellung der HR-Due-Diligence oder ist bei externer Unterstützung zumindest beteiligt. Das Ergebnis der Analyse mündet in einen Prüfbericht, der wesentliche Informationen für die personelle Integration liefert.

Die Ergebnisse der HR-Due-Diligence dienen als Grundlage für die Bewertung der nachfolgend dargestellten acht Kostentreiber im Fusionsprozess.

Acht Kostentreiber im Fusionsprozess (WUCKNITZ 2003, S. 173 ff.)

- Personalanpassung: Anzahl der betroffenen Mitarbeiter und Anpassungskosten pro Mitarbeiter (Vermittlungskosten, Sozialplanregelung, etc.)
- Fluktuation: geschätzte Anzahl von Mitarbeitern, die fusionsbedingt das Unternehmen verlassen werden
- interner Personaltransfer: Anzahl der betroffenen Mitarbeiter und Anpassungskosten pro Mitarbeiter (Versetzungskosten, Weiterbildung, kulturelle Integration etc.)
- interner Zeitaufwand: Opportunitätskosten für die Anzahl der an der Integration beteiligten Mitarbeiter und der für die Integration geplanten Arbeitstage
- Kosten für die Harmonisierung der EDV-Systeme
- externer Zeitaufwand: Kosten für Personalberatungen, Rechtsanwälte, Werbeagenturen, Kosten für juristische Auseinandersetzungen, etc
- Förderung der Zusammenarbeit: Kosten für kulturelle Integration und Integrationsbegleitung (z. B. Kontaktveranstaltungen, Teamentwicklung, Führungskräfteentwicklung, Informationsmaterial, Intranet-Programme, Hotlines, Mitarbeiteraustauschveranstaltungen, Workshops, Mitarbeiterbefragungen etc.)
- Produktivitätsverluste durch Ängste, Verunsicherungen, Gerüchte, etc.

Die gezeigten Analyseinhalte stellen auf die planbaren, strukturellen Anforderungen im Post-Merger-Prozess ab. Die folgenden Abschnitte beschäftigen sich mit den eher weichen, schwer messbaren Faktoren eines Unternehmenszusammenschlusses und damit insbesondere mit den Herausforderungen des Personalbereichs als Veränderungsmanager im neuen Unternehmen.

2.1 Die Rolle des Personalmanagements im Post-Merger-Prozess

Organisationsveränderungen sind immer auch Veränderungen in den Denk- und Verhaltensweisen sowie den zugrunde liegenden Wertvorstellungen der Organisationsmitglieder. Damit ist auch die Entwicklung der Qualität der Organisationsmitglieder zugleich Ziel und Mittel von Organisationsveränderungen. Viele der neueren Veränderungsmodelle beinhalten einen expliziten Fokus auf Mitarbeiter, ihre Qualifikationen, ihr Wissen und ihre Kompetenzen, z. B. Konzepte des organisationalen Lernens und der lernenden Organisation. Um die Unternehmensentwicklung bewusst proaktiv gestalten und sich ändernden Rahmenbedingungen anpassen zu können, betreiben Organisationen strategisches Management (WELGE/AL-LAHAM 1992, S. 235). Der Faktor Personal ist von elementarer Bedeutung für die Gewinnung von Wettbewerbsvorteilen, aber auch oft Ursache für das Scheitern von Veränderungsprozessen. Deshalb muss auch Personalmanagement strategisch betrieben werden. Es reicht nicht mehr aus, nur noch auf Veränderungen zu reagieren und Personal zu verwalten. Vielmehr sollen Veränderungen im Rahmen der personalwirtschaftlichen Aufgabenfelder aktiv gestaltet werden. Wenn Unternehmen sich an ändernde Umweltbedingungen anpassen und organisatorischen Wandel erfolgreich gestalten wollen, muss die Personalmanagementperspektive mit dem strategischen Management verknüpft werden. Das bedeutet insbesondere die Mitwirkung bei der Gestaltung der Unternehmensstrategie und die Verknüpfung mit den Personalsubfunktionen. Besonders relevant scheint hier die Einbindung der Personalverantwortlichen in den Strategiefindungs- und -umsetzungsprozess. Von zentraler Bedeutung sind die Personalwirtschaft und Mitarbeiterbetreuung, Unterstützung bei Mitarbeiterführung und Zusammenarbeit sowie Personal- und Organisationsentwicklung (WEBER/SCHMELTER 2003, S. 112 ff.).

Die Bedeutung des Personalbereiches, insbesondere von Führung und Personalentwicklung (vgl. Abb. 2-3), in konkreten organisatorischen Veränderungsprozessen hängt entscheidend von der wahrgenommenen Unsicherheit (LANG 2003, S. 41 ff.), den provozierten Widerständen (RIDDER ET AL. 2001, S. 22.), der Radikalität der Wandlungsprozesse sowie von den Rollen der Prozessbeteiligten ab.

Bedeutung von Führung und Personalentwicklung im Post-Merger-Prozess (LANG 2003, S. 41 ff.)

Führung und Personalentwicklung werden dann besonders bedeutsam sein:

- wenn durch die bewusste Verbesserung der Qualität der Führungskräfte und Mitarbeiter ein substanzieller Beitrag zur Bewältigung des Prozesses der Organisationsveränderung erreicht werden kann,
- wenn das angestrebte Ziel des organisatorischen Wandels, d. h. bestimmte neue Organisationsstrukturen, neue Qualitäten der Zusammenarbeit, veränderte Marktpositionen eine neue Qualität der Einstellungen und des Verhaltens erfordern.

Die personelle Zusammenführung bildet in der Post-Merger-Phase einen wesentlichen Bestandteil des Integrationsprozesses insbesondere für den Personalbereich. Gerade Eigentümer, Mitarbeiter und Stakeholder des Unternehmens machen den Erfolg des Personalbereichs für den Gesamterfolg verantwortlich. Der Erfolg bemisst sich an der Erreichung der folgenden vier Ziele:

1. die reibungslose Zusammenführung der beiden Belegschaften im Rahmen der gewählten Integrationsstrategie (Personaltransfer),

2. die Sicherung der notwendigen personellen Ressourcen während der Integration (z. B. durch die gezielte Bindung von Schlüsselkräften),

3. die Realisierung von geplanten Synergieeffekten,

4. die effektive Neuausrichtung der personellen Strukturen, Abläufe und Systeme für die zukünftige Personalarbeit.

Für die Umsetzung der Ziele bedarf es im Personalbereich eines systematischen, zeitkritischen Projektmanagements und der Fokussierung auf die folgenden acht operativen Themenschwerpunkte (WUCKNITZ 2003, S. 171 f.):

1. Besetzung von Führungspositionen,

2. Personalbetreuung (im besonderen: Bindung von Schlüsselkräften, Personaleinsatzplanung, interner Personaltransfer, Anpassung der Arbeitsverträge),

3. Personalanpassung (Abschluss von Betriebsvereinbarungen zum Interessenausgleich, Sozialplan, Überleitungstarifvertrag, etc.),

4. interne und externe Kommunikation (einschließlich Integration der Instrumente für das Personalmarketing),

5. Förderung der Zusammenarbeit (einschließlich der Schaffung einer gemeinsamen Unternehmenskultur),

6. Personalentwicklung (Aus- und Weiterbildung, insbesondere bei den vom Zusammenschluss betroffenen Mitarbeitern),

7. Organisation des Personalbereiches (inklusive Aufbauorganisation, Ablauforganisation, Personalstruktur, Harmonisierung der EDV im Personalmanagement, Funktionen, Titel, Vollmachten, arbeitsrechtliche Regelungen, etc.),

8. kurz- (personelle Spielregeln der Integration), mittel- und langfristige Anpassung der Personalstrategie.

Veränderungen können auch zu negativen betrieblichen Effekten führen (z. B. Burn-Out bei Mitarbeitern). Es sind vom Personalbereich Konzepte gefragt, die allen beteiligten Parteien Kontinuität versprechen, Glaubwürdigkeit vermitteln und zu qualitativ hochwertigen, akzeptablen Problemlösungen führen. Die damit verbundenen Aktivitäten betreffen alle beteiligten Parteien als gleichwertige Partner. Für die Mitarbeiter bedeutet es die Erfüllung der individuellen Bedürfnisse, für das Unternehmen wird die langfristige Sicherung der Wettbewerbsfähigkeit unterstützt (THOM 2003, S. 106) und für die Mitarbeitervertretung bedeutet es den fairen Ausgleich der Interessen von Mitarbeitern und Unternehmen. Besonders die Einbindung der Mitarbeitervertretung ist im Veränderungsprozess ein wichtiger Erfolgsfaktor, wie der folgende Abschnitt zeigt.

Franz Holtgreve, Marcus Winterfeldt

2.2 Die Rolle der Mitarbeitervertretung in Post-Merger-Phasen

In Fusionsprozessen haben der Betriebsrat und seine Mitglieder eine Reihe von Möglichkeiten, sich einzubringen. Sie können die Veränderungen aktiv begleiten. Die Mitarbeitervertretung ist bevorzugter Ansprechpartner der Mitarbeiter, um sich mit aktuellen und aussagekräftigen Informationen zu versorgen. Die Mitarbeiter versprechen sich von ihr zudem einen gewissen Schutz vor radikalen Veränderungen. In Veränderungsprozessen wird demnach die Position der Mitarbeitervertretung klar gestärkt, da sie häufiger angesprochen wird und bei den Mitarbeitern mehr Gehör findet. Die Arbeitgeberseite ist, je nach arbeitsrechtlicher Norm und Mitbestimmungsrecht[4], verpflichtet, die Vertreter der Beschäftigten in die verschiedenen Phasen des Veränderungsprozesses einzubeziehen. Der rechtliche Zwang ist die eine Seite, die Grundhaltung des Arbeitgebers hinsichtlich des vertrauensvollen Zusammenwirkens mit den Arbeitnehmervertretern die andere, gewichtigere Seite. Die Betriebsräte sind im Idealfall Partner im Sinne des fairen Ausgleichs der Interessen von Unternehmen und Mitarbeitern. Dafür ist die aktive Einbindung in den Veränderungsprozess sinnvoll. Die dadurch greifende offene Informationspolitik können Unternehmen nutzen, alle Beteiligten frühzeitig mit entscheidungsrelevanten Informationen zu versorgen. Ein aufrechter Meinungsaustausch zwischen Arbeitnehmervertretung und Unternehmensleitung ermöglicht den Betriebsratsmitgliedern darüber hinaus, auf die Umsetzung geschäftspolitischer Entscheidungen einen gewissen Einfluss zu nehmen. Weiterhin wird es dem Betriebsrat ermöglicht, den Arbeitnehmern gegenüber kompetenter Stellung zu beziehen und sich auf die bevorstehende Umsetzung besser vorbereiten zu können (SCHWAAB 2003, S. 36 ff.).

3 enviaM – Post-Merger-Integration im Personalbereich

Die envia Mitteldeutsche Energie AG (enviaM) ist Marktführer der regionalen Energiedienstleister in den neuen Bundesländern. Die Unternehmensgruppe bedient rund 1,6 Millionen Kunden mit Strom, Wärme, Wasser/Abwasser, Telekommunikation und energienahen Dienstleistungen. Mit rund 3.000 Mitarbeitern und mehr als 300 Auszubildenden sowie einem Umsatz von ca. 2,2 Milliarden Euro ist enviaM das sechstgrößte Unternehmen in den neuen Ländern und einer der bedeutendsten Arbeitgeber in

---

4 Vgl. z. B. § 21, § 50, § 58, § 95, § 102, § 106, § 111, § 112, § 113, § 121 BetrVG, § 85ff. SGB IX, § 254, § 255 SGB III, § 613a BGB, § 1, § 17 KSchG

der Region. Als regionale Führungsgesellschaft der RWE Energy AG trägt enviaM Verantwortung für das gesamte Multi-Utility-Geschäft des RWE-Konzerns für Ostdeutschland.

3.1 Eine Dekade erfolgreicher Veränderungen

Die enviaM entstand in zwei Stufen aus den Zusammenschlüssen mehrerer regionaler Energieversorger. 1999 erfolgte der Zusammenschluss von ESSAG, EVS AG und WESAG zur envia Energie Sachsen Brandenburg AG und 2002 der Zusammenschluss von envia und MEAG zur envia Mitteldeutsche Energie AG. Zur Vorbereitung der jüngsten Fusion wurden in Personalunion verschiedene MEAG- und envia-Vorstandsmitglieder in den Vorstand der jeweils anderen Gesellschaft berufen. Mit dem Handelsregistereintrag am 07.08.2002 hatte die enviaM ihre Geschäftstätigkeit aufgenommen (Abb. 3-1).

Abbildung 3-1: Entstehungsgeschichte der enviaM (Quelle: enviaM 2005)

Das neue Unternehmen agiert in Sachsen, Brandenburg, Sachsen-Anhalt und Teilen von Thüringen. Der Hauptsitz mit Vertrieb und Querschnittsaufgaben ist in Chemnitz angesiedelt. In Halle befindet sich die Hauptdirektion Sachsen-Anhalt mit den Netzfunktionen. Cottbus etablierte sich zum Standort für ein Call- und Billingcenter sowie die Telekommunikationstochter, während in Markkleeberg die Strombeschaffung angesiedelt wurde. Die Besonderheit der Fusionsgeschichte der enviaM ist die zeitlich enge Abfolge von zwei Fusionsprozessen und die damit verbundene Veränderungsgeschwindigkeit vor dem Hintergrund einer strategisch langfristig ausgerichteten Industrie[5]. Die in diesem Zusammenhang geplanten Integrationsprozesse sind abgeschlossen. Die neue Organisationsstruktur ist eingeführt. Die Geschäftsprozesse sind harmonisiert. Personal- und Standortkonzept werden bis 2008 planmäßig umgesetzt.

Abbildung 3-2: Geschäftsfelder der enviaM-Gruppe (Quelle: enviaM 2005)

Der im Zuge des Zusammenschlusses erfolgte sozialverträgliche Personalabbau war wesentlich durch branchenübliche Strukturanpassungen geprägt und nur zu einem geringen Anteil fusionsbedingt. Die Kosteneinsparungen kamen im Wesentlichen dadurch zu Stande, dass die Informations- und Technologiebereiche harmonisiert und der Stromeinkauf sowie die Marketingfunktion zusammengelegt wurden. Durch das o. g. ausgewogene Standortkonzept wurden die Interessen aller Beteiligten in Einklang mit betriebswirtschaftlichen Erfordernissen gebracht. Mit der Regionalität und dem

---

5   Die Planungszyklen in der Energiebranche betragen bis zu 30 Jahren und bezwecken insbesondere Versorgungssicherheit.

Erhalt der Standorte konnten wesentliche Anforderungen der kommunalen Anteilseigner erfüllt werden.

Nach Abschluss der Fusion stehen für enviaM die Festigung und der Ausbau der Marktposition in allen Geschäftsfeldern (vgl. Abb. 3-2) sowie die Steigerung des Unternehmenswertes im Mittelpunkt des unternehmerischen Handelns. Zentrale Säulen sind die Umsetzung des Wertmanagements, die Intensivierung des Marken- und Vertriebsmanagements sowie der Ausbau des Akquisitions- und Beteiligungsmanagements.

3.2 Veränderungsmanagement im Personalbereich

Jede Diskussion über Zusammenschlüsse oder Übernahmen von Unternehmen ist mit Ängsten in der Belegschaft verbunden. Bei der Fusion von envia und MEAG war das nicht anders. Neben den o. g. operativen Themenschwerpunkten war die wichtigste Aufgabe die Bewältigung dieser Situation bei gleichzeitiger Zusammenführung der zwei Personalbereiche. Im Folgenden werden die in diesem Prozess erlebten Erfahrungen bezogen auf die kulturellen Herausforderungen, die Harmonisierung der Personalbereiche und die Zusammenarbeit mit Betriebsrat und Mitarbeitern erläutert.

3.2.1 Kulturelle Herausforderungen

Im Jahre 2001 wurde die Entscheidung über die nächste Fusion zwischen der envia und der MEAG getroffen. Die Notwendigkeit dieser Funktion ergab sich aus dem vorangegangenen Zusammenschluss der RWE AG und der VEW, da die envia ein Tochterunternehmen der RWE AG und die MEAG ein Tochterunternehmen der VEW war. Ein großer Unterschied zwischen beiden Unternehmen bestand in den unterschiedlichen Aufgabenstellungen und der daraus resultierenden Einbindung in die Entscheidungsprozesse der Mehrheitsaktionäre. Die RWE AG führte die envia strategisch und finanziell mit dem Ziel der Steigerung von Wachstum und Ertragskraft des gesamten RWE-Unternehmensverbundes. Die MEAG nahm als VEW-Führungsgesellschaft eine sehr eigenständige, operative Rolle im Konzernverbund war, die von VEW im Sinne strategischer Rahmenvorgaben gesteuert wurde. Aus diesen unterschiedlichen Historien resultierten auch unterschiedliche Unternehmenskulturen und Einstellungen der Mitarbeiter der envia und der MEAG. Die envia war ein von zentralen Strukturen geprägtes, großes regionales Unternehmen mit beachtlicher Kundenzahl. Die MEAG war zwar kleiner, verfolgte aber eine eigene Geschäftspolitik im Rahmen der Strategie der VEW, und verfügte im Gegensatz zur envia über eine große Anzahl von Beteiligungen. Die mit diesen Umständen verbundenen Philosophien wirken sich in beiden Unternehmen in jedem Bereich, in jeder Hierarchieebene aus.

3.2.2 Harmonisierung der Personalbereiche

Auch die Strukturen beider Personalbereiche spiegelten diese Philosophie wieder. Während bei der envia im Personalbereich Personalbetreuung, Personalentwicklung und Sozialwesen vollständig im Unternehmen angesiedelt waren, traf dies bei der MEAG nur für Personalbetreuung, Organisation und Sozialwesen zu. Personalentwicklung (einschließlich Ausbildung), EDV und Lohnabrechnung, auch für Drittkunden, waren über schlanke Schnittstellen in Tochtergesellschaften ausgegliedert. Bei der envia war der Personalbereich ausschließlich für das eigene Unternehmen zuständig. Bei der MEAG fungierte der Personalbereich zusätzlich als Dienstleister für alle Beteiligungen in jeder Facette der Personalarbeit, d. h. u. a. für Tarifverträge, Betriebsvereinbarungen, Personalbetreuung, Lohnabrechnung, Personalentwicklung etc..

Aus dieser Situation heraus wurde als erster Schritt eine strategische Entscheidung zur langfristigen Harmonisierung der Personalbereiche getroffen. Die Grundlage für eine schnelle Entscheidung war die Personalunion der Vorstände, die aus dem Ergebnis der Merger-Phase resultierte. Parallel wurden mit den Anteilseignern beider Gesellschaften die geltenden Rahmenbedingungen verhandelt. Das Ergebnis war ein den Entscheidungsraum limitierender Konsortialvertrag, der bindende Regeln für Standort- und Personalkonzept vorsah. Dieser Vertrag sieht detailliert vor, welche Unternehmensfunktionen wo im Geschäftsgebiet angesiedelt werden müssen, einschließlich der Planung personeller Ausstattungen von 2001 bis 2005. Weiterhin schließt der Konsortialvertrag betriebsbedingte Kündigungen und Änderungskündigungen aus.

Wie in nahezu jeder Fusion bleiben vor der Realisierung von Synergieeffekten zunächst alle Mitarbeiter unberührt, während sofort nach der Merger-Phase für nahezu jeden Bereich im Unternehmen zwei oder mehr Führungskräfte existieren. Diese Herausforderung wurde im nächsten Schritt angegangen. In der Merger-Phase war die zukünftige Führungsstruktur und in Ansätzen die Organisationsstruktur geplant worden. Zur Auswahl der dafür geeigneten Führungskräfte wurde durch eine unabhängige Unternehmensberatungsgesellschaft ein Management-Audit durchgeführt. Die dort gewonnenen Informationen und die bilateralen Erfahrungen der beteiligten übergeordneten Führungskräfte bildeten die Grundlage für die Besetzung der vakanten neuen Führungspositionen.

Das operative Personalgeschäft wurde unter Beachtung des Konsortialvertrages in den neuen Strukturen in kurzer Frist entschieden und umgesetzt. Dazu gehörten neben den o. g. Themenschwerpunkten die Abbildung der detaillierten Organisationsstruktur einschließlich Stellenplan, die Verhandlung eines Sozialplanes, die Mitarbeiterauswahl sowie die Umsetzung und Besetzung vakanter Positionen, etc..

Für diesen Prozess war es im Personalbereich wichtig, dass das Management exakt definiert, was Unternehmensziel und -strategie ist und diese für seine Stäbe transparent macht. Alle Beteiligten in den Stäben wurden dafür an ihrem jeweiligen Entwicklungsstand abgeholt und in den Prozess einbezogen. Eine Erkenntnis, die im Umgang mit einer Fusion häufig vernachlässigt wird: eine Fusion geht auch nicht spurlos am Personalbereich vorbei. Während andere Bereiche sich durch Teambildungsmaßnahmen, etc. für den Integrationsprozess rüsten können, hat der Personalbereich die während des Post-Merger-Prozesses auftretenden Herausforderungen immer zuerst und so schnell wie möglich, meist noch vor Beginn des eigentlichen Integrationsprozesses im Gesamtunternehmen zu lösen. Wie in allen Unternehmensfunktionen muss natürlich auch hier das operative Geschäft wie gewohnt reibungslos weiterlaufen. Die o. g. unterschiedlichen Philosophien treffen auch im Personalmanagement aufeinander. Besonders kritisch war in diesem Prozess, das Fusionsgeschäft im Gesamtunternehmen abzuwickeln und in der wenigen Zeit, die für die eigene Fusion verbleibt, die Mitarbeiter des Personalbereiches zu motivieren, sich auf die neue Struktur einzustellen.

Resultierend aus der o. g. Situation waren viele Aufgaben im Personalbereich mehrfach vorhanden. Konkret zogen die unterschiedlichen Philosophien unterschiedliche Arbeitsweisen nach sich. Die Personaler der MEAG arbeiteten in einem bestimmten vorgegeben Rahmen, in dem sie selbständig entscheiden konnten. Der Rahmen ließ nur geringe Abweichungen von der Grundlinie zu.

Bei envia arbeiteten die Personaler auf Grundlage eines komplexen Regelwerks, das ausschließlich der Entscheidungsvorbereitung diente. Die im Regelwerk angedachte Grundlinie wurde häufig durch Sonderregelungen durchbrochen. Führungskräfte wurden nach bestem Wissen und Gewissen bedient. Insbesondere fiel ins Gewicht, dass die Mitarbeiter im Personalbereich der MEAG aufsichtsrats- und betriebsratspflichtigen Ausgründungen und den Umgang mit diesen Unternehmen hatten, während diese Kenntnisse bei envia wenig ausgeprägt waren.

Das strategische Ziel für den Personalbereich war, die auslagerbaren unternehmensinternen Aktivitäten in den bestehenden Beteiligungen anzusiedeln. Das Management entschied sich, sich an den positiven Erfahrungen mit der dezentralen MEAG-Struktur zu orientieren. Dafür wurde im Personalbereich ein Rahmen von Grundregeln für die Personalarbeit geschaffen. Die Entscheidungsstrukturen wurden analog flach gestaltet. Die Personalreferenten wurden mit einem eigenen Entscheidungsspielraum ausgestattet. Ebenso flach wurde die Organisationsstruktur im Personalmanagement gestaltet. Es wurden folgende Abteilungen gebildet:

- Sozialwesen, eine sehr kleine strategische Personalentwicklung sowie das
- strategische und operative Personalmanagement mit der Aufgabe der Betreuung aller Führungskräfte und Mitarbeiter der enviaM und aller Beteiligungen zu den Themen Arbeitsrecht, Organisation, Personalbetreuung sowie Personalcontrolling.

Der unternehmerische Zweck der für die ehemaligen Mitarbeiter der envia neuen Strukturen wurde in Informationsveranstaltungen und in vielen persönlichen Gesprächen verdeutlicht. In der Umsetzung war die Hauptaufgabe die Einhaltung der definierten Grundlinie. Die Kommunikation im Personalbereich wurde dafür auf folgende Kernsätze fokussiert:

1. *Unser Kunde ist der Vorstand,*
2. *Wir sind Berater der Geschäftsführer und Betriebsleiter bei deren Entscheidungen.*

Bei aller Kommunikation und Diskussion darf jedoch nicht vernachlässigt werden, dass diese Struktur nur erfolgreich funktioniert, wenn die Personaler das dafür notwendige Fachwissen besitzen und gelernt haben, damit umzugehen. Weiterhin gestalten sich die Veränderungen umso schwieriger, wenn in einem Unternehmen vorher andere Usancen galten. Wichtigste Erfolgsfaktoren waren hier:

- Kontinuität und Konsequenz in der Einhaltung der definierten Grundlinie,
- Motivation zur Nutzung des gegebenen Einscheidungsraumes,
- kontinuierliche Vermittlung der Unterschiede in der Beratung verschiedener Zielgruppen (z. B. Geschäftsführer und Bereichsleiter).

Weiterhin wurde für die Umsetzung ein Kompetenzcenter Personal gegründet, das die Aufgabe hat, die Grundlinie weiterzuentwickeln. Die Akzeptanz für die neuen Regelungen im gesamten Personalbereich zu schaffen, ist ein langwieriger Prozess der noch andauert. Der Erfolg wird von der Geduld und der Konsequenz der Beteiligten abhängig sein. Wesentliche Erfahrungen in diesem Prozess waren bisher:

- gegenseitiges Vertrauen als wichtigste Grundlage der Zusammenarbeit,
- Personaler benötigen mehr Detailkenntnisse als ihre Führungskräfte,
- konsequentes Delegieren der Führungskräfte,
- wenn Mitarbeiter eigenständig entscheiden, müssen sie auch Fehler machen dürfen.

3.2.3 Zusammenarbeit mit Betriebsrat und Belegschaft

Wie oben beschrieben, war es im gesamten Post-Merger-Prozess nötig, die Belegschaft in allen Ebenen abzuholen und mitzunehmen. Als besonders vorteilhaft erwies sich die dauerhafte Einbindung des Betriebsrates. Die Mitglieder von Betriebsräten haben in Fusionen auch ein Eigeninteresse, ihren Einfluss auch in den Folgegremien weiter ausüben zu können. Daher ist es von Vorteil, wenn es gelingt, die Bedenken der Betriebsratsmitglieder auszuräumen und Zuversicht in die angestrebten Effekte der Veränderung zu stärken. Das treibt die positive Meinungsbildung voran. In ihrer Mittlerfunktion zwischen Management und Belegschaft verbreiten die Betriebsräte diese Meinung informell über alle Ebenen. Auch hier müssen die Gespräche den unternehmerischen Zweck der Fusion verdeutlichen und die Vorteile für Unternehmen und Mitarbeiter herausstellen. Dafür haben Mitarbeiter des Personalbereiches häufig an den Betriebsratssitzungen und Betriebsversammlungen aller beteiligten Unternehmen teilgenommen, um aktuelle Informationsstände zu verbreiten und Fortschritte zu diskutieren. Aus heutiger Sicht ist die Einbindung der Betriebsräte trotz der territorialen Ausdehnung und der Vielfalt der Gremien gelungen. Die Harmonisierung der für alle Gesellschaften unterschiedlichen Betriebsvereinbarungen dauert gegenwärtig noch an.

Die Führungskräfte waren für den Informationsprozess in Kernteamsitzungen eingebunden. Dort wurden die Themen Personal, Organisation und EDV behandelt. Die Führungskräfte waren dadurch immer genauestens über den Prozessstand informiert. Das war insbesondere wichtig, damit die Mitarbeiter über alle Ebenen die Prozessschritte nachvollziehen können. Die vermittelte Botschaft war: „Dividende bedeutet Sicherheit, weil das Unternehmen für den Anteilseigner interessant bleibt." Weiterhin wurde sichergestellt, dass die Fusionsinformationen über alle Ebenen verbreitet werden. Dafür gab es:

- Roadshows an allen Standorten mit Führungskräften, Betriebsrat und Personalbereich mit Informationen zu Meilensteinen und Stand der Umsetzung sowie der Möglichkeit, Fragen zu stellen,
- monatlich eine schriftliche Fusionsinformation,
- Teamfindungen zur Etablierung neuer Ziele und Strukturen,
- eine Fusionsfeier für alle Mitarbeiter mit dem Ziel der Förderung des Zusammenwachsens, da sich viele Mitarbeiter vorher noch nie gesehen hatten.

Der Personalbereich organisiert aktuell ein Podium „enviaM im Dialog" um Erfahrungen über den Fusionsprozess ungefiltert an den Vorstand zu berichten. Es werden dazu 100 Mitarbeiter aus allen Bereichen der enviaM und 20 Mitarbeiter aus den Beteiligungen ohne Führungskräfte und Betriebsrat eingeladen, mit dem Vorstand einen Themenkatalog von Motivation, Image, usw. zu diskutieren. Das Ziel ist, Erkenntnisse über die Stimmung im neuen Unternehmen nach Abschluss der Post-Merger-Integration zu gewinnen. Die Ergebnisse dienen als Grundlage für weitere Integrationsmaßnahmen.

Das Management muss nach erfolgter Integration dem Unternehmen die Zeit zur Festigung der neuen Strukturen geben. Eine Phase der Festigung der neuen Struktur gab es bisher noch nicht. Das war auch nicht möglich, da die zwei Fusionen so rasch hintereinander vollzogen wurden, dass sich keine Struktur langfristig etablieren konnte. Die dadurch erzeugte Unsicherheit bei den Mitarbeitern in allen Bereichen kann nur zur erfolgreichen Umsetzung führen, wenn die gesamte Belegschaft durch häufige eindeutige und transparente Information beteiligt wird. Wichtigste Aufgabe für die Zukunft ist also, Ruhe im Unternehmen einkehren zu lassen, um die gewonnene Stabilität zu stärken, ohne dabei den Eindruck zufriedener Inaktivität entstehen zu lassen. Der erste Schritt dazu ist, kaskadenförmig ab der 1. Führungsebene den Abschluss der Veränderungen einzuläuten und konsequent bis zur letzten Ebene durchzusetzen.

Franz Holtgreve, Marcus Winterfeldt

4 Fazit und Handlungsempfehlungen

Eingangs wurde gefordert, in einer zunehmend wissensbasierten Wirtschaft die rein funktionale Personalarbeit hin zum prozess- und potenzialorientierten Management von Spannungsfeldern (WILKENS/PAWLOWSKY 2003, S. 249) zu entwickeln. Wie am Beispiel gezeigt, ist dieser Anspruch im Personalmanagement der enviaM realisiert und beweist täglich seine Existenzberechtigung. Oben wurden weiter vier Ziele postuliert, die den Erfolg eines Veränderungsprozesses bemessen:

1. die reibungslose Zusammenführung der beiden Belegschaften im Rahmen der gewählten Integrationsstrategie (Personaltransfer),

2. die Sicherung der notwendigen personellen Ressourcen während der Integration (z. B. durch die gezielte Bindung von Schlüsselkräften),

3. die Realisierung von geplanten Synergieeffekten,

4. die effektive Neuausrichtung der personellen Strukturen, Abläufe und Systeme für die zukünftige Personalarbeit.

Aus heutiger Sicht sind diese Ziele alle erreicht worden. Zeitgemäße Unternehmensführung setzt als wertorientiertes Management auf die Entwicklung unternehmensinterner Ressourcen. Anspruchsvolle Tätigkeiten, ein hohes Maß an Autonomie und die systematische Potenzialentwicklung motivieren Mitarbeiter zu hoher eigenverantwortlicher Leistung sowie Zusammenarbeit und Identifikation mit dem Unternehmen. enviaM strebt nach dem optimalen Aufbau und der Bindung kreativer Reserven. Veränderungen werden von den Mitarbeitern zunehmend als Chance gesehen. Personalentwicklung wird inhaltlich nicht mehr nur als Bildung und Förderung begriffen, sondern schließt auch Organisationsentwicklung mit ein. Die Integration von Veränderungen wird durch die Beteiligung der Mitarbeiter an ihrer beruflichen Entwicklung unterstützt. Im Zuge von Veränderungen steht die Befähigung zur Bewältigung von Veränderungen im Vordergrund (BECKER 2003, S. 7 ff.).

Die wichtigsten praxiserprobten Handlungsempfehlungen aus Sicht des Personalbereiches sind:

- Das Management muss zeitnah über Organisations- und Entscheidungsstruktur im Personalbereich entscheiden, da hier der operative Hauptaufwand des Post-Merger-Prozesses angesiedelt ist.

- Mitarbeiter und Betriebsrat müssen frühest möglich in diesen Prozess eingebunden, mitgenommen, überzeugt und laufend informiert werden.

- Die Mitarbeiter im Personalbereich müssen als erste Mitarbeitergruppe im Unternehmen den Integrationsprozess durchlaufen. Das Zusammenwachsen muss kurzfristig parallel zum operativen Geschäft geschehen.

- Kontinuität und Konsequenz in der Einhaltung der definierten Organisations- und Führungsstrukturen müssen forciert werden.
- Die Mitarbeiter müssen zur Nutzung des neu definierten Einscheidungsraumes in den neuen Strukturen motiviert werden.

Franz Holtgreve, Marcus Winterfeldt

Literaturverzeichnis

BECKER, M., Personalarbeit in der Unternehmenstransformation - Stabilitas et Mutabilitas, in: Becker, M. /Rother, G. (Hrsg.): Personalwirtschaft in der Unternehmenstransformation - Stabilitas et Mutabilitas, München 2003.

BECKER, M., Abschlussvortrag Quo Vadis Personalarbeit: Entwicklungsperspektiven zwischen Stabilitas et Mutabilitas, 10. Personalkonferenz an der Martin-Luther-Universität Halle-Wittenberg, Lehrstuhl für Betriebswirtschaftslehre, Organisation und Personal, Halle 2003.

GABLER-WIRTSCHAFTS-LEXIKON, 15. Auflage, Wiesbaden 2000.

LANG, R., Führung und Personalentwicklung in Transformationsprozessen – Zwischen theoretischer Überschätzung und praktischer Bedeutungslosigkeit?!, in: Becker, M./ Rother, G. (Hrsg.), Personalwirtschaft in der Unternehmenstransformation - Stabilitas et Mutabilitas, München 2003.

PFEFFER, J., The Human Equation: Building Profits by Putting People First, Harvard 1998.

RIDDER, H. G./CONRAD, P./SCHIRMER, F./BRUNS, H.-J., Strategisches Personalmanagement - Mitarbeiterführung, Integration und Wandel aus ressourcenorientierter Perspektive, Landsberg/Lech 2001.

ROTHER, G., Personalentwicklung und Strategisches Management. Eine systemtheoretische Analyse, Wiesbaden 1996.

THOM, N., Personalmanagement in Zeiten steter Veränderungen, in: Becker, M./Rother, G. (Hrsg.), Personalwirtschaft in der Unternehmenstransformation - Stabilitas et Mutabilitas, München 2003.

SCHWAAB, M.-O., Fusionen – Herausforderungen für das Personalmanagement?!, in Schwaab, M.-O./Frey, D./Hesse, J. (Hrsg.), Fusionen, Herausforderungen für das Personalmanagement, Heidelberg 2003.

WAGNER D., Professionelles Personalmanagement in Ostdeutschland, in: Becker, M./ Rother, G. (Hrsg.), Personalwirtschaft in der Unternehmenstransformation - Stabilitas et Mutabilitas, München 2003.

WEBER, W./SCHMELTER, A., Die Rolle des Personalmanagements – Gestalter oder Verwalter des Wandels, in: Becker, M. /Rother, G. (Hrsg.), Personalwirtschaft in der Unternehmenstransformation - Stabilitas et Mutabilitas, München 2003.

WELGE, M. K./AL-LAHAM, A., Planung - Strategien, Prozesse, Maßnahmen, Wiesbaden 1992.

WILKENS, U. /PAWLOWSKY, P., Personalarbeit in einer wissensbasierten Wirtschaft, in: Becker, M. /Rother, G. (Hrsg.), Personalwirtschaft in der Unternehmenstransformation – Stabilitas et Mutabilitas, München 2003.

WUCKNITZ, U. D., Handbuch Personalbewertung, Messgrößen, Anwendungsfelder, Fallstudien, Stuttgart 2003.

Ralf Peter Beitner

Die neue Qualität des Personalmanagements in Regionalbanken
Gestaltung des Wandels in der Finanzindustrie

1	Umbruch in der Finanzindustrie 227
2	Zukunft der Regionalbanken 229
	2.1 Zusammenschlüsse und Kooperationen 229
	2.2 Weiterentwickelte Arbeitsteilung in den Verbünden 230
	2.3 Interne Reorganisationen 231
3	Aufgabenschwerpunkte des Personalmanagements 233
	3.1 Gestaltung der Zukunftsstrukturen, -prozesse und -systeme 234
	3.2 Gestaltung des Wandels 237
4	Reorganisation der Personalfunktion in der Regionalbank 238
	4.1 Spezialisierung und Professionalisierung 238
	4.2 Zielorientierung und Controlling 240
	4.3 Outtasking und Outsourcing 241
5	Resumé 243

1 Umbruch in der Finanzindustrie

In den vergangenen zehn Jahren ist in der Finanzindustrie mehr in Bewegung geraten als in den Jahrzehnten zuvor. Nachdem lange Zeit feste Strukturen, Geschäftsmodelle und Marktverteilungen die deutsche Kreditwirtschaft geprägt hatten, begann am Ende des vergangenen Jahrhunderts wirksam zu werden, was bereits einige Jahre zuvor vorhergesagt wurde: der für die etablierten Institute spürbare Markteintritt neuer Wettbewerber, die betriebswirtschaftlichen Konsequenzen dauerhaft enger Margen und steigender Kosten, die technologischen Veränderungen der modernen Informationsgesellschaft und die von erhöhter Transparenz und attraktiven Alternativen genährten kundenseitigen Anspruchssteigerungen.

Die absehbare Endlichkeit der lange bewährten Geschäftsmodelle führte zu Strategiewechseln in den traditionellen drei Säulen der deutschen Bankbranche und mündete in eine Diskussion um die drei Säulen selbst. Der genossenschaftliche Sektor arbeitete aufgrund seiner Kleinteiligkeit vordringlich an seiner Konsolidierung. Beobachter registrieren, dass seit Beginn der Strategiediskussion um die Ausrichtung der Primärbanken des Genossenschaftssektors schon zahlreiche Maßnahmen umgesetzt wurden und dass auch hinsichtlich der Arbeitsteilung mit den Verbundpartnern bereits deutliche Fortschritte erzielt wurden (BETSCH 2003, S. 424).

Die öffentlich-rechtlichen Institute veränderten im gleichen Zeitraum schwerpunktmäßig ihre Vertriebsansätze und begannen die kundenfernen Bereiche umzuorganisieren. Die Strategie der Sparkassen-Finanzgruppe zielt mit vielen Maßnahmen auf die Steigerung der Erträge, die Kostensenkung und die Intensivierung und Optimierung der Verbundzusammenarbeit. Ein hohes Konsolidierungspotenzial wird mit bereits deutlich spürbaren Erfolgen gehoben. Dabei ist strukturell noch nicht abschließend geklärt, wie die öffentlich-rechtlichen Kreditinstitute im Ergebnis kooperieren oder fusionieren werden.

Die Privatbanken veränderten ihre Strategien in den vergangenen Jahren immer wieder und verfolgen bislang keinen dauerhaft durchgehaltenen Kurs. Nachdem sie insgesamt in den 1990er Jahren das Investmentbanking bevorzugten, leidet ihre heutige – auch internationale - Konkurrenzfähigkeit aufgrund von Schwächen bei der Kostenkonsolidierung und -kontrolle, bei der Ertragsgenerierung im (Retail-)Kerngeschäft und bei der Aus- und Verlagerung von Prozess- und IT-Leistungen (SEMBACH 2004, S. 8).

Trotz aller Anstrengungen verloren alle etablierten Banken in Deutschland Marktanteile – spürbar und nachhaltig. Im Vergleich von 1993 zu 2003 verringerten sich die Marktanteile im Privatkundengeschäft der Sparkassen von 65,4 % auf 61,7 %, der Genossenschaftsbanken von 31,3 % auf 28,7 %, der Postbank von 19,4 % auf 8,9 % und der Großbanken von 20,6 % auf 15,6 %. Gewinner in diesem Zehn-Jahres-Zeitraum sind die Citibank (von 1,7 % auf 2,4 %) und vor allem die Autobanken (3 % in 2003) und Direktbanken (FMDS INFRATEST 2004, S.11). Nicht unterschätzt werden darf die Rolle mobiler Vertriebe wie AWD und MLP. Andererseits darf man deren Vertriebskraft auch nicht überschätzen. Beispielsweise zeigt ein Vergleich des Individualkundengeschäfts der Sparkasse Leipzig mit AWD: Ein Berater von AWD betreut etwa 230 Kunden, angestrebt werden jedoch 350. Bei der Sparkasse Leipzig sind es 360 Kunden. Pro Kunde existieren bei AWD (nach einer dreijährigen Geschäftsverbindung) 4,8 Verträge. Bei der Sparkasse Leipzig beträgt die Produktnutzungsquote 4,54 (durchschnittlich, auch unter Einbezug von Neukunden) (FINANZDIENSTLEISTER 2004, S. 38)[1]. Auch eine gute Regionalbank ist also in der Lage, dem Geschäftsmodell der unabhängigen Finanzberater zu trotzen.

Analysiert man nicht nur die Marktstellung und Vertriebsstärke der deutschen Kreditwirtschaft, sondern auch die betriebswirtschaftlichen Daten, ergibt sich auf der Basis einer Auswertung der Deutschen Bundesbank bei der Eigenkapitalrentabilität vor Steuern der Bankengruppen folgendes Bild: „Wegen der ungünstigen Ertragsentwicklung sank die Eigenkapitalrentabilität vor Steuern im Durchschnitt aller Banken nach der bereits deutlichen Verschlechterung in 2002 erneut kräftig von 4,49 Prozent auf 0,73 Prozent, wobei die Bundesbanker feststellen, dass der insgesamt niedrige Wert durch die Großbanken (minus 12,8 Prozent) und die Landesbanken (minus 4,3 Prozent) geprägt ist. Sparkassen (11,0 Prozent) und Genobanken (10,6 Prozent) hätten dagegen einen Anstieg ihrer Eigenkapitalrentabilität vor Steuern verbucht." (GIES 2004, S. 6) Auch die Cost-Income-Ratio bietet ein differenziertes Bild: Über alle Bankengruppen erhöhte sich der Wert im Jahr 2003 von 71,3 Prozent auf 72,8 Prozent. Positiv stehen auch bei dieser Kennzahl die Sparkassen (67,4 Prozent) und Genossenschaftsbanken da (74,2 Prozent), während die Großbanken einen Anstieg von 83,4 Prozent im Jahr 2002 auf 98,7 Prozent hinnehmen mussten (GIES 2004, S. 6).

Die Regionalbanken – die Sparkassen und die Genossenschaftsbanken – haben also sowohl mit Blick auf die Marktanteile als auch unter betriebswirtschaftlichen Gesichtspunkten eine relativ bessere Position als die Großbanken. Wie jedoch sind die Zukunftsaussichten? Welche strategischen Wege werden eingeschlagen? Und welche Rolle spielt dabei das Personalmanagement?

---

[1] Hinzu kommen interne Analysen der Sparkasse Leipzig.

2 Zukunft der Regionalbanken

2.1 Zusammenschlüsse und Kooperationen

In der langen Geschichte der öffentlich-rechtlichen und genossenschaftlichen Kreditwirtschaft in Deutschland gibt es seit jeher den Trend zu Fusionen. Ursprünglich kleinräumig tätige Institute schlossen sich schon vor langer Zeit und immer wieder zu größeren Sparkassen und Banken zusammen, um dann z. B. mit ihrem Geschäftsgebiet kommunale Strukturen nachzubilden oder betriebswirtschaftlich günstiger zu arbeiten. Die aktuelle Konsolidierungsdiskussion in der Bankindustrie ist also kein völlig neues Thema für die Regionalbanken.

Dennoch hat die Thematik der Zusammenschlüsse und Kooperationen in jüngster Zeit eine neue Qualität gewonnen. Sie beherrscht die öffentliche Aufmerksamkeit, wie die zwei folgenden Pressestimmen exemplarisch zeigen: „Die Bundesregierung mahnt die deutsche Kreditwirtschaft, den lange verzögerten Konzentrations- und Fusionsprozess jetzt in Angriff zu nehmen" titelte das Handelsblatt im Januar 2004 unter der Überschrift „Bund sieht Banken vor Konsolidierungswelle" (KNIPPER 2004, S. 1). Und im September 2004 las man in DIE WELT: „Investoren wetten auf Bankenfusionen" (DAMS/ZSCHÄPITZ 2004).

Die neue Qualität der Diskussion ist unter anderem kostenbegründet. Nach Fusion errechnet man sich eine bessere Größenrelation von Markt- zu Zentralbereichen, Degressionseffekte durch erhöhte Mengengerüste und das Erreichen von Wirtschaftlichkeitsschwellen in bestimmten Segmenten. Die Diskussion ist aber auch komplexitätsgetrieben. Immer restriktivere gesetzliche und aufsichtsrechtliche Anforderungen an das Bankmanagement, immer anspruchsvollere und fachspezifischere System- und Methodenanforderungen in der Banksteuerung sowie immer differenziertere und kompliziertere Finanzinstrumente machen aus der ursprünglich einfachen Mechanik des kreditwirtschaftlichen Geschäftsmodells, das aus Einlagenannahme und Kreditgewährung bestand, ein schwieriges Feld.

Letztlich ist die Konsolidierungsdiskussion aber auch politikgetrieben. Auf die Regionalbanken bezogen wirkt sich dies insofern aus, als dass die lokale beziehungsweise regionale Einheit, die mit ein und demselben Interesse im Rahmen übergeordneter Gesellschaftsstrukturen agiert, tendenziell größer wird. Früher standen kommunale Interessen im Verhältnis zu landes- oder bundespolitischen Interessen, heute stehen regionale Interessen im Verhältnis zu europäischen oder gar globalen Interessen. Die relevanten Ebenen haben sich verschoben, wodurch im Allgemeinen auch Wirtschaftsräume in ihrem Zuschnitt größer gesehen werden. Die Bemessenheit eines Wirtschaftsraums ist ein gut geeigneter Maßstab für die räumliche Dimensionierung von Regionalbanken, weil dadurch ein sinnvoll abgegrenzter Markt definiert wird.

Die so entstehenden Großsparkassen bedürfen im Vergleich zu ihren kleineren Vorgängerinstituten jedoch anderer Strukturen und Arbeitsteilungen, eines ausgeprägteren Spezialistentums in den Zentralbereichen, leistungsfähigerer Steuerungsinstrumente und einer anderen Führungs- und Managementkultur. Hieraus ergeben sich zentrale Arbeitsfelder des Personalmanagements, auf die im weiteren Verlauf dieses Beitrags eingegangen wird.

2.2 Weiterentwickelte Arbeitsteilung in den Verbünden

Die im Jahr 2002 beschlossene Strategie der Sparkassen-Finanzgruppe (DSGV 2002) thematisiert als einen von drei übergeordneten strategischen Schwerpunkten die Zusammenarbeit im Verbund. Auch im genossenschaftlichen Bereich ist dies ein zentrales Zukunftsthema. Die Banken und Sparkassen vor Ort fokussieren sich primär auf die Rolle des Vertriebsinstituts. Produktentwicklung und -abwicklung wird im Verbund zum Beispiel von Produktlieferanten wie Versicherungen, Leasinggesellschaften, Bausparkassen oder Fondsgesellschaften erledigt. Dazu sollen die Verbünde optimiert werden. Redundante Funktionen werden in Frage gestellt, denn grundsätzlich reicht es aus, einen – möglichst den branchenweit besten – Leistungserbringer im Verbund zu haben. Dies gilt auch für IT-Leistungen, Call-Center-Funktionalitäten und Transaktionsbanking.

Die aktuelle Lage ist bei vielen dieser Aufgaben jedoch noch sehr uneinheitlich. Nicht nur, dass unterschiedliche Leistungserbringer für das gleiche Aufgabenfeld tätig sind und damit nur ungenügend economies of scale verwirklicht werden, sondern auch die Schnittstellenproblematik, die Leistungsbreite und -tiefe sowie die Kosteneffizienz sind sehr unterschiedlich gelöst. Hier ist ein großes Aufgabenfeld für die Zukunft, das – zumindest im Hinblick auf die Schnelligkeit der Verbesserungen - aufgrund der Dezentralität von Entscheidungen und der Vielzahl der Akteure nur getrübte Erfolgsaussichten hat.

Nach einer Analyse der Beratungsgesellschaft Booz Allen Hamilton (2002) sind einige wenige Faktoren für das weitgehende Scheitern der bisher von den Banken verfolgten Strategien im Retailgeschäft verantwortlich – einer davon ist das voll integrierte Geschäftsmodell der Universalbank, bei dem Outsourcing-Möglichkeiten zu wenig genutzt und eigene Transaktionsbanken aufgebaut werden. Mit dieser Analyse stehen die Berater nicht alleine, im Gegenteil: diese Auffassung wird zunehmend zum common sense in der Branche. Die Therapie wird allenthalben in der Desintegration des Geschäftssystems gesehen, indem beispielsweise der Zukauf von Produkten forciert wird und das Outsourcing von Teilelementen institutsübergreifend realisiert wird.

In diesem Sinne wurden über die bisher als Verbundaufgaben erkannten arbeitsteiligen Leistungen hinaus in den letzten Jahren Aufgabenfelder in den Verbünden thematisiert, die traditionell intern im einzelnen Kreditinstitut bearbeitet wurden. Es handelt sich beispielsweise um die Kreditbearbeitung, den Zahlungsverkehr, die Marktfolgetätigkeiten im Passiv- und Dienstleistungsgeschäft, die IT-Dienstleistungen und viele andere Stabsfunktionen, die als outsourcingfähig betrachtet werden und kooperativ erledigt werden können. Auch die Personalabteilungen sind dabei betroffen, mit Aufgaben wie der Lohn- und Gehaltsabrechnung, der Familienkasse, dem Bewerbermanagement, dem Change-Management oder der Ausbildung. Die Sinnhaftigkeit solch massiven Zusammenarbeitens und evtl. Outsourcings wird momentan kontrovers in den Regionalbanken diskutiert. Bei manchen Themenfeldern spielt sogar die Gruppenzugehörigkeit der Kreditinstitute keine Rolle mehr, so dass Kooperationsebenen und Auftragsvergaben ausserhalb der traditionellen Verbünde entstehen.

Ein bekanntes Beispiel für eine gelungene Desintegrationsstrategie bei Privatbanken ist das easyCredit Konzept der norisbank. Hierbei geht es um eine Vertriebskooperation, die so angelegt ist, dass eine Partnerbank die Vertriebsfunktion für Ratenkredite übernimmt, dafür eine Provision erhält, kein eigenes Kreditrisiko trägt und dazu ein internetbasiertes Entscheidungstool ohne Pflege- und Weiterentwicklungsaufwand zur Verfügung gestellt bekommt. Als Kooperationspartner übernimmt die norisbank die Produktion sowie das Risiko und liefert Marketingunterstützung. (BENNA ET AL. 2003, S. 91-93) Auch die Citibank ist mit Vertriebskooperationen erfolgreich. Zum Beispiel steht ein Fachhändler-Service für Partner wie Media Markt oder Saturn zur Verfügung. Aufgrund großer Nachfrageschwankungen lohnt sich dabei ein computergestütztes Kapazitätsmanagement, das die Bank auch in anderen Bereichen einsetzt. Im Ergebnis führt eine solche Industrialisierung der Produktionsbank zu kürzeren Durchlaufzeiten für Ratenkäufe bei den Vertriebspartnern (LICCI 2003).

Offensichtlich stehen die Regionalbanken vor großen Herausforderungen, Ihre Verbünde und deren Leistungselemente zu modernisieren. Die Weichenstellungen dabei haben aufgrund der Schnittstellen zu den Sparkassen und den genossenschaftlichen Primärbanken ggf. große Auswirkungen auf die internen Reorganisationen dieser Institute.

2.3   Interne Reorganisationen

Eine gefährliche Falle besteht darin, die Notwendigkeit interner Reorganisationen alleine aus Kostenüberlegungen heraus abzuleiten. Dazu mag zwar das pauschale Denken verleiten, jeder betriebliche Prozess enthalte Effizienzpotentiale, die entweder durch besseres internes Management oder durch Outsourcing zu heben seien. Wozu derart undifferenziertes Reorganisieren und Einsparen führen kann, zeigt ein Blick etwa zwanzig Jahre zurück, dargestellt aus einer Fremdperspektive heraus:

Ralf Peter Beitner

Der renommierte Stanford-Professor Jeffrey Pfeffer weist in seinem Buch „The Human Equation, Building Profits by Putting People First" (1998) darauf hin, wie unterschiedlich deutsche und US-amerikanische Banken in den 1980er Jahren strategisch gehandelt haben, als sie die verschärfte Konkurrenzsituation aufgrund der Deregulierung der Finanzmärkte und des Eintritts neuer Wettbewerber vorhersehen konnten. Nach seiner Beobachtung reagierten viele U.S.-Banken mit der Zielsetzung, Kostenführer zu werden. Dazu wurde Personal abgebaut und der Kundenservice entweder reduziert, automatisiert oder bepreist.

Demgegenüber attestiert Pfeffer den deutschen Kreditinstituten, damals aufgrund von arbeitsrechtlichen Grenzen, unter Gewerkschaftseinfluss und aus sozialen Gründen eine solche Strategie nicht eingeschlagen zu haben. So an die Mitarbeiter gebunden, sei der deutsche Weg das Relationship-Banking gewesen, gepaart mit Verbesserungen in der Servicequalität und Cross-Selling Anstrengungen im Kundenbestand. Pfeffer zitiert die Doktorarbeit von Brent Keltner, der nachgewiesen hat, dass der seinerzeitige amerikanische Weg zu Marktanteilsverlusten geführt hat - z. B. zu einem Rückgang des Marktanteils von 32 % auf 22 % an den sogenannten „household assets" (KELTNER 1994 und 1995).

Mit dieser Erfahrung aus der Vergangenheit sollten heutige Reorganisationsansätze klüger gewählt werden. Dazu empfiehlt es sich, den gesamten bankbetrieblichen Leistungserstellungsprozess grob in drei Leistungsbereiche zu unterteilen, für die unterschiedliche Reorganisationsstrategien gewählt werden können. Erster und wichtigster Bereich in den Regionalbanken ist der Vertrieb. Hierzu zählen alle Unternehmenseinheiten, die im Kundengeschäft tätig sind. Das sind im Wesentlichen die Geschäftsstellen, Beratungszentren, Produktspezialisten und Servicefunktionen für Kunden. Zweiter Bereich sind die Stäbe, Spezialisten und Steuerungsbereiche, die die Prozesse erledigen, die u. a. zum Management des Instituts notwendig sind. Zu denken ist dabei an die Gesamtbanksteuerung, die Organisation, das Personalmanagement, das Marketing und Vertriebsmanagement oder etwa die interne Revision. Dritter Bereich sind alle Produktions-, Transaktions- und Abwicklungsbereiche, die dem Verkauf des Bankproduktes zeitlich nachgelagerte Tätigkeiten verrichten. Dies sind zum Beispiel der Zahlungsverkehr, die Wertpapierabwicklung, die Kreditbearbeitung und der übrige Marktfolgebereich.

Im Allgemeinen sind die Reorganisationsstrategien der Regionalbanken für diese drei Bereiche so: Im Vertrieb wird eine intensivere Marktbearbeitung angestrebt, die mit Minimierung von Sachbearbeitung durch die Vertriebsmitarbeiter einhergeht. Die Schnittstelle zum Marktfolgebereich wird grundsätzlich direkt nach dem Kundengespräch gesucht, es sei denn der zumeist notwendige IT-Prozess ermöglicht eine schlanke fallabschließende Bearbeitung durch den Vertriebsmitarbeiter. Im Stabsbereich steht eine Professionalisierung der einzelnen Funktionen durch verbesserte Spezialisierung und Know-how-Anreicherung im Mittelpunkt. Schlanke, sehr kompetente Spezialbereiche werden danach beurteilt, welche Resultate sie für das Unternehmen produzieren. Im Back-Office-Bereich stellt sich die strategische Frage nach Eigenproduktion oder Fremdbezug. Hier ist Outsourcing oft eine geeignete Entscheidung. Die im Unternehmen verbleibenden Produktions- und Transaktionsfunktionen werden kapazitäts- und kostenoptimiert.

Es ist offenkundig, dass sowohl der Change-Management Prozess zur Verwirklichung der strategischen Organisation als auch die Gestaltung dieser Organisation selbst – mit allen Regeln, Instrumenten, Kooperationsformen und Systemen – in den drei unternehmerischen Leistungsbereichen sehr unterschiedlich sein wird, um dem jeweiligen Zweck optimal zu entsprechen. Daraus ergibt sich für das Personalmanagement, den jeweiligen Anforderungen individuell gerecht werden zu müssen.

3 Aufgabenschwerpunkte des Personalmanagements

Die gravierenden unternehmerischen Veränderungen, die sich in der Finanzindustrie vollziehen, erfordern vom Personalmanagement in der Regionalbank, andere Rollen wahrzunehmen als in den stabileren Jahren zuvor.

Unter einer Rolle versteht der Soziologe die Summe der Verhaltenserwartungen an eine Person. Mit Blick auf die Rolle des Personalmanagements im Unternehmen geht es also um das Verhalten der für die Personalarbeit zuständigen Mitarbeiterinnen und Mitarbeiter. Früher war deren Arbeit vornehmlich administrativ geprägt. Die Kernkompetenz des Personalwesens war ursprünglich die juristisch einwandfreie Vertragsgestaltung, die fehlerfreie Lohn- und Gehaltsabrechnung, die schnelle Reisekostenabrechnung und das Erledigen anderer Aufgaben dieser Kategorie.

Bereits vor Jahren hat sich das Rollenverständnis stark gewandelt. Spätestens seit den 1970er Jahren hat die Personalentwicklung einen breiten Raum in den Erwartungen an die Personalabteilung und in deren Selbstverständnis eingenommen. Vielfältige Angebote, vor allem von Aus- und Weiterbildungsmaßnahmen, standen lange Zeit im Mittelpunkt der betrieblichen Personalarbeit. Momentan wird in diesem Aufgabenfeld jedoch eine Trendwende vollzogen. Aktuelle Umfragen zeigen, dass konzeptionelle Arbeiten wie die Überarbeitung, Anpassung und Neueinführung von Personalentwicklungsinstrumenten in den Vordergrund treten. Dies geht einher mit einer verstärkten Nachfrageorientierung im Sinne problemzentrierter Personalentwicklung. Die angebotsorientierte Personalentwicklung mit Bildungsschwerpunkt gehört mehr und mehr der Vergangenheit an (BECKER 2003, S. 35).

Ralf Peter Beitner

Seit einiger Zeit hat sich das Spektrum des Personalmanagements erheblich erweitert. Ganz neue Rollen werden beschrieben, wobei viele Impulse aus der amerikanischen Managementliteratur stammen.

Arnold Picot, Ralf Reichwald und Rolf T. Wigand (2003, S. 466 ff.) befassen sich mit Unternehmensführung in der Informationsgesellschaft und definieren die neuen Rollen von Managern und Mitarbeitern. Die dem Manager zugeschriebenen Aufgaben als Networker, Visionär, Change Agent, Architekt, Designer, Coach, Entwickler und Förderer eignen sich in leicht angepasster Form insbesondere für den Personalmanager.

Abbildung 3-1: Neue Personal-Rollen (in Anlehnung an PICOT ET AL. 2003)

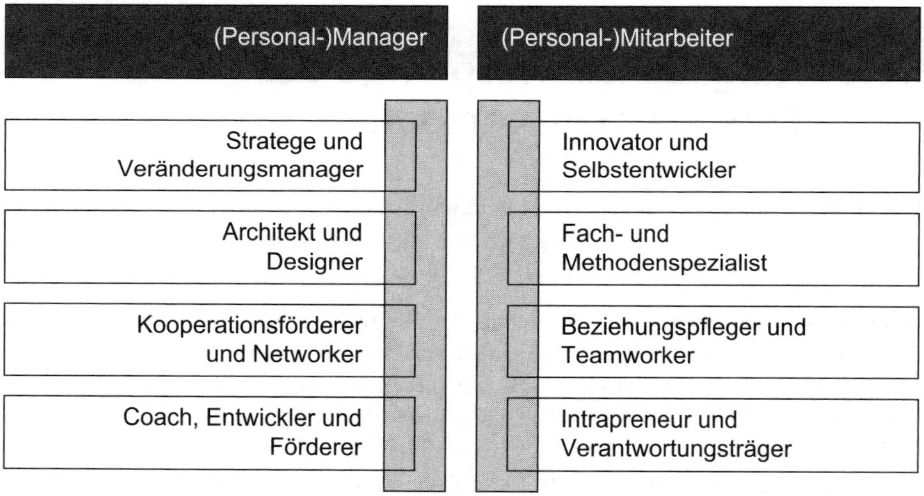

(Personal-)Manager	(Personal-)Mitarbeiter
Stratege und Veränderungsmanager	Innovator und Selbstentwickler
Architekt und Designer	Fach- und Methodenspezialist
Kooperationsförderer und Networker	Beziehungspfleger und Teamworker
Coach, Entwickler und Förderer	Intrapreneur und Verantwortungsträger

3.1 Gestaltung der Zukunftsstrukturen, -prozesse und -systeme

Als Stratege und Veränderungsmanager ist der Personalmanager unmittelbarer Partner der Geschäftsleitung. In manchen Zukunftsprognosen wird dies für die wichtigste Rolle gehalten (WUNDERER 2002, S. 10). Wenn es z. B. darum geht, wie Zusammenarbeit in den unterschiedlichen Unternehmensbereichen organisiert werden kann, welche Vorgehensweisen es gibt, Veränderungen zu implementieren, oder der Einsatz welches Personalinstruments in einem bestimmten Zusammenhang die größte Erfolgsaussicht hat, schlägt der Personalmanager ungefragt geeignete Methoden vor.

Als Architekt und Designer gestaltet der Personalmanager die betriebliche „Architektur" aus Kultur, Kompetenzen, Vergütungen, Kontrollen, Arbeitsabläufen und Führungsleistung usw. mit dem Ziel einer maßgeschneiderten und konsistenten Abstimmung all dieser Elemente (ULRICH 1998, S. 64). Er strebt an, dass in dem für die Führung und Zusammenarbeit sinnvollen System kein wichtiges Element fehlt und die Wirkungsweisen miteinander im Einklang stehen. Beispielsweise dürfen Kontrollspannen nicht zu eng sein, wenn innerbetriebliches Unternehmertum Teil der Kultur sein soll. Dave Ulrich sagt dazu: „HR-Akteure entwerfen Organisationen. Sie helfen dabei, allgemeine und eigene Ideen in organisatorische Handlungsentwürfe (Blueprints) umzuwandeln. (...) Sie helfen Möglichkeiten ausfindig zu machen, wie das Unternehmen besser geleitet werden könnte, die der Führung bislang nicht bewusst waren." (ULRICH 2004, S. 55). In dieser Beschreibung ist das Rollenverständnis so weitgehend, dass der Personalmanager über seine „Architektenaufgabe" hinaus zum innerbetrieblichen Consultant für die Unternehmensleitung wird.

Diese vier Rollen – Stratege, Veränderungsmanager, Architekt und Designer – sind dem klassischen Personaler in der Regionalbank häufig fremd. Diese Aufgaben werden üblicherweise Abteilungen zugeschrieben, die oft Vorstandssekretariat (in Bezug auf Kompetenzen, Rahmenbedingungen, Geschäftsanweisungen), Organisation (in Sachen Strukturen, Abläufe, Prozesse) oder Marketing (hinsichtlich der internen Kommunikation) heißen. Wie sinnvoll ist es jedoch, über die Fachzuständigkeit dieser Abteilungen hinaus das Personalmanagement in die Rolle des übergreifenden Gestalters zu bringen: Es ist die Kernkompetenz des betrieblichen Funktionsbereichs Personal, die Arbeitssituation vom im Unternehmen handelnden Menschen her zu entwickeln und die Systeme und Instrumente primär mit Blick auf die Nützlichkeit und Eignung für die arbeitenden Menschen zu beurteilen.

Neben diesen den klassischen Zuschnitt des Personalmanagements erweiternden Gestaltungsfeldern ist die Mehrzahl der für den Erfolg der neuen Unternehmensaufstellung relevanten Handlungsfelder schon immer Thema des Personalmanagements gewesen. Dazu zählen neben Zielvereinbarungs-, Beurteilungs-, Vergütungs- und anderen Anreizsystemen, Dienstvereinbarungen und personelle Rahmenbedingungen (z. B. Arbeitszeitregelungen), Auswahlprozesse, Workshopmoderationen noch vieles mehr.

Bei allem, was es zu gestalten gilt, ist ein Wandel in der Herangehensweise vom funktionalen zum anwendungsbezogenen Ansatz erforderlich. Mit funktionalem Ansatz ist gemeint, dass die Personalmanagement-Instrumente isoliert voneinander entwickelt und eingeführt werden, jedes davon zur Erfüllung einer bestimmten Funktion im gesamten Unternehmen. Weil diese Instrumente, Systeme und Methoden dadurch nur einen losen Bezug zueinander haben, stimmen beispielsweise Beurteilungsverfahren nicht immer mit Zielvereinbarungssystemen überein. Oder Motivationsmanagement funktioniert eher aktionistisch als kulturell eingebettet. Oder Managementsysteme gehen nicht unbedingt mit Führungsinstrumenten einher. Auch wird Change Management oft nur als Umgang mit den weichen Faktoren verstanden. Viele weitere Beispiele könnten angeführt werden. Es ist offensichtlich problematisch, wenn die funktionale Sicht die Personalmanagementsystematik entscheidend prägt und dadurch das Angebot einzelner Personalinstrumente für den Leistungsbeitrag des Personalmanagements zum Unternehmenserfolg gehalten wird. Ein Beispiel soll hier den Übergang zu einer anderen Herangehensweise illustrieren: Wenn ein Beurteilungssystem eingeführt werden soll, wird in der Regel eines entwickelt, das dann im gesamten Unternehmen gilt. Dies entspricht der funktionalen Sicht, die ein generelles Personalinstrument hervorbringt. Würde statt dessen vom Unternehmensbereich her entwickelt – zum Beispiel für die Anwendung in Transaktionseinheiten -, würde ausschließlich für diesen Unternehmensbereich eine Systematik geschaffen, die nicht nur ein spezielles Beurteilungsverfahren enthält, sondern eine in sich schlüssige Kombination aus Zielvereinbarungs-, Führungs-, Beurteilungs- und Vergütungssystem, vielleicht sogar mit Service-Level-Agreements und Sanktionsmechanismen.

Abbildung 3-2: Differenzierte Leistungsbündel des Personalmanagements

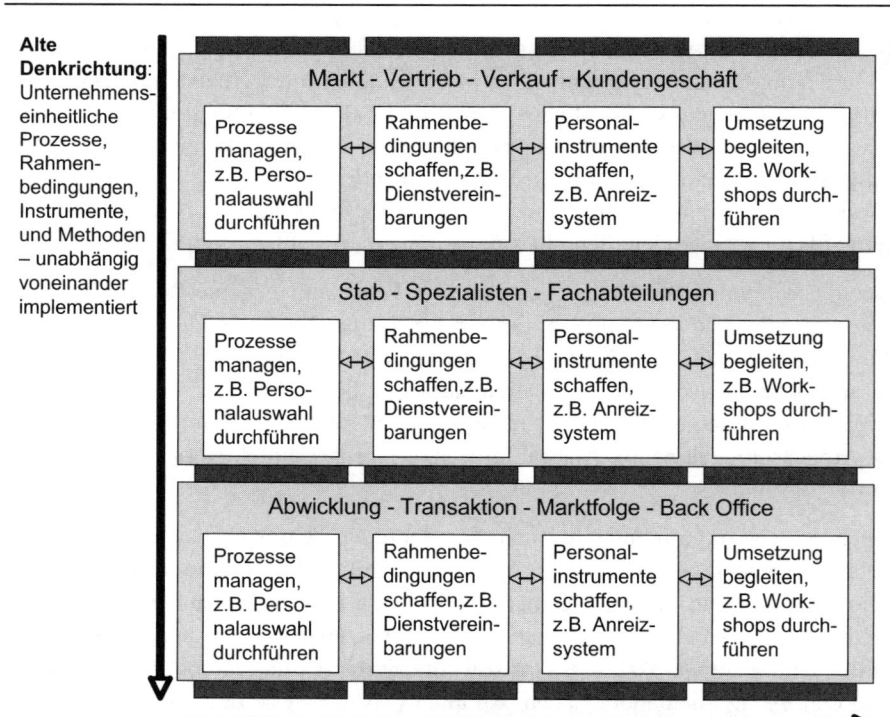

Ein Beurteilungssystem für den Vertrieb oder den Stab könnte dann durchaus anders konfiguriert werden, da in diesen Bereichen ein anderer Bedarf besteht und anders gestaltete Systeme die Leistungserstellung dort besser unterstützen.

Erweitert man diese Aufgabenstellung um die zuvor genannten übergreifenden Gestaltungsparameter, die nicht klassischerweise im Personalmanagement angesiedelt sind, ergibt sich das Aufgabenfeld und die prototypische Herangehensweise des Personalers als Architekt, Designer, Stratege und Veränderungsmanager.

3.2 Gestaltung des Wandels

Während es im vorstehenden Abschnitt um die Systeme, Strukturen und Prozesse ging – also um einen Zustand als Ergebnis eines Gestaltungsprozesses –, beziehen sich die weiteren Rollen des Personalmanagements, auf den Gestaltungsprozess selbst. Ging es also eben um das unternehmerische Ziel, geht es nun um den unternehmerischen Weg und den Beitrag des Personalmanagements in den Phasen des Werdens.

Als Kooperationsförderer und Networker verbindet der Personalmanager die unterschiedlichen Unternehmensbereiche und leitet diese Bereiche an, konstruktiv und ergebnisorientiert miteinander umzugehen. Er wirkt damit Abteilungsegoismen und Verständnisschwierigkeiten entgegen. Damit wird er zu einer Art „Betriebspsychologe" – allerdings nicht auf der individuellen, sondern auf der Unternehmensebene.

Als Coach, Entwickler und Förderer übernimmt der Personalmanager aktive Aufgaben im Veränderungsprozess des Unternehmens. „Die Rolle des Personalentwicklers hat sich vom Lehrer der Erwachsenenbildung zum Methodenspezialisten und Prozessbegleiter gewandelt", stellt Becker (2003, S. 33) dazu in seiner aktuellen Befragung in den Top-500 Unternehmen in Deutschland fest. „Als Begleiter bringen die HR-Akteure ein Veränderungsprogramm ein, mit dem sie sicherstellen, dass die Organisation über die Kapazität und die Disziplin für Veränderungen verfügt" analysiert Ulrich (2004). Und weiter: „Sie müssen fähig sein, Feinheiten im Prozessverlauf zu erkennen. Diese Prozesse beinhalten häufig Aspekte in Verbindung mit Einfluss und Macht. (...) In Teams, Organisationen und Allianzen koordinieren HR-Begleiter die Machtbefugnisse, um die Handlungsfähigkeit sicherzustellen" (ULRICH 2004).

Ralf Peter Beitner

4 Reorganisation der Personalfunktion in der Regionalbank

Nachdem deutlich geworden ist, in welchem Umfeld das Personalmanagement in Regionalbanken tätig ist und welche Erwartungen an die Akteure bestehen, werden in diesem Abschnitt neben allgemeingültigen Reorganisationszielen und Herangehensweisen auch organisatorische Ansätze und praktische Umsetzungsbeispiele aus einer konkreten Regionalbank, der Sparkasse Leipzig, dargestellt.

4.1 Spezialisierung und Professionalisierung

Um die anspruchsvollen Rollen ausfüllen zu können, die im vorangegangenen Abschnitt beschrieben sind, benötigt das Personalmanagement in verschiedenen Funktionen hoch qualifizierte Akteure. In den Regionalbanken wurden auch die Personalabteilungen in der Vergangenheit mit Bankkaufleuten besetzt, die sich im Rahmen ihrer Weiterbildungen mit Fachwissen des Personalwesens beschäftigt hatten oder on the job zu Personalern entwickelt wurden. Dies hat lange Zeit die Anforderungen erfüllt und viele der so in die Aufgabe gewachsenen Personalmanager leisten heute hervorragende Arbeit. Der Nachwuchs jedoch, der bereits in vielen Regionalbanken das Personalmanagement prägt, bringt andere Qualifikationen mit. Universitäre Ausbildungsgänge in den Fachrichtungen Psychologie, Pädagogik, Soziologie, Recht, Controlling oder Betriebswirtschaft führen zu spezifischem Fach- und Methodenwissen, das für die Übernahme der genannten Rollen grundsätzlich hilfreich ist. Gut gemischt mit Branchenpraktikern, die das operative Geschäft der Regionalbank aus eigenem Tätigsein kennen, entsteht ein leistungsfähiges HR-Team, von dem hohe Wirksamkeit erwartet werden kann.

In der Sparkasse Leipzig arbeitet das Personalmanagement bereits seit vielen Jahren in einer derartigen Konstellation. Interdisziplinär zusammengesetzt, ist der Personalbereich kompetent in der Lage, die Unternehmensentwicklung konzeptionell mit zu gestalten und die Umsetzung der Konzepte zu realisieren. Dazu wurde innerhalb der Abteilung die folgende aufbauorganisatorische Gliederung gewählt:

- Personalservice: Diese Gruppe erledigt die Personaladministration wie die Lohn- und Gehaltsabrechnung, Familienkasse, Reisekostenabrechnung etc. – auch für Mandanten. Experten für jedes Fachgebiet stehen dabei Sachbearbeitern als Know-how-Träger zur Verfügung.

- Personalbetreuung: Diese Gruppe betreut die Mitarbeiterinnen und Mitarbeiter individuell und berät die Führungskräfte. Jeder Personalbetreuer hat eine zugeordnete Kundengruppe (Vertriebs-, Stabs- oder Back-Office-Mitarbeiter) und ist auf deren Bedürfnisse spezialisiert. Die Betreuung bietet alle Personalleistungen aus einer Hand (also auch Personalservice und Personalentwicklung), dadurch hat jeder Mitarbeiter nur einen Ansprechpartner im Personalbereich.

- Personalentwicklung: Diese Gruppe bietet Teamentwicklungen, individuelles Coaching, Moderation, Managementtraining und Führungsseminare an – auch für andere Unternehmen.

- Ausbildung: Diese Gruppe organisiert die Berufsausbildung und führt sie durch. Im Mittelpunkt steht die Nachwuchsqualifizierung für den Vertrieb im Privatkundengeschäft – darauf ist die gesamte Ausbildung orientiert.

- Personalcontrolling: Dieser Spezialist ist damit beschäftigt, Planungen, Kalkulationen, Prognosen und Kontrollen vorzunehmen. Auch die Projektarbeit an Systemen und Instrumenten ist hier angesiedelt.

- Veränderungsmanagement: Dieser Spezialist ist in Projekten, Reorganisationen und Change-Management-Aktivitäten sowohl konzeptionell wie auch implementierend eingebunden. Eine erfolgskritische Schnittstelle existiert zur internen Kommunikation, die in der Abteilung Unternehmenskommunikation angesiedelt ist.

Diese Struktur ist das Ergebnis eines gravierenden zweischrittigen Reorganisationsprozesses des Personalmanagements in den Jahren 1997 bis 2001. Zuvor gab es in der Sparkasse Leipzig zwei separate Abteilungen, die sich mit Personalthemen beschäftigten: die Personalbetreuung und die Personalentwicklung. Diese Abteilungen hatten sehr unterschiedliche interne Kulturen, folgten zwei in Nuancen verschiedenen Agenden und respektierten die gegenseitige Arbeit nicht voll und ganz. Die Personalbetreuung stand unter zeitlichem und mengenmäßigem Druck, hatte aufgrund ihres Auftrages eine Reihe von konfliktären Aufgaben zu erledigen und war sehr operativ-pragmatisch im Herangehen und Handeln. Die Personalentwicklung hatte Freiräume zeitlich und inhaltlicher Art, war dem Fördergedanken verpflichtet und sehr theoretisch-konzeptionell in ihrem Denken und Entwickeln.

Zunächst wurde im Jahr 1997 begonnen, die Schnittstellen zwischen den Abteilungen zu klären, mehrere Mitarbeiter zwischen den Abteilungen zu versetzen, die Personalentwicklung stärker auf die konkreten Bedürfnisse des Unternehmens auszurichten und damit wirksamer zu machen sowie den administrativen Schwerpunkt der Personalbetreuung um gestalterische Elemente zu ergänzen. Viel Zeit wurde investiert, um die Abteilungen zu vernetzen. Beide Abteilungen wurden unter eine neue gemeinsame Führung durch einen Generalbevollmächtigten gestellt.

Im Jahr 2001 wurden die beiden Abteilungen fusioniert und in diesem Zuge reorganisiert. Dabei wurde die Mitarbeiterkapazität einschneidend verringert. Wichtige Schnittstellen wurden generell anders als zuvor geregelt – beispielsweise wurde die

Ralf Peter Beitner

Betreuung der Mitarbeiter aus einer Hand eingeführt. Administrative Aufgaben wurden im Personalservice gebündelt. Die Bildungsverantwortung wurde aus der Personalentwicklung in die Personalbetreuung verlagert. Im Ergebnis ist die Aufgabenverteilung entstanden, die weiter oben beschrieben wurde. Diese Organisation hat sich seitdem bewährt, wird aber in Zukunft immer wieder überdacht werden müssen. Die Struktur und Organisation des Personalbereichs sowie die Kapazitäten in den jeweiligen Aufgabenfeldern sollen immer den Anforderungen genügen, die sich aus der sich stetig wandelnden unternehmerischen Situation ergeben.

4.2   Zielorientierung und Controlling

Die Ziel- und Ergebnisorientierung des Personalmanagements beginnt wie bei allen Leistungsbereichen mit einer klaren Vorstellung davon, was die wesentliche Aufgabe ist. In der Sparkasse Leipzig gilt folgende Formulierung: „Wir wollen als Abteilung Personalmanagement eine servicestarke, hocheffiziente und impulsgebende Einheit sein, die von den Führungskräften nachgefragter Kompetenzträger ist, zum richtigen Zeitpunkt bedarfsgerecht qualifizierte Mitarbeiter bereitstellt und zu einer hohen Produktivität, Identifikation und Zufriedenheit der MitarbeiterInnen beiträgt."

Diese Aussage ist Basis für eine Balanced Scorecard, die als Instrument verwendet wird, um die wesentlichen Ziele des Personalbereichs zu fixieren und deren Erreichen im Zeitablauf zu verfolgen (KRESSIN/WINTERFELDT 2004). Eindeutige und messbare, schriftliche Zielvereinbarungen des Vorstands mit dem Abteilungsdirektor Personal sowie innerhalb des Personalbereichs mit allen Mitarbeiterinnen und Mitarbeitern gehören unabdingbar dazu. Mehrere Führungskräfte im Personalbereich arbeiten auf außertariflicher Basis und haben einen spürbaren variablen Anteil an ihrer Gesamtvergütung an diese Zielvereinbarungen (Zielprämie) gebunden. Die anderen Mitarbeiterinnen und Mitarbeiter profitieren von Jahresendprämien, deren gesamte Höhe sich aus einer jährlichen internen Kundenzufriedenheitsbefragung ergibt (diese bestimmt die Budgethöhe für variable Zahlungen in den jeweiligen Unternehmensbereichen) und für den Einzelnen davon abhängt, wie der Abteilungsleiter die persönliche Leistung einschätzt.

Neben dem Zielcontrolling auf Basis der Zielvereinbarungen findet in der Sparkasse Leipzig ein Führungscontrolling auf Basis eines Vorgesetztenbeurteilungsverfahrens statt[2]. Die außertariflich beschäftigten Führungskräfte erhalten bei guter Führungsleistung eine Prämie, die der Zielprämie in ihrer Höhe gleich kommen kann. Darüber entscheidet der jeweilige Vorgesetzte und berücksichtigt dabei nach billigem Ermessen die Ergebnisse des Vorgesetztenbeurteilungsverfahrens. In erster Linie ist das

---

[2]   Das hier angewandte Instrument Führungs-Scoring und eine Längsschnittbetrachtung der Ergebnisse über 5 Jahre ist ausführlich beschrieben in BEITNER 2004c.

Führungscontrolling-Instrument jedoch als Feedback- und Dialoginstrument gedacht. Es erleichtert nicht nur ein regelmäßiges Gespräch über die Leistung der Führungskraft, sondern trägt dazu bei, wechselseitige Erwartungen - von Mitarbeitern und Führungskraft - an die Zusammenarbeit zu klären.

Die Balanced Scorecard, der interne Qualitätsmonitor (zur Kundenzufriedenheitserhebung), der Ziel-Fokus (zum Zielcontrolling) und das Führungs-Scoring (zum Führungscontrolling) sind die Hauptbestandteile, die sich gegenseitig als Managementinstrumente im Personalbereich der Sparkasse Leipzig ergänzen. In ihrer Gesamtheit stellen sie ein ausgefeiltes und bewährtes System zur Steuerung des Personalmanagements dar.

4.3 Outtasking und Outsourcing

Bei Überlegungen im Zusammenhang mit Reorganisationen stellt sich oft die grundsätzliche Frage, ob eine bestimmte Aufgabe oder gar ein ganzer Funktionsbereich künftig innerhalb des Unternehmens abgebildet wird oder ob Partner gesucht bzw. gegründet werden, die die Tätigkeiten erledigen sollen. Die konkreten Formen der Auslagerung sind dabei sehr vielfältig und umfassen das Herausgeben einzelner Aufgaben, nicht jedoch ganzer Prozesse (das Outtasking), das Übertragen ganzer Funktionsbereiche auf Andere (das „klassische" Outsourcing) oder das Heraustrennen von Geschäftsprozessen (das BPO, Business Process Outsourcing - Vgl. DITTRICH/BRAUN 2004, S. 7).

In vielen Regionalbanken wird deshalb immer wieder geprüft, ob das Auslagern von Aufgaben oder die Übernahme bestimmter Tätigkeiten von anderen Instituten sinnvoll ist. Im Bereich des Personalmanagements stehen dabei viele Aufgaben zur Diskussion. Zum Beispiel im Bildungsbereich: Hier ist die Aufgabenteilung zwischen den kreditwirtschaftlichen Akademien und den einzelnen Kreditinstituten nicht statisch abgegrenzt, sondern häufig im Einzelfall zu entscheiden. Ob die Organisation einer Inhouse-Maßnahme ohne Akademiebeteiligung oder das Beschicken einer Akademieveranstaltung sinnvoller ist, hängt von individuellen Wirtschaftlichkeitsbetrachtungen ab. Ob Personalbeurteilungsverfahren eingekauft oder selbst entwickelt werden, ist häufig eine Frage des Anspruchs an deren Individualität, des quantitativen Bedarfs und des Kostenvergleichs. Ebenso verhält es sich mit Trainings- und Managemententwicklungskapazitäten.

Alle vorgenannten Aufgabenfelder sind eher kleinteilig und im Gesamtzusammenhang des Personalmanagements jeweils für sich betrachtet von relativ untergeordneter Bedeutung. Ein großer Wurf dagegen ist beispielsweise ein Konzept, das Wald (2004, S. 209) vorgestellt hat - die Gründung eines profilierten, spezialisierten und innovativen Personaldienstleisters, „der die Leistungen einer Professional Employee Organisation, d. h. professionelle Zeitarbeits- und Beratungsleistungen ebenso wie Leistungen einer Beschäftigungsgesellschaft anbietet". Dieses ausgefeilte und umsetzungsreife Konzept wird momentan im Sparkassensektor ernsthaft diskutiert.

Zwei Beispiele aus der Sparkasse Leipzig sollen im Folgenden konkrete Aspekte des Outsourcings illustrieren - das Aufgabenfeld der Familienkasse und der Prozess der Bewerberselektion für Ausbildungsplätze.

- Übernahme der Familienkassenfunktion für andere Sparkassen

Sparkassen als öffentlich-rechtliche Unternehmen haben die hoheitliche Aufgabe, die Ansprüche ihrer Mitarbeiterinnen und Mitarbeiter auf Kindergeld festzusetzen und die sich daraus ergebenden Zahlungen zu leisten. Sie dürfen insofern rechtsgültige Bescheide erteilen. Vor allem in kleineren Sparkassen ist diese Aufgabe eine mengenmäßig unbedeutende Pflicht, die hohen Aufwand verursacht. Aufgrund häufiger Rechtsänderungen und der Komplexität der Materie ist die Familienkasse schulungsintensiv und fehleranfällig. Obwohl es kostenmäßig relativ unerheblich ist, macht die Bündelung dieser Aufgabe in einem Kompetenzzentrum inhaltlich Sinn. Die Sparkasse Leipzig hat innerhalb der Sachsen-Finanzgruppe diese Aufgabe übernommen und bietet den anderen Sparkassen an, die Familienkassenfunktion zu übernehmen. Für die Mandanteninstitute ist dies ein Outtasking einer komplexen Aufgabe innerhalb des Prozesses der Personalsachbearbeitung.

- Outsourcing im Bewerbermanagement

Die Sparkasse Leipzig hat alle Aufgaben und Tätigkeiten im Zusammenhang mit der Erfassung und Selektion der Ausbildungsplatzbewerber sowie den daran anschließenden Vorauswahlprozess outgesourct. Partner ist dabei die PUUL GmbH, Leipzig (PUUL = Personelle Unterstützung von Unternehmen in Leipzig). Drei Gründe waren bei dieser Entscheidung besonders wichtig:

1. Der Bewerberauswahlprozess aus jährlich etwa 1500 Bewerbern bindet hohe Kapazitäten, die saisonal stark schwanken, da die Ausbildung zu einem festen jährlichen Termin beginnt.

2. Die PUUL GmbH hat eine ausgezeichnete Kenntnis des Leipziger Arbeitsmarktes sowie beste Referenzen bspw. durch die BMW AG. Sie kann der großen Zahl der nicht für die Sparkasse in Frage kommenden Bewerber weitere Perspektiven eröffnen.

3. Die PUUL GmbH bietet Mehrleistungen gegenüber einer sparkasseneigenen Lösung - u.a. ein CallCenter für Bewerber und die Nutzung eines EDV-Testmoduls an einer ausreichenden Zahl entsprechend ausgestatteter Arbeitsplätze.

Gemeinsam mit diesem Outsourcingpartner wurde das Design des Bewerberselektionsprozesses und die Schnittstelle zwischen beiden Unternehmen festgelegt. Im Ergebnis stellt sich der Prozess wie in der Abbildung 4-1 skizziert dar.

Abbildung 4-1: Prozess Bewerbungsmanagement Auszubildende

- Erfassung der Bewerberdaten über einen Online-Fragebogen via Internet über die Homepage der Sparkasse Leipzig, danach Selektion geeigneter Bewerber anhand einer ABC-Analyse entsprechend abgestimmter Anforderungskriterien durch einen Recruiter der PUUL GmbH
- Bearbeitung eines online-Vorabtests durch den Bewerber von zu Hause aus mit dem Ziel der Bewerberbindung durch schnelle Kommunikation und der ersten Überprüfung der Bewerbermotivation, danach erneute Bewerberselektion anhand der Testergebnisse durch Recruiter der PUUL GmbH
- Durchführung eines Vor-Ort-Eignungstests in den Räumen der PUUL GmbH, danach erneute Selektion anhand der Testergebnisse durch Recruiter der PUUL GmbH
- Durchführung von individuellen Telefoninterviews mit dem primären Ziel der Analyse der Vertriebsorientierung sowie des Verhaltens in Verkaufssituationen, danach erneute Selektion anhand der Ergebnisse durch Recruiter der PUUL GmbH
- Übergabe der dreifachen Anzahl geeigneter Kandidaten im Verhältnis zur Anzahl der Ausbildungsplätze an die Sparkasse Leipzig
- Durchführung eines Auswahl-Assessment-Centers in der Sparkasse Leipzig mit eigenen Beobachtern, danach Auswahlentscheidung durch die Sparkasse Leipzig

Andere Aufgabenfelder werden sich in der Zukunft auch der Überprüfung stellen müssen, ob sie in der derzeitigen Organisationsform optimal erfüllt werden. Dabei ist zu erwarten, dass das Outsourcing im Personalmanagement in einigen weiteren Fällen als Reorganisationsergebnis gewählt werden wird.

5 Resumé

Eine sich stark wandelnde Branche ist ein guter Nährboden für Veränderungstendenzen in allen betrieblichen Funktionsbereichen. So ist das Personalmanagement in der Finanzindustrie heute gefordert, neue Wege zu finden, um seinen Leistungsbeitrag im Unternehmen besonders wertschöpfend erbringen zu können.

Dabei ist es eine oftmals gut geeignete organisatorische Option, Aufgaben auf Partner zu übertragen, damit es möglich wird, sich selbst auf die wirksamsten Tätigkeiten zum Erreichen der unternehmensstrategischen Zielsetzungen zu konzentrieren. Dann werden die Managementkapazität auch nicht mit administrativen oder weniger wertschöpfenden Aufgabenstellungen gebunden. Wer sich frei macht von Routine- und Pflichtaufgaben, verschafft sich die Möglichkeit, Zeit und Aufmerksamkeit in neue Entwicklungen zu investieren.

Bedingung für eine hohe Innovationskraft ist daneben aber auch, professionelle Akteure mit den anstehenden Aufgaben zu betrauen. Professionalität geht häufig mit Spezialisierung einher. In größeren Regionalbanken ist es leichter als in kleinen möglich, hervorragende Mitarbeiterinnen und Mitarbeiter mit besonderer Kompetenz zu gewinnen und dann auch angemessen einzusetzen.

Es ist den Regionalbanken dringend anzuraten, ihren Personalbereich rechtzeitig in diesem Sinne zu entwickeln. Damit schaffen sie die Voraussetzung, diesen Personalbereich beauftragen zu können, die Rollen des Strategen, Veränderungsmanagers, Architekten, Designers, Kooperationsförderers, Networkers, Coachs, Entwicklers und Förderers zu übernehmen. Wer sonst soll dafür sorgen, dass die Regionalbank klar ausgerichtet und gefestigt aus den Turbulenzen der Kreditwirtschaft hervorgeht?

Literaturverzeichnis

BECKER, M., Die Zukunft liegt in Fördermaßnahmen, in: Personalwirtschaft, 30. Jg., Heft 12, 2003, S. 30-35.

BEITNER, R. P., Vertriebsreporting und Leistungsvergütung mit einem integrierten System, in: Backhaus, Jürgen (Hrsg.), Aktuelle Handlungsfelder der Personalentwicklung, Stuttgart 2003, S. 165-186.

BEITNER, R. P., Herausforderungen für das Personalmanagement, in: Beitner, R. P. (Hrsg.), Personalmanagement in der Vertriebssparkasse, Stuttgart 2004a, S. 23-47.

BEITNER, R. P., Vertriebssteuerung und Marktbearbeitung im Privatkundengeschäft, in: Duttenhöfer, S./Keller, B. (Hrsg.), Handbuch Vertriebsmanagement Finanzdienstleistungen, Analyse, Umsetzung und Perspektiven bei Banken und Sparkassen, Frankfurt a.M. 2004b, S. 119-140.

BEITNER, R. P., Führungscontrolling, in: Benedikt, H.-P./Backhaus, J. (Hrsg.), PE-Controlling, Steuerung von Bildungsmaßnahmen, Stuttgart 2004c, S. 243-263.

BEITNER, R. P./ZWERENZ, T., Systematisches Vertriebsmanagement im Retailgeschäft, in: Gerstner, R./Hunke, G./Sabel, H. (Hrsg.), Innovatives Marketing, Stuttgart 2004, S. 37-59.

BENNA, R., /HEYDOLPH, M./MITSCHKE, T., Erfolgreiches Retail Banking durch Disaggregation der Wertschöpfungsketten, In: Die Bank, 103. Jg., Heft 2, 2003, S. 91-93.

BETSCH, O., Finanzindustrie – wo geht es wirklich hin?, in: Betsch, O./Merl, G. (Hrsg.), Zukunft der Finanzindustrie, Das Überdenken von Geschäftsmodellen, Frankfurt a.M. 2003, S. 413-440.

BOOZ ALLEN HAMILTON, Paradigmenwechsel im Privatkundengeschäft erforderlich – Von kollektiver Wachstumseuphorie zu konsequentem Kosten- und Komplexitätsmanagement, Zusammenfassung anlässlich eines Presse-Roundtables, Frankfurt a.M., 25.06.2002.

DAMS, J./ZSCHÄPITZ, H., Investoren wetten auf Bankenfusionen, in: DIE WELT, 17.09.2004.

DEUTSCHER SPARKASSEN- UND GIROVERBAND (HRSG.), Strategie der Sparkassen-Finanzgruppe, Strategische Leitlinien und konkrete Handlungsfelder, Berlin 2002.

DITTRICH, J./BRAUN, M., Business Process Outsourcing, Entscheidungs-Leitfaden für das Out- und Insourcing von Geschäftsprozessen, Stuttgart 2004.

Finanzdienstleister im Porträt, AWD: Das Geschäftsmodell verschiebt sich (Redaktionsbeitrag), in: Bank und Markt, 33. Jg., Heft 4, 2004, S. 37-39.

FMDS INFRATEST, Etablierte Banken verlieren Marktanteile, in: Die Welt, 27.3.2004.

GIES, W., Sondereffekte belasten Jahresergebnis der Banken, in: Die Sparkassen Zeitung, 8. Oktober 2004, S. 6-7.

KELTNER, B., Divergent Patterns of Adjustment in the U.S. and German Banking Industries: An Institutional Explanation, Stanford University 1994.

KELTNER, B., Relationship Banking in the U.S. and Germany, California Management Review 37, Summer 1995.

KNIPPER, H.-J., Bund sieht Banken vor Konsolidierungswelle, in: Handelsblatt, Freitag/Samstag 23./24. Januar 2004, S. 1.

KRESSIN, B./WINTERFELDT, M., Die Balanced Scorecard im Personalmanagement - ein Erfahrungsbericht, in: Beitner, R. P. (Hrsg.), Personalmanagement in der Vertriebssparkasse, Stuttgart 2004, S. 23-47.

LICCI, C., Heute die Bank von morgen – Mit Innovationen, schlanken Strukturen und Beratungskultur zum Erfolg, Vortragsmanuskript, 06.11.2003.

PICOT, A./REICHWALD, R./WIGAND, R. T., Die grenzenlose Unternehmung, 5. Auflage, Wiesbaden 2003.

PFEFFER, J., The Human Equation, Building profits by putting people first, Boston 1998.

SEMBACH, M., PA-Studie: Fragementierung des Marktes erklärt nicht die niedrige Profitabiliät, Zu wenig Erträge im Kerngeschäft, in: Geldinstitute, 35. Jg., Heft 4, 2004, S. 8-9.

ULRICH, D., Human Resource Champions, The Next Agenda for Adding Value and Delivering Results, Boston 1997.

ULRICH, D., Wie geht es weiter mit der Personalarbeit?, in: Beitner, R. P. (Hrsg.), Personalmanagement in der Vertriebssparkasse, Stuttgart 2004, S. 48-77.

WALD, P. M., Innovative Lösungen beim aktiven Umgang mit Personalanpassungsbedarf(en) – mögliche Effekte durch die Nutzung sparkasseneigener Personaldienstleister, in: Beitner, R. P. (Hrsg.), Personalmanagement in der Vertriebssparkasse, Stuttgart 2004, S. 203-229.

WUNDERER, R., Personalmanagement 2010 – Herausforderungen und Konzepte, in: Schwuchow, K./Gutmann, J. (Hrsg.), Jahrbuch Personalentwicklung und Weiterbildung 2003, Neuwied 2002, S. 3-10.

Hartmut Jaschok

Erfahrungen mit HR Shared Services
Deutsche Bank AG

1 Einleitung 249
2 Erfolgsfaktoren 250
   2.1 Kapazitäts-/Kostenanalyse und Steuerung......................................251
   2.2 Messbarkeit der erstellten Leistungen..251
   2.3 Verschiedene Zugangskanäle zum Personalbereich.......................252
      2.3.1 HR Online...252
      2.3.2 HRdirect...253
      2.3.3 Personalbetreuung..255
      2.3.4 HR Service Center...255
3 Steuerungsinstrumente..257
4 Herausforderungen...257
   4.1 Change Management...258
   4.2 Kommunikation 258
   4.3 Globales Umfeld und Technologie 258
5 Ausblick...259

1 Einleitung

Die Deutsche Bank zählt zu den weltweit führenden Anbietern in den Geschäftsfeldern Corporate Banking and Securities, Transaction Banking, Asset Management sowie Private Wealth Management und verfügt in Deutschland und anderen europäischen Ländern über eine bedeutende Stellung im Privat- und Firmenkundengeschäft.

Mit einer Bilanzsumme von rd. EUR 840 Mrd. und ca. 65.400 Mitarbeitern bietet die Deutsche Bank in 74 Ländern weltweit einen umfassenden Service. Ziel der Deutschen Bank ist es, der weltweit führende Anbieter von Finanzlösungen für anspruchsvolle Kunden zu sein und damit nachhaltig Mehrwert für Aktionäre und Mitarbeiter zu schaffen.

Die globale Aufstellung der Bank repräsentiert Vielfalt: Unterschiede zwischen Kulturen, Regionen, Geschäftseinheiten, Funktionen und Mitarbeitern. Die Vielfalt unserer Mitarbeiter leistet einen maßgeblichen Beitrag zum Erfolg des Unternehmens.

Mit weltweit einheitlichen Standards und Prozessen sowie einer globalen Struktur unterstützt der Personalbereich (Human Resources) der Deutschen Bank die Anforderungen der global agierenden Geschäftsbereiche. Das Shared Services Modell in Human Resources spielt in diesem Kontext eine wichtige Rolle.

Der Personalbereich der Deutschen Bank gliedert sich weltweit in drei Segmente:

1. HR Business Partner, die als strategische Partner der Geschäftsbereiche hochwertige Beratungsleistungen zur Verfügung stellen.

2. Global aufgestellte Practice Teams, die sich mit Fragen der Produktentwicklung beschäftigen und Spezialistenwissen bereitstellen (z. B. in den Bereichen Recruitment, Compensation & Benefits, People & Talent Management, Learning, Diversity, Elektronische HR-Anwendungen, u. a. m.).

3. Regional HR Management, das auf regionaler Ebene eine konsistente Umsetzung globaler Standards sicher stellt und dafür Sorge trägt, dass die jeweiligen regionalen Anforderungen bei globalen Produkten und Prozessen Berücksichtigung finden.

Innerhalb dieser Struktur bilden die Shared Services denjenigen Bereich ab, der sich auf transaktionsbasierte Standarddienstleistungen (wie z. B. Personaladministration, Gehaltsabrechnung, u. a. m.) konzentriert und damit sowohl die HR Business Partner wie auch die Produktspezialisten in den jeweiligen Global Practice Teams von allen HR-Standarddienstleistungen entlastet.

Hartmut Jaschok

Abbildung 1-1: Strategische Positionierung Human Resources

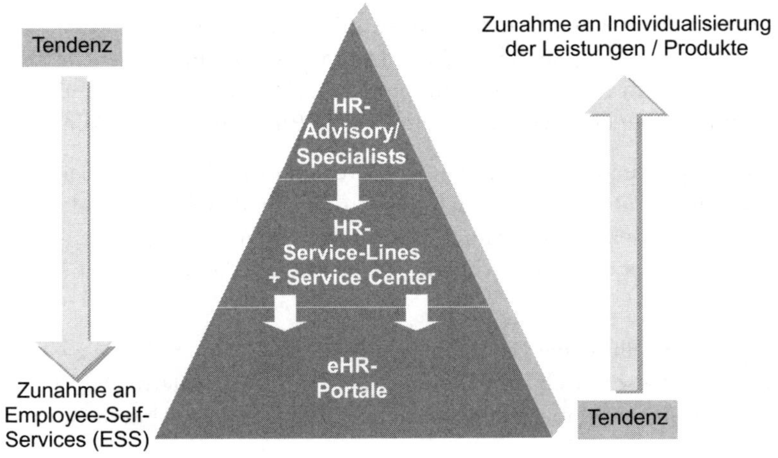

- Tendenz
- HR-Advisory/Specialists
- HR-Service-Lines + Service Center
- eHR-Portale
- Zunahme an Employee-Self-Services (ESS)
- Zunahme an Individualisierung der Leistungen / Produkte
- Tendenz

2 Erfolgsfaktoren

Grundlage für HR Shared Services in der Deutschen Bank sind optimierte und standardisierte Prozesse, die es möglich machen, ein großes Volumen an Transaktionen effizient, qualitativ hochwertig und kostenverträglich zu bearbeiten. Gleichzeitig erlaubt die Prozessstandardisierung ein hohes Maß an Transparenz und Messbarkeit und damit auch den gezielten Einsatz von Kompetenzen und Kapazitäten.

Dieses Modell trägt damit nachhaltig zur Wertschöpfung des gesamten HR Bereiches bei. Die wesentliche Herausforderung liegt dabei in einem Gleichgewicht zwischen Standardisierung und Kundenorientierung: Einheitliche Prozessstandards müssen auf die Bedürfnisse von Mitarbeitern zugeschnitten sein, die in verschiedenen Geschäftsbereichen weltweit tätig sind.

2.1 Kapazitäts-/Kostenanalyse und Steuerung

Eine wichtige Grundlage betriebswirtschaftlicher Planung und Steuerung von Shared Services ist die klare Definition von Prozessen, Schnittstellen und Service Levels.

Auf Basis einer umfassenden Prozessdokumentation sowie entsprechender Mengenanalysen können die Mitarbeiterkapazitäten in den operativ tätigen Einheiten der HR Shared Services regelmäßig überprüft und angepasst werden. Mit Hilfe einer ABC-Analyse werden diejenigen Prozesse identifiziert, die durch elektronische Unterstützung oder Reorganisation das größte Optimierungspotential bieten. Darüber hinaus bildet diese Analyse auch die Berechnungsgrundlage für zukünftige Kapazitäts- und Kostenplanungen.

2.2 Messbarkeit der erstellten Leistungen

Service Level Agreements zwischen den Shared Service Bereichen sowie deren Zulieferern und Kunden definieren den Leistungsumfang, die Verantwortlichkeiten und maximale Bearbeitungsdauer der Serviceleistungen.

Diese „Spielregeln" sind Basis der Zusammenarbeit mit den HR Business Partner Bereichen und den Spezialisten der Global Practice Teams. Die Service Level Agreements bilden damit die Grundlage für Kundenzufriedenheit und -akzeptanz. Regelmäßig stattfindende Qualitätszirkel, an denen Vertreter der Shared Services Bereiche, der Global Practice Teams und der Business Partner teilnehmen, tragen dazu bei, dass die Service Level Agreements beachtet und notwendige Anpassungen rechtzeitig vorgenommen werden können.

Gleichzeitig nimmt das direkte Mitarbeiterfeedback im Rahmen von regelmäßig stattfindenden Kundenbefragungen eine wichtige Funktion ein. Die Ergebnisse liefern ein detailliertes Feedback zum Leistungsspektrum der unterschiedlichen Bereiche der HR Shared Services.

Anhand der Erkenntnisse aus Qualitätszirkeln und Mitarbeiterfeedback lassen sich in Zusammenarbeit mit dem Prozess- und Qualitätsmanagement die bestehenden Arbeitsabläufe verbessern. Diese Maßnahmen leisten einen entscheidenden Beitrag zur Weiterentwicklung und Verbesserung der Leistungsfähigkeit des HR Bereiches.

Hartmut Jaschok

2.3 Verschiedene Zugangskanäle zum Personalbereich

Human Resources bietet Deutsche Bank Mitarbeitern drei bedarfs- und serviceorientierte Zugangskanäle an: Individuelle Beratung durch die Personalbetreuung, die Service Line HRdirect für alle Standardanfragen zu Personalthemen, sowie das Self Service Portal HR Online, das via Intranet rund um die Uhr Zugriff auf die wichtigsten Personaldaten und auf Selbstbedienungsfunktionalitäten, wie Online-Gehaltsabrechnung oder Fehlzeitenmeldung, bietet. Das Back Office für die Personaladministration und Vergütungsabrechnung bilden die HR Service Center.

Abbildung 2-1: HR Shared Services Deutschland (Quelle: Deutsche Bank AG)

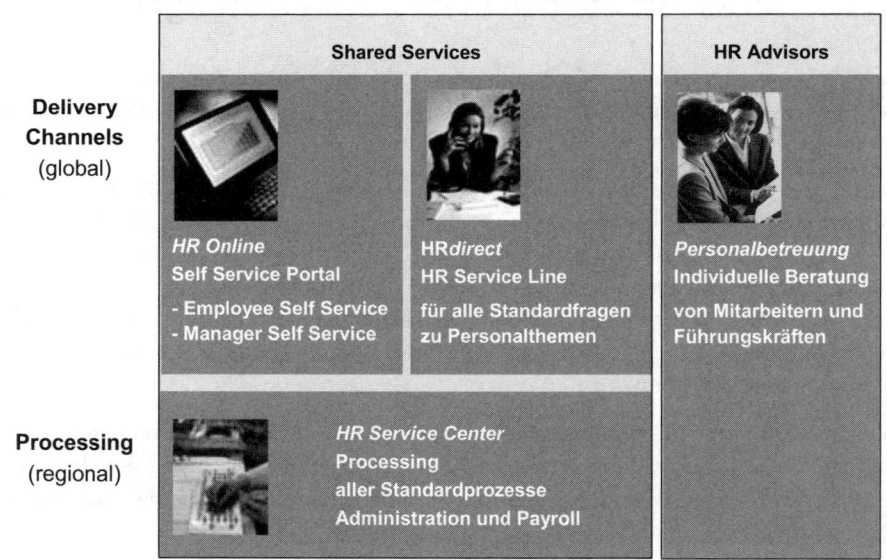

2.3.1 HR Online

HR Online ist eine elektronische HR-Plattform, mit der Mitarbeiter weltweit HR-Standardtransaktionen am eigenen PC durchführen sowie persönliche und organisatorische Informationen abfragen können. Basis für HR Online ist ein weltweit einheitliches Personalinformationssystem.

In HR Online werden zwei Self Service Bereiche unterschieden: der Employee Self Service (ESS) und der Manager Self Service (MSS).

Im Employee Self Service erhalten Mitarbeiter mittels Passwort direkten Zugriff auf die zu ihrer Person und Tätigkeit gespeicherten Daten und sind so in der Lage, deren Aktualität zu überprüfen und sie ggf. zu ändern (z. B. die Adresse nach einem Umzug oder die Vervollständigung erworbener Qualifikationen). Unter den Tätigkeitsdaten finden die Mitarbeiter die wichtigsten Angaben zu ihrer ausgeübten Funktion (z. B. zur Organisationsstruktur, zur Kostenstelle und zum zuständigen Personalbetreuer). Neben der Kontrolle und Pflege der eigenen Daten werden online die Fehlzeiten und aktuelle Resturlaubstage angezeigt. Mitarbeiter können hier ihren Jahresurlaub direkt nach Abstimmung mit dem Vorgesetzten in das System einmelden. Eine separate Urlaubsmeldung per Formular sowie dessen Bearbeitung im HR Service Center entfällt somit. Auch wird die monatliche Vergütungsabrechnung den Mitarbeitern ausschließlich online zur Verfügung gestellt. Bei Bedarf kann in HR Online eine verschlüsselte Druckversion per E-Mail angefordert werden. Darüber hinaus besteht die Möglichkeit, zusätzlich zum eigenen Linienvorgesetzten einen oder mehrere Fachvorgesetzte - beispielsweise für den Zeitraum eines Projektes - einzumelden. Der betreffende Mitarbeiter wird in diesem Fall mit seinen persönlichen Tätigkeitsdaten als Teammitglied des Fachvorgesetzten in HR Online gespeichert.

Im Manager Self Service werden den Führungskräften spezielle Managementinstrumente zur Verfügung gestellt, mit denen teambezogene Aktivitäten, wie zum Beispiel der Zugriff auf die organisatorischen Daten der eigenen Mitarbeiter, Abwesenheiten der einzelnen Teammitglieder oder auch Neuzuordnungen im Team abgebildet werden. Auf elektronischem Wege lassen sich im Rahmen der Ressourcenplanung Einstellungs- oder Versetzungsprozesse anstoßen. Darüber hinaus wird beispielsweise die Verteilung des leistungsabhängigen Teils der Vergütung im Tarifbereich vom jeweiligen Manager online durchgeführt.

Durch die direkte technische Einbindung der Mitarbeiter und ihrer Vorgesetzten in die verschiedenen HR-Prozesse, werden Doppelerfassungen vermieden und die Datenqualität gesteigert. Kosten werden somit begrenzt, Verwaltungsverfahren werden vereinfacht und der Service kann für den Nutzer zeitunabhängig zur Verfügung gestellt werden.

2.3.2 HRdirect

Die globale Service Line HRdirect steht als qualifizierter Service Provider rund um das Thema Personal allen Mitarbeitern und Pensionären der Deutschen Bank für Standardanfragen zur Verfügung. Die Service Line bietet durchgehend eine gute Erreichbarkeit - per Telefon, Fax oder E-Mail. Die meisten Anfragen erreichen HRdirect telefonisch.

Mit dem angebotenen Service ordnet sich die Service Line zwischen der beratungsintensiven Tätigkeit der Personalbetreuungsteams und dem elektronischen Self Service Portal HR Online ein. Je nach Bedarf und Problemstellung des Kunden ergänzen sich die bestehenden Zugangskanäle optimal.

Hartmut Jaschok

Die HRdirect Mitarbeiter sind qualifizierte HR Experten, die die gesamte Bandbreite des Personalwissens in der Bank abdecken. Eine hohe Qualität, Service- und Kundenorientierung stehen bei HRdirect an erster Stelle. Die Mitarbeiter beantworten Anfragen der Kunden konsistent und qualitätsgesichert, umfassend und kompetent und sind so mitentscheidend für den Erfolg von HRdirect und damit auch für die Reputation des gesamten Personalbereiches.

Anfragen werden in der Regel innerhalb eines Arbeitstages bearbeitet. Bei komplexeren Fragestellungen, die eine intensive Recherche oder Nachbearbeitung erfordern, wird über automatische Wiedervorlagen im System sichergestellt, dass eine Anfrage weiter verfolgt und der Kunde regelmäßig über den aktuellen Stand der Bearbeitung informiert wird. Mehr als 80 Prozent der telefonischen Anfragen werden von HRdirect sofort gelöst.

Um die professionelle und zügige Beantwortung der Anfragen sicherzustellen, ist HRdirect mit der Technik eines modernen Communication Centers ausgestattet. Ein Customer Relationship Management (CRM) System dokumentiert alle Kundenanfragen. Eine umfangreiche Wissensdatenbank enthält Antworten auf regelmäßig wiederkehrende Fragen, Gesprächsleitfäden, strukturierte Themenübersichten sowie Kontakthistorien, die die Mitarbeiter der Service Line bei der Beantwortung der Anfragen unterstützen. Regelmäßig erfolgt eine detaillierte Dokumentation und Auswertung der erbrachten Services hinsichtlich Anfragevolumen, Themenverteilung, Beschwerden sowie der erreichten Sofortlösungsquote. Nutzbringende Erkenntnisse über den Informationsbedarf der Mitarbeiter sowie insbesondere über das Optimierungspotenzial von HR-Produkten lassen sich somit schnell gewinnen, was wiederum für die Einführung neuer Produkte außerordentlich hilfreich ist. Darüber hinaus ermöglicht die Auswertung der Daten eine effiziente und bedarfsorientierte Kapazitätsplanung.

Im Rahmen der kontinuierlichen Erweiterung elektronischer HR-Anwendungen wird deutlich, dass die Unterstützung der Mitarbeiter bei der Nutzung dieser Anwendungen bei HRdirect einen immer breiteren Raum einnimmt (dies betrifft beispielsweise Anwendungen wie Performance Management Online oder Learning Management Werkzeuge). Aufgrund der vorhandenen Technologie können HRdirect Mitarbeiter die technischen Fragen der Kunden durch unmittelbare Sichtbarmachung der Nutzeroberfläche des Kunden auf dem eigenen Bildschirm schneller beantworten. Der zusätzliche Kanal „Chat" gibt auch Kunden, die in Großraumbüros arbeiten, die Möglichkeit, sensible Personalfragen an HRdirect zu richten.

HRdirect arbeitet mit einer intelligenten Telefonanlage (ACD), die jeden Anruf entsprechend der erforderlichen Fachkenntnisse (Skills) an einen verfügbaren HRdirect Mitarbeiter routet. Anfragen aus dem Ausland werden an Mitarbeiter mit entsprechenden Sprachkenntnissen weitergeleitet. Weltweit deckt HRdirect mit zwei großen Standorten in Berlin und Bangalore (Indien) alle globalen Zeitzonen sowie insgesamt sieben Sprachen ab. Über 85 Prozent der Mitarbeiter der Deutschen Bank können somit in ihrer jeweiligen Muttersprache bedient werden.

Erfahrungen mit HR Shared Services

Ein global einheitliches Reporting der wichtigsten Telefoniedaten ermöglicht die permanente Überprüfung der globalen Auslastung und Performance. Ferner stellt die Einbindung der Telefonie in das bereits bestehende interne globale Netzwerk der Bank eine innovative und kostengünstige Lösung der globalen Zusammenarbeit in Teams sicher.

In der Personaleinsatzplanung wird saisonalen Schwankungen im Anfragevolumen durch die Bereitstellung von Zeitreserven (sogenannten Zeitcoupons) Rechnung getragen. So können den HRdirect Mitarbeitern beispielsweise in den Sommermonaten mehr Freiräume angeboten werden, die für die Urlaubsplanung, für Familienzeiten etc. genutzt werden können.

HRdirect leistet einen wesentlichen Beitrag zur Qualitätssicherung. Als Empfänger von direktem Kundenfeedback ist die Service Line Gradmesser für den Informationsbedarf und die Zufriedenheit der Mitarbeiter in Bezug auf Personalservices und -produkte. Verbesserungspotenzial lässt sich somit schnell und zuverlässig identifizieren und die Akzeptanz der angebotenen HR-Produkte kann erhöht werden.

Der Vorteil der Service Line für den gesamten Personalbereich der Bank ist im wesentlichen in der hohen Sofortlösungsquote zu sehen. Die Personalbetreuer und die Mitarbeiter der HR Service Center werden dadurch direkt entlastet und können sich so auf ihre Kernkompetenzen konzentrieren.

Eine weitere Verlagerung von Services auf den kostengünstigeren Self Service Kanal wird durch die Bereitstellung des vorhandenen HR Know-hows im Intranet vorangetrieben. Ausgesuchte Inhalte der HRdirect Wissensdatenbank werden kundengerecht aufbereitet und im Intranet publiziert. Der Einsatz einer global einheitlichen Plattform und standardisierte Prozesse unterstützen diese Entwicklung und generieren Kosten- und Effizienzvorteile.

2.3.3 Personalbetreuung

Die Personalbetreuer sind strategische Berater der Geschäftsbereiche. Im Rahmen der Verlagerung von transaktionsorientierten Prozessen in den Shared Services Bereich werden sie von administrativen Aufgaben und Routineanfragen entlastet. Das erlaubt ihnen, ihrer Rolle als strategischer Partner des Business noch besser gerecht zu werden. Hierbei stehen Beratungstätigkeiten, die sich beispielsweise auf Organisationsentwicklungs- und Coachingmaßnahmen konzentrieren, sowie die Durchführung von Projekten im Mittelpunkt. Ferner begleiten sie Veränderungsinitiativen und -prozesse der Business Bereiche sowie die bereichsspezifische Umsetzung globaler HR-Strategien im Business.

2.3.4 HR Service Center

Vor der Implementierung der Shared Services gab es in Deutschland acht regionale HR Service Center, die die in der Region ansässigen Mitarbeiter, unabhängig von deren Zugehörigkeit zu einem Geschäftsbereich oder einer Tochtergesellschaft, betreuten. Fachliche und regionale Zuständigkeiten waren innerhalb einer Matrixorganisation getrennt: Die Leitung nahm strategische Entscheidungen zentral vor und hatte Richtlinienkompetenz gegenüber den regionalen Einheiten. Deren disziplinarische Führung wurde jedoch regional wahrgenommen. Die Leistungspalette, Prozesse und Strukturen sowie die Schnittstellen zur Personalbetreuung unterschieden sich in den acht HR Service Centern voneinander.

Im Rahmen der Neuausrichtung erfolgte der Wechsel von einer regionalen zu einer divisionalen und damit stärker kundenorientierten Betreuungsstruktur. Es wurden drei HR Service Center gebildet, die jeweils für die Betreuung aller Mitarbeiter eines oder - in Abhängigkeit von der Mitarbeiteranzahl - mehrerer Geschäftsbereiche zuständig sind. Diese Organisationsstruktur trägt den speziellen Kundenbedürfnissen Rechnung und hat zu einer verbesserten Kunden- und Serviceorientierung beigetragen. Gleichzeitig wurden durch die Optimierung der Betriebsgrößen erhebliche Kosteneinsparungen erzielt, da die Arbeitsabläufe in den Bereichen der HR Service Center im Sinne einer Shared Service Funktion einheitlich, effizient und damit kostengünstig gestaltet werden konnten.

In den drei HR Service Centern sind alle administrativen Tätigkeiten konzentriert und standardisiert worden. Die Leistungen und die damit verbundenen Kosten konnten somit für die Kunden transparent gemacht werden. Im Rahmen der Standardisierung wurden die administrativen Prozesse - von der Bewerbung, dem Eintritt ins Unternehmen, der Arbeitsphase bis hin zum Unternehmensaustritt - auf eine elektronische Basis gestellt, die mit den Workflow-Komponenten des in der Bank global eingesetzten Personalinformationssystems und dem Mitarbeiterportal vernetzt werden konnte.

Das Serviceportfolio umfasst die Personaladministration sowie die Vergütungsabrechnung für aktive Mitarbeiter der Deutsche Bank AG und für einen Großteil ihrer inländischen Tochtergesellschaften sowie für Pensionäre. Daneben gibt es ein speziell für die Berufsausbildung zuständiges HR Service Center, welches die Administration vom Eingang einer Bewerbung bis hin zur Zeugniserstellung für die Auszubildenden vornimmt.

Die Leiter der HR Service Center fungieren als Relationship Manager zu den Personalbetreuern. Sie tragen die Verantwortung für die Leistungserstellung und -güte entsprechend den in den Service Level Agreements bzw. Geschäftsbesorgungsverträgen vereinbarten Prozessen und Qualitätsstandards.

3 Steuerungsinstrumente

Die Shared Services sind ein zentrales HR-Wertschöpfungscenter. Um eine effiziente und qualitativ hochwertige Bereitstellung der Dienstleistungen dauerhaft zu gewährleisten, werden betriebswirtschaftliche Steuerungsinstrumente eingesetzt. Im Fokus stehen die Messbarkeit der Leistungen hinsichtlich Kosten und Produktivität, der Abgleich von Arbeitsinhalten, die Erzielung von Skaleneffekten durch Arbeitsteilung sowie definierte Qualitätsmerkmale.

Abbildung 3-1: Steuerungsinstrumente HR Shared Services (Quelle: Deutsche Bank AG)

4 Herausforderungen

Die Implementierung der Shared Services Organisation erforderte einen intensiven Change Management- und Kommunikationsprozess innerhalb und außerhalb des HR Bereiches. Die Technologie war dabei sowohl kritischer als auch treibender Erfolgsfaktor für die Implementierung.

Hartmut Jaschok

4.1 Change Management

Die Rollen innerhalb des HR-Bereichs verändern sich kontinuierlich. Eine wichtige Rolle nimmt dabei das Change Management ein. Die klare Definition der Aufgabenprofile der einzelnen Shared Service Bereiche und die gleichzeitige Stärkung der Rolle des Personalbetreuers als strategischer Partner des Business sind für den Erfolg der Shared Service Organisation von elementarer Bedeutung. Die gute Zusammenarbeit wird durch einen kontinuierlichen Kommunikationsprozess innerhalb des HR-Bereiches unterstützt.

4.2 Kommunikation

Die Mitarbeiter der Bank wurden als Kunden über die Veränderungen umfassend informiert, um sie sukzessive an die effiziente Nutzung der neuen HR-Zugangskanäle heranzuführen. Grundlegend war hierbei, die zugesagten Service Level Agreements nachweislich einzuhalten und die HR Portale benutzer-freundlich und leistungsfähig zu gestalten. Daneben war es unerlässlich, bestimmte Leistungen konsequent und ausschließlich nur noch über bestimmte Zugangskanäle zur Verfügung zu stellen. So wurde nach Einführung der ESS-Funktionalität im Rahmen von HR Online der postalische Versand der monatlichen Vergütungsabrechnung eingestellt und diese fortan nur noch online zur Verfügung gestellt. Ebenso wurden die vormals bekannten Rufnummern der HR Service Center direkt zu HRdirect umgeleitet. Die Personalbetreuer wurden aufgefordert, bei Standardanfragen zu HR-Themen konsequent an die Service Line HR direct bzw. auf die Self Service Funktionalitäten von HR Online zu verweisen.

4.3 Globales Umfeld und Technologie

Durch die zunehmende Standardisierung der Shared Services ist es - unter der Voraussetzung eines funktionsfähigen technischen Umfeldes - möglich, das Shared Services Modell global zu implementieren. Dabei muss man sich nicht zwangsläufig auf einen Standort konzentrieren. Insbesondere Telefonsysteme wie VoiceOverIP ermöglichen eine weltweite, virtuelle Zusammenarbeit an verschiedenen Standorten nach einheitlichen Standards.

Eine funktionsfähige, technologische Infrastruktur ist für Shared Services als moderne Form der Personalarbeit die Grundvoraussetzung. Auf dieser Basis kann weiteres Optimierungspotenzial ausgeschöpft und der Ausbau der Self Services vorangetrieben werden.

Eine große Herausforderung stellt das komplexe Zusammenspiel der gesamten IT-Infrastruktur der Bank dar. Durch entsprechende Datensicherungsmaßnahmen wird das Risiko des Ausfalls einzelner Systeme, die u. U. die Handlungsunfähigkeit der Service Center oder von HRdirect zur Folge hätten, auf ein Minimum reduziert.

5 Ausblick

Die Standardisierung von HR-Prozessen wird auf globaler Ebene erste Priorität bleiben, um Synergiepotentiale zu nutzen, Doppelungen zu vermeiden und damit Effizienz und Qualität unserer Prozesse weiter zu verbessern. Die Shared Service Organisation wird dabei eine zunehmend wichtige Funktion wahrnehmen.

Um die Business Partner Bereiche noch stärker als strategische Berater des Business zu etablieren, wird die Verlagerung weiterer transaktionsorientierter Tätigkeiten an die Shared Services intensiv geprüft werden. Darüber hinaus sollen intranetbasierte, jederzeit zugängliche HR Self Service Angebote verstärkt genutzt werden. Wie die Business Partner Organisation werden damit auch die Produktbereiche von administrativen Aufgaben entlastet. Sie können sich zukünftig noch stärker auf die Entwicklung und Optimierung von HR-Produkten und Services konzentrieren, während das operative Geschäft und Maintenance von den Shared Services wahrgenommen werden. Dieses Modell wird im Rahmen einer fortschreitenden Optimierung von HR-Prozessen erhebliche Potentiale bieten, um Qualität und Effizienz der HR-Dienstleistungen weiter zu steigern.

Teil III

Business Process Outsourcing - Business Cases & Ausblick

Christian Cottone, Stefan Waitzinger

Outsourcing von Personaldienstleistungen
Freiräume schaffen – Unternehmenswert steigern

1 Business Process Outsourcing (BPO) - mehr als selektives Outsourcing 265
2 BPO-Märkte und ihre Entwicklung 266
3 Leitfaden zur Vorgehensweise 268
   3.1 Handlungsbegründung - Themenbereiche 268
       3.1.1 Kosten und Kostentransparenz 269
       3.1.2 Fokussierung der Tätigkeiten 269
       3.1.3 Qualität der Prozesse 269
       3.1.4 Reporting und Projektierung 269
       3.1.5 Sicherheit 270
       3.1.6 Ergebniswirksamkeit der HR-Prozesse 270
       3.1.7 Mögliche Kostenvorteile im Einzelnen 271
   3.2 Welche HR-Aufgaben bzw. -Prozesse können ausgelagert werden? 272
       3.2.1 Prozesse einer Personalabteilung 273
   3.3 Warum Personalprozesse auslagern? 275
   3.4 Wie findet man den richtigen Outsourcingpartner: Auswahlkriterien? 277
   3.5 Umgang mit Widerständen 278
       3.5.1 Welche Widerstände und Barrieren gibt es? 278
       3.5.2 Wie können Widerstände und Barrieren überwunden werden? 279
   3.6 Exemplarisches Vorgehen bei BPO-Projekten 280
       3.6.1 Anwendung des Siemens Business Services-Phasenmodells 280
       3.6.2 Analysephase 280
       3.6.3 Konzeptionsphase 280
       3.6.4 Vertragsphase 281
       3.6.5 Projekt- bzw. Übergangsphase (Transition) 281
       3.6.6 Phase des Produktivbetriebs (Transformationsphase) 282
       3.6.7 Hebel zur Zielerreichung 282
4 Praxisbeispiel Siemens AG - Projekt Einführung Shared Service Center 282
   4.1 Ziele der Reorganisation 282
   4.2 Vorgehensweise 283
   4.3 Ergebnisse der Reorganisation 284

1 Business Process Outsourcing (BPO) - mehr als selektives Outsourcing

Unter Business Process Outsourcing, kurz BPO, versteht man die Auslagerung von Geschäftsprozessen an einen externen Dienstleister, der diese Prozesse verbessert, ausführt und verantwortet. Meist handelt es sich dabei um stark IT-gestützte Prozesse. Die Auslagerung geschieht auf Basis von definierten und messbaren Service Level Agreements. Dementsprechend hoch sind die Anforderungen an den Dienstleistungspartner hinsichtlich Kompetenz, Leistungsfähigkeit und Zuverlässigkeit.

Einer Umfrage von Forrester (MCCARTHY 2003) zufolge sind die häufigsten Gründe für die Auslagerung von Geschäftsprozessen an externe Dienstleister (Mehrfachnennungen möglich):

- Nachhaltige Absenkung von Fixkosten (63 %)
- Prozessverbesserung durch den Dienstleister (43 %)
- Teilhabe an der technologischen Expertise des Dienstleisters (43 %)
- Konzentration auf Kernaufgaben (31 %)

Unternehmen, die BPO praktizieren, geht es um die Erschließung von zusätzlichen Wertbeiträgen durch externe Realisierung von ausgewählten Geschäftsprozessen. BPO fokussiert den Blick über den reinen Betrieb von oft IT-basierten Prozesse hinaus auf die Integration von Mitarbeitern und deren Know-how sowie auf ein professionelles Schnittstellen-Management und die effiziente Kooperation zwischen Unternehmen und Dienstleistern. Damit ist BPO die komplexeste Form von Outsourcing.

Christian Cottone, Stefan Waitzinger

2 BPO-Märkte und ihre Entwicklung

Die USA sind mit ca. 60 % des gesamten Marktvolumens (69 Mrd. US$ in 2003 und ca. 135 Mrd. US$ in 2005) der größte Markt für BPO weltweit. Den zweiten Platz nimmt Westeuropa mit einem Marktvolumen von ca. 28 Mrd. US$ in 2003 ein. Für 2005 soll dieses Volumen auf über 33 Mrd. US$ ansteigen (GARTNER 8/2003).

Abbildung 2-1: Mit einem weltweiten Gesamtvolumen von 122 Mrd. US$ ist BPO ein hoch attraktiver Markt (Mrd. US$)

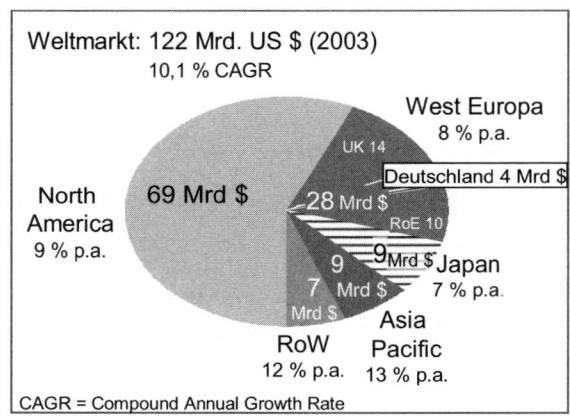

Deutschland ist mit einem Marktvolumen von 4 Mrd. US$ vergleichsweise unterrepräsentiert, es wird jedoch ein besonders starkes Marktwachstum erwartet (EVEREST 2003).

Seit 2004 hat das Marktwachstum für BPO deutlich an Fahrt gewonnen. Erwartungsgemäß wird der Markt für BPO bis 2007 jährlich um 10 % wachsen. Treibende Faktoren dieser Entwicklung sind vor allem verstärkter Wettbewerbsdruck durch Globalisierung der Märkte, Global Sourcing sowie die allgemeine technologische Weiterentwicklung als Voraussetzung für eine globale und kostengünstige Datenkommunikation.

- Der BPO-Markt nach Branchen[1]

    Mit 32 % des gesamten BPO-Marktvolumens steht die Fertigungsindustrie in Deutschland BPO-Leistungen am aufgeschlossensten gegenüber. Daneben wird BPO vor allem im Banksektor stark nachgefragt.

---

[1] Über alle Branchen verteilt, wird mit einem Marktwachstum von 17,3 % gerechnet.

Outsourcing von Personaldienstleistungen

Tabelle 2-1: Wachstum/-sprognose nach Branchen BPO (PAC BPO Germany 9/2004).

Branche	Wachstum in 2003 in Mio. €	Wachstum für 2004/2005 in % (geschätzt)
Fertigungsindustrie	445	23,2
Banken	340	7,5
Versicherungen	23	24,7
Public & Healthcare	84	15,9
Telekommunikation	90	21,4
Utilities	32	26,8
Retail/Services /Transport	387	17

■ Der BPO-Markt nach Segmenten

Bei einer Marktbetrachtung nach Segmenten nehmen Outsourcing im HR- bzw. Financial Services Bereich weltweit die ersten Plätze ein. In Deutschland stellt der HR-Outsourcing-Markt das zweitgrößte Segment dar. In diesem Bereich wird von einem Marktwachstum von 17,8 % für 2004/2005 ausgegangen. BPO HR hat daher neben Sales/CRM/Billing das größte Wachstumspotenzial.

Tabelle 2-2: BPO-Markt nach Segmenten (Deutschland - PAC BPO Germany 09/2004)

Segment	Zahlen 2003 in Mio. €	Marktzuwachs 2004/2005 (geschätzt) in Mio. €
Accounting	30	15
HR	365	65
Sales/CRM /Billing	405	69
Einkauf & Logistik	92	31
Financial Processing	249	3
Übrige	259	28,2

Der Hauptgrund für die starke Nachfrage nach BPO HR ist die Tatsache, dass der massive Kostendruck die Personalbereiche in den letzten Jahren stark verändert hat. Outsourcing von klassischen Personalaufgaben ist daher für viele Unternehmen durchaus überlegenswert.

3 Leitfaden zur Vorgehensweise

3.1 Handlungsbegründung - Themenbereiche

Unternehmen, die über eine Auslagerung von HR-Prozessen nachdenken, sehen sich mit Problemen wie Kostendruck, mangelnder Prozessqualität und Leistungstransparenz konfrontiert. Dies kann beispielsweise von einer starken Dezentralisierung, geringer Automatisierung von Prozessen, einer heterogenen IT-Infrastruktur und hohen Lizenzkosten für HR-Applikationen herrühren. Teilt man die Kosten von HR-Abteilungen in HR- und IT-Anteil (dabei bezieht sich der HR-Anteil auf die Leistungserbringung mit erforderlichem HR-Fachwissen, der IT-Anteil auf die Kosten der IT-Infrastruktur und HR-Applikation), so finden sich typische Schwachstellen bei folgenden Hebeln:

- Effektivität (Kostenwirksamkeit) und Effizienz (Arbeitsleistung)

- Faktorkosten (Near-/Offshore) und Skaleneffekte (Größenvorteile beim Anbieter)

Abbildung 3-1: Siemens Business Services 8-Felder Matrix
(Quelle: Siemens Business Services)

	Effektivität	Effizienz	Faktorvorteile	Skaleneffekte
HR	• Klare funktionale Trennung in Administration, Expertenleistung, Call Center Tätigkeiten • Standardisierte einmalige Dateneingabe ins HR Management System	• Hohe Betreuungsratios von Experten, Admins, Call Center Mitarbeitern • Geringe Durchlaufzeiten von Bearbeitungsprozessen • Geringer Overheadanteil	• Angepasste Personalkosten gemäß Tätigkeitsprofil • Nutzung von Nearshore / Offshore Kapazitäten	• Hohe Anzahl an abgerechneten Mitarbeitern • Geringer Overheadanteil
IT	• Homogene IT-Infrastruktur • Standardisierter Support- und Updateprozess für HR Applikation • Zusätzliche Hard- und Software (z.B. Firewall) • Implementierung von ESS/MSS[1] Portalen	• Hoch skalierbare Serverlösungen • Reduzierter Aufwand für Support / Update der IT-Architektur und HR Applikation	• Geringere Lizenzkosten • Geringere anteilige Serverkosten • Geringere Kosten für Support / Update der HR Applikation	• Hohe Anzahl an gewarteten Managed Servern • Hohe Anzahl an gewarteten und ständig weiterentwickelten HR Applikationen

[1] Employee Self Service (ESS) Manager Self Service (MSS)

Hier lassen sich die Methoden der Fertigung, Taylorismus, Automatisierung und die Reduzierung der Wertschöpfungstiefe gewinnbringend übertragen (COTTONE 2005).

3.1.1 Kosten und Kostentransparenz

Untersuchungen durch Siemens Business Services in einem repräsentativen Industrieunternehmen ergaben, dass die Kosten für HR-Prozesse um bis zu 30 % höher sind als bei der Nutzung eines externen Dienstleisters. Hohe Fixkosten und Kosten für Investitionen bspw. in DV-Systeme wirken ergebnisbelastend. Bei der Senkung der Gesamtkosten eines Unternehmens leisten die HR-Kosten zwar nur einen geringen Beitrag, allerdings sind Einsparungen hier unmittelbar EBIT-wirksam.

Häufig herrscht in den Unternehmen Unklarheit über die Kosten der HR-Abteilung. In einer Umfrage von r&p Consulting gaben nur 9 % der befragten Unternehmen an, ihre HR-Kosten zu kennen; 67 % der Befragten kennen ihre Kosten nur teilweise. Die genaue Aufteilung der HR-Kosten war nur 2 % der befragten Unternehmen bekannt; 60 % gaben an, die Struktur eher nicht zu kennen (Rohr 2004, S. 16 f.).

3.1.2 Fokussierung der Tätigkeiten

Personalbereiche binden Kapazitäten für administrative Aufgaben und können sich daher nicht auf wertschöpfende, strategische Tätigkeiten konzentrieren. Der Beitrag der HR-Bereiche zum Unternehmenserfolg ist oft gering, der Ressourceneinsatz unwirtschaftlich. Dies bestätigt eine Studie zur Positionierung des HR-Managements in deutschen Unternehmen: lediglich 37 % der befragten Unternehmen gaben an, eine eigene HR-Strategie zu haben. Nur 11 % sagten, diese sei voll und ganz erfolgreich. Als wertschöpfende Einheit wird die Personalabteilung in nur 53 % der befragten Unternehmen wahrgenommen (JOCHMANN/BETHKENHAGEN 2005).

3.1.3 Qualität der Prozesse

Meist sind HR-Prozesse unzureichend standardisiert und automatisiert, was sich nicht nur auf die Kosten, sondern auch auf die Qualität dieser Prozesse negativ auswirkt. Zudem entsprechen die Prozesse oft nicht dem neuesten Stand der Technik, d. h. bereits etablierte Verfahren werden nicht genutzt. Im Einzelnen trifft dies beispielsweise für die Digitalisierung von Dokumenten (elektronisches Personalarchiv) oder den Einsatz von innovativen Technologien wie Portalen und Self-Service-Systemen zu.

Durch das Selbstverständnis vieler Personalabteilungen als Umlagebereich bleiben bei geringer Service- und Kundenorientierung Leistungen und Kosten häufig intransparent, und die Qualität entspricht nicht einem Best-in-Class Service.

3.1.4 Reporting und Projektierung

In den meisten Fällen fehlen Key Performance Indicators und Benchmarks als Grundlage für strategische Personalentscheidungen. Somit existiert kein proaktives HR-Reporting, wodurch auf sich verändernde Geschäftsziele nicht schnell genug reagiert werden kann. Mögliche Szenarien (z. B. Gehaltserhöhung für eine bestimmte Mitarbeitergruppe) werden auf Grund oft fehlender Tools nicht im Vorfeld simuliert, Auswirkungen geschäftspolitischer Entscheidungen werden daher erst relativ spät oder im Zuge der Veränderung erkannt. Es besteht somit keine proaktive Handlungsfähigkeit.

3.1.5 Sicherheit

Datensicherheit und Verfügbarkeit sind häufig unzureichend, es bestehen Unklarheiten bei der Prüfungssicherheit (Erfüllung rechtlicher Anforderungen wie z. B. Sarbane Oxley Act, Archivierungspflicht, exakte Ausweisung steuerfreier- und steuerpflichtiger Zuschläge, Rückrechnungsfähigkeit, Datenschutz etc).

3.1.6 Ergebniswirksamkeit der HR-Prozesse

Mangelnde Funktionalität der HR-Prozesse, vor allem in den administrativen Tätigkeiten, wirkt sich nachteilig auf die Kernprozesse aus. Verbesserungen sind durch Auslagerungen dieser Tätigkeiten möglich. Mittels Konzentration auf wertschöpfende Tätigkeiten entsteht ein höherer Beitrag zum Unternehmenserfolg. Zudem sollte durch diese Auslagerungen auch eine verbesserte Servicequalität erreicht werden, so dass es über reine Kosteneinsparungen hinaus positive Wirkungen auf das Gesamtunternehmen und die Gesamtkosten gibt. Dies wird dann erreicht, wenn ein Prozess-Reengineering vor oder nach der Übernahme der Prozesse erfolgt.

Abbildung 3-2: *Einsparungen bei den Gesamtkosten und Optimierung der HR Funktion (Quelle: Siemens Business Services)*

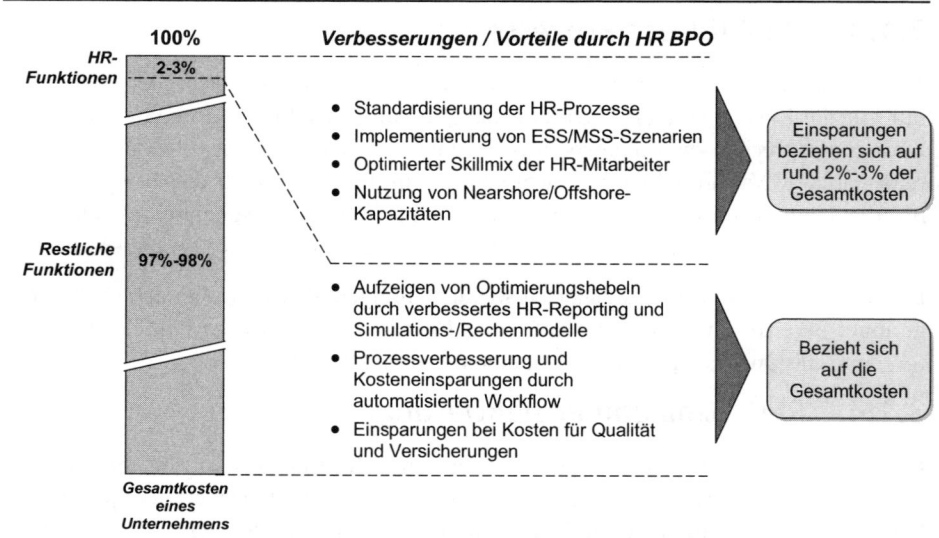

Beim Lift & Drop Modell, d. h. bei der unveränderten Übernahme von Prozessen, wird keine Prozessverbesserung erreicht.

3.1.7 Mögliche Kostenvorteile im Einzelnen

Kosteneinsparungen sind in folgenden Bereichen realisierbar (KÖHLER/FINK 2002):

- Zentralisierung und Automatisierung von standardisierbaren HR Prozessen
- Vereinheitlichung von HR-Systemen
- Flexibilität durch Variabilisierung von Fixkosten
- Verbesserte Kostentransparenz und -planbarkeit
- Höhere Liquidität durch verringerten Investitionsbedarf
- Verbesserter Mitteleinsatz im Personalbereich

Durch verbesserte HR-Services können insgesamt ca. 5 % der Gesamtkosten eingespart werden. Die wichtigsten Hebel sind dabei ein proaktives HR-Reporting und gezielte Prozessverbesserungen.

Abbildung 3-3:   *Einsparungen um mehr als 5 % durch verbesserte HR-Services (Quelle: Siemens Business Services)*

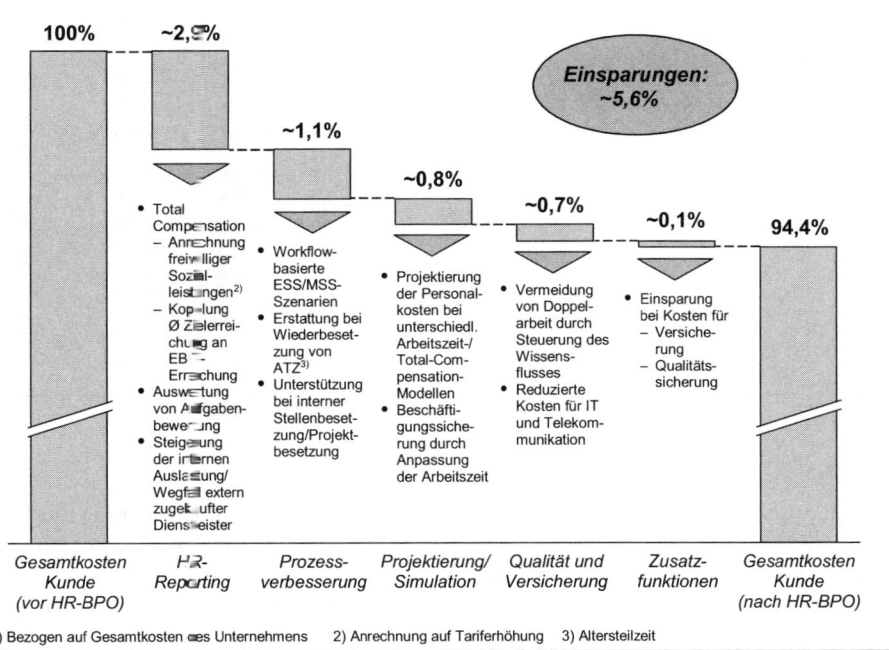

3.2 Welche HR-Aufgaben bzw. -Prozesse können ausgelagert werden?

Jede Auslagerung beginnt mit der Erarbeitung einer Sourcing-Strategie: Dabei werden eigene Fähigkeiten nach Wichtigkeit und Effektivität untersucht, mit den Fähigkeiten des Marktes verglichen und auf einer Matrix angeordnet. Insbesondere administrative und wenig strategische Aufgaben sind für ein Outsourcing geeignet, da sie über wenig differenzierenden Einfluss im Wettbewerb verfügen und häufig bis zu 60 % der zur Verfügung stehenden Ressourcen innerhalb der Personalbereiche in Anspruch nehmen.

Abbildung 3-4: Strategisches HR-Portfolio zur Ableitung von Handlungsoptionen am Beispiel eines fiktiven Kunden (Quelle: Siemens Business Services)

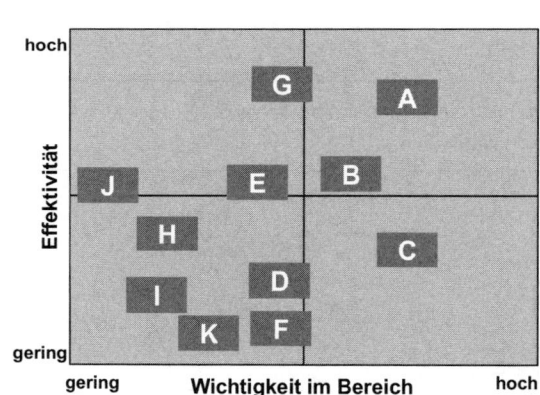

■ *Aufgaben einer Personalabteilung*

Hauptaufgaben der Personalabteilung sind die Beschaffung, Entwicklung und Bindung geeigneter Mitarbeiter, um das Unternehmen mit den für die Realisierung der Unternehmensstrategie erforderlichen Humanressourcen auszustatten. Hinzu kommen die operative Betreuung und Entlohnung der Mitarbeiter sowie die Verwaltung der entsprechenden, oft umfangreichen, Personalinformationen. Personalarbeit ist nur dann eine Kernkompetenz, wenn diese Fähigkeit die Know-how-Basis für die Entwicklung verschiedenartiger Produkte bildet, schwer imitierbar ist und in direktem Bezug zu den Produkten und Märkten des Unternehmens steht (HAMEL/PRAHALAD 1994, S.202-211).

3.2.1 Prozesse einer Personalabteilung

Für den Gesamtbereich Personal sind zwischen 150 und 200 Prozesse definiert. Standards gibt es hier kaum, selbst bei Unternehmen aus einer Branche. Daher sind die Anforderungen an den BPO-Dienstleister besonders hoch, wie die Gartner-Analystin Cathy Tornbohm (2003) in Umfragen ermittelt hat. Der Dienstleister muss fähig sein, die spezifischen Anforderungen des Unternehmens sowie der Branche zu verstehen, HR-Prozesse ganzheitlich zu betrachten und ggf. effizient neu aufzusetzen. Hierbei kann eine Wertschöpfungsbetrachtung der HR-Leistungen helfen.

Abbildung 3-5: HR-Wertschöpfungskette (Quelle: Siemens Business Services)

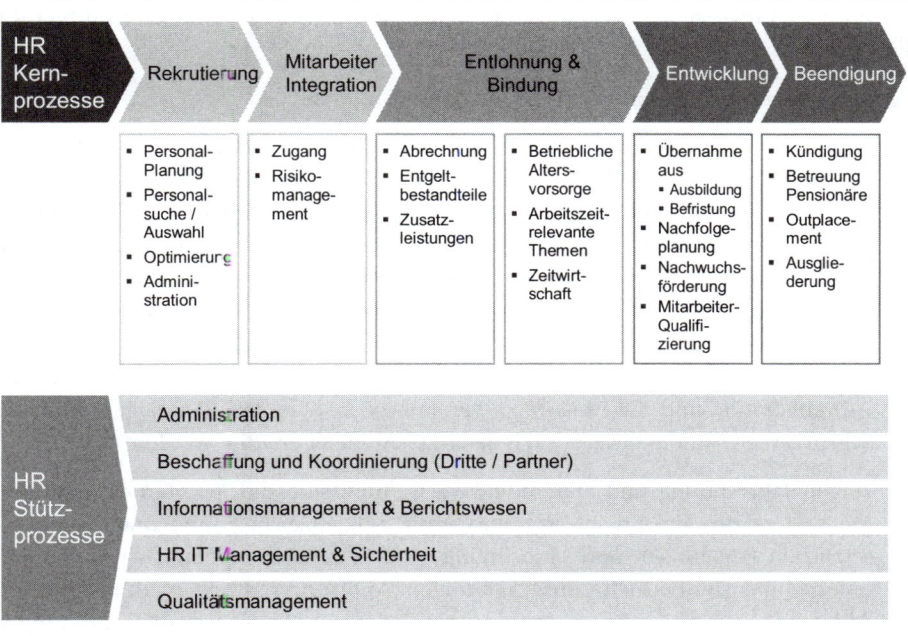

Aus diesen Anforderungen heraus ergibt sich das BPO-Dienstleistungsportfolio (Vgl. Abbildung 3-6), welches möglichst modular aufgebaut und spezifisch auf die auslagerbaren Aufgaben ausgelegt sein sollte.

Christian Cottone, Stefan Waitzinger

Abbildung 3-6: HR-BPO-Dienstleistungsportfolio

- Personalabrechnung und Stammdatenadministration
- Personalberatung
- Personalbeschaffung
- Personalentwicklung
- Weiterbildung & Training
- Reisemanagement
- Zeitwirtschaft
- Vergütungsmanagement
- Reisekostenabrechnung
- Austrittsmanagement
- Dokumentenmanagement Personalwesen

Aktuelle Marktzahlen belegen, dass sich Kundenanforderungen heute sehr stark auf die administrative Personalleistungen beziehen. Wesentliche Leistungen sind hier die Folgenden:

- Personalabrechnung und Stammdatenadministration

    Hierunter fallen die fristgerechte Abrechnung aller für den einzelnen Mitarbeiter relevanten monetären Be- und Abzüge sowie das Erstellen der entsprechenden Lohn- und Gehaltsabrechnung. Darüber hinaus sind mitarbeiterspezifische Daten zu verwalten und ständig zu aktualisieren. Sensibilität im Umgang mit diesen Daten auf Grund der Vorschriften des Datenschutzgesetzes ist dabei eine wesentliche Voraussetzung für den BPO-Anbieter. Neben dem Berichtswesen und dem Erstellen der Personalstatistik gehört auch das Führen und Pflegen der (elektronischen) Personalakten zur Personalabrechnung und Stammdatenadministration. Um die Administration und die Abläufe zu vereinfachen, sollte der überwiegende Teil an Schriftverkehr automatisiert durch den BPO-Anbieter erledigt werden.

    Personalabrechnung und Stammdatenverwaltung sind durch unternehmensübergreifend relativ einheitliche Routineabläufe gekennzeichnet und unterliegen gesetzlichen Regelungen und Verordnungen. Unterschiede ergeben sich nur durch unternehmensindividuelle Ausgestaltungen. Aufgrund des hohen administrativen Aufwands und der geringen strategischen Relevanz eignen sich diese Leistungen hervorragend für BPO HR.

- Reisekostenabrechnung

    Bei der Reisekostenabrechnung müssen sämtliche Eingaben unter Berücksichtigung des Steuerrechts und der internen Reisekostenrichtlinien geprüft werden. Wegen der geringen strategischen Relevanz eignet sich auch die Reisekostenabrechnung gut für eine Auslagerung. Einsparungen können vor allem durch die Bereitstellung von Self-Service-Portalen erzielt werden. Damit pflegen die Mitarbeiter ihre Abrechnungsdaten selbst.

- Personalbeschaffung

  Ziel der Personalbeschaffung ist die rechtzeitige und ausreichende Bereitstellung von geeignetem Personal zur Erfüllung der Aufgaben neuer oder vakant gewordener Stellen. Dies beinhaltet auch das Management von freien Mitarbeitern sowie die Rekrutierung von Hochschulabsolventen und Praktikanten. Die Qualifizierung und Auswahl des „richtigen" Bewerbers setzt spezielle Kompetenzen seitens des BPO-Anbieters voraus (z. B. Erfahrung mit Assessment Centern). Mit den Auswahlverfahren ist jedoch auch ein hoher Anteil an administrativen Tätigkeiten verbunden, beispielsweise die Bewerbervorauswahl und die Pflege der Daten sowie die Abwicklung des gesamten Schriftverkehrs mit den Bewerbern.

3.3 Warum Personalprozesse auslagern?

Personalprozesse sind entscheidend für den Unternehmenserfolg. Daher geht eine erfolgreiche Personalstrategie Hand in Hand mit der Geschäftsstrategie und setzt Unternehmensstrategien in Personalaktivitäten um: „Die ‚richtigen' Mitarbeiter in ausreichender Zahl am ‚richtigen' Ort zur ‚richtigen' Zeit mit der ‚richtigen' Qualifikation.": Mitarbeiter sind ein entscheidendes Differenzierungskriterium. Die Unterstützung in der Personalentwicklung und -beschaffung macht die Personalabteilung vom reinen Abwickler zum Competence Center bzw. Business Partner (ULRICH 1997). Doch dies kann nur durch eine konsequente Personalarbeit gelingen. Zeitaufwendige administrative Tätigkeiten haben zur Folge, dass Personalabteilungen ihre strategische Kernfunktionen, beispielsweise die Personalplanung und die Entwicklung und Bindung von Potenzialträgern nicht ausreichend wahrnehmen können. Mehrwert können die Personalbereiche aber nur dann erwirken, wenn sie vor allem strategische Aufgaben, d. h. Personalplanung, Mitarbeiterentwicklung und Beratung ausüben. Siemens Business Services nutzt hier das folgende Prozess- und Funktionsmodell von Personalbereichen.

Abbildung 3-7: Prozess- und Funktionsmodell von Personalbereichen
(Quelle: Siemens Business Services)

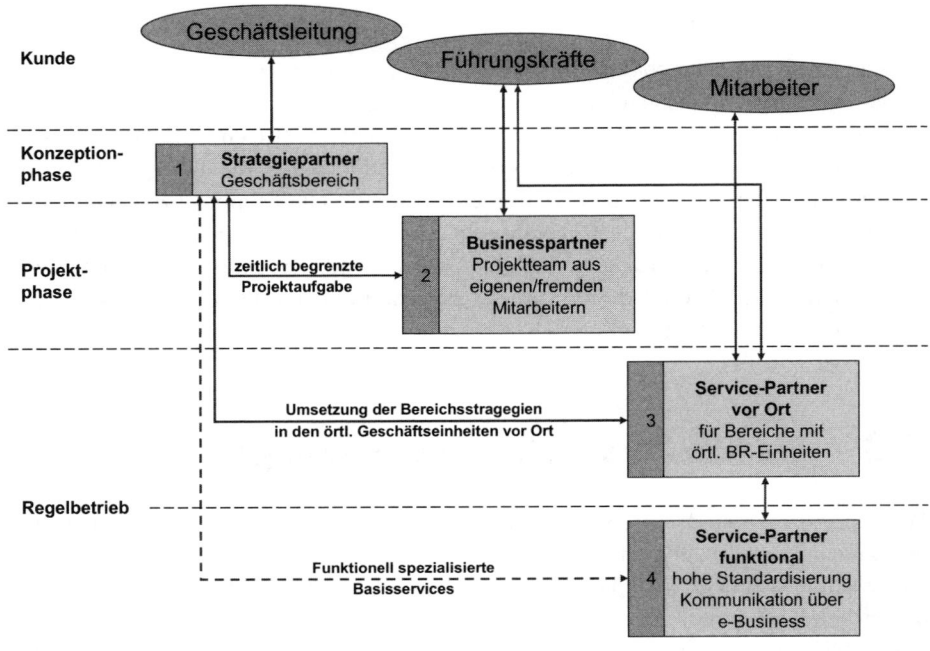

Durch die Auslagerung administrativer Tätigkeiten steigt der mögliche Wertbeitrag der HR-Experten bis auf 100 %. Vor allem die Aufgabenbereiche Personalabrechnung und Stammdatenadministration, Reisekostenabrechnung sowie Dokumentenmanagement eignen sich für die Auslagerung und schaffen die notwendigen Freiräume für die Übernahme strategischer Aufgaben. Die in nachfolgender Abbildung dargestellte Situation kann auf diese Weise positiv beeinflusst werden und der HR-Wertbeitrag steigt.

Abbildung 3-8: HR-Experten sind immer noch mit vielen administrativen Tätigkeiten belastet (Quelle: Siemens Business Services)

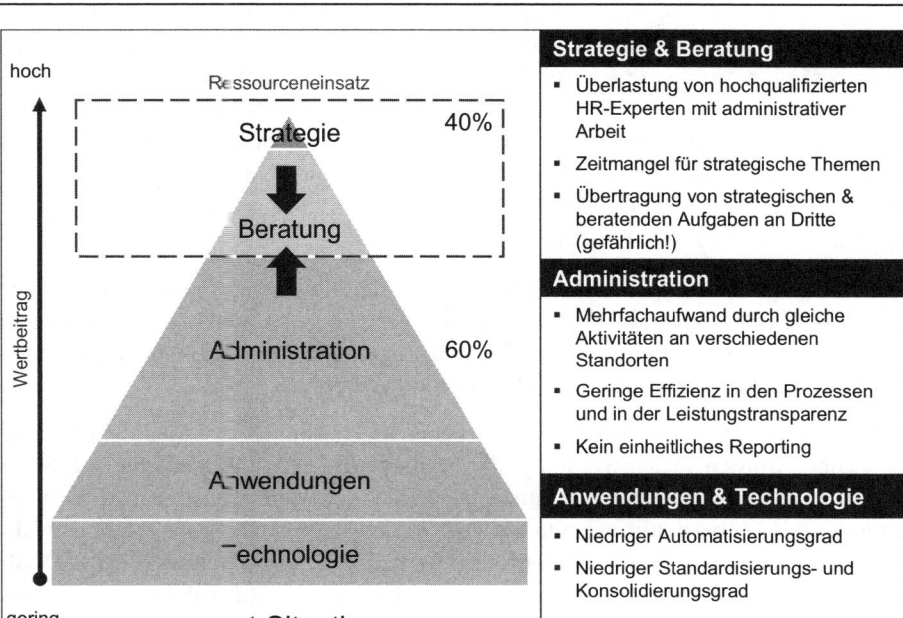

3.4 Wie findet man den richtigen Outsourcingpartner: Auswahlkriterien?

Studien von Rohr (2004, S. 50 ff.) und Köhler/Fink (2002, S. 6 und S. 11) belegen, dass bei den Auswahlkriterien (auch GARTNER 11/2003) neben der Wirtschaftlichkeit des Outsourcing-Vorhabens für die meisten Unternehmen die Kompetenz und die wirtschaftliche Solidität des Dienstleisters im Vordergrund stehen.

Marktposition und Finanzkraft des Anbieters sind Kriterien, die bei der Auswahl des Outsourcingpartners eine wichtige Rolle spielen, hinzu kommen dessen Branchenwissen und Prozesskenntnis. Der Dienstleister muss in der Lage sein, Anforderungen des Unternehmens und der Branche zu verstehen, komplexe Prozessabläufe zu analysieren und sie durchgängig und effizient neu aufzusetzen. Versteht der Dienstleister mehr als nur die administrativen Prozesse, wird sich dies positiv auf den Geschäftswertbeitrag des Kunden auswirken. In diesem Fall können nicht nur die ausgelagerten

Aufgaben optimiert, sondern auch neue Ideen zur Verbesserung der Kernprozesse des Kunden eingebracht werden.

Insbesondere Erfahrungen im IT-Outsourcing bilden eine wichtige Referenz, da die Auslagerung von Geschäftsprozessen eine Weiterentwicklung des IT-Outsourcings ist. Es ist vorteilhaft, wenn der Dienstleister hierbei seine Fähigkeiten unter Beweis stellen konnte. Im Idealfall ist der Dienstleister beim Kunden bereits in IT-Outsourcing Projekte eingebunden, aus denen sich dann BPO-Projekte entwickeln. Noch besser ist es, wenn der Dienstleister eine HR-Transformation im eigenen Unternehmen begleitet hat bzw. als Dienstleister im eigenen Unternehmen auftritt, da er dann im Umgang mit vergleichbaren Herausforderungen erfahren ist.

Schließlich spielt auch regionale Nähe eine wichtige Rolle. Dienstleister mit Betriebsstandorten in Deutschland sind Offshore-Anbietern aufgrund von höherer Flexibilität, Sicherheit und kultureller Kompatibilität überlegen. Die Produktunabhängigkeit des Dienstleisters ermöglicht eine neutrale Positionsbestimmung.

Nicht zuletzt kann ein Outsourcing-Vorhaben nur gelingen, wenn die Mitarbeiter einbezogen werden. Daher werden auch Mitarbeiterüberführungskonzepte und Erfahrungen in diesem Themenfeld zu entscheidenden Auswahlkriterien. Erfahrungen im Umgang mit Mitbestimmungsgremien wie Betriebsräten sowie gute Kenntnisse des Betriebsverfassungsgesetzes und der Regelungen zum Betriebsübergangs (§ 613a BGB) sind häufig noch vor dem Preis das ausschlaggebende Auswahlkriterium. Diese Kenntnisse können u. a. helfen, negative Presse über das eigene Unternehmen zu verhindern.

3.5 Umgang mit Widerständen

Trotz des klaren Mehrwertes zögern viele Unternehmen die Entscheidung für ein BPO HR oft hinaus. Referenzprojekte gibt es in Deutschland bei Großunternehmen bisher wenig.

3.5.1 Welche Widerstände und Barrieren gibt es?

Große Widerstände bei BPO HR Projekten dürften von Managern und Mitarbeitern der Personalbereiche ausgehen, die um ihren Einfluss bzw. ihren Arbeitsplatz fürchten. Aber auch Unsicherheit gegenüber neuen Geschäftsmodellen und Ängste hinsichtlich Offshoring bzw. Nearshoring sind hier zu nennen. Bei einem BPO werden Kompetenzen nach außen abgegeben, die Spezifikation der Kooperationsanforderungen bzw. Schnittstellen scheint unklar. Angst vor Wissensverlust oder Verlust von Wettbewerbsvorteilen kann die natürliche Folge sein.

Daneben existieren eine Reihe von rechtlichen oder gesellschaftlichen Barrieren: Jede Outsourcingentscheidung zieht im Regelfall einen Betriebsübergang nach § 613a BGB nach sich. Hier kann jeder betroffene Mitarbeiter dem geplanten Betriebsübergang widersprechen. Verfahren können so in die Länge gezogen werden. Durch Outsourcing können Arbeitsplätze teilweise redundant werden, was einen eventuellen Personalabbau zur Folge hat. Betriebsräte und Gewerkschaften stehen deshalb dem Outsourcing noch äußerst kritisch gegenüber.

Hinzu kommt, dass aus Datenschutzgründen beispielsweise personenbezogene Daten nicht oder nur bedingt offshorefähig (§ 4b,c Bundesdatenschutzgesetz) sind. Personenbezogene Datenübermittlungen in Drittländer sind nach den datenschutzrechtlichen Vorgaben grundsätzlich nur zulässig, wenn – was relativ selten der Fall ist – im Empfängerland ein angemessenes Datenschutzniveau gegeben ist.

3.5.2 Wie können Widerstände und Barrieren überwunden werden?

Ein BPO-Projekt kann nur gelingen, wenn Unternehmensleitung und Bereiche voll und ganz hinter dem Projekt stehen. Professionelles Projektmanagement und ein konsequentes Umsetzungscontrolling sind die entscheidenden Erfolgsfaktoren. Entschieden und getrieben werden muss ein BPO durch das Executive Management. Erst wenn ein BPO-Projekt durch die Unternehmensleitung als strategisches Projekt „aufgesetzt" ist, kann der angestrebte Wertbeitrag optimal ausgeschöpft werden.

Jedes BPO-Projekt sollte konsequent an der Geschäftsstrategie des Unternehmens ausgerichtet sein. Ein Abgleich von langfristigen Geschäftszielen, internen Fähigkeiten und Risiken im Rahmen einer Sourcing Strategie ist daher unerlässlich, um durch Auslagerung maximalen Mehrwert zu erzielen. Insbesondere sollte zum Start eines Outsourcingprojektes definiert werden, was unter Erfolg verstanden wird: Einspareffekte, Erfüllung der Service Level Agreements, verbesserte Prozessqualität? Je nach Stellenwert der Erfolgsfaktoren ist ggf. die Steuerung des Projektes anzupassen.

Ein BPO-Projekt ist wie jedes Outsourcingprojekt auf mehrere Jahre angelegt. Nicht alles lässt sich vertraglich regeln, daher ist es wichtig, dass zwischen Kunde und Dienstleister eine Partnerschaft entsteht, ein Geben und Nehmen, von dem beide Seiten gleichermaßen profitieren. Das erfordert Seriosität auf beiden Seiten, und ist insbesondere bei der Auswahl des Partners zu berücksichtigen. Der günstigste Anbieter ist nicht notwendigerweise auch der beste. Wichtig ist es, die spezifische Value Proposition des Anbieters zu verstehen und zu prüfen, inwiefern diese zur Erfüllung der eigenen Geschäftsziele beiträgt. Zudem müssen die Mitarbeiter über konkrete Maßnahmen des Change Managements frühzeitig einbezogen werden. Die Kommunikation in das Unternehmen hinein muss lückenlos verlaufen. Andernfalls entstehen Ängste und Unsicherheiten, die dazu führen können, dass das Unternehmen Potenzialträger verliert. Dieser Veränderungsprozess muss systematisch geplant, methodisch umgesetzt und organisiert werden. Führungskräfte überschätzen oft die Veränderungsfähigkeit ihrer Organisation. Der zunehmende Zeit- und Ergebnisdruck hat die Spielräume, in denen Widerstand gegen Veränderung hingenommen werden kann, jedoch deutlich verringert.

3.6 Exemplarisches Vorgehen bei BPO-Projekten

3.6.1 Anwendung des Siemens Business Services-Phasenmodells

Ausgangspunkt für ein BPO-Projekt bei Siemens Business Services ist ein spezifisches BPO Framework, eine strukturierte Vorgehensweise, die mit Methoden und Tools hinterlegt ist. Das Framework baut auf den langjährigen Erfahrungen des Hauses Siemens auf und wird kontinuierlich verbessert. Es wird nach diesem Phasenmodell schrittweise wie folgt vorgegangen:

3.6.2 Analysephase

In der Analysephase erfolgt eine System- und Prozessaufnahme an allen Standorten des Kunden. Ziel ist es, den Ist-Zustand möglichst konkret und detailliert abzubilden, einen klaren Überblick über die System- und Prozesslandschaft und die beteiligten Personen sowie deren Rollen zu erhalten. Des Weiteren werden in dieser Phase die qualitativen und quantitativen Anforderungen an die zukünftig ausgelagerten Prozesse des HR-Bereiches zusammen mit dem Kunden definiert. Auf dieser Basis werden verbindliche Aussagen über den Leistungsumfang, die heutige Kostenstruktur und die möglichen Einsparpotenziale getroffen. Die Ergebnisse der Analysephase dienen als Basis für die Konzeption sowie als Grundlage für die Vertragsverhandlungen.

3.6.3 Konzeptionsphase

In der Konzeptionsphase wird die Prozessoptimierung und damit die Definition der zukünftigen Soll-Prozesse zusammen mit dem Kunden vorgenommen. Für die Prozessoptimierung wird dabei auf die Ergebnisse und Optimierungspotenziale aus der Analysephase zurückgegriffen.

Die Konzeptionsphase liefert folgende abgestimmte Ergebnisse:

- Leistungsinhalte
- Service Level Agreements
- Preismodell
- Transitionplan
- Vertragsentwurf
- Mitarbeiterübernahmekonzept

3.6.4 Vertragsphase

Bei der Vertragsaufsetzung geht es darum, die auszulagernden Prozesse so genau wie möglich zu beschreiben und klare Vereinbarungen über Leistungserbringung und Zielvereinbarungen zu treffen.

Das bedeutet, dass Kennzahlen für Erfolgsfaktoren definiert werden müssen und im Rahmen eines Performance Management Systems zum Einsatz kommen sollten. Denn: *If you can't measure it, you can't manage it.* Service Level Agreements (SLAs) sind damit der Kern eines jeden Steuerungsmodells (Governance-Modells). Es ist wichtig, dass Service Level Agreements möglichst alle messbaren Aspekte von Geschäftsprozessen enthalten. Ferner sollten Bonus- bzw. Malusregelungen enthalten sein. Externe Faktoren, die SLAs beeinflussen, sollten vertraglich festgelegt werden. Durch permanente Kontrollen der SLAs (Real-Time Controlling) können eventuelle Abweichungen von den Zielvereinbarungen frühzeitig entdeckt und entsprechende Maßnahmen ergriffen werden.

Ein BPO-Projekt ist wie jedes Outsourcingprojekt auf mehrere Jahre angelegt. Nicht jeder Bedarf lässt sich schon zu Vertragsbeginn vorhersagen. Mechanismen zur Anpassung des bestehenden Vertrages an veränderte Bedarfe (Change Requests) sollten vertraglich festgelegt werden. Im Idealfall kann man flexibel zwischen Regel- und Zusatzleistung wählen (Skalierbarkeit) und arbeitet mit flexiblen Preismodellen, z. B. Pay per Use.

Weil sich zu Beginn einer Outsourcingpartnerschaft nicht jedes Detail vertraglich regeln lässt, sollten auch Mechanismen für die Lösung von Konflikten im Governance-Modell berücksichtigt werden.

3.6.5 Projekt- bzw. Übergangsphase (Transition)

Hier findet der eigentliche Übergang statt, der entweder als „Lift & Drop", also unverändert, oder aber als (im Nachgang zu einem) Process Reengineering vonstatten geht. In der Regel beginnt die Transition mit einer Pilotphase. Eventuelle Abweichungen können somit noch vor dem Breiteneinsatz (Rollout) erkannt und behoben werden. Wichtig dabei ist, dass die ausgelagerten Prozesse möglichst nahtlos in die weiterhin im Unternehmen bearbeiteten Prozesse integriert sind. Die eigentliche Auslagerung sollte möglichst rasch und mit einer klar definierten Rollenverteilung der beteiligten Personen verlaufen.

In diese Phase fällt auch die Mitarbeiterübernahme, begleitet von einem professionellen Change Management. Outsourcing- und Wertsteigerungsprogramme können durch Change Management erfolgreicher gestaltet werden. Jede Veränderung beeinflusst die Leistungsfähigkeit einer Organisation. Professionelles Change Management hilft, Widerstände abzubauen und die Betroffenen zu Beteiligten zu machen und damit den Veränderungsprozess aktiv zu unterstützen.

Christian Cottone, Stefan Waitzinger

3.6.6 Phase des Produktivbetriebs (Transformationsphase)

Nach abgeschlossener Übergangsphase (Transition) folgt nun die Phase der Transformation, in der die zuvor identifizierten Hebel mit Hilfe einer Maßnahmenverfolgung umgesetzt werden.

3.6.7 Hebel zur Zielerreichung

Hebel zur Zielerreichung sind in erster Linie Effektivitätssteigerungen durch Überprüfung der HR-Services hinsichtlich ihres Mehrwertes für die Primärprozesse. Gleichartige Aktivitäten können zusammengefasst werden, so dass Mitarbeiter entweder in administrativen oder beratenden bzw. strategischen Bereichen eingesetzt werden können. Administrative Prozesse werden durch den Dienstleister standardisiert (d. h. vereinheitlicht, vereinfacht und beschleunigt) und automatisiert. Als Beispiel sind hier Workflow-Unterstützung und Self-Service-Systeme wie Employee Portale zu nennen. Darüber fungieren Skaleneffekte durch Zentralisierung, wie z. B. die Bündelung von Einkaufsvolumina und Einrichtung von Shared Service Centern als wichtige Hebel. Zusätzliches Einsparpotenzial bietet die Reduzierung der Faktorkosten. Beispielsweise können Personalkosten durch Off-/Nearshoring von einzelnen Prozessen reduziert werden. Eine Optimierung der Faktorkosten kann jedoch auch vor Ort erzielt werden, z. B. durch die Einführung flexibler Arbeitszeitmodelle.

Entscheidend für den Erfolg ist, dass beide Partner gemeinsam an der Optimierung arbeiten. Der Dienstleister wird damit zum Innovationspartner des Unternehmens.

4 Praxisbeispiel Siemens AG - Projekt Einführung Shared Service Center

Bisher war die Siemens Personalorganisation so aufgestellt, dass HR-Leistungen dezentral erbracht wurden. Dies hatte zur Folge, dass es eine Vielzahl uneinheitlicher Prozesse sowie unterschiedliche Service Levels und Qualitätsstandards gab. Zudem existierten viele HR-Standorte, ein proprietäres Mainframe-basiertes HR-System mit heterogenen Verfahren in den HR-Bereichen („IVIP", Paisy und weitere) und insgesamt eine nur unzureichende Automatisierung der HR-Prozesse.

4.1 Ziele der Reorganisation

Hauptziel war es, sämtliche Personalservices gebündelt als Best-Practice-Organisation in einem Zentrum für *Gemeinsame Dienste* (Shared Services) zusammenzufassen.

Dadurch sollte die Servicequalität in allen Bereichen und an allen Standorten vereinheitlicht und stärker an den Kundenbedürfnissen ausgerichtet werden. Eine klare Trennung der administrativen HR-Arbeit von HR-Strategie und HR-Beratung sollte vollzogen werden. Im Einzelnen wurden folgende Ziele angestrebt:

- *Erhöhung der Effektivität*

  Standardanfragen sollten durch den Einsatz eines Experten-Teams schneller bearbeitet und Durchlaufzeiten somit optimiert werden.

- *Kostenreduktion*

  Standardisierte Systeme, stärkerer Einsatz von e-Business sowie gemeinsame Ressourcennutzung sollten helfen, Kosten zu sparen. Durch den Aufbau eines Zentrums für Gemeinsame Dienste sollten Standorte signifikant reduziert werden. Für die neue Einheit würden sich größere Verhandlungsspielräume mit Dienstleistern ergeben, Fachkompetenzen würden gebündelt, und die Effizienz durch Vermeidung von Redundanzen und Wiederholungseffekten erhöht.

- *Prozessverbesserungen*

  Im Rahmen eines Process Reengineerings sollte zunächst Transparenz über Prozesse und Strukturen bestehen. Durch Standardisierung und Automatisierung sollte im nächsten Schritt die Effektivität erhöht und die Prozessqualität verbessert werden. Durch Reduktion von Prozess- und Verfahrensschnittstellen sollten Prozesse verschlankt werden. Effizienzsteigerung sollte durch verringerten Abstimm- und Anpassungsaufwand sowie Realisierung von Skaleneffekten erreicht werden.

4.2 Vorgehensweise

Die Personalorganisation wurde stufenweise optimiert: Im ersten Schritt wurde SAP R/3 HR als einheitliche Applikations-Plattform eingeführt und in die Siemens-Organisation und Verfahrenslandschaft integriert (Projekt Colorado, Zeitraum 1998-2002). Im zweiten Schritt wurden in einer Machbarkeitsstudie Umsetzungsmöglichkeiten von Shared Service Lösungen in der Personalorganisation bewertet (Dauer 6 Monate). In der daran anschließenden Phase wurden Personalthemen gebündelt und die Personalorganisation im Hinblick auf die gemeinsamen Dienste neu ausgerichtet.

Die operative Personalorganisation gliedert sich nunmehr in zwei Einheiten, einmal die Personnel Services, die Shared Service Tätigkeiten überregional bündeln, und die Personnel Departments, die beratungsintensive Tätigkeiten vor Ort wahrnehmen.

Abbildung 4-1:	Stufenweise Optimierung der Personalorganisation - HR-Transformation (Quelle: Siemens AG Personnel Services)

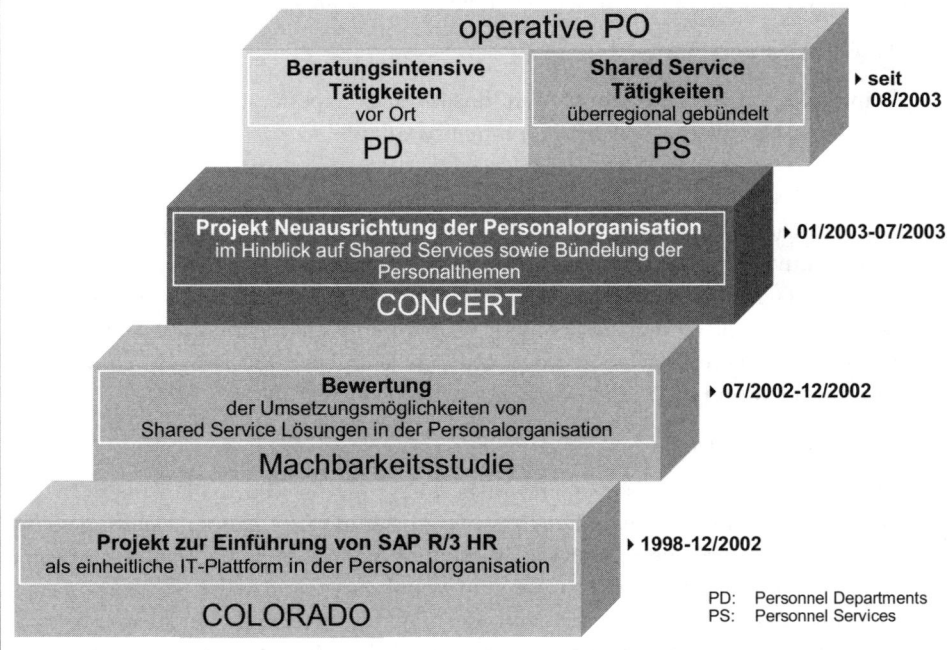

4.3 Ergebnisse der Reorganisation

Durch den Aufbau von Personnel Services konnten 84 Standorte für administrative HR-Leistungen auf 6 reduziert werden. Siemens Personnel Services betreut dabei den Großteil der Siemens-Bereiche und konsolidierten Gesellschaften in Deutschland mit insgesamt 170.000 betreuten Mitarbeitern und rund 150.000 Pensionären. Erklärtes Ziel ist es, bis 2006 die Kosten um 33 % zu senken, die Kundenzufriedenheit zu steigern und die vereinbarten Service Level Agreements einzuhalten. Das Projekt ist damit eines der größten HR-Transformationsprojekte in Europa.

Abbildung 4-2: Vorteile durch BPO-Erfahrung im Siemens-Konzern
(Quelle: Siemens Business Services)

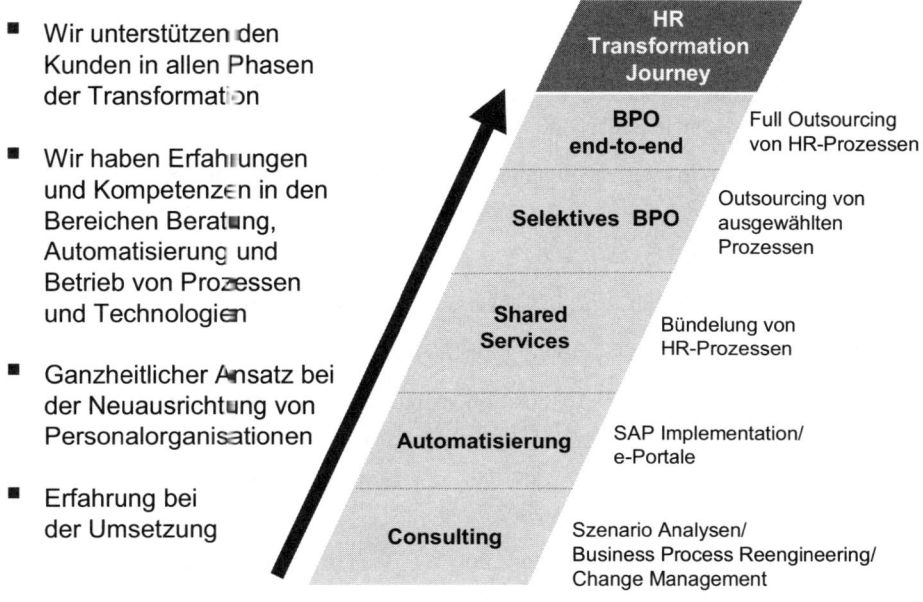

- Wir unterstützen den Kunden in allen Phasen der Transformation

- Wir haben Erfahrungen und Kompetenzen in den Bereichen Beratung, Automatisierung und Betrieb von Prozessen und Technologien

- Ganzheitlicher Ansatz bei der Neuausrichtung von Personalorganisationen

- Erfahrung bei der Umsetzung

Derzeit bündelt der Siemens-Konzern die vorhandenen Kompetenzen auf dem Gebiet Personal-Administration, Personal-Prozess Management sowie IT Lösungen im Personalbereich. Dies bedeutet, dass zukünftig ein vollständiges Portfolio von der HR-Prozess- und IT-Beratung über das selektive Outsourcing bis hin zum vollständigen Business Process Outsourcing (BPO) der Personal- Prozesse aus einer Hand angeboten werden kann.

Literaturverzeichnis

COTTONE, C., Business Process Outsourcing ist eine moderne Form der Arbeitsteilung, in: Handelsblatt Nr.48/2005, S. 18.

DOYÉ, T., Personalmanager als Business Partner, in: Personal, 56. Jg., Heft 5, 2004, S. 42-44.

EVEREST World Wide HR BPO 07/2003.

GARTNER, Dataquest, 08/2003 und BPO Market Analysis Western Europe, 11/2003.

HAMEL, G./PRAHALAD, C. K., Competing for the Future, Boston 1994.

JOCHMANN, W./BETHKENHAGEN, E., Positionierung des HR-Managements in deutschen Unternehmen, Gummersbach 2005.

KÖHLER, T./FINK, D., Outsourcing 2007. Von der IT-Auslagerung zur Innovationspartnerschaft, Accenture, Kronberg 2002.

MCCARTHY, J. D., BPO's Fragmented Future (TechStrategy Report). In: Forrester 08/2003, S. 4.

ROHR, S. (HRSG.), Komplett-Outsourcing im HR-Management, r&p Consulting, Hamburg 2004.

TORNBOHM, C., Business Process Outsourcing in Europe to Reach $39 Billion, Stamford CT, Gartner 2003, S. 25.

ULRICH, D., Das neue Personalwesen: Mitgestalter der Unternehmenszukunft, in: Harvard Business Manager, 20. Jg., Heft 4, 1998, S. 59-69.

Claus-Peter Sommer, Claus Brauner, Sandra Simon

Erfolgreiches Recruitment Outsourcing
Praxisbeispiel Infineon Technologies AG

1	Einleitung	289
2	Grundlagen des Outsourcings im Recruitment	290
3	Ausgangssituation Infineon	291
4	Lösungsansätze	293
	4.1 Ausgelagerte und verbleibende Prozesse	293
	4.2 IT-Lösung „Recruiters'-Center"	296
	4.3 Betreuungsmodell	298
	4.4 Service Level Agreements	298
	4.5 Flexibles Vergütungsmodell	299
5	Projektumsetzung	300
	5.1 Projektmeilensteine	301
	5.1.1 Present Mode of Operation	302
	5.1.2 Transition Mode of Operation	303
	5.1.3 Future Mode of Operation	303
	5.2 Projektbewertung nach einem Jahr	304
6	Erfolgsfaktoren	306

1 Einleitung

Die Wettbewerbs- und Kostendiskussion in Unternehmen hat inzwischen auch die Personalabteilungen erreicht. Aus den Führungsetagen der Unternehmen kommt immer öfter die Frage, wie auch in einem Servicebereich „Personal" Kosten gesenkt, Effizienzen gesteigert und der eigene Wertbeitrag quantifiziert werden kann. Der heutige Personalmanager muss darauf überzeugende Antworten geben und entsprechende Konzepte entwickeln können.

Das Outsourcing von Teilaufgaben aus den Personalabteilungen bietet an dieser Stelle eine Möglichkeit, die Wertschöpfung der Personalarbeit zu steigern.

Eine in Deutschland noch recht unbekannte Form des Outsourcings von Funktionen der Personalarbeit entwickelt sich gerade mit dem Recruitment Process Outsourcing (RPO). RPO beinhaltet die Auslagerung von Aufgaben bei der Rekrutierung neuer Mitarbeiter an einen externen Dienstleister, wie z. B. die Bewerberbeschaffung, das Bewerberhandling, die Bewerberauswahl bis hin zur Abwicklung der administrativen Einstellprozesse.

Der nachfolgende Beitrag beschreibt am Praxisbeispiel der Infineon Technologies AG Chancen und Herausforderungen des Outcourcings im Rekrutierungsgeschäft.

Im Januar 2004 wurde die access AG als Subunternehmer der EDS Operations Services GmbH mit der Übernahmen ausgewählter, überwiegend administrativer Rekrutierungsprozesse der Infineon Technologies AG und dazugehöriger Tochtergesellschaften für alle Infineon-Standorte in Deutschland und Österreich beauftragt.

Ausgelagert wurden dabei administrative Rekrutierungsaufgaben für alle Beschäftigungsformen, also sowohl für den Bereich der permanenten Festeinstellungen als auch für den Bereich der temporären Beschäftigung (z. B. Werkstudenten, Praktikanten, Diplomanden, Doktoranden und befristete Einstellungen). Als Kernkompetenzen angesehene Aufgaben des Recruitments (z. B. Auswahl, Onboarding) verblieben auch weiterhin bei Infineon. Im Bereich Werkstudenten wurde der Prozess ab „Digitalisierung eingehender Bewerbungen" bis zur „Einstellung inklusive Vertragserstellung" an den Dienstleister ausgelagert.

An diesem Praxisbeispiel werden mögliche Lösungsansätze für das Outsourcing von Recruitmentfunktionen erläutert. Zu berücksichtigen ist, dass - bedingt durch historisch gewachsene Strukturen, Prozesse und Branchenspezifika - Outsourcingvorhaben individuell je Unternehmen zu analysieren und umzusetzen sind. Die Darstellung der Projektumsetzung der Reorganisation soll ein Bild der notwendigen Schritte und Aufgaben vermitteln, die für die Realisierung eines solchen Vorhabens von Bedeutung sind.

Claus-Peter Sommer, Claus Brauner, Sandra Simon

2 Grundlagen des Outsourcings im Recruitment

Der Begriff Outsourcing ist ein angloamerikanisches Kunstwort und setzt sich aus den Begriffen „Outside" und „Resourcing" zusammen. „Bei Outsourcing erfolgt eine dauerhafte Auslagerung von Leistungen mit einer Übertragung von Handlungsverantwortung an Externe. Es wird auf eine langfristige Aufgabenteilung zwischen Unternehmungen abgezielt" (BRUCH 1998, S. 16). Je nach Abhängigkeit und Verantwortungsumfang von Outsourcinggeber bzw. -nehmer lässt sich Outsourcing kategorisieren in internes (Ausgliederung) und externes Outsourcing (Auslagerung).

Eine spezielle Form des externen Outsourcings ist das Business Process Outsourcing (BPO). Im Rahmen von BPO erfolgt eine Übertragung eines bzw. mehrerer Geschäftsprozesse an einen externen Dienstleister. BPO ist damit eine besonders ausgeprägte Form der Arbeitsteilung zwischen Unternehmen und Dienstleister. In der Regel weisen BPO-Prozesse folgende Merkmale auf (Vgl. DITTRICH/BRAUN 2004, S. 9):

- Die ausgelagerten Prozesse zählen nicht zu den Kernprozessen des Unternehmens.
- Die Wertschöpfung ist verglichen mit den operativen Risiken gering.
- Die Prozesse erfordern hohe und/oder fortlaufende Investitionen.
- Die Prozesse können technisch unterstützt werden und weisen einen hohen Grad an Standardisierung auf, um Kosteneffekte realisieren zu können.

Am Markt mittlerweile eingeführt - im Zusammenhang mit dem Outsourcing von Personalfunktionen - ist der Begriff des HR-Outsourcings. War HR-Outsourcing in seinen Anfängen noch Synonym für das Outsourcing von Payrollaktivitäten, so sind heute innerhalb des Personalbereiches zahlreiche Funktionen denkbar, die an einen Dienstleister übertragen werden können. Zu diesen Funktionen zählen Personalplanung, Personalbewertung und -entwicklung, Personalrekrutierung und Personaladministration.

Mit dem Outsourcing von Personalrekrutierung und -administration entwickelt sich in Europa aktuell eine neue Art der Strukturierung und Aufgabenteilung der Personalprozesse. Als modular auslagerbare Prozesse sind u. a. denkbar:

- Kandidatenbeschaffung (Beschaffungsplanung, Maßnahmen, Controlling),
- Bewerbermanagement (Digitalisierung der Unterlagen, Bewerberkommunikation, Bewerberadministration),
- Bewerberauswahl (Bewerbungsscreening, Telefon(-interviews), Auswahltage).

Das Recruitinggeschäft weist zudem Besonderheiten auf, die RPO zu einer interessanten Alternative zur Gestaltung der oben genannten Prozesse werden lässt:

- Rekrutierungsprozesse unterliegen oft großen Mengenschwankungen. Das Risiko dieses volatilen Geschäfts übernimmt mit einem RPO der Dienstleister. Damit trägt der Outsourcingnehmer die Verantwortung für eine flexible Auslastung seiner Mitarbeiter, und zwar für jede Höhe der Prozessmengen wie beispielsweise bei Bewerbungen, Stelleneröffnungen oder Bewerberauswahlen.

- Kapazitätsschwankungen entstehen nicht nur durch Änderungen in den Rekrutierungsbedarfen. Der Bereich der temporären Beschäftigung unterliegt auch starken saisonalen Schwankungen (z. B. Werkstudenten in Ferienzeiten). Selbiges gilt für die Einstellung von Auszubildenden oder Praktikanten.

- Ein von Prozessmengen abhängiges Vergütungsmodell verbessert die Kostenstruktur durch Umwandlung von fixen in variable Kosten. Einsparungen in den Fixkosten können durch den Wegfall von Vorhaltekosten für Personalressourcen erzielt werden. Zusätzlich erfolgt eine Senkung von Gesamtkosten aufgrund der Weitergabe von Skaleneffekten durch den Outsourcing-Dienstleister.

- Die Abgrenzbarkeit ist im Rekrutierungsbereich sehr gut gegeben. Damit eignen sich diese Funktionen besonders gut für ein Outsourcing. Verknüpfungen mit anderen HR-Funktionen (z. B. Lohn- und Gehaltsabrechnung) ergeben sich erst spät im Prozess, Interdependenzen zu anderen Unternehmensbereichen sind nur bei der Stellenverwaltung und Bewerberauswahl gegeben.

Diese Besonderheiten waren bei der Infineon Technologies AG (Infineon) gegeben. Als Unternehmen der Halbleiterbranche unterliegt Infineon besonders zyklischen Schwankungen des Marktes mit entsprechender Auswirkung auf die Rekrutierungssituation sowohl für den Bereich der Festanstellung als auch für die temporäre Beschäftigung. Ein für Infineon entwickeltes Vergütungsmodell unterstützt die teilweise Flexibilisierung der Kosten. Zudem war es Infineon möglich Prozesse klar abzugrenzen und so gezielt auszulagern.

Welche Lösungen für Infineon konkret entwickelt wurden, zeigt das nachfolgend beschriebene Praxisbeispiel.

3 Ausgangssituation Infineon

Die HR-Strategie von Infineon verfolgt das Ziel, alle weltweiten HR-Aktivitäten in eine globale HR-Organisation zu integrieren. Trotz intensiver standortübergreifender Zusammenarbeit gab es historisch bedingt - als ein Spin-Off der Siemens AG - an den verschiedenen Standorten unterschiedliche Prozesse und Standards. Im ersten Schritt erfolgte deshalb in den Ländern Deutschland und Österreich (dort sind ca. 50 % aller Infineon-Mitarbeiter beschäftigt) eine Harmonisierung der Personalbeschaffungsprozesse und -standards. Dabei übernahmen 5 große Standorte (Dresden, München, Regensburg, Warstein und Villach) gegebenenfalls teilweise die Betreuung kleiner Standorte wie beispielsweise Duisburg oder Graz mit.

- Recruiting IT-Landschaft

    Infineon verfügte bereits über eine weltweit einheitliche, mit Auszeichnungen prämierte Online-Bewerbungsplattform, die es externen Bewerbern ermöglicht, sich direkt über die Webseite von Infineon zu bewerben. Für die standortbezogene Bearbeitung der eingehenden Bewerbung entlang der verschiedenen Rekrutierungsprozesse setzten die jeweiligen lokalen Personalabteilungen aber unterschiedliche (e-) Recruiting-Lösungen ein. Die Folge waren eine relativ geringe Prozess-Transparenz, kaum standortübergreifender Bewerberaustausch und vergleichsweise hohe Kosten für Entwicklung und Wartung der jeweiligen Insellösungen.

- Recruiting-Prozesse

    Die Bearbeitung der eingehenden Bewerbungen, die Begleitung der Kandidaten während des Bewerbungsprozesses und die Kandidatenauswahl erfolgten je nach Standort mit teilweise unterschiedlichen Abläufen. Damit schwankten die Prozesszeiten in der Bearbeitung und führten u. U. mitunter zu längeren Antwortzeiten und der Gefahr des Verlustes von guten Kandidaten. Darüber hinaus ergab sich aufgrund der schwankenden Prozessmengen eine unterschiedliche Auslastung der HR-Kapazitäten.

- Recruiting-Standards

    Historisch bedingt waren standortübergreifend für Recruiting-Prozesse und -tools nur relativ wenige einheitliche Standards erforderlich bzw. festgelegt. Als ein Beispiel sei die Kontaktaufnahme von Infineon zum Bewerbermarkt genannt: Kommunikation, Formulare und Dokumente differierten je nach lokalen Gegebenheiten der Standorte, so dass z. B. ein Bewerber mit Interesse für die Standorte München und Regensburg ggf. verschiedene Formulare ausfüllen musste. Einheitliche Qualitätsstandards gegenüber Bewerber und den einstellenden Fachbereichen waren standortübergreifend nicht immer gewährleistet.

- Recruiting-Kosten

    Als Folge des zyklischen Geschäftsverlaufes und den damit verbundenen Vorhaltekosten für Personalressourcen waren die Fixkosten im Bereich Festeinstellung vergleichsweise hoch. Aufgrund der dezentralen HR-Organisation konnten kaum standortübergreifende Skaleneffekte erzielt werden. Darüber hinaus war die Kostentransparenz für einige Recruitment-Prozesse nur teilweise gegeben.

Erfolgreiches Recruitment Outsourcing

Ausgelagert wurde das Bewerbermanagement sowohl für den Bereich der Festeinstellungen (unbefristete, befristet Voll- oder Teilzeitanstellung) als auch für temporäre Beschäftigungen (Werkstudenten, Praktikanten, Diplomanden und Doktoranden).

Tabelle 3-1: Prozessmengen (ungefähre Angaben für Januar bis Dezember 2004)
Quelle: Infineon/access Recruiter´s-Center

	Festeinstellung	Temporäre Beschäftigung
Anzahl Bewerbungen	57.000	17.000
Anzahl geführte Interviews	1.800	500
Anzahl Einstellungen	600	3.600

4 Lösungsansätze

4.1 Ausgelagerte und verbleibende Prozesse

Nicht alle Prozesse lassen sich im Rahmen von RPO auslagern, da sie zum einen Kernkompetenz der HR-Abteilung oder durch rechtliche Vorschriften gebunden sein können. Infineon entschied sich aus diesen Gründen für die Form des integrierten Outsourcings, d. h. Teilprozesse der ausgelagerten Funktion verbleiben beim Outsourcinggeber. Ausgelagert wurden überwiegend die Aufgaben im administrativen Bewerberhandling für Festeinstellungen und ein Großteil der Prozesse bei der temporären Beschäftigung. Im Einzelnen:

- Bewerberadministration: Vorstellkosten, Bewerberhotline, Abstimmung Betriebsratsvorlage
- Vorselektion: Erstauswahl nach festgelegten Kriterien
- Zuteilung: Selektion und Matching passender Kandidaten auf die offenen Stellen und/oder Fachbereiche
- Auswahl: Organisation und ggf. Durchführung von Telefoninterviews, persönlichen Interviews und Auswahltagen
- Angebotserstellung: bei Bedarf Erstellung und Verhandlung von Angeboten für erfolgreiche Bewerber
- Vertragserstellung und -versendung für den Bereich temporäre Beschäftigung

■ Einstellung: Vervollständigung der Einstellunterlagen und Übergabe zur Lohn- und Gehaltsabrechnung

Der Umfang der Auslagerung bei der temporären Beschäftigung (Praktikanten, Werkstudenten etc.) umfasst alle gelisteten Tätigkeiten. Bei Festeinstellungen endet die Aufgabe des Outsourcingnehmers spätestens mit der Angebotsabgabe nach erfolgreicher Bewerberauswahl (i. d. R. Interview).

Zusätzlich wurde für das Recruiting im Bereich Festeinstellung ein Rollenmodell geschaffen, um in Abhängigkeit des Stellenprofils eine unterschiedliche Aufgabenteilung zu ermöglichen. Mit diesem Typenmodell erhält sich Infineon eine hohe Flexibilität.

Abbildung 4-1: Flexibles Recruitingmodell, Quelle: access AG

Prozess-stufen	Beispielhafte Aufgaben und Tätigkeiten	TYP 1 access-Auswahltage	TYP 2 access-Interview	TYP 3 Infineon-Interview	TYP 4 Sonderfälle
Bewerbung	Vorselektion, Sofortabsage, Bewerbungs-Scanning, Eingangsbestätigung	access	access	access	access
Matching	Stellenausschreibung, Prüfung + Zuteilung der Kandidaten, Feedback des Fachbereich einholen, Kandidatenbenachrichtigung	access	access	access	Infineon
Auswahl	Terminkoordination für Interview oder Auswahltag, Telefoninterviews, Durchführung Interviews oder Auswahltag, Feedback nach Interview oder Auswahltag	access	access	Infineon	Infineon
Einstellung	Übernahme koordinierender und unterstützender Aufgaben bei Vertragserstellung, Betriebsarzt-Untersuchung, Arbeitsantritt, Einarbeitungsseminar etc.	access	access	access/Infineon	access/Infineon

Mit jeder Stelleneröffnung legt der HR-Verantwortliche eine der vier möglichen Prozesstypen fest. Er kann damit je nach zu besetzender Position entscheiden, in welchem Umfang die Aufgaben vom Outsourcingnehmer übernommen werden und welche Aufgaben bei Infineon verbleiben.

Als Beispiel: es werden 50 neue Stellen „Maschineneinrichter in der Produktion" eröffnet. Das Anforderungsprofil ist sehr homogen, die hohe Stellenanzahl erfordert einen volumenstarken Auswahlprozess. Hier wird der zuständige Personalbetreuer von Infineon i. d. R. das Rollenmodell „Typ 1" wählen, bei dem access die meisten Aufgaben im Recruitingprozess übernimmt und die Bewerberauswahl über einen Auswahltag erfolgt. Gleichzeitig wird aber an anderer Stelle ein Entwicklungsexperte mit langjähriger Berufserfahrung gesucht. Aufgrund des hohen Spezialisierungsgrades der Position muss der zuständige HR-Betreuer frühzeitig in den Auswahlprozess eingebunden werden. Mit „Typ 3" übernimmt access die administrativen Aufgaben (z. B. Terminorganisation Interview), während die Bewerberauswahl vollständig bei Infineon liegt.

Erfolgreiches Recruitment Outsourcing

Mit dem Typenmodell sind Prozessschritte und Rollen klar definiert. Der Vorteil liegt darin, dass diese Eingruppierung über alle Stellen, Fachbereiche und Standorte hinweg einheitlich erfolgt. Prozesse und Aufgaben werden damit standardisiert, ermöglichen aber eine für das Recruiting erforderliche Flexibilität.

Die auf das Typenmodell aufbauende Entwicklung einheitlicher Prozessabläufe erfolgte in gemeinsamen Diskussionen mit den Infineon-Standorten. Die Ist-Prozesse der jeweiligen Standorte wurden aufgenommen, konsolidiert und abschließend als standardisierter Workflow verabschiedet.

Abbildung 4-2: Ausschnitt Workflow, Quelle: Infineon/access Recruiter's-Center

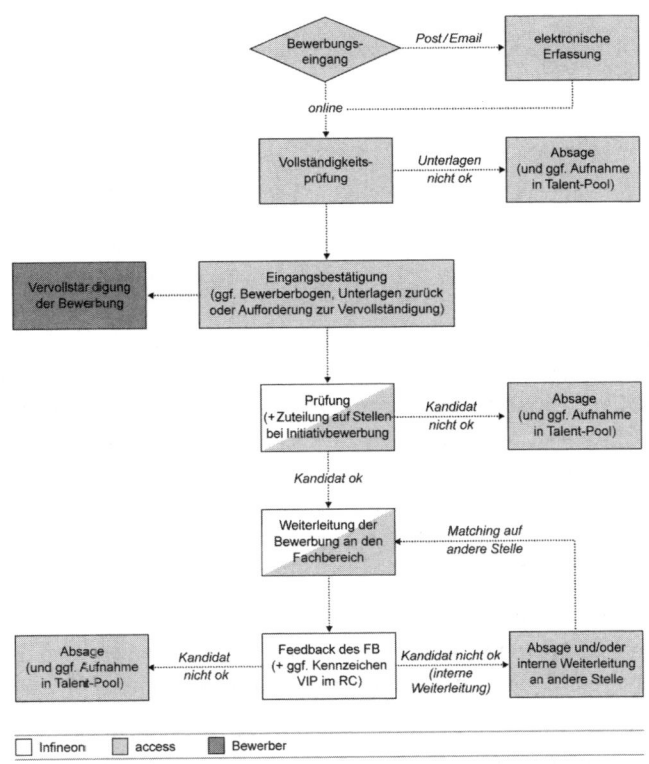

Insgesamt wurden 5 Workflows entwickelt, um den unterschiedlichen Bewerber- bzw. Stellengruppen gerecht zu werden: 4 Prozessstränge für den Bereich Festeinstellung entsprechend des Typenmodells und ein Ablauf für den Bereich temporäre Beschäftigung. Abschluss der Prozessgestaltung bildet die technische Umsetzung der Workflows in eine individuelle E-Cruiting Solution[1].

4.2 IT-Lösung „Recruiters'-Center"

Zur Bearbeitung der Stellen, Bewerber und Prozesse wurde die webbasierte E-Recruiting-Solution, das access Recruiters'-Center, eingesetzt und auf die Anforderungen von Infineon angepasst. Diese Individualsoftware wird derzeit einheitlich in Deutschland und Österreich eingesetzt und ermöglicht eine hohe Standardisierung und Transparenz der Prozesse.

Zu den Hauptfunktionen zählen:

1. Workflow-Unterstützung und Prozessmanagement
2. Stellenmanagement
3. Bewerberhandling
4. Bewerberverwaltung inklusive Bewerberhistorie und Talentpool
5. Reminder-Funktionalitäten für terminbehaftete Prozessschritte
6. Report- und Controllingfunktion

Der im Recruiters'-Center abgebildete Workflow ermöglicht das Prozesshandling eines Bewerbers vom Eingang der Bewerbung bis zur Absage oder gegebenenfalls Einstellung. Die jeweiligen Prozessschritte, der ausführende Verantwortliche und das Erledigungsdatum werden in einer Bewerberhistorie in Realzeit dokumentiert. Für jeden Zugriffberechtigten ist damit standortübergreifend der Status der Bewerbung transparent und ermöglicht eine Kontrolle der Prozesszeiten. Um alle Bewerber im gesamten Rekrutierungsprozess digital und ohne Medienbrüche darstellen zu können, werden alle Bewerbungen anfangs erfasst und vollständig digitalisiert.

Grundsätzlich interessante Kandidaten werden - sofern aktuell keine Stellen vakant sind - in einem Talentpool registriert. Bei Eröffnung neuer Stellen wird auf diese Profile zurückgegriffen und passenden Kandidaten das Stellenangebot unterbreitet.

Ein dreistufiges Berechtigungs- und Rollenkonzept ermöglicht den prozessgenauen Zugriff auf Bewerbung und Stellen. Zugriff (Ausprägung in Abhängigkeit der jeweiligen Rolle) haben Infineon-Mitarbeiter der HR- und der Fachabteilungen sowie die verantwortlichen Mitarbeiter der access AG.

---

[1] Vgl. Abschnitt 4.2

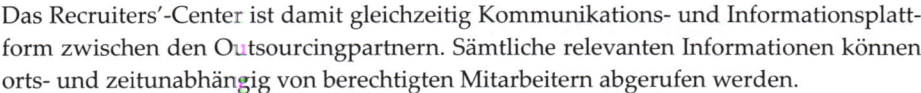

Das Recruiters'-Center ist damit gleichzeitig Kommunikations- und Informationsplattform zwischen den Outsourcingpartnern. Sämtliche relevanten Informationen können orts- und zeitunabhängig von berechtigten Mitarbeitern abgerufen werden.

Mit dieser IT-Lösung wurde erreicht:

- lokal unterschiedliche Systemlandschaften zu harmonisieren,
- Prozesse zu vereinheitlichen und vollständig abzubilden,
- Transparenz zu erhöhen und
- Prozesszeiten zu beschleunigen.

Tabelle 4-1: Ausschnitt Recruiter´s Center „Prozesse und Historien"
Quelle: Infineon/access Recruiter´s-Center

Aktion	Ergebnis	Deadline	Erledigt	Erledigt von
Prozessbeginn	Stellenbewerbung eingegangen (schriftlich)		10.01.05	
Vorselektion (schriftlich)	Kandidat ok	13.01.05	12.01.05	access-User
Bewerbung elektronisch erfassen	Bewerbung elektronisch erfasst	15.01.05	15.01.05	access-User
Unterlagen auf Vollständigkeit prüfen	Unterlagen ok		15.01.05	access-User
Eingangsbestätigung senden	Eingangsbestätigung gesendet	16.01.05	16.01.05	access-User
Bewerbung prüfen	Kandidat ok	20.01.05	19.01.05	access-User
Fachbereichs-Feedback anfordern	Fachbereichs-Feedback angefordert		19.01.05	access-User
Fachbereichs-Feedback eintragen	Zusage (Interview)	18.02.05	17.02.05	Fachbereich-User
Interview-Termin vereinbaren	Interview-Termin vereinbart	18.02.05	18.02.05	access-User

4.3 Betreuungsmodell

Zur Realisierung der erforderlichen Skaleneffekte und zur Sicherung der Prozessqualität erfolgt die Leistungserbringung für das Infineon-Projekt in einer Mischform aus zentraler und dezentraler Organisationsform.

1. Die Zentralisation von administrativen Aufgaben erfolgt am Standort des Dienstleisters (im Fall Infineon bei der access AG in Köln). Zu den *zentral erbrachten Aufgaben* zählen beispielsweise die Digitalisierung der Bewerbungsunterlagen, Vorauswahl und Matching der Bewerbungen, Terminkoordination Interviews sowie die Einstellformalitäten im Werkstudentenbereich. Eine zentrale Serviceeinheit übernimmt dabei für sämtliche Outsourcingkunden der access AG vorab genannte Aufgaben und ermöglicht so die für eine Kosteneinsparung notwendigen Skaleneffekte (economies-of-scale).

2. Dezentrale Services wie die Durchführung von persönlichen Interviews und administrative Einstellungsabläufe werden von Mitarbeitern der access AG an den fünf großen Infineon-Standorten im Rahmen eines *Sprechstundenmodells* vor Ort erbracht. Der Umfang des Sprechstundenmodells wird in Abhängigkeit des Projektvolumens auf die jeweils lokalen Notwendigkeiten angepasst. So ist z. B. an den großen Infineon-Standorten München und Dresden eine permanente Anwesenheit von access-Betreuer gegeben, während an anderen Standorten tageweise oder saisonweise Betreuungszeiten ausreichen. Eine Anwesenheit vor Ort sichert den persönlichen Kontakt und stellt besonders zum Beginn des Projektes („Change of Control") ein wichtiges Instrument für den Wissenstransfer dar.

4.4 Service Level Agreements

Service-Level-Agreements (SLAs) sind fest definierte Service- und Leistungsvereinbarungen zwischen einem Servicegeber und einem Servicenehmer. Hierin werden die zu erfüllenden Kriterien eines Service festgelegt und hinsichtlich Umfang, Qualität und Zeit beschrieben. Durch Service-Level-Agreements werden Rechte und Pflichten zwischen dem Servicegeber und dem Servicenehmer aufgebaut und vertraglich fixiert.

Im Recruiting ist die Prozessgeschwindigkeit, also die Zeit zwischen Stelleneröffnung und Vertragseingang („time-to-hire") ein entscheidender Erfolgsfaktor. Für Infineon – als ein Unternehmen der schnelllebigen Halbleiterindustrie - ist die Beschleunigung der Recruitingprozesse ein wichtiges Ziel. Als Service Levels wurden deshalb vorrangig Maximalzeiten in Arbeitstagen für die wichtigsten Prozessschritte vereinbart. Nachfolgende Abbildung zeigt beispielhaft die für den Bereich Recruiting vereinbarten Service Levels.

Tabelle 4-2: Ausschnitt Service Level Agreements „Recruiting",
Quelle: Infineon/access Recruiter´s-Center

Leistung	Erfolgt spätestens nach folgenden vollen Arbeitstagen	
1. Erstellung der Stellenausschreibung	ab Eingang Personalanforderung	3
2. Eingangsbescheid oder Anforderung Vervollständigung	ab Bewerbungseingang	5
3. Sofortabsage versenden		8-10
4. Zuteilung der Kandidaten		7

Die Messung des Erreichungsgrads erfolgt quartalsweise. Dokumentationsgrundlage sind die im Recruiters'-Center in Realzeit mitgeschriebenen Prozessschritte. Der Erfüllungsgrad soll (nach einer Anlaufphase von 8 Monaten) 98 % nicht unterschreiten. D. h. im Laufe eines Quartals darf der Dienstleister access die von Infineon als wünschenswert betrachteten Prozesszeiten in höchstens 2 % aller Fälle verfehlen. Bei eventueller Unterschreitung werden anteilsmäßig Vertragsstrafen fällig.

4.5 Flexibles Vergütungsmodell

Zu den Chancen des Recruitment Outsourcing zählt die Erzielung von Kostenvorteilen: „Der externe Dienstleister kann durch Spezialisierungsvorteile Kostendegressionseffekte erzielen" (KOPPELMANN, S. 4). Im RPO liegt der größte Kostenvorteil in einer Flexibilisierung der vor einem Outsourcing starren Kostenstrukturen. Durch Umwandlung von fixe in mengenabhängige und damit variable Kosten erzielt der Outsourcinggeber eine Verbesserung der Kostensituation, da sich seine Kosten proportional zur Geschäftslage entwickeln. Für Infineon entwickelte die access AG ein vierstufiges Kostenmodell, dass die direkte Kostenproportionalität weitestgehend abbildet und für Infineon die Vorhaltekosten von Kapazitäten auf ein Minimum reduziert.

Das folgende Modell (Abbildung 4-3) zeigt an generischen Zahlen, wie sich mit verändernden Mengen die Kosten entsprechend anpassen. Neben einem fixen Sockelbetrag erfolgt die Vergütung ausschließlich nach geleistetem Wertbeitrag, d. h. nach Eingang einer Bewerbung, nach Eröffnung einer Stelle, nach Auswahl eines Kandidaten und nach erfolgreicher Einstellung. Damit werden die variablen Kosten ausschließlich durch die tatsächlich anfallenden Prozessmengen bestimmt.

Die Fälligkeit der Vergütungseinheit wurde jeweils an einen Erfolgsfaktor im jeweiligen Prozessschritt gekoppelt. Beispiel: Die Vergütungseinheit „Einstellung" entsteht erst mit Eingang des unterschriebenen Vertrages vom Kandidaten. Kosten werden auf diese Weise vollkommen transparent und erst nach erfolgreicher Leistungserbringung fällig.

Abbildung 4-3: Theoretisches Kostenmodell „Geleisteter Wertbeitrag" (Beispielzahlen), Quelle: access AG

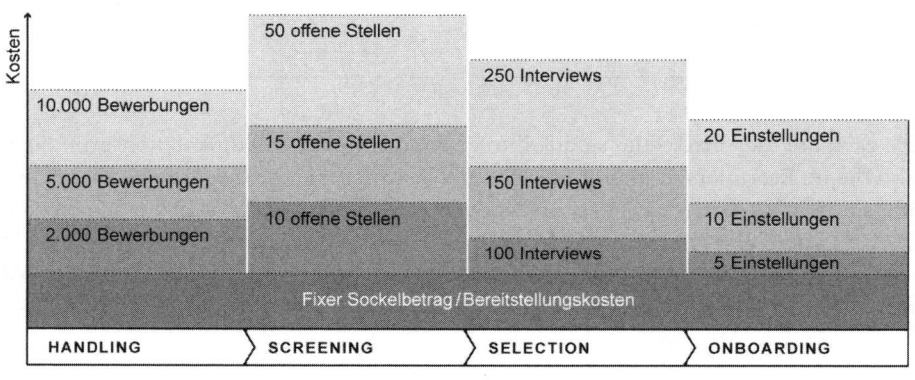

5 Projektumsetzung

Der eigentlichen Projektumsetzung vorangestellt war eine ausführliche Phase der Ausschreibung, Angebotsprüfung, Anbieterauswahl, Due Dilligence und Vertragsverhandlung.

Das RPO war eingebunden in ein umfassendes HR-Outsourcingprojekt bei Infineon, dessen Abwicklung EDS übernommen hat. access als Spezialanbieter für den Bereich Recruiting wurde als Subunternehmer der EDS in das HR-Outsourcingprojekt eingebunden.

Im Rahmen einer Due Dilligence erfolgte an den fünf Infineon-Standorten eine detaillierte Bestandsaufnahme und Bewertung der Prozesse und Ressourcen. Der Abschluss der Verhandlungen und Start der Projektumsetzung war im September 2003.

Schematisch lässt sich die Umsetzung eines RPO-Projekts in drei Phasen darstellen:

1. Present Mode of Operation (PMO)
2. Transition Mode of Operation (TMO)
3. Future Mode of Operation (FMO)

Der „Present Mode of Operation" umfasst den Zeitraum der Planungs- und Vorbereitungsphase und Bestandsaufnahme der bisherigen Prozesse. „Transition Mode of Operation" ist die Übergangsphase, in der die Übernahme erster Prozesse durch den Dienstleister erfolgt. Der „Future Mode of Operation" beschreibt den nach Abschluss der möglichen Konsolidierungen und Standardisierungen gewünschten Endzustand des Projekts (Vgl. DITTRICH/BRAUN, S. 120-122).

Abbildung 5-1: Schematische Terminplanung, Quelle: access AG

	Start-up	Implementierung				Stabilisierung						Betrieb		
Phasen:	PMO					TMO						FMO		
Monate:	0 1	2	3	4	5	6	7	8	9	10	11	12	13 14	...
	Planung Prozessmapping													
			Entwicklung IT-Applikation											
			Start – Konsolidierung und Standardisierung											
							Stabilisierung – Organisation und Prozesse							
							Vervollständigung – Konsolidierung und Standardisierung							
													Stabiler Zustand	

5.1 Projektmeilensteine

Nachfolgend werden die wesentlichen und für Infineon relevanten Meilensteine jeweils in den drei Projektphasen skizziert. Diese können in jedem anderen Unternehmen, in jeder anderen HR-Abteilung anders aussehen und sind deshalb nur beispielhaft zu betrachten. Meilensteine sind zu verstehen als „(...) wichtige Ereignisse im Projektverlauf und markieren den Abschluss oder Beginn von wichtigen Projektschritten" (Süß, S. 45). Die vereinbarten Meilensteine gliedern das komplexe Vorhaben in überschaubare Teilprojekte und ermöglichen eine koordinierte Projektabwicklung und erfolgreiche Transformation.

Claus-Peter Sommer, Claus Brauner, Sandra Simon

5.1.1 Present Mode of Operation

Die wichtigsten Meilensteine der Vorbereitungsphase für das Infineon-Projekt waren:

- Bestandsaufnahme und Entwicklung der Prozesse

  Die Bestandsaufnahme der Ist-Prozesse bildete die Ausgangsbasis für alle weiteren Vorhaben. Dieses sogenannte Prozessmapping war Basis für alle späteren Standardisierungsvorhaben und Vorgabe für die Entwicklung des Workflows sowie der IT-Applikation. Gemeinsam mit den Infineon HR-Verantwortlichen der Standorte erfolgte die Aufnahme der notwendigen Prozesse vor Ort. Als Ergebnis konnte ein einheitlicher Workflow für die Prozesse in Deutschland und Österreich verabschiedet werden.

- Entwicklung der IT-Applikation

  Infineon entschied sich für den Einsatz und die Anpassung einer Individualsoftware der access AG, die maßgeschneidert den neuen Workflow abbildet. Diese wurde per Schnittstelle an die globale eRecruiting-Lösung von Infineon angebunden. Andere Workflow-Systeme in Deutschland und Österreich wurden abgelöst. Eine Datenmigration sorgte für die Übergabe noch offener Bewerbungsprozesse an die access AG.

- Teamaufbau und Einarbeitung

  Der rechtzeitige Aufbau des späteren Projektteams, die Einarbeitung und der Wissenstransfer sind kritische Erfolgsfaktoren für den späteren Projektverlauf. Als Vorteil hat sich die arbeitsteilige Spezialisierung der Teammitglieder auf den Bereich Recruiting bzw. Werkstudenten erwiesen. Die Einarbeitung der access-Mitarbeiter vor Ort an den Standorten ermöglichte eine schnelle Transformation der Prozesse. Kundenspezifische Werte und Regeln wurden auf diese Weise vermittelt und über das im laufenden Service vereinbarte Sprechstundenmodell intensiviert.

- Schulungen der internen Kunden

  Die Einführung neuer Prozesse, Verantwortlichkeiten und besonders einer neuen IT-Software wurde durch eine umfassende Schulung der internen Kunden sichergestellt. In verschiedenen „Roadshows" wurden an den Infineon-Standorten Schulungsrunden für die Mitarbeiter aus HR und den Fachabteilungen durchgeführt. Ein „Train-the-Trainer-Konzept", umfangreiche Dokumentationen und eine Telefon-Hotline sichern den Wissenstransfer an neue Infineon-Mitarbeiter.

5.1.2 Transition Mode of Operation

In der Übergangsphase waren die nachfolgenden Meilensteine von zentraler Bedeutung:

- Change of Control und Testlauf der SLA

   Der Produktivstart (Change of Control) erfolgte zum 1.1.2004. Ab diesem Zeitpunkt wurde die Verantwortung für alle definierten Prozesse an access übertragen. Die ersten 8 Wochen waren als Testphase vereinbart worden, die SLA wurden zwar dokumentiert, waren aber noch nicht vertragstrafenrelevant. Erfahrungswerte wurden für erste Prozessoptimierungen und damit Steigerung der SLA-Erreichung genutzt.

- Schnittstellen- und Eskalationsmanagement

   Die erfolgreiche Implementierung der Prozesse setzte klar definierte Schnittstellen zwischen den Projektverantwortlichen voraus. Innerhalb der Projektorganisation bedarf es dazu fest vereinbarter Kommunikationswegen und -regeln, um Anfragen und gegebenenfalls Beschwerden aus HR- und Fachabteilungen aufzunehmen, zu bearbeiten und zu Lösungen zu führen.

- Aufbau Reporting und Controlling

   Neben Controllingfunktionen für die Service Level Agreements (SLA) wurden für Infineon recruitingspezifische Reports entwickelt und in das Recruiters'-Center integriert. Die regelmäßig generierten Reports liefern beispielsweise Daten zu Bewerberstrukturen, Anzahl der Stellen, Anzahl der Einstellungen und aktuellen Prozessmengen. Den Zielen Erhöhung der Transparenz und Vereinheitlichung des Reporting wurde damit Rechnung getragen.

5.1.3 Future Mode of Operation

Zur Erreichung des endgültigen Projektstandes wurden als Meilensteine gesetzt:

- Durchführung von Workshops

   In regelmäßigen Workshops zwischen Infineon und access werden Möglichkeiten zur Prozessverbesserung diskutiert, bewertet und anschließend umgesetzt. Dadurch entsteht ein laufender Innovationsprozess zwischen Dienstleister und Kunde, der neben inhaltlichen Diskussionen auch den Aufbau gegenseitigen Vertrauens unterstützt.

- Weiterentwicklung der Standardisierungen

   Nicht alle geplanten Standardisierungen können bereits mit Produktivstart umgesetzt werden. Zudem ergeben die ersten Praxiserfahrungen weiteres Potenzial für Effizienzsteigerungen. Als Beispiele seien genannt: Erweiterung des Recruiters'-

Center für die Zielgruppe „Auszubildende", Fokussierung auf Online-Bewerbungen und Vereinheitlichung des Formularwesens.

- Stabilisierung der Prozesse und Qualität

    Nach einer Phase des „Eingewöhnens" auf beiden Seiten lag der Schwerpunkt auf einer Stabilisierung aller Prozesse und der Qualitätsoptimierung. Dies wurde und wird durch regelmäßige Umfragen bei allen Prozessbeteiligten sichergestellt.

Gerade die Phase der Projektumsetzung („Transition Mode of Operation") ist für beide Parteien erfolgskritisch. Es erfordert von Outsourcinggeber und -nehmer ein professionelles Schnittstellenmanagement und eigens dafür abgestellte Projektmanager.

5.2 Projektbewertung nach einem Jahr

Die Fortschritte, die in den ersten 12 Monaten erzielt wurden, werden von Infineon und access als positiv bewertet. Am Beispiel „Entwicklung der Service Levels" lässt sich erkennen, dass eine Stabilisierung der Servicezeiten nach rund 5 Monaten eingetroffen ist. Der Zielerreichungsgrad wurde über die Stufen 90 %, 95 % und letztendlich 98 % gemessen.

Tabelle 5-1: Ausschnitt Entwicklung Service Level „Recruiting"

	Mrz-Mai 04	Jun-Aug 04	Sep-Dez 04
Stellenausschreibung	98%	97%	99%
Eingangsbescheid / Anforderung Vervollständigung	84%	100%	100%
Zuteilung der Kandidaten	72%	99%	100%

Insgesamt werden aktuell 18 Prozessschritte gemessen und als Service Levels dokumentiert. Alle Prozesszeiten werden mit Stabilisierung seit Juni 2004 zu 98% oder besser erreicht. Damit werden die angestrebten *Servicezeiten* nach einer einkalkulierten Anlaufzeit voll erreicht.

Abbildung 5-2: Ergebnis der Befragung „Wie zufrieden sind Sie insgesamt mit access?", Quelle: Infineon Technologies AG

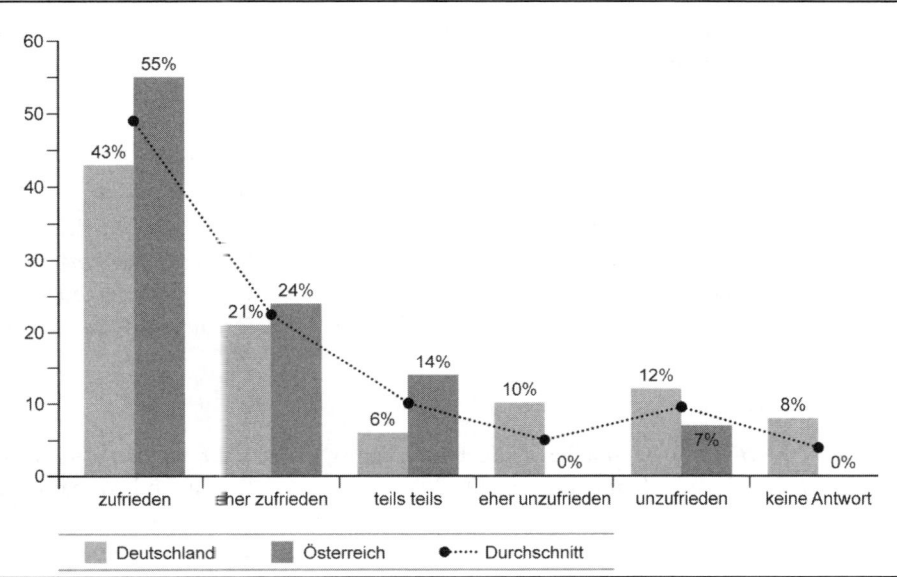

Infineon selbst hat zur Verifizierung der *Qualität des Projektes* im Juni 2004 eine Umfrage bei allen seit Januar 2004 mit Unterstützung von access rekrutieren Mitarbeiter durchgeführt. Von 324 verschickten Fragebögen haben 156 Mitarbeiter geantwortet.

Insgesamt zeigten sich die rekrutierten Infineon-Mitarbeiter zufrieden mit der Dienstleistung. Kritikfelder lagen zu Projektstart v. a. in den Schnittstellen zwischen Infineon und access, in den Prozessverantwortlichkeiten und in der Kommunikation. Dieses wertvolle Feedback konnte genutzt werden, um mit entsprechenden Maßnahmen - beispielsweise der Einrichtung einer Mitarbeiterhotline - weitere Verbesserungen insbesondere in der gefühlten Servicequalität zu erzielen.

Neben diesen qualitativen und quantitativen Aspekten soll abschließend das Thema Kosteneinsparungen betrachtet werden. Insgesamt konnte Infineon einen signifikanten Teil der absoluten Kosten einsparen. Die Flexibilisierung der Kosten ermöglicht zusätzlich eine fast proportionale Anpassung der Kosten an die Mengen. Schwankungen in den Bewerbermengen, in Anzahl der Stellen oder Einstellungen sind sofort kostenwirksam.

Auf diese Weise wurden bereits im ersten Projektjahr saisonal- und branchenbedingte Schwankungen an den Dienstleister weitergegeben. Auch zukünftig rechnet Infineon mit Schwankungen hinsichtlich des Rekrutierungsbedarfs. In Abhängigkeit der Bedarfe werden sich Mengen und Kosten analog entwickeln.

Claus-Peter Sommer, Claus Brauner, Sandra Simon

6 Erfolgsfaktoren

Bestimmte Schlüsselfaktoren haben zur erfolgreichen Realisierung des Recruitment Process Outsourcing bei Infineon beigetragen, die u. U. auch für andere RPO-Projekte maßgeblich sein dürften.

- Standardisierung

    Eine möglichst umfassende und schnelle Standardisierung der Prozesse und ihre Etablierung als unternehmensweite Regeln ist Grundvoraussetzung für das RPO. Die Vereinheitlichung der Systemlandschaft bildet dafür die technische Basis. Eine möglichst hohe Integration des Dienstleisters entlastet den Outsourcinggeber von administrativen Aufgaben und ermöglicht die Konzentration auf strategische Aufgaben der Personabteilung.

- Automatisierung

    Die Reduktion von manuellen Aufgaben zugunsten verstärkter Automatisierung schafft die Voraussetzung für erhöhte Prozessgeschwindigkeit und Vereinheitlichung der Abläufe. Im Praxisfall ermöglicht die Integration der Prozesse in das IT-System des Recruiters'-Center eine konsequente Abwicklung aller Tätigkeiten online über das Internet.

- Economies of Scale

    Die Realisierung von Kostenvorteilen gelingt durch Nutzung bereits bestehender Infrastruktur beim Dienstleister. Im konkreten Fall nutzt Infineon sowohl bestehende IT-Systeme, die entsprechend Infineon Anforderungen angepasst wurden, als auch das Service Center der access AG gemeinsam mit anderen Outsourcinggebern. Betriebs- und Entwicklungskosten verteilen sich so auf mehrere Nutzer.

- Beziehungsmanagement

    Die „weichen" Faktoren wie Kommunikation und Vertrauensaufbau müssen sorgfältig gepflegt werden. Ein RPO-Projekt ist in der Regel auf mehrere Jahre ausgelegt. Eine konstruktive Zusammenarbeit ist für einen gemeinsamen Erfolg unerlässlich.

Infineon ist es gelungen, die Vorteile des Outsourcings zu nutzen und im Bereich Recruiting eine erfolgreiche Reorganisation der Personalarbeit zu gestalten. Kurze Reaktionszeiten, sich schnell verändernde Bedarfe und zunehmender Kostendruck erfordern es, über alternative Formen der Personalarbeit nachzudenken. Recruiting Process Outsourcing ist eine Gestaltungsvariante moderner Personalarbeit, um den aktuellen Märkten und Anforderungen gerecht zu werden. Flexible Lösungen werden in Zukunft an Bedeutung gewinnen, die laufende Anpassung der Recruiting-Aktivitäten an sich verändernde Rahmenbedingungen ist unerlässlich.

Literaturverzeichnis

BRUCH, H., Outsourcing - Konzepte und Strategien - Chancen und Risiken, Wiesbaden 1998.

DITTRICH, J./BRAUN, M., Business Process Outsourcing. Ein Entscheidungsleitfaden für das Out- und Insourcing von Geschäftsprozessen, Stuttgart 2004.

KOPPELMANN, U., Outsourcing. Grundsätzliche Überlegungen zum Outsourcing, Stuttgart 1996.

SÜß, G., Die wichtigsten Methoden im Projektmanagement, Augsburg 2002.

Peter M. Wald

Von der Reorganisation zur Zukunft des Personalmanagements
Voraussetzungen, Ergebnisse und Perspektiven

1 Einleitung 311

2 Entwicklung der Umfeldbedingungen der Unternehmen -
  prägende Einflüsse auf das Personalmanagement 312

3 Erwartungen an das Personalmanagement - Ziele der Reorganisation 314
  3.1 Beiträge des Personalmanagements zum Unternehmenserfolg -
      Abbildung in der Theorie 314
  3.2 Aktuelle Ziele und Inhalte der Reorganisation im Personalmanagement 317

4 Organisatorische und instrumentale Folgen der Reorganisation
  für die Personalbereiche 321
  4.1 Organisatorische Folgen 321
  4.2 Reorganisation im Personalmanagement – neue Arbeitsweisen,
      Systeme und Instrumente 323
  4.3 Gedanken zu den Erfolgsfaktoren der Reorganisation 325

5 Weiterentwicklung des Personalmanagements 326
  5.1 Handlungsebenen des Personalmanagements 326
  5.2 Möglichkeiten der Einflussnahme auf die Weiterentwicklung
      des Personalmanagements 329

6 Von den Orientierungen zu den Perspektiven des Personalmanagements 331

1 Einleitung

Die tief greifenden Wandlungsprozesse der letzten Jahre erreichen derzeit mit hoher Intensität auch die Personalbereiche. Waren Personaler bislang in die Veränderungen anderer Unternehmensbereiche vor allem als Moderatoren oder Trouble-Shooter involviert, so stehen sie jetzt selbst im Mittelpunkt massiver Veränderungen. Viele Unternehmen versprechen sich von einer Reorganisation im Personalmanagement deutliche Beiträge zur Kosteneinsparung, einen spürbaren Effektivitätsgewinn im Personalbereich und zugleich eine deutliche Qualitätsverbesserung bei der Betreuung von Führungskräften und Mitarbeitern. Diese zum Teil widersprüchlichen Erwartungen erzeugen einen nachhaltigen Veränderungsdruck in den Personalbereichen. Die daraus resultierende Redefinition und Neuausrichtung von Prozessen, Aufgaben, Arbeitsweisen und Rollen des Personalmanagements werden hier betrachtet, um daraus Schlussfolgerungen für die *Perspektiven der Personalarbeit* zu ziehen.

Im Mittelpunkt der Betrachtungen steht der Umgang mit den geänderten Erwartungen an die Personalbereiche. Hier gilt es, neben den vielfältigen Erfahrungen der Autoren dieses Bandes auch Themen aus der wissenschaftlichen Diskussion zu berücksichtigen. Der Autor dieses Beitrages bezieht weiterhin Gespräche mit Personalverantwortlichen und Dienstleistern sowie die Erfahrungen aus über 12 Jahren eigener Tätigkeit als Personalleiter verschiedener Unternehmen in die Überlegungen ein.

Welche Voraussetzungen und Vorgehensweisen entscheiden über den Erfolg von Veränderungen in Personalbereichen? Welche Ansätze und Konzepte werden benutzt? Wie sehen die derzeit implementierten Organisationslösungen aus? Ziel dieses Beitrages ist es, Erkenntnisse zu skizzieren, die die Entwicklung und Etablierung von Personalbereichen mit einer hohen strategischen Wirksamkeit und einer ausgeprägten Serviceorientierung fördern. Nur durch eine solche Ausrichtung können diese wirksam zur Realisierung der Unternehmensziele und zur Weiterentwicklung der Unternehmen beitragen. In diesem Zusammenhang ist auch darzustellen, wie diese Beiträge beschrieben und ggf. durch Reorganisationsmaßnahmen zielgerichtet beeinflusst werden können.

Zur begrifflichen Einordnung: Unter *Personalmanagement* bzw. *Personalbereichen* werden die betrieblichen Funktionsbereiche verstanden, deren Tätigkeit auf Einsatz, Beschaffung, Entwicklung und Bindung von Mitarbeiterinnen und Mitarbeitern sowie die Gestaltung der dafür relevanten Rahmenbedingungen gerichtet ist. *Reorganisation* wird als bewusste und geplante, oft tief greifende und umfassende Änderung der Aufbau- und Ablauforganisation einer Organisationseinheit verstanden (BEA/GÖBEL 2002). Mit dieser - oft projekthaft umgesetzten - Organisationsgestaltung wird vor allem eine Effektivitäts- und Effizienzsteigerung der Personalarbeit sowie die Herstellung des Fits zwischen den Unternehmenszielen und dem Aufbau bzw. den Aktivitäten des Personalbereiches angestrebt.

Peter M. Wald

2 Entwicklung der Umfeldbedingungen der Unternehmen - prägende Einflüsse auf das Personalmanagement

Die derzeitige wirtschaftliche Situation wird durch eine Vielzahl weit reichender und andauernder Veränderungen im Umfeld der Unternehmen und in den Unternehmen selbst geprägt. Hier werden vor allem die Entwicklungen betrachtet, die als Treiber oder Rahmenbedingung von Veränderungsmaßnahmen in den Personalbereichen wirken. Hierzu zählen

- *Globalisierung:* Durch die Globalisierung kommt es zu einer zunehmenden Internationalisierung von Aktivitäten und ihrer wirtschaftlichen und rechtlichen Rahmenbedingungen. Internationale Beschaffungs- und Kooperationsprojekte sowie personale Implikationen von internatioalen Allianzen und Zusammenschlüssen erfordern spezifische Beiträge des Personalmanagements, wie z. B. bei Due Diligences oder im Rahmen des Diversity Managements. Dazu zählen auch das Management von internationalen Kooperationen, die Berücksichtigung kultureller Aspekte bei Fusionen und der angemessene Umgang mit Offshoring-Themen.

- *Komplexität und Dynamik der Umfeld- und Marktbedingungen:* Wachsende Dynamik und Komplexität sowie zunehmende Unsicherheit im Umfeld der Unternehmen - auch auf den Arbeitsmärkten - bringen höhere Anforderungen an Flexibilität und Mobilität mit sich. Steigende Leistungserwartungen der Kunden und zunehmender Wettbewerbsdruck initiieren anhaltende Kostensenkungs-, Wertschöpfungs- und Restrukturierungsprogramme. Der bewusste Umgang mit Risiken wird wichtiger und schließt auch Personalrisiken ein. Hieraus resultieren höhere Anforderungen an Erfolgsbeiträge der Humanressourcen im Allgemeinen und eine aktive Einflussnahme auf die Wertschöpfung durch die Personalbereiche im Besonderen. Diese Entwicklungen erhöhen den Druck auf die Personalkosten und führen zu umfassenden Kostensenkungs- und Outsourcingmaßnahmen.

- *Organisationale Transformationsprozesse:* Die weit reichenden Wandlungsprozesse in den Unternehmen verändern die Arbeitsteilung auf allen Ebenen, die Koordinierungsmechanismen sowie die interne und externe Kooperation und beeinflussen die handlungsleitenden Grundannahmen nachhaltig (LANG 1997). Damit sind auch grundsätzliche Änderungen in der Kultur und der Unternehmensführung verbunden. Im Zuge der Veränderungs- und Restrukturierungsmaßnahmen halten neue Arbeitsweisen und Organisationsformen Einzug. Dies führt auch zu massiven Änderungen bei den Grundlagen der Tätigkeit des Personalmanagements.

- *Management verschiedener Anspruchsgruppen (v. a. Kunden, Auftraggeber, Investoren und Mitarbeiter):* Divergierende Ansprüche der verschiedenen Gruppen können durch einen bewussten Umgang, d. h. ein konsequentes Stakeholder-Management bedient werden. Hier kommt es sowohl zu individualisierten Angeboten als auch zur differenzierten Einbindung der Anspruchsgruppen in die Aktivitäten der Unternehmen. Aufgrund der sich oft rasch ändernden Ansprüche der Stakeholder stellt dies viele Unternehmen vor große Herausforderungen. Zum Stakeholder-Management gehört neben der Einbeziehung externer Partner, wie Kunden, Lieferanten und Investoren, auch die Berücksichtigung der verschiedenen Mitarbeitergruppen. Das Stakeholder-Management beeinflusst nachhaltig den Erfolg von Veränderungsmaßnahmen.

- *Bedeutung der Humanressourcen und der Führungsfragen:* Humanressourcen sind und bleiben in vielen Branchen und Unternehmen weiterhin der (differenzierende) Wettbewerbsfaktor. Zunehmend werden auch Mitarbeiterwissen, Beziehungen und sogar Emotionen als Vermögenswerte der Unternehmen betrachtet. Damit rücken Fragen wie Vertrauen, Identifikation und Commitment in den Mittelpunkt der Betrachtung. Mitarbeiterführung und Arbeitgeberattraktivität erhalten einen vollkommen neuen Stellenwert. In Deutschland kommen weitere Aspekte - wie die demografische Situation - hinzu. Diese erfordert rechtzeitiges Handeln, um die Leistungsfähigkeit der Unternehmen langfristig zu sichern.

- *Neue Techniken für Kommunikation und der Umgang mit Informationen:* Die neuen Informations- und Kommunikationstechnologien erlauben eine bislang ungeahnte Technisierung von Abläufen sowie eine hohe Transparenz und Verfügbarkeit personalrelevanter Informationen. Insbesondere bei der Erfassung, Verarbeitung und Wiedergabe vormals personengestützter transaktionsbezogener Personalinformationen existieren vielfältige technische Lösungen. Die (teilweise) Virtualisierung der Personalbetreuung ist in einigen Unternehmen schon Realität[1]. Die technische Abwicklung von Administrationsprozessen ist Voraussetzung für den Start und die Fortführung von Outsourcing-Maßnahmen in den Personalbereichen.

Die skizzierten Entwicklungen lassen den Reorganisationsdruck in den Personalbereichen steigen. Da mehr als reaktive Handlungen erwartet werden, sind originäre Konzepte zur Neugestaltung der Personalbereiche gefragt. Mit ihrer gegenwärtigen organisatorischen Aufstellung und den verfügbaren Instrumenten können viele Personalbereiche diesen Erwartungen nicht gerecht werden. Sie müssen rasch Arbeitsabläufe und Arbeitsweisen überarbeiten sowie neue Strukturen und Instrumente implementieren, um den neuen Erfordernissen gerecht zu werden. Dabei kann externe Unterstützung durchaus sinnvoll sein[2]. Wichtig ist die Erarbeitung eines gemeinsamen Verständnisses zu Zielen und Inhalten der notwendigen Veränderungen. Nur mit einer klaren Ausrichtung der *Leistungsbeiträge* des Personalmanagements an den *Erwartungen* der Unternehmen können Reorganisationsmaßnahmen erfolgreich sein.

---

1 Vgl. die Ausführungen von Jaschok im vorliegenden Band.
2 Vgl. hierzu die Beiträge von Lurse sowie Cottone/Waitzinger.

Peter M. Wald

3 Erwartungen an das Personalmanagement - Ziele der Reorganisation

3.1 Beiträge des Personalmanagements zum Unternehmenserfolg - Abbildung in der Theorie

Die beschriebenen Herausforderungen können ohne die *eigenständige Mitwirkung des Personalmanagements* nicht erfolgreich bewältigt werden. Dies beginnt bei der Gestaltung des effizienten Einsatzes der Humanressourcen und reicht bis zur Bereitstellung besonderen „Humanvermögens" für die strategische Weiterentwicklung der Unternehmen. Mit diesem Spektrum möglicher Leistungen wird den verbreiteten Auffassungen vom Personalmanagement als reinem Kostenfaktor widersprochen, da diese perspektivisch nur auf Kostenminimierungen abzielen können. Demgegenüber geht es hier um die gesamte Bandbreite möglicher Beiträge und auch darum, wie Personalbereiche befähigt werden können, wirkungsvoller als bisher zum Unternehmenserfolg beizutragen. Nützlich ist ein Exkurs in die Theorieentwicklung, um Konzepte wie Selbstverständnis und Rollen des Personalmanagements zu diskutieren. Mittels dieser Konzepte werden die künftig erforderlichen Leistungen beschrieben und damit die *Ziele und Inhalte von Reorganisationsmaßnahmen* im Personalmanagement formuliert.

Interessante Impulse gaben die Professionalisierungsdiskussionen vom Ende der 1990er Jahre, in denen deutlich die Abkehr der Personalbereiche von ihrer verwaltenden Rolle[3] hin zur strategischen Einbindung betont wurde (FEMPPEL 2000). In diesem Zusammenhang ist Ulrich (1997 und 1998) zu nennen, der für die Personalarbeit das oft zitierte Set aus vier Rollen definierte. Es handelt sich um die Rollen des Partners bei der Strategieumsetzung (Business Partner), des Beraters, des Agenten des Wandels und des administrativen Experten. Ulrich beschrieb auch die entsprechenden vier Beiträge des Personalbereiches für den Unternehmenserfolg: Realisierung der Strategie, Commitment der Mitarbeiter, Management des Wandels und administrative Effizienz. Er stellte fest, dass Personalbereiche in der Rolle des administrativen Experten am erfolgreichsten sind, sie hierfür aber fast die Hälfte der verfügbaren Zeit verwenden. Er forderte, diese Zeiteinteilung auszubalancieren, damit verstärkt strategische Aufgaben wahrgenommen werden können. Veröffentlichungen und Vorgehensweisen in der Praxis dokumentieren die weitgehende Penetration dieses Modells. Erfolge sind

---

[3] Die klassischen funktionalen Beiträge des Personalmanagements - wie die zielkonforme Zurverfügungstellung von Humanressourcen durch Rekrutierung, Erhalt, Entwicklung und Bindung - werden hier zugunsten einer übergreifenden Darstellung der Beiträge des Personalmanagements nicht näher betrachtet.

bei der Dienstleistungsqualität und der „Emanzipation" der Personalbereiche hinsichtlich Personalplanung/-controlling und Mitarbeiterkommunikation feststellbar. Dieses zu Beginn auf Kundenorientierung und später auf Partnerschaft zwischen Unternehmensleitung und Personalmanagement orientierende Rollenmodell wurde ab ca. 2000 durch eine intensive Wertschöpfungsdiskussion ergänzt. Hier wurde noch prononcierter nach Beiträgen der Personalarbeit zum Unternehmenserfolg gefragt bzw. eine höhere Effizienz der Personalbereiche gefordert. Damit rückten die Spezifika der Beiträge des Personalmanagements bzw. deren Messbarkeit in den Mittelpunkt der Betrachtung. Hier gaben Modelle wie bspw. die HR-Wertschöpfungskette (BECKER 2001) oder die Bezugsrahmen der Wertschöpfung für den Personalbereich (WUNDERER/JARITZ 2002) interessante Anregungen, fehlten doch bislang Konzepte, um Wertschöpfungsbeiträge des Personalbereichs abzubilden. Ohne diese entstanden leicht Missverständnisse bei der Formulierung von Erwartungen und der Bewertung erbrachter Beiträge.

Ulrich und Beatty (2001) reflektierten die Gesamtentwicklung des Personalmanagements in diesen Jahren mittels des „Rollenwechsels" vom Business Partner zu einem eigenständigen Akteur („Player") bzw. zum strategischen Partner (auch LAWLER III ET AL. 2004). Ulrich (2005, S. 50 f.) legte hierzu ein differenzierteres Rollenbild vor, in dem er für Personalbereiche die folgenden (zukünftigen) Rollen identifizierte:

- *Coach*: Als Coach kann der Personalbereich Führungskräften helfen, Stärken und Fehler zu erkennen sowie Beratung zur Verbesserung der Leistungen anbieten.

- *Architekt*: Der Personalbereich hilft, Ideen in organisatorische Handlungsentwürfe („Blueprints") zu „übersetzen".

- *Gestalter und Bereitsteller von Lösungen*: Es geht nicht nur um Problemanalyse, sondern auch darum, dass Praktiken und Prozesse bereitgestellt und realisiert werden, die das Mitarbeiterverhalten im Sinne der Unternehmensziele verändern helfen.

- *Begleiter*: Personalbereiche sichern die Leistung von Teams und Gruppen. Mit ihrer Arbeit befähigen sie diese, erfolgreich, effizient und ergebnisorientiert zu agieren.

- *Führungskraft*: Alle Rollen müssen auch vom Personalmanagement gelebt werden. Es verliert an Glaubwürdigkeit, wenn die Rollen nicht selbst praktiziert werden.

Bei Lawler III et al. (2004, S. 25) kommen noch die Rollen als *Business Stratege* bzw. „Organizational Effectiveness Expert" hinzu. Mit all diesen Rollen sind die Erwartungen an das Personalmanagement recht gut skizziert. Für die Realisierung der Rollen sind erweiterte Handlungsspielräume („Befugnisse", SCHOLZ 2000) und veränderte Fähigkeiten, Verhaltensweisen und Systeme in den Personalbereichen selbst notwenig. Die Rollenmodelle können bei der Beschreibung der Leistungsbeiträge helfen. Weiterhin ist es wichtig zu verstehen, wann und in welcher Form die jeweiligen Beiträge ihre Wirkung entfalten können. Offensichtlich gibt es hier universell wirksame und Beiträge, die von den konkreten Bedingungen abhängig sind. Hinzu kommt, dass auch die jeweiligen Kontextbedingungen ausreichend zu berücksichtigen sind (FAY ET AL. 2005).

Das in erster Linie von Praktikern geförderte Konzept des wertorientierten Personalmanagements (DGfP 2004) rückt die Arbeitsergebnisse des Personalmanagements in den Mittelpunkt. Es erklärt, wie strategische Erfolgsfaktoren, -prozesse und Werttreiber des Personalmanagements abgestimmt auf die Unternehmensstrategie identifiziert, gemessen und gesteuert werden können. Dadurch wird der Einfluss des Personalmanagements auf den Unternehmenswert messbar. Es werden strategische Erfolgsfaktoren eingeführt, die durch Erfolgsprozesse beeinflussbar sind und durch „Werttreiber des Personalmanagements" quantitativ abgebildet werden können. Dieser Ansatz erfordert ein Konzept, das auf Werte, Leitlinien, Strategien und Maßnahmen für das Personalmanagement zurückgreift. Das wertorientierte Personalmanagement führt zu veränderten Schwerpunkten, einer differenzierten Gestaltung der Personalfunktionen, zur Etablierung eines angemessenen Führungsverhaltens sowie zu spezifischen Konzepten zur Messung der Wertschöpfungsbeiträge des Personalmanagements.[4]

Einen pragmatischen Ansatz wählten Mayer/Hoppe (2003). Sie betonen in Anlehnung an Ulrich (1997) die zentrale Bedeutung einer aus der Unternehmensstrategie abgeleiteten Personalstrategie, die die Kriterien eines effektiven Personalmanagements definieren und deren Auswirkungen auf die finanzielle Leistungsfähigkeit der Unternehmen widerspiegeln sollte. Als Beispiele für Kriterien führen sie die Steigerung der Mitarbeiterproduktivität, Reduzierung der Abwesenheitszeiten und Verbesserung der Profitabilität an. Der Einsatz entsprechender Kennzahlen zur Steuerung des Einsatzes der Humanressourcen und zur Beeinflussung des Führungsverhaltens sollte eine zielgerichtete Einflussnahme auf Beiträge des Personalmanagements ermöglichen. Die Messung von Ergebnissen und Wirkungen der Personalarbeit erläutern auch Wucknitz und Barlet (2004). Sie stellen ebenfalls die Verbindung zwischen Unternehmens- und Personalstrategie her und beschreiben, wie die spezifischen Beiträge des Personalmanagements methodisch gegliedert (Personalqualität, Werksstruktur und Personalprozesse) sowie gemessen und gesteuert werden können. Konsequenterweise präferieren sie eine Nutzensbetrachtung des Personalmanagements auf der Basis von Output-Modellen. Wunderer und von Arx (2002) konkretisieren die Beiträge des Personalmanagements zur Wertschöpfung. Sie nennen in diesem Zusammenhang die Senkung des Wertverzehrs, Optimierung bereichsinterner Erstellungs- und Beratungsprozesse sowie Verbesserung der Effektivität und innerbetriebliche Verrechnung erbrachter Personal-Leistungen.

Die Beiträge des Personalmanagements sind beschreibbar und eine praktische Einflussnahme ist möglich. Durch ihre zentrale wirtschaftliche Rolle tragen sie zu den „harten" Unternehmensergebnissen (FAY ET AL. 2005) bei und werden zunehmend wichtiger für die Realisierung der Strategien moderner Unternehmen. Dies bringt neben einem geänderten Stellenwert auch höhere Anforderungen an ihre Qualität

---

[4] Die Umsetzung dieses Konzeptes beschreiben anschaulich Hollender-Matatko und Brauweiler in ihrem Beitrag.

Von der Reorganisation zur Zukunft des Personalmanagements

sowie an der strategischen Ausrichtung des Personalmanagements insgesamt mit sich. Inwieweit stehen diese Beiträge im Blickpunkt der Reorganisationsmaßnahmen in den Personalbereichen? Lassen sich ihre Bedeutung und der Umgang mit ihnen an Zielen und inhaltlichen Schwerpunkten von Reorganisationsmaßnahmen im Personalmanagement ablesen?

3.2 Aktuelle Ziele und Inhalte der Reorganisation im Personalmanagement

Reorganisationsmaßnahmen müssen die Personalbereiche in die Lage versetzen, spürbarer als bisher, zur Weiterentwicklung der Unternehmen beizutragen. Personalbereiche können dies über die Gestaltung der Einsatzbedingungen der Humanressourcen[5], aber auch durch direkte Aktivitäten, wie z. B. die Beratung und Betreuung von Mitarbeitern und Führungskräften, erreichen. Hier gibt es derzeit zahlreiche Bemühungen, um Veränderungen zu erreichen. Ziele und Inhalte der Veränderungen lassen sich an den gewählten Schwerpunkten der Veränderungsmaßnahmen ablesen. Um Informationen über die Schwerpunkte zu erhalten, wird auf einschlägige Analysen von Unternehmensberatungen zurückgegriffen. Diese untersuchen seit einigen Jahren Veränderungen im Personalmanagement, was einen guten Zugang zu entsprechenden Informationen verspricht[6]. Aus den Erkenntnissen sollen *Schlussfolgerungen* zu Zielen und Inhalten von Reorganisationsmaßnahmen in Personalbereichen gezogen werden.

Untersuchungen von Hewitt (2004) bei europäischen Unternehmen zeigen die herausragende Bedeutung der Ausrichtung der Personal-Programme an der Unternehmensstrategie (von 92 % der befragten Unternehmen angegeben). Hauptinstrument bei Veränderungen sind Prozessverbesserungen (79 %). Nach wie vor sehen sich europäische Personalbereiche einem intensiven Kostendruck ausgesetzt. Gleichzeitig soll die Servicequalität des Personalbereichs erhöht werden. Interessant ist, dass europäische Personalmanager auch in Zukunft vor allem auf Restrukturierung/Reorganisation (69 %) und die Umgestaltung der Prozesse (69 %) setzen. Dies trifft auch auf die Anwendung neuer Technologien (67 %) zu. Der Fokus der Veränderungen liegt in Europa eindeutig auf Reorganisation, d. h. auf der Optimierung und technischen Unterstützung von Personal-Prozessen. Potentiale sieht Hewitt vor allem beim Performance Measurement im Personalbereich. Es sollten jedoch Indikatoren angewandt werden, die sich nicht nur auf kostenrelevante Informationen beziehen.

Die Untersuchungen von Cap Gemini im Jahr 2004 (CAP GEMINI 2004; CLAßEN/KERN 2005) zeigen, dass es aktuell kein erkennbares Profil an Personalthemen mit Handlungsbedarf gibt. Die Autoren sprechen von einem breiten „Set aus Entwicklungs-,

---

5 Mit dem gesamten klassischen Repertoire der Personalarbeit.
6 Vgl. hierzu auch den Beitrag von Lurse im vorliegenden Band.

Kosten-, Organisations- und Veränderungsthemen" (CLAßEN/KERN 2005, S. 42). Nichtsdestotrotz sind in einer Aufzählung Personal- und Führungskräfteentwicklung (70 %), Personalkostenreduktion (45 %), Vergütungs-/Anreizsysteme (38 %) sowie HR-Organisation und Change-Management (beide 30 %) auf den vorderen Plätzen.

Im Rahmen der aktuellen IBM Global Human Capital Survey (IBM 2005; GIESE ET AL. 2005) wurde untersucht, welchen spezifischen Beitrag Personalbereiche zur Wertschöpfung leisten können. Die bereits in der Global Human Capital Survey 2002/2003 beschriebenen Prioritäten - v. a. Kostenreduktion und Führungseigenschaften (MAYER/HOPPE 2003) - konnten fortgeschrieben werden. Hinzu kamen neue Handlungsbereiche, wie die Anpassungsfähigkeit der Personalmanagement-Instrumente an die jeweiligen Marktbedingungen, die Bedeutung von Talenten (Entwicklung vs. Rekrutierung von Führungskräften), das Funktionieren eines „Investitionsschutzes" bei Humanressourcen bzw. die Mitarbeiterbindung unter dynamischen Umweltbedingungen, Mängel bei integrierten Führungsinstrumenten und bei der Messung des Erfolgs dieser Instrumente sowie die Berücksichtigung regionaler Aspekte.

Nach Mercer (2004) verwenden in Europa nur 13 % der befragten Unternehmen Zeit für die strategische Kooperation mit anderen Geschäftsbereichen. 40 % der Personalbereiche sind die überwiegende Zeit mit Aufgaben der Personaladministration beschäftigt. Barrieren für die Weiterentwicklung der Personalbereiche bestehen in der fehlenden Effektivität der angewandten Technik, den Fähigkeiten in den Personalbereichen sowie dem Commitment und der Unterstützung der Unternehmensleitungen für Personalfragen. Thematisiert wurde auch die Notwendigkeit umfassender betriebswirtschaftlicher Kenntnisse im Personalbereich. Outsourcing wird nicht als Vorzugsvariante zur Erledigung von Aufgaben bzw. als Möglichkeit gesehen, um Veränderungen herbeizuführen. Die Berater von Mercer (2005) betonen explizit die Notwendigkeit neuer Fähigkeiten, Instrumente und Verfahren in den Personalbereichen, um differenzierte Beiträge zu erreichen. Bei Hay (2005) wird die Bedeutung der Führung und des Umgangs mit Talenten deutlich hervorgehoben.

Trotz unterschiedlicher Schwerpunkte der Analysen finden sich eindeutige Hinweise zur Weiterentwicklung des Personalmanagements und zu den erwarteten Beiträgen zum Unternehmenserfolg. Dies trifft auch auf die Themen Personalkosten, strategische Ausrichtung und Fähigkeiten des Personalmanagements zu. Es zeigt sich nahezu durchgängig, dass europäische Personalbereiche auf die höheren Erwartungen in erster Linie mit (internen) Reorganisationsaktivitäten reagieren. Das Outsourcing von Aufgaben ist bislang die Ausnahme. Die Prozessoptimierung, die Gestaltung neuer Programme und Instrumente sowie die verstärkte Nutzung technischer Hilfsmittel werden bevorzugt. Häufig wird die verstärkte Kooperation bzw. Einbeziehung des Personalmanagements in strategische Entscheidungen gefordert. Bemerkenswert ist die „Renaissance" von klassischen Themen (Führungskräfte- und Mitarbeiterentwicklung, Mitarbeiterbindung, Gestaltung und Anpassung von Führungs- und Anreizsysteme) und die Betonung qualitativer Aspekte (Rolle als Business Partner, Human Capital bzw. Kompetenz Management). Beim Thema Mitarbeiterentwicklung sind auch die Personalbereiche selbst angesprochen. Es geht hier sowohl um die Erweiterung betriebswirtschaftlicher Kenntnisse als auch um den Ausbau des Wissens zur Entwicklung und Anwendung moderner Personalinstrumente.

Die vorliegenden Erkenntnisse erlauben eine grobe Zusammenfassung von Zielen und Inhalten der Reorganisation. Grundsätzlich geht es um die konsequente *Ausrichtung der Personalbereiche an Strategie und Wertschöpfung* sowie die *gezielte weitere Ausprägung der Dienstleistungs- und Kundenorientierung*.[7] Dies tangiert auch die klassischen Aufgaben des Personalmanagements.

Tabelle 3-1: Hinweise zu Schwerpunkten der Reorganisation in Personalbereichen

Ausrichtung an	Relevante Hinweise in den Untersuchungen
■ Strategie	Ausrichtung der Personal-Programme an der Unternehmensstrategie, Strategische Kooperation im Unternehmen, Führung/-seigenschaften, Bedeutung von Talenten, Commitment und Unterstützung durch die Unternehmensleitung, Einbeziehung in strategische Entscheidungen, Change Management
■ Wertschöpfung	Umgestaltung von Personal-Prozessen und -Programmen, Führungs-Instrumente und deren Anpassung, Vergütungs-/Anreizsysteme, Messung der Anwendung von Instrumenten, Performance-Measurement, Personalkostenreduktion, Fähigkeiten in den Personalbereichen, Mitarbeiterentwicklung/-bindung, regionale Aspekte der Personalarbeit
■ Dienstleistung und Kunden	Servicequalität, Effektivität der angewandten Technik, Prozessoptimierung, Outsourcing

■ Ausrichtung an der Unternehmensstrategie

Reorganisationsmaßnahmen müssen für eine klare *Ausrichtung der Personal-Programme an der Unternehmensstrategie* bzw. für strategisch relevante Leistungsbeiträge des Personalbereichs sorgen. Dies bedeutet, dass die Strukturen und Arbeitsweisen des Personalmanagements konsequent aus der Unternehmensstrategie abzuleiten sind (hierzu bspw. MAYER/HOPPE 2003). Künftig sollten Personalfragen auch stärker bei der Strategieformulierung berücksichtigt werden. Hierfür sind jedoch eine entsprechende Kooperation und das Commitment aller Beteiligten notwendig. Die betreffenden Beiträge des Personalbereiches zeigen sich z. B. in der Entwicklung und Bindung von strategisch relevanten Fähigkeiten der Mitarbeiter und Führungskräfte. Damit sind auch klassische Themen wie Mitarbeiterentwicklung und -bindung sowie die Gestaltung von Anreizsystemen angesprochen.

---

7   Anknüpfungspunkte existieren hier zur Management- und Servicedimension sowie zur Businessdimension des Wertschöpfungs-Centers „Personal" bei Wunderer/von Arx (2002).

■ Wertschöpfungsausrichtung

Die Anwendung der Erkenntnisse zur Wertschöpfung führt zu einem grundsätzlichen Überdenken bestehender Strukturen und Abläufe. Im Ergebnis kann sich eine prozessorganisatorisch[8] begründete Neuaufstellung bzw. Neuausrichtung des gesamten Personalmanagements ergeben (MÄRCHY ET AL. 2003). Die Ausrichtung an der Wertschöpfung realisiert sich sowohl über eine direkte Einflussnahme durch eigene Ideen und Vorschläge als auch über die Begleitung der Linien-Führungskräfte. Im Mittelpunkt steht die Gestaltung der Einsatz- und Entwicklungsbedingungen der Führungskräfte und Mitarbeiter bspw. auch unter Berücksichtigung regionaler Aspekte[9] (IBM 2005). Dabei darf nicht außer Acht gelassen werden, dass Wertschöpfung auch über einen geringeren Wertverzehr (WUNDERER/VON ARX 2002) realisiert werden kann, d. h. es sind Beiträge durch Kostenreduktionen möglich und ggf. notwendig.

■ Dienstleistungs- und Kundenorientierung

Dienstleistungs- und Kundenorientierung zeigt sich in der Qualität der Standardleistungen des Personalbereichs. Hierzu gehören die individuelle Beratung von Mitarbeitern und Führungskräften zu Fragen des Arbeitsverhältnisses, des Personaleinsatzes, zur Vergütung, zu Sozialleistungen etc. Diese Standardleistungen basieren auf der Qualität der Informationsweitergabe bzw. -verarbeitung und letztlich auf der Effizienz administrativer Personalprozesse. Voraussetzung für eine hohe Dienstleistungs- und Kundenorientierung ist eine ausgeprägte Beratungskompetenz des Personalbereichs zu Standardfragen und die Optimierung der relevanten Prozesse. Betreffende Leistungen können durch persönliche Beratung oder mit Hilfe technischer Systeme[10] sowie durch den Einsatz eigener Mitarbeiter oder durch externe Dienstleister erbracht werden. Oft entstehen dabei neue Organisationsformen. Erfahrungsgemäß ist eine hohe Servicequalität bei Standardleistungen aus Sicht vieler Kunden des Personalbereichs die Basis für das Vertrauen in Wertschöpfungs- bzw. strategische Beiträge des Personalmanagements.

Zusammenfassend geht es um eine grundlegende Repositionierung der Personalbereiche, d. h. den Wandel von einer service- und administrationslastigen Personalarbeit zu einem strategisch ausgerichteten Personalmanagement. Die Konsequenzen der Reorganisation für das organisatorische Design und die Instrumente des Personalmanagements werden in den folgenden Abschnitten dargestellt.

---

[8] Vgl. die umfassenden Darstellungen zum Prozessmanagement in Personalbereichen im Beitrag von Lichtsteiner.
[9] Vgl. z. B. die Ausführungen von Hoitz über lokale HR-Professionals.
[10] Der gesamte Themenbereich eHRM soll hier nicht detailliert betrachtet werden.

4 Organisatorische und instrumentale Folgen der Reorganisation für die Personalbereiche

4.1 Organisatorische Folgen

In den letzten Jahren fand in den Personalbereichen eine Verschiebung von der traditionell funktionalen bzw. objektorientierten Gliederung hin zu dezentralen Strukturen statt (WÄCHTER 1999). In Deutschland zeigt sich dies v. a. an der Strukturierung vieler Personalbereiche nach dem Referentensystem. Dies entspricht den internationalen Trends zu einer „front-back"-Organisation im Personalmanagement (LAWLER III ET AL. 2004) mit Personalern (Referenten) vor Ort und Spezialisten in zentralen Personalbereichen. Dabei beraten Personalreferenten die Linien-Führungskräfte vor Ort und entscheiden über lokale Personalfragen. Spezialisten in den Zentralbereichen zeichnen für bereichsübergreifende Aufgaben (Personalstrategie/-politiken, Führungskräfteentwicklung, Personalplanung/-controlling) verantwortlich. In den letzten Jahren haben sich im Zuge fortschreitender Arbeitsteilung und durch die Nutzung technischer Möglichkeiten auch spezialisierte Bereiche für die Bearbeitung personaladministrativer bzw. transaktionaler Aufgaben herausgebildet (LAWLER III ET AL. 2004).

In Abhängigkeit von den festgelegten Aufgaben und Befugnissen des Personalbereichs bzw. der für erforderlich gehaltenen Veränderungen ergeben sich Verschiebungen in der Personalorganisation, d. h. bei der Arbeitsteilung (Spezialisierung) zwischen Linienführungskräften und Personalbereich, in den organisatorischen Formen der Spezialisierung und bei den anzuwendenden Hilfsmitteln (WÄCHTER 1999). Die Personal-Aufgaben können demzufolge zwischen Führungskräften, Mitarbeitern und dem Personalbereich, im Personalbereich selbst sowie zwischen Personalbereich und externen Dienstleistern neu verteilt werden. Derzeit werden zunehmend IuK-Technologien zur Unterstützung der Personalarbeit eingesetzt. Dies führt dazu, dass

- Mitarbeiter und Führungskräfte Personalaufgaben selbst realisieren. Dabei geht es um transaktionsorientierte Aktivitäten von Mitarbeitern (Employee Self Services: ESS) oder entsprechende Tätigkeiten von Führungskräften (Manager Self Services: MSS). Oft werden diese über Intranet-gestützte Portallösungen realisiert.
- Linienführungskräfte, stärker als bisher, Aufgaben der Mitarbeiterbetreuung übernehmen und dabei die zur Verfügung gestellten Systeme nutzen.

Aufgaben des Personalbereiches können (weiter) zentralisiert (Zentralbereiche, Shared Service Center), partiell dezentralisiert (Ansprechpartner vor Ort) sowie durch andere betriebliche Einheiten realisiert (Call-Center) bzw. teilweise (Outtasking) oder komplett (Outsourcing) an externe Personaldienstleister übertragen werden. Oft entstehen im Zuge der Zentralisierung Organisationsformen, die von Scholz (2000, S. 197 ff.) als Center-Modelle bezeichnet wurden. Diese Cost-, Profit- und Wertschöpfungscenter bzw. die mit Gestaltungskompetenz ausgestatteten Strategie-, Intelligenz-, Kultur-, Service- und Beratungscenter besitzen spezifische Ausrichtungen. Hinzu kommen Virtualisierungstendenzen („virtuelle Personalabteilung", SCHOLZ 2002). Die organisatorischen Änderungen im Personalmanagement lassen sich wie folgt systematisieren:

Organisatorische Folgen der Veränderungen im Personalmanagement
(Zusammenfassung in Anlehnung an ULRICH *2004, Vgl. hierzu auch* PRICE *2004, S.70 ff.)*

- Übergabe (Redelegation) von Personalaufgaben an bzw. Wahrnahme von Personalaufgaben durch die Linienführungskräfte
- Bildung von HR-Spezialistenteams auf übergeordneten Ebenen (bspw. auf Konzern- bzw. Holdingebene häufig als HR-Partner bezeichnet)
- Positionierung von Einzelpersonen/Teams mit Personalaufgaben in den einzelnen Organisationseinheiten der Unternehmen
- Bildung von Centern of Expertise (Center-Lösungen wie Beratungscenter) mit Vertretern einzelner oder verschiedener Personaldisziplinen
- Realisierung von Personalaufgaben durch (andere) betriebliche Organisationseinheiten außerhalb des Personalbereiches (bspw. Rechnungswesen)
- Aufbau von (Shared) Service Centern v. a. für transaktionsorientierte Personalaufgaben
- Selektives (Outtasking)[11] bzw. komplettes Outsourcing[12] von Personalaufgaben, d. h. die Übergabe von Aufgaben und Prozessen an externe Dienstleister

---

Aktuelle Erfahrungen zeigen, dass bestimmten Center-Modellen eine besondere Bedeutung zukommt. Dies betrifft die Service- und Beratungscenter sowie deren Verbindung[13], aber auch neue Center-Lösungen, die sich bei der Kooperation im Rahmen von Outsoucing-Projekten[14] entwickelt haben. Mittlerweile hat sich eine Arbeitsteilung zwischen den Vertretern des Personalbereichs im Top-Management, den Shared Service Centern (mit den Angeboten: transaktionale Leistungen und Beratung/Consulting; Vgl. JASCHOK/JORDAN 2004) und internen HR-Experten (v. a. mit Aufgaben im Organisationsdesign, in der Systementwicklung und Personalentwicklung) herausgebildet (Vgl. Abbildung 4-1). Im Bedarfsfall kommen besondere - oft zugekaufte - Leistungen, wie externe Beratung, Personalentwicklung etc. hinzu.

---

[11] Derzeit betrifft dies vor allem Payroll- und Personaladministrationsaufgaben aber auch Rekrutierungsaufgaben (Vgl. Beitrag Sommer et al. in diesem Band).
[12] Zur Positionierung der hier oft einbezogenen Anbieter von Personaldienstleistungen - siehe Beitrag von Lang et al.
[13] Vgl. z. B. die Beschreibung der Center of Expertise im Beitrag von Hoitz bzw. die Ausführungen von von Jaschok zu HR Shared Services.
[14] Beispiel ist das Recruiter's Center, beschreiben im Beitrag von Sommer et al.

Von der Reorganisation zur Zukunft des Personalmanagements

Abbildung 4-1: Grundsätzliche Arbeitsteilung in reorganisierten Personalbereichen

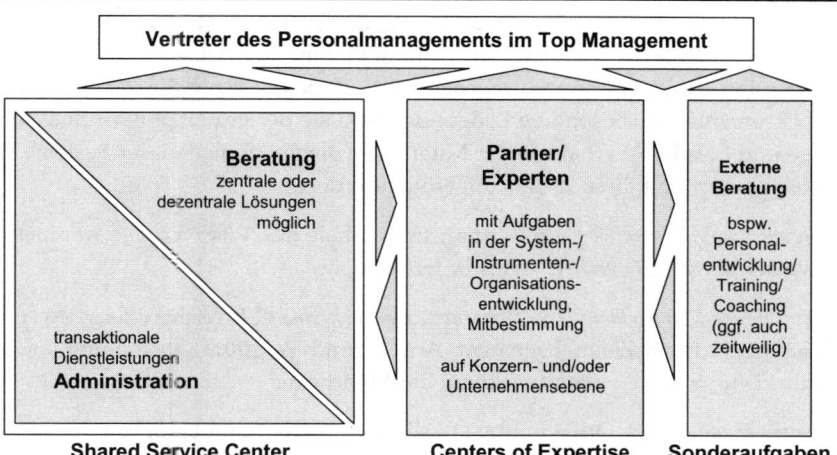

Im Zuge der Reorganisationsmaßnahmen wird auch über die konkreten Abläufe bei der Bearbeitung der Personalaufgaben entschieden. Dabei liegt es nahe, hier die Grundsätze der Prozessorganisation bzw. -optimierung anzuwenden[15]. Es soll nicht unerwähnt bleiben, mit welch gravierenden Auswirkungen die Umsetzung der skizzierten organisatorischen Veränderungen auch für die Mitarbeiter der Personalbereiche verbunden ist[16]. So kann es zum Übergang dieser Mitarbeiter in andere Bereiche, zu Personaldienstleistern bzw. zum Personalabbau in den Personalbereichen kommen.

4.2 Reorganisation im Personalmanagement - neue Arbeitsweisen, Systeme und Instrumente

Reorganisationsmaßnahmen spiegeln sich nicht nur in neuen Organisationsformen wider, sondern müssen sich ebenfalls durch neue Arbeitsweisen, Systeme und Instrumente realisieren. Der Erfolg der Reorganisation von Personalbereichen hängt demzufolge auch von der Wirksamkeit neuer Arbeitsweisen bzw. den Beiträgen durch Systeme und Instrumente des Personalmanagements ab. Nach Scholz (2002) sollte sich die Arbeitsweise von Personalbereichen in erster Linie durch Geschwindigkeit, Kundenorientierung, Wissensmanagement und Qualität auszeichnen. Aktuelle Reorganisati-

---

[15] Vgl. Beiträge Lichtsteiner sowie Cottone/Waitzinger in diesem Band.
[16] Vgl. Beitrag von der Weth im vorliegenden Band.

onsmaßnahmen beginnen deshalb regelmäßig mit einer effektiven und kundenorientierten Realisierung administrativer Aufgaben durch die Implementierung moderner IuK-Techniken. Darauf baut die Generierung, Einführung und Anwendung von Personal-Systemen und -Instrumenten auf. Hinzu kommt das aktive Einbringen strategischer Beiträge durch das Personalmanagement. Aktuell besitzen die Personal-Systeme und -Instrumente eine besondere Bedeutung, weil sie der gezielten Beeinflussung des Arbeits- und Leistungsverhaltens der Mitarbeiter dienen. Einige dieser Systeme sollen hier exemplarisch mit ihren Zielen aufgeführt werden.

- *Human Capital Management*: Ausbau und Erhalt des Wissens, der Kompetenzen bzw. der immateriellen Werte des Unternehmens

- *Performance Management und Performance Measurement*: Erreichen der notwendigen Leistungen durch Zielmanagement, Anreiz- und Vergütungsgestaltung sowie die Einbeziehung der Weiterentwicklung der Mitarbeiter

- *Change Management*: Orientierung auf die Bereitschaft und Fähigkeit der Mitarbeiter zur Veränderung bzw. die erfolgreiche Durchführung von Veränderungen

- *Personalrisiko Management*: Berücksichtigung der mit dem Einsatz von Mitarbeitern zusammenhängenden Risiken und Ableitung organisatorischer Konsequenzen

- *Kooperations- und Netzwerkmanagement*: Management der externen Partner sowie Aufbau von Netzwerken im Unternehmen, um Führungskräften den Austausch von Wissen und Erfahrungen bspw. über Personalfragen zu ermöglichen

- *Diversity Management*: Aktiver und bewusster Umgang mit Verschiedenheit im Unternehmen bzw. mit verschiedenen Mitarbeitern.

Ziel der Reorganisationsmaßnahmen muss es sein, die Personalbereiche in die Lage zu versetzen, diese Systeme *je nach den Erfordernissen der Unternehmen zu entwickeln, einzuführen und ihre Anwendung zu sichern*. Hinzu kommen Instrumente, wie bspw. Balanced Scorecards (u. a. bei FERNANDEZ 2004) oder Instrumente zur internen Kommunikation. Diese besitzen eine hohe Relevanz, weil sich in ihnen einerseits die Unternehmensstrategie „wiederfinden" sollte und sie andererseits die Medien zur Vermittlung und zur Messung der Erreichung der konkreten Handlungsziele darstellen. Sie sind Ausdruck der wachsenden Bedeutung struktureller Führung, d. h. der Führung mit Systemen, Instrumenten und Regeln (WUNDERER 2002).

Welche Anforderungen sollten die Arbeitsweisen in einem reorganisierten Personalbereich erfüllen? Der Blick richtet sich vor allem auf die nicht-administrativen Tätigkeiten[17], d. h. sowohl auf strategische und nicht-strategische Tätigkeiten. Werden die Tätigkeiten wie bisher ausgeführt? Kommen ggf. neue hinzu? Die steigenden Erwartungen an Beiträge des Personalmanagements müssen dazu führen, dass:

---

[17] Nach Lawler et al. (2004) machen die rein administrativen Tätigkeiten in den Personalbereichen (nur) einen zeitlichen Anteil von 14,9 % aus.

1. Aufgaben umgestaltet, neue Fähigkeiten entwickelt und notwendige Verhaltensmodifikationen erreicht werden (z. B. durch das Praktizieren eigener Change Management-Konzepte[18]), damit bspw. die Serviceprozesse und Beratungskonzepte optimiert und angepasst werden,
2. neue Systeme und Instrumente entwickelt und eingeführt werden, um bspw. Linien-Führungskräfte besser zu unterstützen und Kooperationsprozesse mit internen und externen Partnern effizienter zu gestalten[19],
3. strategische und die nicht-strategischen Aufgaben in anhaltend hoher Qualität absolviert werden, um auch damit die Unternehmensleistung zu steigern und zu sichern (u. a. Kontakte mit Betriebsräten, Mitwirkung bei Konfliktlösungen, Vgl. WÄCHTER 1999, S. 9). Gerade die zuletzt genannten Aufgaben werden bei der Reorganisation bzw. Umgestaltung von Prozessen häufig „ausgeblendet".

Damit wurden exemplarisch Entwicklungen beschrieben, die für die aktuelle Positionierung und die Perspektive des Personalmanagements durchaus bedeutsam sind.

4.3 Gedanken zu den Erfolgsfaktoren der Reorganisation

Reorganisationsmaßnahmen stellen für die Personalbereiche die wichtigste Möglichkeit dar, auf geänderte Rahmenbedingungen und steigende Erwartungen der Stakeholder aktiv und systematisch zu reagieren. Wann gelten Reorganisationsmaßnahmen im Personalmanagement als erfolgreich? Grundsätzlich sind sie erfolgreich, wenn die reorganisierten Personalbereiche *höhere Beiträge zum Unternehmenserfolg* erreichen und durch ihre Tätigkeit auch *umfangreichere Leistungsbeiträge durch Mitarbeiter und Führungskräfte* ermöglicht werden. Oft wird die Entwicklung der Personalkosten als alleiniges Kriterium für entsprechende Erfolge herangezogen. Damit wird die Komplexität der Beiträge des Personalmanagements vernachlässigt und es wird nicht berücksichtigt, dass Erfolge von Reorganisationsmaßnahmen erst mit Zeitverzug und oft „nur" mittelbar nachweisbar sind. Aus den Beiträgen in diesem Band lassen sich eine Reihe von Erfolgsfaktoren ableiten, die hier nachfolgend aufgeführt werden:

- die Bedeutung der *Wertschöpfungskonzeption* bzw. von *Prozessmodellen* als Basisansätze für Reorganisationen im Personalbereich, für die Messung der Beiträge der Personalarbeit und für die Gestaltung von Abläufen im Personalbereich[20]

---

[18] Vgl. die Ausführungen von Becker zum Change Managment in Personalbereichen.
[19] Vgl. hierzu exemplarisch die neuen Center-Concepte bei Sommer et al. bzw. die so genannten Service Level Agreements in den Beiträgen von Cottone/Waitzinger und Sommer et al.
[20] Vgl. die Beiträge von Hollender-Matatko/Brauweiler, Lichtsteiner, Sommer et al. im vorliegenden Band.

- die konsequente *Ausrichtung* neuer Strukturen und Arbeitsweisen *an* den verschiedenen *Kundengruppen* (v. a. Mitarbeiter, Führungskräfte, Top-Management)[21] und *Aufgaben* (transaktionale Standardleistungen, Beratung, strategische Beiträge)
- die intensive Nutzung der Möglichkeiten *moderner IuK-Technologien* und die damit mögliche Steigerung der Effizienz administrativer und z. T. nicht-strategischer Personalleistungen (mit und ohne externe Partner)[22]
- die *aktive Einbeziehung und Mitwirkung des Personalmanagements* bei Veränderungen der Unternehmen, d. h. als Organisationsexperte bei der Gestaltung von Strukturen, Prozessen und Systemen[23]
- ein *ausgeprägter Veränderungswille in den Personalbereichen* bzw. die Durchführung von Reorganisationen auf der Basis eigener Veränderungsprogramme[24] und die *Nutzung eines systematischen Stakeholder- bzw. Beziehungsmanagements*[25]

Bei all dem darf nicht vergessen werden, die Servicequalität bei administrativen Aufgaben nachhaltig zu sichern und mit dem „klassischen" Instrumentarium (v. a. Mitarbeiterrekrutierung, -entwicklung und -bindung) zum Unternehmenserfolg beizutragen („HR craftsman" - HAY 2005). Aufgrund der Spezifika der Leistungen des Personalbereiches hängt der Erfolg von Reorganisationsmaßnahmen auch von der allgemeinen Legitimität der Personalbereiche (zum Begriff bei BRANDL 2005) sowie von der *Akzeptanz neuer Leistungen* und vom *Agieren der reorganisierten Personalbereiche* ab.

5 Weiterentwicklung des Personalmanagements

5.1 Handlungsebenen des Personalmanagements

Im Mittelpunkt des folgenden Abschnitts stehen Überlegungen zur weiteren Entwicklung des Personalmanagements. Ausgangspunkt ist die Unterscheidung zwischen drei Handlungsebenen des Personalmanagements. Die Unterscheidung zwischen den *Handlungsebenen* Administration, Beratung und Strategie (Vgl. Abbildung 5-1) ist sinnvoll, um konkrete Gestaltungs- und Weiterentwicklungsmöglichkeiten herausarbeiten zu können. Die Schwerpunkte der Weiterentwicklung auf diesen Ebenen korrespon-

---

[21] Vgl. Ausführungen von Hoitz zum „Unisys"-Modell bzw. den Beitrag Jaschok
[22] Vgl. Cottone/Waitzinger, Jaschok, Sommer et al.
[23] Vgl. Beitner, Hoitz
[24] Vgl. Becker, Beitner, Holtgreve/Winterfeldt
[25] Vgl. Becker, Sommer et al.

dieren mit den im Abschnitt 3.2 dargestellten Zielen und Inhalten von Reorganisationsmaßnahmen. Hier finden sich neben der Ausrichtung an Strategie und Wertschöpfung (v. a. auf der Ebene der Beratung und bei den strategischen Beiträgen) auch die Dienstleistungs- und Kundenorientierung (v. a. auf der Ebene der Administration) wieder. Auf jeder Ebene existieren spezifische Leistungskriterien, Kunden und Handlungsmöglichkeiten sowie Wertschöpfungs- bzw. Kostensenkungspotenziale. Bestehen auf der administrativen Ebene beträchtliche klassische Rationalisierungspotenziale, geht es bei der Beratung um die Begleitung und Gestaltung von Führungsprozessen. Auf der strategischen Ebene besitzt der „unverwechselbare" Input in Form von Initiativen, Vorschlägen und Ideen bzw. die Einflussnahme auf das Business System aus Personalsicht eine herausragende Bedeutung. In Partnerschaft mit der Unternehmensführung geht es hier um originäre Beiträge zur Unternehmensentwicklung.

Personalmanagement: Beschreibung der Aktivitäten auf den verschiedenen Handlungsebenen

- **Administration**
  Fokus: Servicequalität, Kundenzufriedenheit, Effizienz
  Kunden: Mitarbeiter und Führungskräfte als individuelle Kunden
  Rollen: Lieferant, Bereitsteller von Lösungen, Gestalter
  Handlungsoptionen: Technisierung, Outtasking/-sourcing, Einsatz Personaldienstleister
- **Beratung/Consulting/Begleitung der Führung**
  Fokus: Beratungsqualität, Kundenzufriedenheit, Effektivität, Begleitung und Sicherstellung der Wertschöpfung durch Bereitstellung von Systemen/Instrumenten bzw. Coaching
  Kunden: Linien-Führungskräfte, Geschäftseinheiten
  Rollen: Coach, Gestalter, Begleiter, Führungskraft
  Handlungsoptionen: Einsatz interner Experten, ggf. Unterstützung durch externe Berater
- **Strategische Beiträge**
  Fokus: Impulse für Wertschöpfung und Unternehmensentwicklung
  Kunden: Top-Management, strategische Gruppen wie Talente und Nachwuchsführungskräfte
  Rollen: Architekt, Begleiter, Coach, Partner
  Handlungsoptionen: Übernahme strategische Rolle, ggf. Unterstützung durch externe Berater

---

Auf jeder Ebene verfügt die Personalarbeit über eine spezifische Ausrichtung bzw. ein besonderes Leistungsangebot, das auch bestimmte Anforderungen an die Rollen mit sich bringt (Vgl. Abschnitt 3.1). Die Ebenenstruktur basiert auf den Überlegungen von Ulrich (1997, 1998) und findet sich in modifizierter Form auch in anderen Darstellungen wieder[26] (Vgl. auch LAWLER III ET AL. 2004, S. 33). Das besondere Interesse gilt hier jedoch den Möglichkeiten zur gezielten *Weiterentwicklung der Aktivitäten* auf den einzelnen Handlungsebenen.

---

[26] Vgl. die Praxisbezüge im Beitrag von Cottone/Waitzinger.

- Administration

    Die Qualität der administrativen Prozesse (Servicequalität) und damit eine hohe Kundenzufriedenheit sind langfristig sicherzustellen. In vielen Unternehmen bestehen in diesem Bereich beträchtliche Technisierungs- und damit auch Outsourcingpotenziale. Perspektivisch geht es um die Implementierung und Anwendung besonderer Customer (hier: Employee) Relationship Systeme. Durch entsprechende Organisationslösungen (ESS- bzw. MSS-Lösungen/Shared Service Center - Abschnitt 4.1.) können Kostensenkungspotenziale bzw. Skaleneffekte (economies of scale) erschlossen werden[27].

- Beratung sowie Begleitung der Führung

    Beratung der Führungskräfte bzw. ihre Begleitung durch persönliche Ansprechpartner sowie die zunehmende Bereitstellung entsprechender Systeme und damit die *Sicherung der Wertschöpfung* stehen hier im Fokus. Dazu muss die Unternehmensstrategie in entsprechende Konzepte und Systeme „übersetzt" werden. Diese Systeme sind zu entwickeln, einzuführen und ihre Anwendung ist zu begleiten. Beispiele hierfür sind Performance Management- und Mitarbeiterkommunikations-Systeme (Vgl. Abschnitt 4.2). Die von Scherm (2004) geforderte Einflussnahme der Personalbereiche auf die „Führung von morgen" wird sich perspektivisch über diese Systeme und deren Begleitung realisieren.

- Ebene der strategischen Beiträge

    Hier geht es um das *Einbringen eigener Wertschöpfungsbeiträge* durch ein strategisch kompetentes Personalmanagement. Dies schließt die strategische Partnerschaft in Führungsgremien, entscheidende Impulse bei der Strategiefindung, -formulierung und -implementierung sowie bei der Organisationsgestaltung und die Zurverfügungstellung der notwendigen Fähigkeiten zur Strategierealisierung ein. Die Qualität der strategischen Beiträge des Personalmanagements muss sich in entsprechenden organisatorischen Fähigkeiten des Unternehmens widerspiegeln.

Insgesamt zielt die *Weiterentwicklung der Aktivitäten* auf den Ausbau des Leistungsangebotes, die Verbesserung der Leistungsfähigkeit bzw. eine erhöhte Wirksamkeit der Beiträge des Personalmanagements zur Unternehmensentwicklung. Dabei werden sich Gestaltungsmaßnahmen und Veränderungen nicht auf die einzelnen Handlungsebenen bzw. Rollen (Vgl. Abschnitt 3.1) beschränken lassen. Die Gesamtzusammenhänge verdeutlicht die Abbildung 5-1.

---

[27] Mittlerweile kommen auch andere Personalaufgaben, die über den administrativen Rahmen hinausgehen, für ein Outsourcing in Frage. Im Beitrag Sommer et al. wird dies am Beispiel des Recruitments anschaulich dargestellt.

Von der Reorganisation zur Zukunft des Personalmanagements

Abbildung 5-1: Handlungsfelder, Funktionen und Orientierungen im Personalmanagement

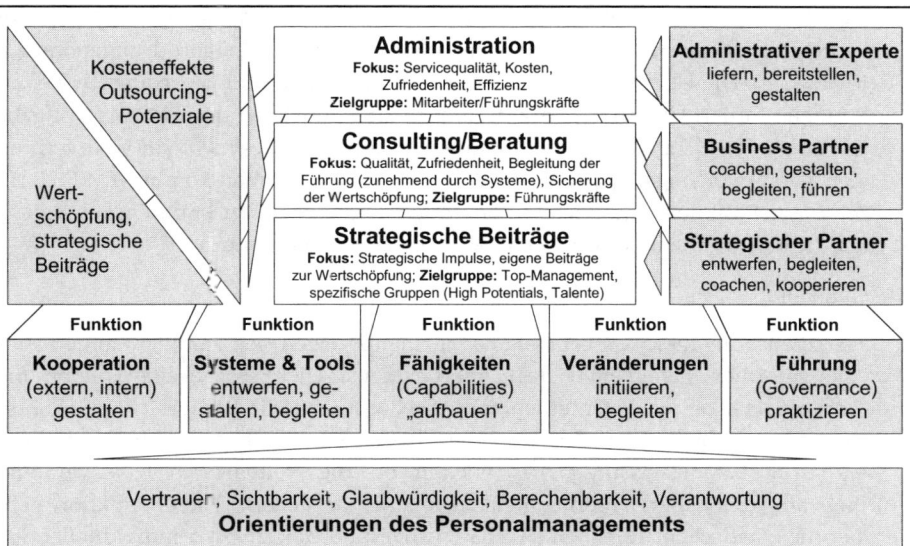

5.2 Möglichkeiten der Einflussnahme auf die Weiterentwicklung des Personalmanagements

In vorstehenden Abschnitten wurden die Handlungsebenen des Personalmanagements getrennt betrachtet. Für umfassende Überlegungen ist es entscheidend, die Personalarbeit in ihrer Gesamtheit zu betrachten. Eine gezielte Einflussnahme ist nur bei der Anwendung von Faktoren möglich, die auf allen Ebenen wirken. Zu diesen zählen die *Funktionen* Führung, Veränderungen, Fähigkeiten, Systeme/Instrumente und Kooperation. Die Funktionen beeinflussen entscheidend die Leistungsangebote bzw. die Wahrnehmung der Rollen (Vgl. Abschnitt 3.1) auf den einzelnen Ebenen. Auf jeder Ebene existiert ein spezifisches Wirkungsgefüge, das hier zugunsten einer übergreifenden Betrachtung nicht detailliert dargestellt wird.

- Führung

    Die Funktion Führung besitzt eine breite Wirkung und erlaubt eine systematische Einflussnahme auf alle Handlungsebenen. Oft wird Führung durch die Personalbereiche bzw. in den Personalbereichen als wenig offensiv und systematisch wahrgenommen. Gerade als Vorbild im Unternehmen hängt die Glaubwürdigkeit des Personalmanagements davon ab, wie hier geführt wird (zum Thema HR-Governance vgl. ULRICH 2004).

- Veränderungen

   Aufgaben im Zusammenhang mit Veränderungen bzw. dem Change Management werden von Personalverantwortlichen offensichtlich sehr zögernd angenommen (RWE 2004). Die Übernahme der Koordination bzw. der Verantwortung für Veränderungen in den Unternehmen wird jedoch eine zunehmend wichtigere Aufgabe für Personalbereiche, die z. B. dafür sorgen müssen, dass es nicht zur weit verbreiteten Verantwortungsdiffusion bei Veränderungsmaßnahmen kommt (RWE 2004). Mit dieser Funktion sind auch die besondere Organisationsgestaltungskompetenz und die kulturstiftenden Aufgaben der Personalbereiche verknüpft.

- Fähigkeiten

   Die Arbeitsergebnisse des Personalmanagements zeigen sich vor allem in den strategiekonformen Fähigkeiten des Unternehmens. Diese Fähigkeiten bilden die Kernkompetenzen eines Unternehmens. Die systematische Berücksichtigung, Entwicklung und Bewertung des organisatorischen Wissens bzw. der Intangible Assets (ULRICH/SMALLWOOD 2005) ist wichtig, um die Wettbewerbs- bzw. Veränderungsfähigkeiten der Unternehmen nachhaltig zu sichern. Diese Funktion geht über die klassischen Aufgaben (Aufbau, Erhalt und Bindung der individuellen Fähigkeiten) des Personalmanagements hinaus.

- Systeme und Instrumente

   Mit Hilfe von Personal-Systemen und -Instrumenten soll eine einheitliche und moderne Führung der Mitarbeiter sichergestellt werden. Linien-Führungskräfte müssen mit diesen Systemen ihre Führungsaufgaben in hoher Qualität wahrnehmen. Beiträge der Personalbereiche zur strukturellen Führung sichern die Wertschöpfung. Dies setzt Expertise bei der Umsetzung geschäftlicher Anforderungen in entsprechende Systeme voraus. Hinzu kommen Aufgaben zur Unterstützung der Linien-Führungskräfte bei Einführung und Anwendung dieser Systeme v. a. mittels Beratung und Coaching.

- Kooperation

   Die Kooperation mit internen und externen Partnern gewinnt für das Personalmanagement zunehmend an Bedeutung. Dies betrifft die interne Zusammenarbeit mit der Unternehmensführung, den Linien-Führungskräften aber auch die externe Kooperation mit Beratern und anderen externen Personaldienstleistern im Rahmen von Beratungs- und Outsourcing-Projekten.

Bei den hier dargestellten Funktionen geht es weniger um „die Jagd nach neuen Rollen" und Aufgaben (SCHERM 2004, S. 55) als um die Einflussnahme auf die Leistungsfähigkeit und die Weiterentwicklung des Unternehmens durch spezifische Beiträge bzw. ein adäquates Leistungsangebot des Personalmanagements.

6 Von den Orientierungen zu den Perspektiven des Personalmanagements

Auch die Betrachtung der übergreifenden Funktionen kann die Komplexität des Personalmanagements nicht vollständig widerspiegeln (Vgl. auch Abbildung 5-1). Bei Überlegungen zu den Perspektiven des Personalmanagements gilt es, dessen spezifische *Kontextgebundenheit* zu berücksichtigen. Nach Wächter (1999) existieren neben den „Alltagsaufgaben" des Personalmanagements auch besondere Werte, die er mit den Begriffen Gerechtigkeit, Verlässlichkeit und Fürsorge beschreibt. Die damit angesprochenen eher „weichen" Themen des Personalmanagements, wie die Berechenbarkeit von Personal-Maßnahmen oder das Vertrauen in Entscheidungen, bleiben auch künftig relevant. Sie werden sich jedoch anders realisieren. Das Personalmanagement muss sich dieser - hier als Orientierungen bezeichneter - Faktoren bewusst sein und daraus eigene Positionen ableiten. Dies soll an einigen Beispielen illustriert werden.

- Verantwortung und Berechenbarkeit

  Entscheidungen des Personalmanagements beeinflussen die Arbeits- und Lebensbedingungen von Mitarbeitern und Führungskräfte grundlegend. Bei personalrelevanten Maßnahmen ist es nicht üblich zu erklären, wer die Verantwortung für deren Formulierung bzw. den Implementierungserfolg trägt. Ähnlich sieht es mit der Berechenbarkeit und Nachvollziehbarkeit dieser Maßnahmen aus. Es ist häufig nicht klar, welche Personalentscheidungen in bestimmten Situationen zu erwarten sind. Deutlich wird dies am Personalabbau, einem nicht „gern" thematisierten Tätigkeitsfeld. Das Personalmanagement trifft zwar nicht die grundsätzliche Entscheidung, bestimmt oder beeinflusst aber die konkreten Vorgehensweisen. Oft wird der klassische Personalabbau gewählt, obwohl dieser hinsichtlich der langfristigen Wirkungen bislang nur unzureichend betrachtet wurde. Mittlerweile existieren nicht nur national, sondern auch international Konzepte, die hier für eine höhere Berechenbarkeit sorgen könnten. Diese berücksichtigen die langfristigen Folgen des Personalabbaus ebenso wie den Interessenausgleich zwischen Unternehmen und Mitarbeitern. Hierzu gehören bspw. das Konzept *Responsible Restructuring* von Cascio (2003; Vgl. auch die Überlegungen von MARKS/DE MEUSE 2005) oder Maßnahmen, die auf eine Förderung der Beschäftigungsfähigkeit der Mitarbeiter abzielen. Mit einem Vorgehen auf der Basis dieser Konzepte wird für Mitarbeiter sichtbar (soziale) Verantwortung übernommen (Vgl. auch WALD 2004).

- Vertrauen, Sichtbarkeit und Glaubwürdigkeit

  Die zunehmende Unsicherheit durch Veränderungen in den Unternehmen (Zusammenschlüsse, Allianzen, Veräußerung von Unternehmen usw.) weist dem Vertrauen und der Glaubwürdigkeit eine wachsende Bedeutung zu. Es ist wichtig, dass Mitarbeiter die Erwartungen ihrer Unternehmen kennen und wissen, welche

Gegenleistungen sie bei Erfüllung der gestellten Anforderungen erwarten können. Bei Krisen und Konflikten müssen sich betriebliche Akteure an bestehende Regeln halten und Vertrauen aufbringen[28]. Dem Personalbereich kann in diesem Zusammenhang die Funktion eines Schiedsrichters mit differenzierten Sanktionsmöglichkeiten zukommen (ULRICH/BEATTY 2001, S. 305 f.). Wächter (1999) führt aus, dass moderne Organisationskonzepte[29] ohne die Existenz einer Vertrauensorganisation nicht realisierbar sind. Er schreibt Personalbereichen eine vertrauensbildende und Unsicherheit regulierende Funktion zu (Vgl. auch PRICE 2004, S. 80). Latham et al. (2005) schildern, dass „Organizational Justice" durch die „demoralisierenden" Wirkungen von Bevorzugung und „Vetternwirtschaft" in einer Weise eingeschränkt wird, dass bspw. Performance Management Systeme ihre Wirkung verlieren. Hinzu kommt die Bedeutung der Sichtbarkeit des Personalmanagements für die Identifikation der Mitarbeiter mit ihren Unternehmen bzw. für die Unternehmenskultur sowie die Bindung und Entwicklung von Mitarbeitern. Für die Übernahme der Rolle als Confidant[30] durch Personalmanager (FITZ-ENZ 1994) dürfte das Vertrauen v. a. bei den kooperierenden Führungskräften eine essentielle Bedeutung besitzen.

Damit sind Fragen angesprochen, die nur ein „überzeugter und überzeugender" Partner für Personalfragen beantworten kann. Hier geht es in erster Linie um Einstellungen: Was sind Mitarbeiter? Sind sie „Verfügungsmasse", Hauptkostenfaktor oder das Erfolgspotenzial der Unternehmen? Die Antwort auf diese Frage beeinflusst die Perspektive des Personalmanagements entscheidend. In dem Maße, wie hier im Sinne einer Verfügungsmasse oder des Kostenfaktors argumentiert wird, bleibt auch *die Perspektive des Personalmanagements offen.*

Werden demgegenüber die Mitarbeiter als Erfolgspotenzial angenommen, wird das Personalmanagement auch die (eigene) Zukunft gestalten können. Das Personalmanagement wird dadurch in die Lage kommen, mit professionellen Lösungen und strategischen Impulsen zur Unternehmensentwicklung beizutragen. Basis hierfür sind erfolgreiche Reorganisationsmaßnahmen, deren Erfolg nachhaltig gesichert werden muss. Anknüpfend an die Erkenntnisse der Unternehmensberatungen dürfte es in der nächsten Zeit insbesondere darauf ankommen, dass die Personalbereiche

- nachweisbar den Erfolg der eigenen Veränderungsmaßnahmen sowie der eingesetzten Personal-Programme und Instrumente messen (GIESE ET AL. 2005; MERCER 2005), um dadurch zielgerichteter zu agieren,

- die eigenen Fähigkeiten, auch zur Konzeptionierung und Steuerung der Reorganisationsmaßnahmen, systematisch ausbauen (GIESE ET AL. 2005, MERCER 2004),

---

[28] Zum Begriff des Vertrauens und dessen Rolle bei Krisen- und Konfliktfällen geben Gebert/von Rosenstiel (2002) einen umfassenden Überblick.
[29] wie z. B. das Konzept der virtuellen Personalabteilung.
[30] Rolle der Personaler als vertrauter Experte, Berater und Broker von externen Leistungen.

- moderne Führungsinstrumente/-systeme auch konsequent selbst anwenden, z. B. das Performance Measurement im Personalbereich (HEWITT 2004),

- das Commitment und die Unterstützung durch die Unternehmensleitungen erhalten (MERCER 2004),

- der Sichtbarkeit und Glaubwürdigkeit des Personalmanagements durch klare Führung und Governance-Regelungen für den Personalbereich erhöhen (ULRICH 2004),

- offensiv mit dem Thema Outsourcing sowie der Neuverteilung der Aufgaben zwischen Linien-Führungskräften und dem Personalbereich umgehen,

- die Zusammenarbeit mit externen Partnern systematisch vorbereiten[31] und im operativen Betrieb zielorientiert steuern,

- die Nutzung der modernen IuK-Techniken laufend verstärken,

- alle Möglichkeiten zum Ausbau der strategischen Kooperation mit den anderen Bereichen bzw. für die strategische Einbindung des Personalmanagements nutzen (strategische Beiträge liefern, Wahrnehmung der Rolle als „Strategic Partner"),

- Anforderungen des Unternehmens flexibel in neue Beratungsformen für Führungskräfte (Mercer 2005) und wirksame Personalprogramme „übersetzen" (HAY 2005) sowie

- aktiv an Veränderungen im Unternehmen mitwirken (GIESE ET AL. 2005; RWE 2004) und ihre Kompetenz als Organisationsgestalter (RONA/GIBSON 2004) bzw. „Organizational Effectiveness Expert" (LAWLER III ET AL. 2004) anwenden.

Im Zentrum steht ein reorganisiertes und reorientiertes Personalmanagement mit neuen Partnern sowie einem Spektrum von bewährten und neuen Leistungen. Für diese Perspektive ist es entscheidend, ob

1. das Personalmanagement *bewusst* als strategischer Partner bei der Formulierung und Realisierung der Unternehmensstrategie mitwirkt. Hierfür müssen einzigartige, wirksame und messbare Beiträge durch das Personalmanagement erbracht werden. Dabei geht es um das Einbringen von Vorschlägen zur Organisationsgestaltung, um die Einflussnahme auf Veränderungen und die Bereitstellung von Schlüsselfähigkeiten für Unternehmensentwicklung bzw. Strategierealisierung. Da es hierfür zwar Grundsätze, aber keine allgemein anwendbaren „Blaupausen" gibt, muss jedes Unternehmen eigene Lösungen finden. Am Personalmanagement liegt es, den Erfolg der eigenen Vorschläge und Maßnahmen zu messen und darzustellen.

---

[31] Vgl. hierzu den Beitrag von Hacker et al.

2. eine *neue Personalarbeit* praktiziert wird. Diese muss die bereichsbezogene Handlungsperspektive (SCHERM 2004, S. 56) überwinden. Die *neue Personalarbeit* wird an vielen Stellen und zum großen Teil von neuen Akteuren (neue Personalexperten, Linien-Führungskräfte, externe Partner) realisiert. Zu ihr zählt eine neue Arbeitsteilung im Personalbereich, die anhaltende Befähigung der Linien-Führungskräfte für Personalfragen und die Arbeitsteilung mit externen Partnern. Ohne die durchgängige Kopplung der Personalprozesse mit anderen Prozessen und neue Kooperationsformen[32] mit den genannten Partnern wird dies nicht möglich sein.

3. sich das Personalmanagement konsequent an der Unternehmensstrategie ausrichtet und die Gestaltung von Führungsprozessen als neue Aufgabe annimmt. Damit werden die Voraussetzungen für eine zunehmend strukturelle Führung im Unternehmen geschaffen. Hierzu gehört das Design von Vergütungs- und Anreizsystemen bzw. von modernen Performance-Management- und anderen Personal-Führungs-Systemen. Hinzu kommen die strategieorientierte Beeinflussung der Wissens- und Kompetenzentwicklung im Unternehmen und der systematische Ausbau der Kompetenzen in den Personalbereichen selbst.

4. das Personalmanagement administrative Standarddienstleistungen und auch weitergehende Leistungen zu optimalen Kosten und bei zunehmender Nutzung von IuK-Techniken anbietet sowie hier für eine anhaltend hohe Servicequalität und Kundenzufriedenheit sorgt. Dies unabhängig davon, ob diese zumeist transaktionalen Aufgaben mit eigenen Ressourcen oder mit fremden (Outsourcing-) Partnern realisiert werden.

5. die Personalbereiche ihre „Zurückhaltung" aufgeben und bewusst die *Orientierungen annehmen und umsetzen*. Hierzu gehören die Berücksichtigung von Stakeholder-Interessen durch Sichtbarkeit, Glaubwürdigkeit und die Übernahme von Verantwortung. Damit werden Themen wie *Vertrauen, Verfahrensgerechtigkeit, Organizational Justice und Fairness* (VON ROSENSTIEL/COMELLI 2004) für das Personalmanagement virulent. Spürbare und nachhaltige Leistungssteigerungen sowie die langfristige Bindung von Mitarbeitern dürften langfristig nur auf der Basis von Vertrauen und Commitment erreichbar sein.

6. die Anforderungen aus Globalisierung und zunehmender Diversität in den Unternehmen bewusst angenommen und bei der Gestaltung der Organisation, Abläufe und Instrumente im Personalbereich konsequent berücksichtigt werden[33].

Es liegt an jedem Unternehmen selbst, zu entscheiden, was vom eigenen Personalbereich in der Zukunft erwartet wird, und damit festzulegen, welche Perspektiven eröffnet und welche Leistungsbeiträge dem Personalmanagement künftig ermöglicht werden.

---

[32] So beschreibt Ulrich (2004) bspw. HR-Communities mit Vertretern der Personalbereiche, Linien-Führungskräften und externen Partnern.
[33] Vgl. die Ausführungen von Alt, Hoitz und Popall/Wald im vorliegenden Band.

Literaturverzeichnis

BEA, F. X./GÖBEL, E., Organisation, Stuttgart 2002.

BECKER, L., Personalabteilung im Unternehmungswandel. Anforderungen, Aufgaben, Rollen im Change Management, Wiesbaden 2001.

BEITNER, R. P. (Hrsg.), Personalmanagement in der Vertriebssparkasse, Stuttgart 2004.

BRANDL, J., Unternehmensleiter bewerten Personaler, in: Personal, 57. Jg., Heft 7-8, 2005, S. 43-45.

CAP GEMINI, HR-Barometer 2004/2006, Sulzbach 2004.

CASCIO, W. F., Strategies for Responsible Restructuring, in: Personalführung, 33. Jg., Heft 5, 2003, S. 54-68.

CLAßEN, M./KERN, D., Nützliche Vorurteile und Wegweiser in die Zukunft, in: Personalführung 35. Jg., Heft 5, 2005, S. 40-51.

DEUTSCHE GESELLSCHAFT FÜR PERSONALFÜHRUNG E. V. - DGFP (HRSG.), Wertorientiertes Personalmanagement – ein Beitrag zum Unternehmenserfolg, Konzeption - Durchführung - Unternehmensbeispiele, Bielefeld 2004.

FAY, D./BRODBECK, F. C./WEST, M. A., Human Resource Management, in: Organisationsentwicklung, 24. Jg., Heft 1, 2005, S. 52-59.

FEMPPEL, K., Personalarbeit zwischen Wunsch und Wirklichkeit, in: PersonalführungPlus, Heft 1/2000.

FERNANDEZ, Y. F., Den Erfolgsbeitrag des Personalbereichs messen, in: io new management, 73. Jg., Heft 7-8, 2004.

FITZ-ENZ, J., How to Measure Human Resource Management, 2nd Edition, McGraw-Hill 1994.

GEBERT, D./VON ROSENSTIEL, L., Organisationspsychologie, 5. aktualisierte und erweiterte Auflage, Stuttgart 2002, S. 169 ff.

GIESE, I./SCHINDLER, R./HAUSMANN, C., Auftrag Mitarbeiterentwicklung, in: Personal, 57. Jg., Heft 7-8, 2005, S. 6-8.

HAY, Viewpoint, HR as a Business Partner, Hay April 2005.

HEWITT, Strategies for Improving your HR Bottom Line - Research Highlights Europe, Studie, Hewitt Associates 2004.

IBM, The Capability Within. The Global Human Capital Survey, Februar 2005.

JASCHOK, H./JORDAN, J., Potenziale für die Reorganisation der Personalarbeit, in: Personalführung, 37. Jg., Heft 6, 2004, S. 106 ff.

LANG, R., Unternehmensorganisation und werteorientierte Personalpolitik im Transformationsprozess, in: Existenzsicherung und Unternehmenswachstum durch qualifizierte Personalarbeit, in: Dokumentationsunterlagen zur 2. Personalkonferenz, Halle 1995.

LATHAM, G. P./ALMOST, J./MANN, S./MOORE, C., New Developments in Performance Management, in: Organizational Dynamics, 34. Jg., Heft 1, 2005, S. 77-87.

LAWLER III, E. E./ULRICH, D./FITZ-ENZ, J./MALDEN V, J. C., Human Resources Business Process Outsourcing, San Francisco 2004.

MÄRCHY, M./SCHÄR, H.-U./ZANETTI, S., Fitness der Human Resources prüfen, in: Personalwirtschaft, 30. Jg., Heft 3, 2003.

MARKS, M. L./DE MEUSE, K. P., Maximizing the Gain While Minimizing the Pain of Layoffs, Divestures and Closings, in: Organizational Dynamics, 34. Jg., Heft 1, 2005, S. 19-35.

MAYER, V./HOPPE, I., Mit Personalstrategie zum Unternehmenserfolg, in: Personalwirtschaft, 30. Jg., Heft 3, 2003, S. 42-47.

MERCER, Unfinished Business. Mastering HR Business Design (Global HR-Transformation Report), Mercer Human Resource Consulting 2004.

MERCER, Challenges of the HR function, Mercer Human Resource Consulting June 2005.

PRICE, A., Human Resource Management in a Business Context, 2nd Edition, London 2004.

RONA, W. E. A./GIBSON, S. K., The Making of Twenty-First-Century HR: An Analysis of the Convergence of HRM, HRD, and OD, in: Human Resources Management, 43. Jg., Heft 1, 2004.

VON ROSENSTIEL, L./COMELLI, G., Führung im Prozess des Wandels, in: Wirtschaftspsychologie aktuell, 11. Jg., Heft 1, 2004, S. 30-34.

RWE, Trendbarometer Change Management (Studie der RWE Systems Personaldienstleistungen durchgeführt von der International School of Management), Dortmund April 2004.

SCHERM, E., Personalmanagement in der Krise, in: Personalwirtschaft, 31. Jg., Heft 1, 2004, S. 53-56.

SCHOLZ, C. (HRSG.), Innovative Personal-Organisation. Center-Modelle für Wertschöpfung, Strategie, Intelligenz und Virtualisierung, Neuwied 1999.

SCHOLZ, C., Personalmanagement. Informationsorientierte und verhaltenswissenschaftliche Grundlagen, 5. Aufl., München 2000.

SCHOLZ, C., Personalmanagement: Märchenstunde vorbei - auf zur (professionellen) Arbeit!, in: Newsletter (Frankfurter Allgemeine Stellenmarkt), 2001, Heft 6.

SCHOLZ, C., Die virtuelle Personalabteilung: Stand der Dinge und Perspektiven, in: Personalführung, 35. Jg., Heft 2, 2002, S. 22-31.

STAEHLE, W. H., Management, 8. Aufl., München 1999.

ULRICH, D., Human Resource Champions, The Next Agenda for Adding Value and Delivering Results, Boston 1997.

ULRICH, D., Das neue Personalwesen: Mitgestalter der Unternehmenszukunft, in: Harvard Business Manager, 20. Jg. Heft 4, 1998, S. 59-69.

ULRICH, D./BEATTY, D., From Partners to Players: Extending the HR Playing Field, in: Human Resource Management, 40. Jg., Heft 4, 2001, S. 293-307.

ULRICH, D., Wie geht es weiter mit der Personalarbeit?, in: Beitner, R. P. (Hrsg.), Personalmanagement in der Vertriebssparkasse, Stuttgart 2004.

ULRICH, D./SMALLWOOD, N., Aus Kompetenzen Kapital machen, in: Harvard Business Manager, 27. Jg. Heft 6, 2005, S. 88-111.

WÄCHTER, H., Personalorganisation in Deutschland, in: Scholz, C. (Hrsg.), Innovative Personal-Organisation. Center-Modelle für Wertschöpfung, Strategie, Intelligenz und Virtualisierung, Neuwied 1999.

WALD, P. M., Innovative Lösungen beim aktiven Umgang mit Personalanpassungsbedarf(en) - mögliche Effekte durch die Nutzung sparkasseneigener Personaldienstleister, in: Beitner, R. P. (Hrsg.), Personalmanagement in der Vertriebssparkasse, Stuttgart 2004.

WUCKNITZ, U. D./BARLET, S., Den Wert der Personalarbeit messen und bewerten, in: Personalführung, 37. Jg., Heft 6, 2004, S. 32-42.

WUNDERER, R./JARITZ, A., Personalcontrolling. Evaluation der Wertschöpfung für das unternehmerische Personalmanagement, 2. erw. Auflage, Neuwied/Kriftel 2002.

WUNDERER, R./VON ARX, S., Personalmanagement als Wertschöpfungs-Center, 3. aktualisierte Auflage, Wiesbaden 2002.

WUNDERER, R., Führe global und lokal, in: Personalwirtschaft, 29. Jg., Heft 9, 2002.

Stichwortverzeichnis

A
Arbeitgeberattraktivität 178 f.

B
Balanced Scorecard 240, 324
Beratersicht 33 ff.
BPO-Projekte
 Vorgehen 280 ff.
Business Partner 65, 151, 249 ff., 275, 314 f., 318
Business Process Outsourcing 55, 241, 265, 290
Business-Orientierung 43

C
Center of Expertise 144 ff.

D
Dienstleistungsorientierung 320
Diversity Management 187 ff.
 Einführung 195 ff.

E
Expertenrollen 47 ff.

F
Fehlplanungen 6
Führungsqualität 181 f.
Führungs-Scoring 241

G
Glaubwürdigkeit 123, 211, 329 f.
Globalisierung 35, 76

H
HR Business Consultancy 144 f.
HR Client Services 144 f.
HR-Funktion
 Globalisierung 139 ff.
 Optimierung 270 f.
HR Information System 147
HR Due-Diligence 208
HR-Outsourcing 300
HR-Professionals
 lokale 151
HR-Prozesse
 Globalisierung 163
 Kosten für 269 f.
HR-Strategie 39 ff., 103, 143, 269
HR-Wertschöpfungskette 55, 205, 273, 315

I
Informationsaustausch,
 Aufgabenorientierter 28 f.
Integrationsansatz 195

K
Knowledge Creation 25
Komplexe Probleme
 Eigenschaften 6
Komplexität 3 ff.
Kundenmanager 44
Kundenorientierung 66, 129, 250, 269, 315, 320 f.
Kundenzufriedenheit 240, 251, 284, 327 f.

L
Linienvorgesetzte 142, 253

M
Mengen- und Artteilung 22 f.
Messbarkeit der erstellten Leistungen 251 f.
Mitarbeiterbefragung 46, 160, 177 ff.
Mitarbeiterportfolio 182

N

O
Organizational Effectiveness Expert 315
Outsourcing
　Bewerbermanagement 242
　integriertes 300
Outsourcingpartner,
　Auswahlkriterien 277 f.
Outtasking 241 f., 321

P
Performance Management 144, 156, 281, 324
Personalabbau 66, 84, 214, 279, 323, 331
Personalabteilung
　Aufgaben 272 f.
　Prozesse 273 f.
Personalbereich
　Change Management 51 ff., 239, 324
　Folgen der Reorganisation 321 ff.
　Governance 125, 281
　Harmonisierung 124, 216
　Veränderungsmanagement - Siehe Change Management im Personalbereich
　Zugangskanäle zum 252 ff.
Personaldienstleister 55, 75, 97 ff., 323

Personaldienstleistungen 95 ff., 263 ff.
　Komplettanbieter von 95 ff.
Personalmanagement
　Beiträge 39, 134, 167, 314
　Handlungsfelder 40, 235, 329
　Leistungen 44, 54 f., 65, 87, 159, 175, 182, 239, 249, 251, 273 f., 282, 314, 320, 326, 333
　Leistungsbündel 236
　Rollen 44 f., 69, 127, 161, 233 ff., 258, 294, 314 ff., 327 ff.
　Trends 37 f.
　wertorientiertes 165 ff.
Personalmanagement in Mittel- und Osteuropa 73 ff.
Personalrollen
　neue 234, 315
Post-Merger-Integration 203 ff.
Practice Teams 249
Prozess- und Funktionsmodell von Personalbereichen 276
Prozesshierarchie und Prozessmodelle 126 ff.
Prozessmanagement 119 ff.
Prozessorganisation 121
　Schwierigkeiten bei der Einführung 122 ff.

R
Recruiters'-Center 296 f.
Recruitment Process Outsourcing 287 ff.
　Betreuungsmodell 298
　Erfolgsfaktoren 306
　flexibles Vergütungsmodell 299
Regionalbanken 228
Reorganisation 5f f., 48, 53 ff., 86, 231 ff., 282 ff., 314 ff.
　Ziele 282 f.
Reorganisationsprozesse,
　Anforderungen durch 5 ff.
Responsible Restructuring 331

S

Service Level Agreements 251, 265 ff., 298 ff.
Shared Service Center 99, 161, 247 ff., 282 ff., 322 f.
Stakeholder 200, 210, 313, 325, 334
Standardisierung 45, 56, 81, 125, 283, 290
Steuerungsinstrumente 230, 257
strategischer Partner 153 ff., 315 f.
strategisches HR-Portfolio 272

T

Top Management Commitment 41

U

Unsicherheit 58, 79, 210, 278, 312, 331

V

Vertrauen 12, 25, 42, 69, 152, 159, 192, 218, 303, 306, 313, 320, 331 ff.
Vertriebsinstitut 230
Verunsicherung
  Abbau 13

W

Wandlungsbedarf 54 f.
Wandlungsbereitschaft 56 f.
Wandlungsfähigkeit 61 f.
Wissensintegration 19 ff.

Z

Zusammenarbeit mit externen Beratern
  Erfolgsfaktoren 49

Mehr wissen – weiter kommen

Aktives Personalmanagement

„Praktische Personalführung" verbindet in konstruktiver Weise die theoretischen Grundlagen des Faches mit praxisorientiertem Wissen. Die Autoren stellen einen zeitgemäßen interaktiven Führungsansatz vor, der die Sicht der Führungskraft und der Mitarbeiter berücksichtigt. Anhand echter Fallstudien können die Lehrinhalte sofort auf ihre Praxistauglichkeit geprüft werden. Die dritte Auflage präsentiert wieder den neuesten Stand der Forschung und unterstreicht durch erweiterte Fallstudien die Praxisnähe des Inhalts.

Karl Wagner / Bernd F. Rex /
Monika Eicher
Praktische Personalführung
Eine moderne Einführung.
Mit Fallstudien
3., überarb. Aufl. 2003. X, 207 S.
Br. EUR 26,90
ISBN 3-409-32130-6

Ein innovatives Modell der Personalarbeit

In Zeiten verstärkten Wettbewerbs ist optimales Personal- und Unternehmensmanagement ein wichtiger Erfolgsfaktor. Webbasierte Technologien bieten die Möglichkeit, in diesem Bereich neue Wertschöpfungspotentiale zu realisieren. Personalarbeit, Wertschöpfung und Webbasierung sind die Grundbestandteile des MO5-Modells der Personalwertschöpfung. Das Buch stellt die Grundlagen und die konzeptionelle Umsetzung des Modells sowie aktuelle Anwendungsbeispiele aus der Praxis vor.

Jochen Kienbaum/Christian Scholz /
Joachim Gutmann (Hrsg.)
**Webbasierte
Personalwertschöpfung**
Theorie – Konzeption – Praxis
2003. ca. 330 S.
Geb. EUR 48,90
ISBN 3-409-12425-X

Orientierung in Südostasien

Dieses Buch ist für Leser von Interesse, die sich über den gesellschaftlichen und wirtschaftlichen Wandel in Japan und seine Konsequenzen für die Unternehmungskultur und Mitarbeiterführung informieren wollen. Es richtet sich insbesondere an Wissenschaftler und Studenten des Fachgebietes interkulturelles Management sowie an Führungskräfte internationaler Unternehmungen, die sich auf einen Japanaufenthalt vorbereiten oder die in der Führungskräfteentwicklung tätig sind.

Wolfgang Dorow /
Horst Groenewald (Hrsg.)
**Personalwirtschaftlicher
Wandel in Japan**
Gesellschaftlicher Wertewandel und
Folgen für die Unternehmungskultur
und Mitarbeiterführung
2003. XVI, 588 S. mit 50 Abb. u. 54 Tab.
Geb. EUR 49,90
ISBN 3-409-12370-9

Erfolgreiche Mitarbeiter in multinationalen Unternehmen

Dieses Lehrbuch zeigt praktische Probleme und Lösungsansätze im internationalen Personalmanagement auf. Durch die Zusammensetzung des Autorenteams ist gesichert, dass neueste Erkenntnisse aus dem angelsächsischen und dem deutschsprachigen Bereich Eingang finden. Fallstudien tragen zur Verknüpfung theoretischer Erkenntnisse und praktischer Anwendung bei.

Wolfgang Weber /
Marion Festing / Peter J. Dowling /
Randall S. Schuler
**Internationales
Personalmanagement**
2. Aufl. 2001. XX, 353 S.
mit 50 Abb. u. 42 Tab.
Br. EUR 34,90
ISBN 3-409-22219-7

Änderungen vorbehalten. Stand: Januar 2005.

Gabler Verlag · Abraham-Lincoln-Str. 46 · 65189 Wiesbaden · www.gabler.de